SCHÄFFER
POESCHEL

Erich Hölter

Betriebswirtschaft für Schule, Studium und Beruf

Unter Mitarbeit von Hede Helfrich
und Tobias Krippendorff

2018
Schäffer-Poeschel Verlag Stuttgart

Autor:

Prof. Dr. Erich Hölter lehrt Betriebswirtschaftslehre mit den Schwerpunkten Management und Controlling an der Technischen Hochschule Köln.

Mitautoren:

Prof. Dr. Hede Helfrich war Lehrstuhlinhaberin für Psychologie und Interkulturelle Kommunikation an der Universität Hildesheim und der Technischen Universität Chemnitz.

Tobias Krippendorff (M.A.) ist geschäftsführender Gesellschafter des Instituts für berufliche Hochschulbildung (IBH) GmbH, Köln.

Dozenten finden *PowerPoint®*-Folien für dieses Lehrbuch unter *www.sp-dozenten.de* (Registrierung erforderlich).

Gedruckt auf chlorfrei gebleichtem, säurefreiem und alterungsbeständigem Papier

Bibliografische Information der Deutschen Nationalbibliothek
Die Deutsche Nationalbibliothek verzeichnet diese Publikation in der Deutschen Nationalbibliografie; detaillierte bibliografische Daten sind im Internet über http://dnb.d-nb.de abrufbar.

Print ISBN 978-3-7910-3797-4 Bestell-Nr. 11022-0001
ePUB ISBN 978-3-7910-4132-2 Bestell-Nr. 11022-0100
ePDF ISBN 978-3-7910-3798-1 Bestell-Nr. 11022-0150

www.schaeffer-poeschel.de
service@schaeffer-poeschel.de

Umschlagentwurf: Goldener Westen, Berlin
Umschlaggestaltung: Kienle gestaltet, Stuttgart (Bildnachweis: Fotolia)
Satz: Claudia Wild, Konstanz

Printed in Germany
März 2018

Schäffer-Poeschel Verlag Stuttgart
Ein Unternehmen der Haufe Group

Vorwort

»Vom Kunden her denken...« (kaufmännische Redewendung)

»Vom Kunden her denken...« beschreibt den roten Faden, den sich der Autor als Leitgedanken zur Darstellung der Betriebswirtschaftslehre in diesem Buch gegeben haben. Nach einer kurzen Einführung zur Integration der BWL in den wirtschaftlichen Kontext im ersten Kapitel rückt im zweiten Kapital die Darstellung der Wertschöpfungskette in den Mittelpunkt der Betrachtung. Stellen Sie sich vor, Sie haben eine Geschäftsidee und möchten diese als Entrepreneur umsetzen, wie gehen Sie vor? Was zeichnet Ihre Idee aus und warum sollen Kunden Ihr Produkt, Ihre Dienstleistung kaufen? Dies sind typische Fragen der Absatzwirtschaft und des Marketings, mit der Sie sich als erstes auseinandersetzen müssen. Es folgen Überlegungen zur Produktion und zur Beschaffung, denn Produkte und Dienstleistungen, die Sie auf dem Absatzmarkt anbieten möchten, müssen entwickelt und hergestellt werden.

Im dritten Kapitel beschäftigen Sie sich mit strukturierenden Entscheidungen: Welchen Standort wählen Sie für Ihr Unternehmen, welche Rechtsform soll Ihr Unternehmen haben und wie organisieren Sie Ihre Abläufe und Prozesse? Die Frage nach dem Personal steht im Mittelpunkt des vierten Kapitels. Nach welchen Prinzipien motivieren und bezahlen Sie Ihre Mitarbeiterinnen und Mitarbeiter, wie führen Sie Ihr Personal und welche rechtlichen Möglichkeiten bestehen, um sich ggf. wieder von Mitarbeiterinnen und Mitarbeitern zu trennen?

Ein Unternehmen muss finanziert werden. Im fünften Kapital dieses Buches beschäftigen Sie sich mit Fragen des Kapitalbedarfs und der Kapitalbeschaffung. Anschließend lernen Sie die wichtigsten Methoden der dynamischen Investitionsrechnung kennen und berechnen die Vorteilhaftigkeit von Investitionen als Kapitalverwendung. Alle Geschäftsvorfälle, die in Ihrem Unternehmen auftreten, müssen dokumentiert und bewertet werden. Dies sind die Aufgaben des Rechnungswesens, das Sie im sechsten Kapitel näher kennenlernen. Mit Hilfe der Methoden des internen Rechnungswesens können Sie z. B. berechnen, wie viele Produkte Sie mindestens verkaufen müssen, um die Gewinnschwelle zu erreichen oder wie hoch Ihr Betriebsergebnis bei einer bestimmten Verkaufsmenge ist. Der Jahresabschluss mit seinen Prinzipien zur Aufstellung der Bilanz und der Gewinn- und Verlustrechnung steht im Mittelpunkt des externen Rechnungswesens und natürlich darf eine kurze Betrachtung zu den Gewinnsteuern nicht fehlen.

Im abschließenden siebten Kapitel schließlich führen Sie die verschiedenen Betrachtungsebenen der Betriebswirtschaftslehre im Rahmen der strategischen Planung zusammen. Produktportfolio, Produktlebenszyklus, SWOT-Analyse und Balanced Scorecard-Betrachtungen sowie Rendite-Berechnungen sind typische Instrumente, die Sie zur Beurteilung Ihrer Geschäftsidee heranziehen können.

Jedes Kapitel dieses Buches beginnt mit einer kurzen Übersicht und endet mit Anwendungsfragen/Lernzielen sowie mit einem durchgehenden Anwendungsbeispiel, das Sie als Anregung auf Ihre Geschäftsidee übertragen können. Natürlich finden Sie am Ende eines jeden Kapitels nicht nur die Auflistung der zitierten Literatur, sondern auch weiterführende Literatur zur Vertiefung der beschriebenen Themenstellung.

Das Buch wäre in der vorliegenden Form nicht ohne die Mithilfe vieler anderer Personen zustande gekommen. Bedanken möchte ich besonders bei Frau *Kathrin Neunteufel*, M.Sc., Frau *Jana Rumberger*, M. A. und Herrn Dipl. Kfm. *Karsten Schröder*, die sich intensiv an den ersten Entwürfen zu diesem Buch beteiligten und bei Herrn Dr. *Claudius Mandel*, der sich eingehend mit den Lernzielen auseinandersetzte. Frau *Dagmar Roseblade* gebührt mein ganz besonderer Dank für ihre kritischen Textkommentare und ihre konzentrierte Unterstützung bei der Aufarbeitung der Druckfahnen. Mein Dank gilt natürlich auch Herrn *Frank Katzenmayer* und Frau *Adelheid Fleischer* vom Schäffer-Poeschel Verlag für die stets angenehme und konstruktive Zusammenarbeit, die die zügige Herstellung dieses Buches erst ermöglichte.

Besonders bedanken möchte ich mich schließlich bei den beiden Mitverfassern dieses Buches, Frau Professor Dr. *Hede Helfrich* und Herrn *Tobias Krippendorff*, M. A. Sie haben mich nicht nur bei der Konzeption dieses Buches intensiv unterstützt, sondern zudem einzelne Kapitel maßgeblich betreut und geprägt.

Allfällige Fehler gehen natürlich zu Lasten des Autors. Ich würde mich sehr freuen, wenn dieses Buch Ihr Interesse findet und bin für Anregungen und Feedback an *bwl@hoelter.online* stets dankbar.

Köln, im Februar 2018 *Erich Hölter*

Inhaltsverzeichnis

1 Betriebswirtschaftslehre im wirtschaftlichen Kontext

ÜBERSICHT

- **1.1 Bedürfnisbefriedigung und Wirtschaftsgüter**: Im Mittelpunkt der Betriebswirtschaftslehre steht der planmäßige und effiziente Umgang mit Gütern und Dienstleistungen. Diese können sowohl dem privaten Konsum dienen als auch als Produktionsgüter im Wirtschaftsprozess eingesetzt werden.
- **1.2 Unternehmen als private Betriebe:** Für private und öffentliche Betriebe gelten grundsätzlich die gleichen *Rahmenbedingungen* im Wirtschaftsleben. Allerdings unterliegen privatwirtschaftliche Betriebe im Wirtschaftsprozess besonderen *Prinzipien,* denen sie sich im *Wettbewerb* stellen müssen.
- **1.3 Unternehmensziele:** Das gesellschaftliche und wirtschaftliche Umfeld, in das Unternehmen eingebettet sind, wird geprägt von den Zielen, die die am Unternehmen beteiligten *Interessengruppen* (Stakeholder) verfolgen. Als Konsequenz geben sich Unternehmen häufig ein *Leitbild,* mit dem sie dokumentieren möchten, wie sie ihre gesellschaftliche Verantwortung wahrnehmen.
- **1.4 Wertschöpfungsrechnung:** Unternehmen schaffen einen *Mehrwert,* wenn sie ihre produzierten Güter und Dienstleistungen mit Gewinn verkaufen. Alle Interessengruppen am Unternehmen sind an der Erstellung der *Wertschöpfung* beteiligt und partizipieren in unterschiedlichem Ausmaß an seiner Verwendung.
- **1.5 Branchenwettbewerb:** Unternehmen stehen im *Wettbewerb* mit ihren Konkurrenten und versuchen, ihre *Prozesse* und *Strukturen* so effizient wie möglich zu gestalten. Dies gilt nicht nur für die Optimierung der Wertschöpfung, sondern ebenso für den Wettbewerb um die besten *Mitarbeiter* und um die attraktivsten *Finanzierungskonditionen*.

1.1 Bedürfnisbefriedigung und Wirtschaftsgüter

Betriebswirtschaftslehre versus Volkswirtschaftslehre

Betriebswirtschaftslehre und Volkswirtschaftslehre untersuchen als Teilgebiete der Wirtschaftswissenschaften den planmäßigen und effizienten Umgang der Menschen mit Gütern und Dienstleistungen zur Befriedigung ihrer Bedürfnisse. Während die Volkswirtschaftslehre besonders die gesamtwirtschaftlichen Zusammenhänge und Gesetzmäßigkeiten untersucht, stellt die Betriebswirtschaftslehre Einzelwirtschaften in den Mittelpunkt ihrer Analyse. Diese Einzelwirtschaften werden als »Betriebe« bezeichnet. Ein Betrieb bildet eine planvoll organisierte Wirtschaftseinheit, die dazu dient, unter Einsatz der vorhandenen Ressourcen die Haushalte der Menschen mit Gütern und Dienstleistungen zu versorgen.

Knappe versus freie Güter

Die Nachfrage der Menschen leitet sich aus deren Bedürfnissen, d. h. den unerfüllten Wünschen ab. Im Gegensatz zu den Wünschen, die nahezu unbegrenzt sind, sind die zu ihrer Befriedigung einsetzbaren Wirtschaftsgüter in der Regel nicht unbegrenzt vorhanden, sie sind »knapp«. Neben den knappen Wirtschaftsgütern existieren sogenannte »freie Güter«, d. h. Güter, die in beliebiger Menge zur Verfügung stehen. Zu den freien Gütern zählen z. B. Meerwasser oder Sonnenlicht. Freie Güter sind nahezu unbegrenzt in der Natur vorhanden, kosten nichts und sind nicht Gegenstand wirtschaftlichen Handelns. In Zeiten einer zunehmenden Ressourcenverknappung muss jedoch die Abgrenzung von freien Gütern gegenüber Wirtschaftsgütern ständig neu vorgenommen werden. Denn auch Ressourcen wie die Luft zum Atmen oder das Wasser zum Trinken, die eigentlich unbegrenzt erscheinen, unterliegen unter den Stichworten »saubere Atemluft« und »Trinkwasser« dem Knappheitsprinzip.

Bedürfnisbefriedigung

Kern des Wirtschaftens der Menschen ist der Handel mit knappen Gütern zur Bedürfnisbefriedigung. Aus betriebswirtschaftlicher Sicht setzt dies voraus, dass die Betriebe die Bedürfnisse der Menschen und ihrer Haushalte erfahren bzw. »wecken« können und dass die Betriebe in der Lage sind, die entsprechenden Güter und Dienstleistungen bedarfsgerecht zu produzieren.

Die Betriebe benötigen hierzu die Arbeitsleistung der Haushalte, die hierfür von den Betrieben mit Geld entlohnt werden. Geld dient dabei sowohl als Tauschmittel als auch als Recheneinheit. Das Zusammenspiel von Betrieben und Haushalten lässt sich vereinfacht als Kreislauf von Güter- und Geldströmen zwischen ihnen darstellen (vgl. Abb. 1.1).

Kreislaufmodell

Folgt man dem Kreislaufmodell, sind *Betriebe* zentrale Akteure des Wirtschaftssystems. Um die Bedürfnisse der Haushalte zu befriedigen, tauschen sie mit diesen sowie mit anderen Betrieben Güter und Dienstleistungen aus. Die zwischen den Betrieben und den Haushalten ausgetauschten Güter und Dienstleistungen werden als *»Wirtschaftsgüter«* bezeichnet.

Wirtschaftsgüter

Es lassen sich materielle und immaterielle Wirtschaftsgüter unterscheiden. *Materielle Güter* (Sachgüter) können Konsumgüter sein, die von den Haushalten genutzt werden, oder Produktionsgüter, die von den Betrieben benötigt werden. *Im-*

Abb. 1.1

Einfaches Schema des Wirtschaftskreislaufs

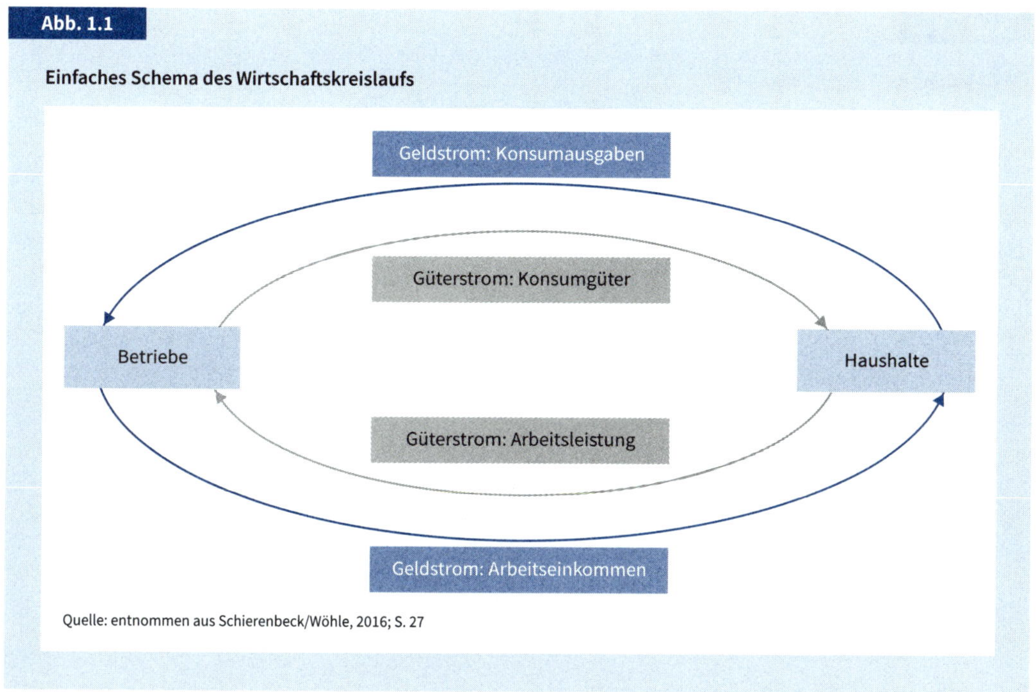

Quelle: entnommen aus Schierenbeck/Wöhle, 2016; S. 27

materielle Güter beinhalten Dienstleistungen (wie z. B. Beratungen, Unterricht, Versicherungen etc.) und Rechte (wie z. B. Patente und Lizenzen).

Konsumgüter versus Produktionsgüter

Bei Konsumgütern wird zwischen Gebrauchs- und Verbrauchsgütern differenziert. Hierbei sind Gebrauchsgüter solche Güter, die langfristig genutzt werden und sich nur langsam abnutzen, während Verbrauchsgüter durch ihre Nutzung verbraucht werden. Analog erfolgt bei den Produktionsgütern eine Unterscheidung zwischen solchen, die langfristig genutzt, und solchen, die kurzfristig verbraucht werden. Erstere sind *Betriebsmittel* wie beispielsweise Maschinen, die zur Produktion von Gütern eingesetzt werden. Betriebsmittel haben ein Nutzungspotenzial, das nur langsam aufgebraucht wird, sie werden daher als »Potenzialfaktoren« bezeichnet. Zur Produktion von Gütern werden aber nicht nur Betriebsmittel eingesetzt und abgenutzt, sondern es werden zudem *Werkstoffe* und *Betriebsstoffe* benötigt, die entweder in die Produkte eingehen (Werkstoffe wie z. B. Rohstoffe) oder die für den Antrieb der Maschinen notwendig sind (Betriebsstoffe wie z. B. Benzin). Werkstoffe und Betriebsstoffe können nur kurzfristig genutzt werden und müssen ständig ersetzt, d. h. repetiert werden. Sie werden daher als »Repetierfaktoren« bezeichnet (vgl. Abb. 1.2).

Abb. 1.2

Einteilung der Wirtschaftsgüter

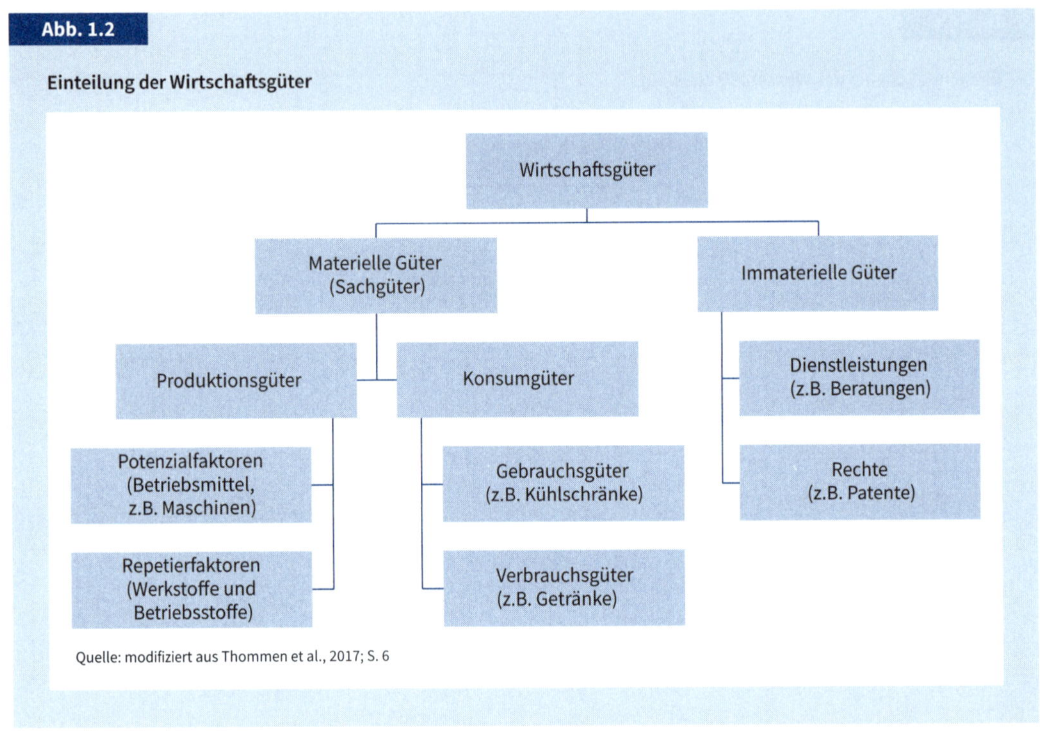

Quelle: modifiziert aus Thommen et al., 2017; S. 6

1.2 Unternehmen als private Betriebe

Produktionsfaktoren und Wirtschaftlichkeit

Zur Herstellung von Gütern und Dienstleistungen ist allen Betrieben gemeinsam, dass sie Produktionsgüter und menschliche Arbeit – zusammen als *Produktionsfaktoren* bezeichnet – miteinander kombinieren. Sie folgen hierbei dem Prinzip der Wirtschaftlichkeit. Betriebe sind dann wirtschaftlich, wenn der Quotient aus dem Wert der von ihnen hergestellten Güter und Dienstleistungen (Produkte) größer ist als der Wert der hierzu von ihnen eingesetzten und verbrauchten Produktionsfaktoren.

$$\text{Wirtschaftlichkeit} = \frac{\text{Wert der hergestellten Produkte}}{\text{Wert der verbrauchten Produktionsfaktoren}}$$

Finanzielles Gleichgewicht

Da die Betriebe ihre Ressourcen einkaufen müssen, muss zudem stets grundsätzlich gewährleistet sein, dass die mit dem Verkauf der Produkte erzielten Einzahlungen größer sind als die mit dem Einkauf der Ressourcen verbundenen Auszahlungen; Einzahlungen und Auszahlungen eines Betriebes müssen sich somit in einem finanziellen Gleichgewicht befinden (vgl. Abb. 1.3).

Betriebe und Unternehmen

Betriebe lassen sich in öffentliche und private Betriebe unterteilen. Im Mittelpunkt der Betriebswirtschaftslehre stehen private Betriebe. Sie werden als *Unternehmen* bezeichnet. Kennzeichnend für Unternehmen sind:

Abb. 1.3

Bestimmungsfaktoren des Betriebes

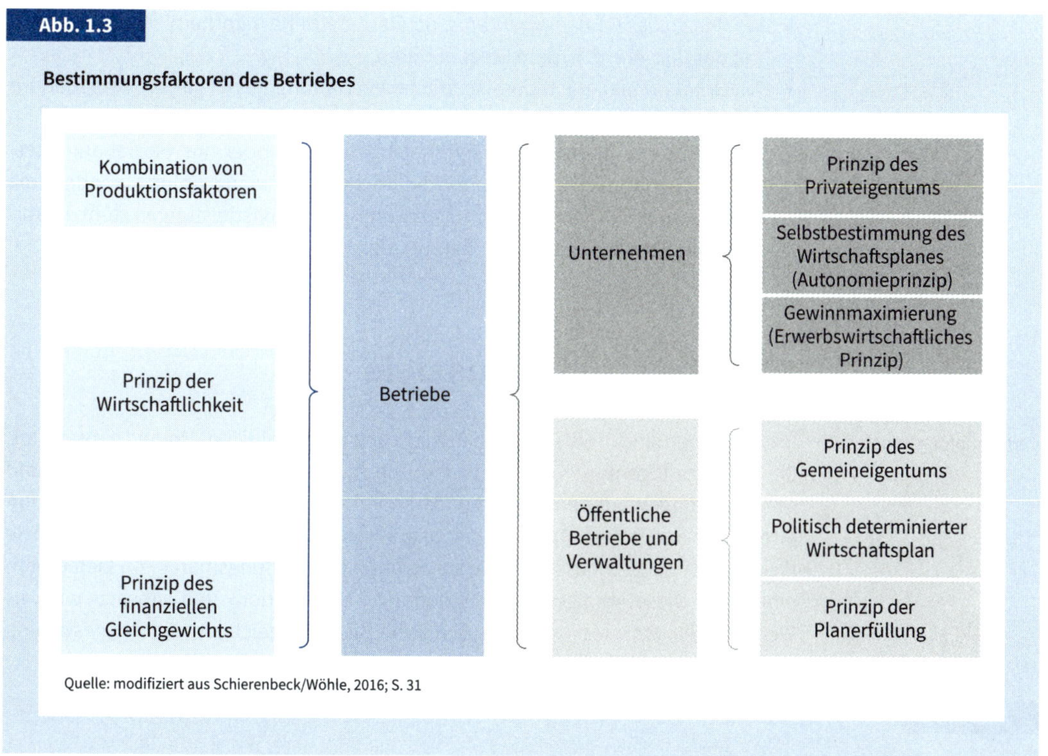

Quelle: modifiziert aus Schierenbeck/Wöhle, 2016; S. 31

- das *Prinzip des Privateigentums,* da die Entscheidungsrechte über das Unternehmen und dessen Gewinne mehrheitlich den Eigentümern, d. h. Privatpersonen zusteht,
- das *Autonomieprinzip,* nach dem die Unternehmen die Freiheit haben, ihre Entscheidungen weitgehend autonom und damit unabhängig von staatlichen Organen zu treffen, und
- das *erwerbswirtschaftliche Prinzip,* gemäß dem Unternehmen eine Maximierung ihrer ökonomischen Ziele, z. B. des Gewinns, anstreben. Das erwerbswirtschaftliche Prinzip gilt für die meisten Unternehmen. Eine Ausnahme hinsichtlich der Gewinnerzielung bilden die sogenannten Non-Profit-Unternehmen. Aber auch sie müssen grundsätzlich wirtschaftlich arbeiten. Wenn sie trotzdem z. B. durch ihre sozialen Ziele dauerhaft Verluste erzielen, müssen diese ausgeglichen werden. Nur ein Verlustausgleich z. B. durch Spenden oder Zuschüsse hilft ihnen, dauerhaft am Wirtschaftsleben teilzunehmen.

Öffentliche Betriebe

Beispiele für *öffentliche Betriebe* sind Verkehrsbetriebe, Messegesellschaften, Krankenhäuser, Theater, Sparkassen und Rundfunkanstalten. Sie zeichnen sich aus durch:

- das *Prinzip des Gemeineigentums,* da diese Betriebe mehrheitlich der »Gesamtheit der Bürger«, d. h. dem Staat gehören,
- das *Organprinzip,* nach dem staatliche Verwaltungen (»Organe«) Vorgaben für betriebliche Entscheidungen beschließen, und
- das *Prinzip der Gemeinnützigkeit,* nach dem keine oder nur »sozial angemessene« Gewinne erzielt werden dürfen. Nicht die Gewinnerzielung, sondern die Versorgung der Bürger mit wichtigen Gütern und Dienstleistungen steht im Vordergrund der wirtschaftlichen Betätigung.

1.3 Unternehmensziele

Wertschöpfungsprozess

Unternehmen sind in ein gesellschaftliches und wirtschaftliches Umfeld eingebettet. Sie sind das Eigentum von Investoren und müssen ihre produzierten Güter und Dienstleistungen auf dem Absatzmarkt an ihre Kunden verkaufen. Zur Produktion ihrer Güter und Dienstleistungen benötigen die Unternehmen Betriebsmittel sowie Werkstoffe und Betriebsstoffe, die sie auf dem Beschaffungsmarkt von Lieferanten einkaufen. Diese Abfolge aus »Beschaffung«, »Produktion« und »Absatz« wird als *Wertschöpfungsprozess* oder *Wertschöpfungskette* bezeichnet. Zur Ausgestaltung

Abb. 1.4

Wertschöpfungsprozess und Interessengruppen eines Unternehmens

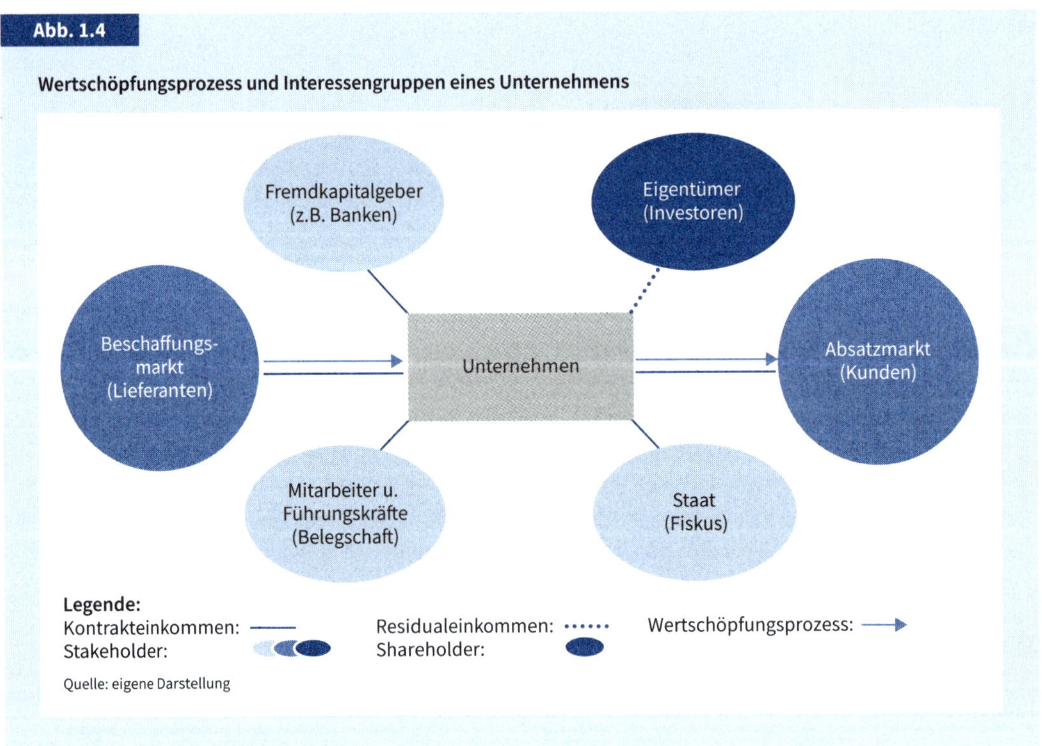

Quelle: eigene Darstellung

des Wertschöpfungsprozesses tragen die Mitarbeiter des Unternehmens durch ihre Arbeitsleistung bei. Neben den Eigentümern ermöglichen es Fremdkapitalgeber, wie z. B. Banken, dass das Unternehmen sein finanzielles Gleichgewicht halten kann. Auch der Staat hat ein Interesse an wirtschaftlich arbeitenden Unternehmen, denn die von ihnen gezahlten Steuern hängen von der Höhe des Unternehmensergebnisses ab. Alle beteiligten Interessengruppen (die sogenannten *Stakeholder*) verfolgen Ziele, die auf das Unternehmen einwirken. Ein besonderes Interesse am Unternehmen haben seine Eigentümer, die sogenannten *Shareholder.* Sie tragen das wirtschaftliche Risiko des Unternehmens und haben daher einen besonderen Einfluss auf die Ausgestaltung des Unternehmens zur Verfolgung ihrer Ziele (vgl. Abb. 1.4).

Shareholder und Stakeholder

Als Eigentümer des Unternehmens geben sie dem Unternehmen Ziele vor, die erreicht werden sollen. Häufig verfolgen sie mit ihrem Unternehmen eine generelle *Vision* und beschreiben darin die Alleinstellungsmerkmale und die Einzigartigkeit ihres Unternehmens im Vergleich zu anderen Unternehmen. Das Alleinstellungsmerkmal kann sich auf die Güter und Dienstleistungen beziehen, mit denen die Eigentümer sich z. B. besonders auf die Bedürfnisse ihrer Kunden einstellen möchten, oder auf ihr Verhältnis zu den Mitarbeitern, die sie besonders fördern und motivieren möchten.

Vision

Aus der Unternehmensvision leitet sich die *Mission* des Unternehmens ab, in der das Unternehmen sein unternehmerisches Handeln konkretisiert und seine langfristigen Ziele festlegt, z. B. wie es im Wettbewerb auf dem Absatzmarkt bestehen möchte.

Mission

Abb. 1.5

Generelle Zielplanung eines Unternehmens

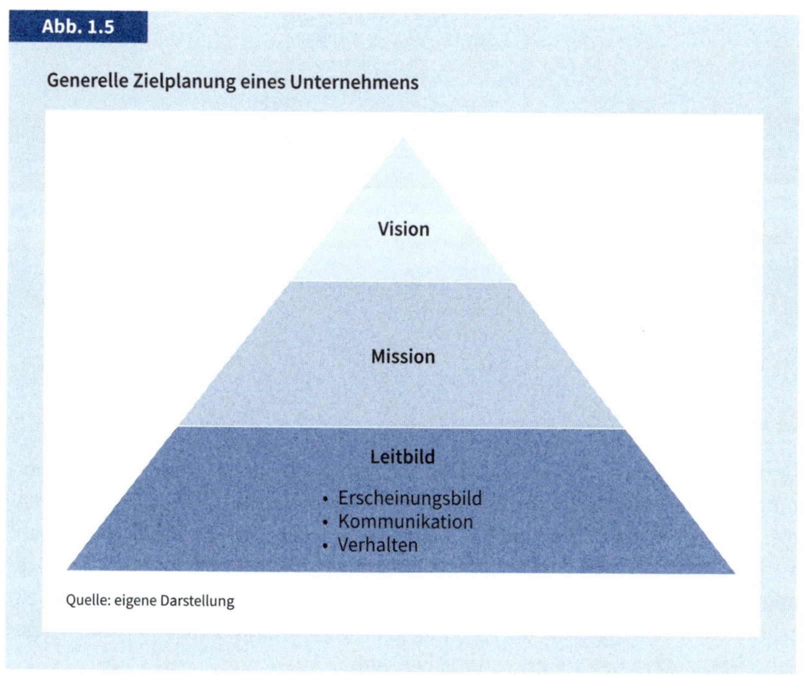

Quelle: eigene Darstellung

Leitbild

Vision und Mission prägen das *Leitbild* des Unternehmens. Dieses beschreibt die Unternehmensidentität (Corporate Identity) und legt das öffentliche Auftreten des Unternehmens fest. Das Leitbild wird i. d. R. in die drei Teilgebiete Erscheinungsbild (Corporate Design), Kommunikation (Corporate Communication) und Verhalten (Corporate Behaviour) untergliedert und liefert Vorgaben z. B. für den Außenauftritt mit Logo und Internetpräsenz, für Werbung und Öffentlichkeitsarbeit sowie für das Verhalten der Mitarbeiter gegenüber Kollegen oder Kunden und Lieferanten (vgl. Abb. 1.5).

Corporate Code of Conduct

Insbesondere die Verhaltensstandards des Unternehmens gegenüber Kunden und Lieferanten, die sich an alle Mitarbeiter des Unternehmens richten, werden häufig im sogenannten Verhaltenskodex (»Corporate Code of Conduct«) des Unternehmens festgeschrieben und von der Unternehmensleitung für verbindlich erklärt.

Die in der Mission des Unternehmens umschriebenen langfristigen Ziele des Unternehmens lassen sich in unterschiedliche Zieldimensionen differenzieren und konkretisieren (vgl. Abb. 1.6).

Abb. 1.6

Dimensionen von Unternehmenszielen

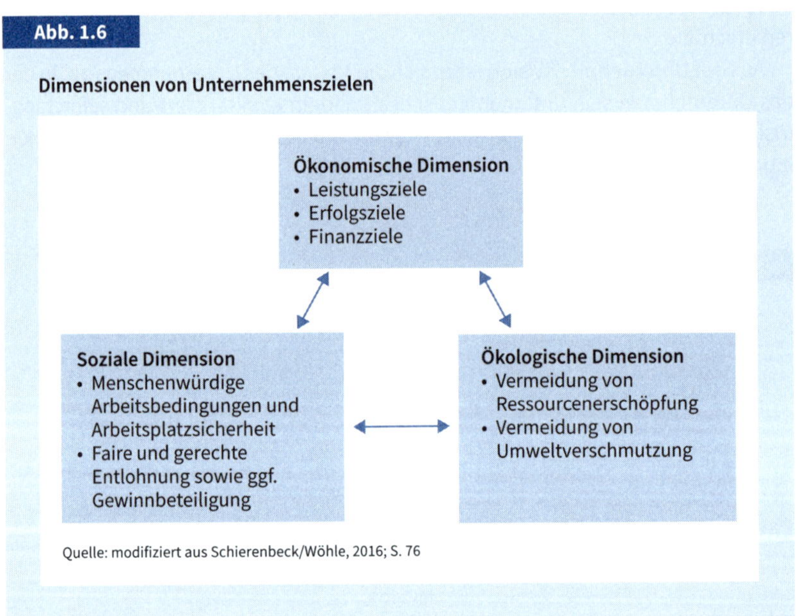

Quelle: modifiziert aus Schierenbeck/Wöhle, 2016; S. 76

Corporate Social Responsibility (CSR)

Unternehmen verfolgen in erster Linie ökonomische Ziele. Aus ethischer Verantwortung müssen sie diese Ziele mit sozialen und ökologischen Zielen in Einklang bringen. Die gesellschaftliche Verantwortung von Unternehmen beschränkt sich nicht auf die unmittelbaren sozialen und ökologischen Ziele, sondern umfasst als sogenannte *Corporate Social Responsibility (CSR)* darüber hinaus Aspekte der gesellschaftlichen Gerechtigkeit, der Nachhaltigkeit der Umweltentwicklung und der gesellschaftspolitischen Verantwortung (vgl. Abb. 1.7).

Abb. 1.7

Ebenen und zentrale Elemente der gesellschaftlichen Verantwortung von Unternehmen

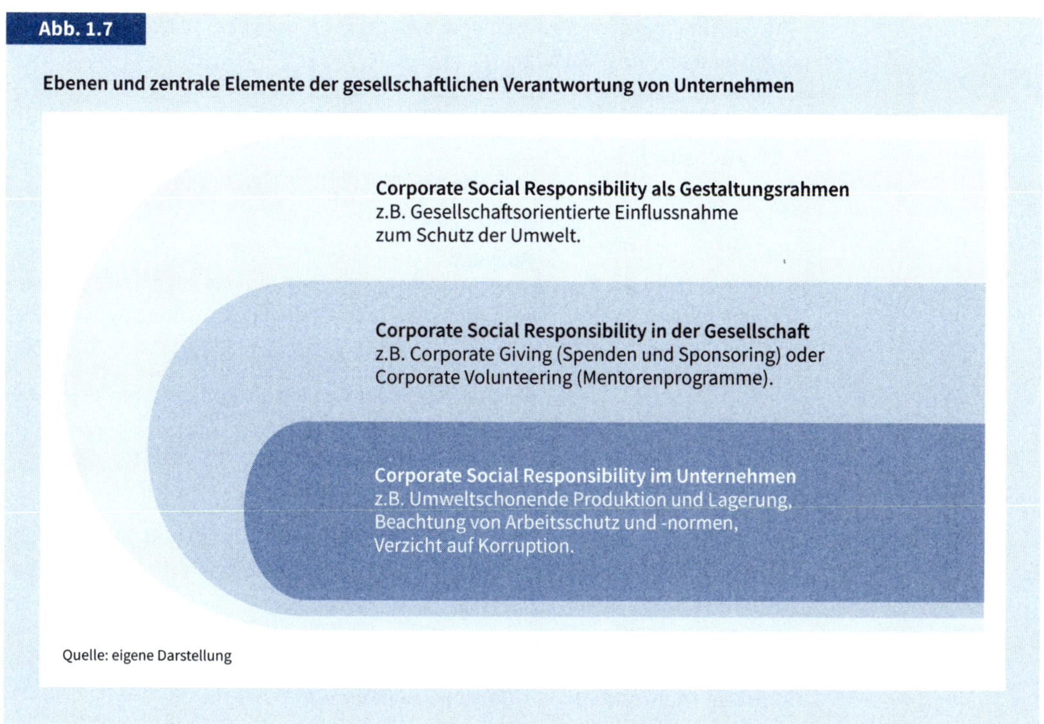

Quelle: eigene Darstellung

Strategische und operative Ziele

Bezogen auf die zeitliche Dimension zur Umsetzung der Ziele lassen sich langfristige, sogenannte *strategische Ziele* und kurzfristige, sogenannte *operative Ziele* unterscheiden. Strategische Ziele werden aus dem Leitbild des Unternehmens in Form einer Mehrjahresplanung abgeleitet. Sie beziehen sich auf die Aktivitäten des Unternehmens als Ganzes und fokussieren besonders seine erfolgskritischen Bereiche. Operative Ziele hingegen sind konkret ausgestaltet und i. d. R. maßnahmenorientiert formuliert. Sie sollen zu messbaren Ergebnissen in einer vorgegebenen Zeit führen.

1.4 Wertschöpfungsrechnung

Ökonomisches Prinzip und Wirtschaftlichkeit

Das Prinzip der Wirtschaftlichkeit leitet sich aus dem ökonomischen Prinzip ab. Ökonomisch handelt, wer bei knappen Ressourcen ein möglichst günstiges *Verhältnis* zwischen dem Wert der produzierten Güter (= Ertrag) und dem Wert der verbrauchten Ressourcen (= Aufwand) erzielt. Operational lässt sich das Ökonomische Prinzip als Maximal- und als Minimalprinzip darstellen. Fixiert man den Nenner des Bruches und maximiert den Zähler, kommt das *Maximalprinzip* zur Anwendung; fixiert man dagegen den Zähler des Bruches und minimiert den Nenner, folgt man dem Minimalprinzip: Die Wirtschaftlichkeit steigt (↑) nach dem Maximalprinzip bzw. dem Minimalprinzip wie folgt:

Maximalprinzip:

$$\text{Wirtschaftlichkeit } (\uparrow) = \frac{\text{Wert der hergestellten Produkte } (\uparrow)}{\text{Wert der verbrauchten Produktionsfaktoren}} = \frac{\text{Ertrag } (\uparrow)}{\text{Aufwand}}$$

Minimalprinzip:

$$\text{Wirtschaftlichkeit } (\uparrow) = \frac{\text{Wert der hergestellten Produkte}}{\text{Wert der verbrauchten Produktionsfaktoren } (\downarrow)} = \frac{\text{Ertrag}}{\text{Aufwand } (\downarrow)}$$

Die *Differenz* aus dem Wert der hergestellten Produkte (Ertrag) und dem Wert der verbrauchten Produktionsfaktoren (Aufwand) wird als Gewinn (bzw. Verlust) bezeichnet.

$\text{Ertrag} - \text{Aufwand} > 0 \rightarrow$ Gewinn
$\text{Ertrag} - \text{Aufwand} = 0 \rightarrow$ Gewinnschwelle
$\text{Ertrag} - \text{Aufwand} < 0 \rightarrow$ Verlust

Absolutes versus relatives Ergebnis

Während der Gewinn (bzw. Verlust) das absolute Ergebnis der unternehmerischen Tätigkeit misst und in Währungseinheiten (z. B. Euro) angegeben wird, beschreibt die Wirtschaftlichkeit das relative Unternehmensergebnis. Ein relatives Ergebnis bildet eine Größenrelation ab und kann beispielsweise als Prozentwert dargestellt werden. Größenrelationen erweisen sich besonders dann als nützlich, wenn man unterschiedlich große Unternehmen miteinander vergleichen möchte.

Finanzielles Gleichgewicht

Um die Wertschöpfung zu erbringen, benötigen Unternehmen Mitarbeiter und Mitarbeiterinnen, die im Produktionsprozess eingesetzt werden und die das Unternehmen organisieren und führen. Für die Einhaltung des finanziellen Gleichgewichtes ist es in der Regel erforderlich, dass die Eigentümer in Vorleistung gehen und Kapital bereitstellen, um die Lieferanten zu bezahlen. Diese »Vorfinanzierung« ist erforderlich, da Kunden erst nach Abnahme der fertigen Güter den Kaufpreis bezahlen. Sollten die finanziellen Mittel zur Einhaltung des Gleichgewichtes nicht ausreichen, wird sich das Unternehmen Geld am Finanzmarkt (z. B. bei Banken) leihen müssen und dieses Geld später mit Zinsen an die Banken zurückzahlen. Arbeitet das Unternehmen wirtschaftlich, erzielt also Gewinne, sind zudem Steuern auf den Gewinn an den Staat zu zahlen, der damit das wirtschaftliche und gesellschaftliche Umfeld des Unternehmens finanziert.

Kontrakt- und Residualeinkommen

Die Interessengruppen eines Unternehmens, auch als »Stakeholder« bezeichnet, stehen mit Ausnahme der Eigentümer mit dem Unternehmen in Vertragsbeziehungen, d. h. sie haben Kontrakte mit dem Unternehmen geschlossen. Kunden und Lieferanten haben mit dem Unternehmen Kaufverträge über ihre Lieferbeziehungen geschlossen, Mitarbeiter haben mit dem Unternehmen Arbeitsverträge vereinbart und Fremdkapitalgeber haben Kreditverträge geschlossen; die Steuerlast des Unternehmens ist in der Steuergesetzgebung des Staates geregelt. Diese vertraglich gebundenen Interessengruppen beziehen ein sogenanntes *Kontrakteinkommen* vom Unternehmen. Einzig die Eigentümer des Unternehmens, also die Shareholder, haben keinen Vertrag mit dem Unternehmen, ihnen gehört das Unternehmen. Erst nachdem die Verträge mit den anderen Interessengruppen erfüllt wurden, verbleibt den Shareholdern das restliche Unternehmensergebnis als Gewinn oder Verlust aus der Geschäftstätigkeit ihres Unternehmens; sie beziehen deshalb ein sogenanntes *Residualeinkommen.*

Wertschöpfung

Die *Wertschöpfungsrechnung* eines Unternehmens zeigt den Mehrwert auf, den das Unternehmen für seine Interessengruppen und für die Gesellschaft erbringt. Dieser Mehrwert ist die Differenz zwischen dem Wert der Wirtschaftsgüter für die Kunden, also dem Absatzmarkt und dem Wert der Vorleistungen, die von den Lieferanten des Beschaffungsmarktes bezogen wurden.

Als »Vorleistungen« fasst man den Wert der verbrauchten Repetierfaktoren und den Wertverlust der in der Produktion eingesetzten Potenzialfaktoren zusammen (vgl. Abb. 1.8).

Abb. 1.8

Wertschöpfung betrachtet nach Entstehung und Verwendung

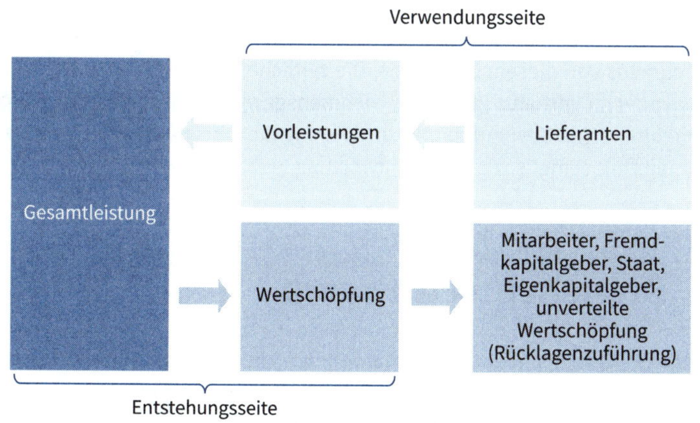

Quelle: modifiziert aus Weber et al., 2018; S. 13

Der Mehrwert, d. h. die Wertschöpfung, berechnet sich wie folgt (vgl. Schierenbeck/Wöhle, 2016; S. 776):

Wert der hergestellten Produkte einer Periode
– Wert der Vorleistungen einer Periode
= Wertschöpfung einer Periode

Mehrwert

Der Mehrwert, den das Unternehmen in einer Periode geschaffen hat, kann an die Stakeholder des Unternehmens verteilt werden. Hierzu werden von der Wertschöpfung der Periode zunächst die Kontrakteinkommen der Mitarbeiter, der Banken und des Staates abgezogen. Es verbleibt als Residualeinkommen der Gewinn (bzw. Verlust) der Periode, der den Eigentümern (Shareholdern) zusteht. Die Eigentümer können den Gewinn sofort als »Ausschüttungen« aus dem Unternehmen entnehmen oder in Form von »Rücklagen« ansammeln (»thesaurieren«) und diese dann in späteren Perioden entnehmen, d. h. ausschütten.

Wertschöpfung
– Leistungen an die Mitarbeiter (Löhne und Gehälter)
– Leistungen an die Fremdkapitalgeber (Zinsen)
– Leistungen an den Staat (Gewinnsteuern)
= Gewinn (bzw. Verlust)
– Ausschüttungen an die Eigentümer
= im Unternehmen verbleibender Gewinn
(Rücklagenzuführung bzw. Thesaurierung)

Wertschöpfungsrechnung

Die Wertschöpfungsrechnung gibt somit einen Einblick, wie die Stakeholder des Unternehmens von diesem profitieren. Die zeitliche Entwicklung der Kontrakteinkommen oder ihr Verhältnis zum Unternehmensgewinn (z. B. das Verhältnis von Arbeitseinkommen zu Gewinn) deuten an, wie eng die wirtschaftlichen Ziele des Unternehmens mit seiner sozialen Verantwortung verzahnt sind.

1.5 Branchenwettbewerb

Unternehmen bilden mit anderen Unternehmen, die ähnliche Produkte herstellen, eine sogenannte Branche. Innerhalb einer Branche stehen sie mit ihren weitgehend substituierbaren (austauschbaren) Produkten im ständigen Wettbewerb zur Befriedigung der Kundenbedürfnisse. Während die Unternehmen ihre aktuellen Wettbewerber (Konkurrenten) und deren Produkte weitgehend kennen, besteht immer die Gefahr, dass neue Unternehmen Güter und Dienstleistungen anbieten, die die Bedürfnisse der Kunden besser befriedigen als die eigenen Produkte. Der Absatzmarkt des Unternehmens ist somit ständig in Bewegung und stellt – bezogen auf den Wertschöpfungsprozess (vgl. Abb. 1.4) – für die meisten Unternehmen eine besondere Herausforderung dar. Insbesondere verhandlungsstarke und flexible Kunden (Abnehmer) nutzen ihre Marktmacht, was dazu führt, dass Unternehmen ihre Wettbewerbsfähigkeit und die Wirtschaftlichkeit ihrer Wertschöpfungskette ständig überprüfen und optimieren müssen. Dies bezieht sich nicht nur auf die Produktionsabläufe der eigenen Güter- und Dienstleistungserstellung, sondern auch auf die Beschaffung der notwendigen Maschinen und Werkstoffe. Hier bieten sich Chancen, mit neuen Lieferanten zu kooperieren oder auf Ersatzwerkstoffe auszuweichen (vgl. Abb. 1.9).

Abb. 1.9

Triebkräfte des Branchenwettbewerbs

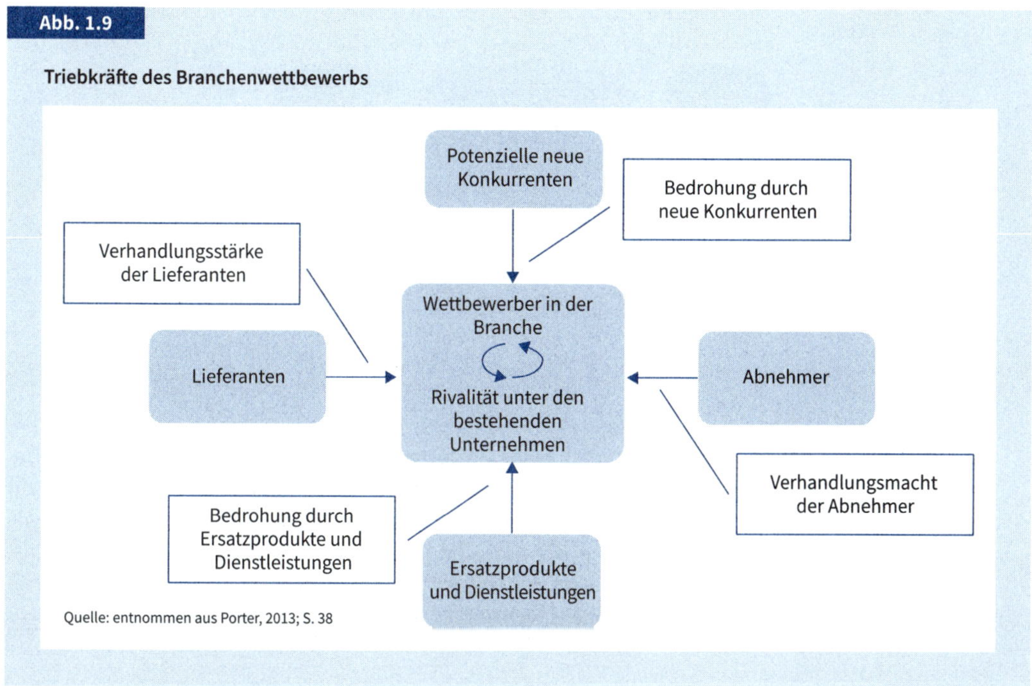

Quelle: entnommen aus Porter, 2013; S. 38

Arbeits- und Finanzmarkt

Eine besondere Bedeutung kommt dem Arbeitsmarkt zu. Motivierte und gut ausgebildete Mitarbeiter müssen gewonnen und gehalten werden, damit sich Unternehmen an sich wandelnde Marktgegebenheiten optimal anpassen können. Zur Einhaltung des finanziellen Gleichgewichtes ist es zudem notwendig, dass Unternehmen gute Beziehungen zum Finanzmarkt pflegen. Die finanziellen Ressourcen sind beschränkt und der Finanzbedarf für die Anschaffung neuer Betriebsmittel muss gedeckt werden. Ebenso muss die Bezahlung der Mitarbeiter und die Finanzierung der laufend verbrauchten Werkstoffe und Betriebsstoffe gesichert sein. Bei der Finanzierung handelt es sich i. d. R. um eine Vor- oder Zwischenfinanzierung, letztlich müssen die Einzahlungen der Kunden aus dem Verkauf der Wirtschaftsgüter alle Auszahlungen des Unternehmens decken (vgl. Abb. 1.10).

Kernprozess der Wertschöpfung

Der aus Absatz, Produktion und Beschaffung bestehende Kernprozess der Wertschöpfung muss zur Optimierung der Wettbewerbsstärke ergänzt und begleitet

Abb. 1.10

Unternehmen im Wirtschaftsprozess

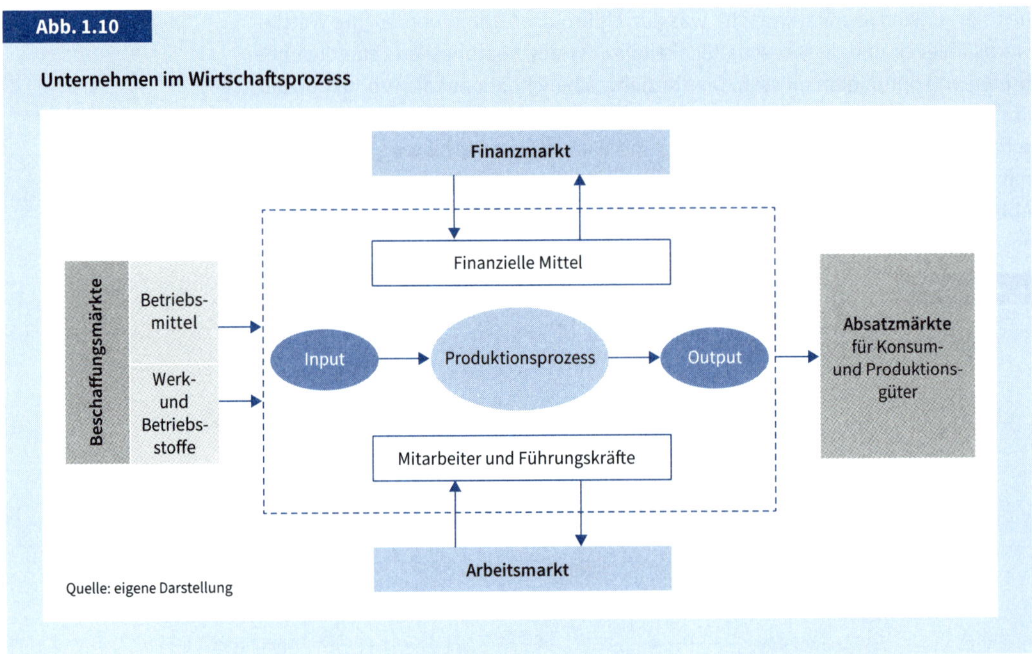

Quelle: eigene Darstellung

werden durch unterstützende Prozesse wie Rechtsformgestaltung und Organisationsstrukturierung sowie Personalführung. Die notwendigen Informationen zur Wettbewerbsstärkung werden durch die Investitions- und Finanzrechnung sowie durch das interne und externe Rechnungswesen bereitgestellt. Die Unternehmensführung wiederum leitet das Unternehmen und steuert und koordiniert alle Prozesse des Unternehmens (vgl. Abb. 1.11).

Abb. 1.11

Wertschöpfungskette mit unterstützenden Aktivitäten im Unternehmen

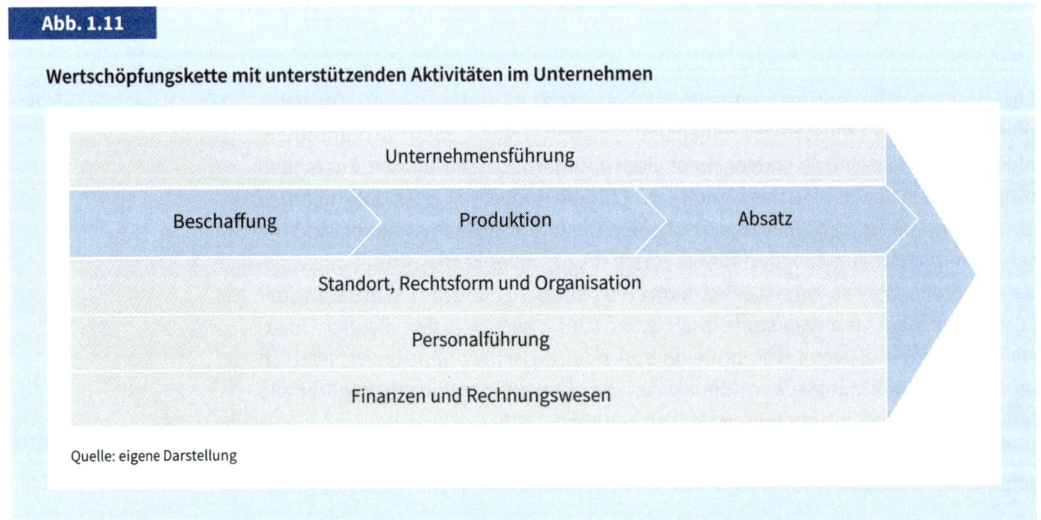

Quelle: eigene Darstellung

ANWENDUNGSFRAGEN/LERNZIELE

Sie haben sich im 1. Kapitel dieses Buches mit der Einordnung der Betriebswirtschaftslehre in das wirtschaftliche Umfeld beschäftigt. Nach dem Lesen des Kapitels sollen Sie:

1. ... Wirtschaftsgüter nach:

- materiellen Gütern und immateriellen Gütern,
- Produktionsgütern und Konsumgütern,
- Gebrauchsgütern und Verbrauchsgütern sowie
- Potenzialfaktoren und Repetierfaktoren

differenzieren und die jeweiligen Begrifflichkeiten erläutern können.

2. ... zwischen privaten Betrieben (Unternehmen) und öffentlichen Betrieben unterscheiden können.

3. ... den betrieblichen Wertschöpfungsprozess in seinen Grundzügen erläutern und dabei verschiedene Interessengruppen unternehmerischer Aktivitäten unterscheiden können.

4. ... verschiedene Ebenen der generellen Zielplanung eines Unternehmens voneinander abgrenzen können.

5. ... Elemente der gesellschaftlichen Verantwortung von Unternehmen vorstellen und dabei den Begriff »Corporate Social Responsibility« erklären können.

6. ... das Prinzip der Wirtschaftlichkeit bestimmen und die periodenbezogene Wertschöpfung eines Unternehmens definieren können.

7. ... einen Überblick über die Triebkräfte des Branchenwettbewerbs (nach Porter) geben können.

ANWENDUNGSBEISPIEL/STORY

Story: *E-runner* – Ihre Geschäftsidee!

Sie sitzen mit Freunden zusammen und diskutieren über den drohenden Verkehrsinfarkt in Ihrer Stadt. Die Straßen sind ständig durch Autos verstopft und je nach Wetterlage werden zudem die Staubgrenzwerte überschritten, sodass Fahrverbote für Autos drohen. Da Sie und Ihre Freunde begeisterte Fahrradfahrer sind, nutzen Sie das Fahrrad so oft wie möglich und sind besonders von der Diskussion über Elektroantriebe fasziniert. Seit Sie zu einer Probefahrt mit einem E-Bike eingeladen wurden und mühelos die öden Vorstadtstraßen überwunden haben, lässt Sie das Thema nicht mehr los: Sie und Ihre Freunde sind regelrecht von den Vorteilen des Elektroantriebs für Fahrräder begeistert und möchten die Idee in Form des *E-runners* zu Geld machen.

Gesagt, getan: Aber Begeisterung alleine hilft nicht. Als ersten Schritt müssen Sie Ihre Geschäftsidee konkretisieren und betriebswirtschaftlich durchdenken. Dabei soll Ihnen dieses Buch helfen. Den Kapiteln dieses Buches folgend, werden Sie durch die relevanten Teilgebiete der Betriebswirtschaftslehre geleitet und können anschließend Ihre Idee ausbauen und zu einem Geschäftsmodell erweitern.

1 Wirtschaftlicher Kontext zur Geschäftsidee Ihres *E-runners*

Im ersten Kapitel Ihrer Story beschäftigen Sie sich mit dem wirtschaftlichen Kontext Ihrer Geschäftsidee.

Welche generellen *Ziele* verfolgen Sie mit Ihrem Unternehmen?

- Formulieren Sie die Vision und die Mission sowie das Leitbild Ihres Start-ups. Berücksichtigen Sie dabei ökonomische, soziale und ökologische Aspekte.
- Welchen Stellenwert weisen Sie dem Ansatz der Corporate Social Responsibility (CSR) zu? Auf welche Weise würde eine Ausgestaltung von CSR in Ihrem Unternehmen erfolgen? Welche Alternativen bestünden hierzu? Begründen Sie Ihre Vorgehensweise.

Sie befinden sich auf einem *Konkurrenzmarkt:*

- Grenzen Sie zunächst das Tätigkeitsgebiet Ihres Unternehmens ein: Agiert Ihr Start-up *E-runner* regional, national oder europaweit?
- Analysieren Sie die Triebkräfte des relevanten Branchenwettbewerbs.
- Welche Wettbewerber agieren bislang auf dem für Sie relevanten Markt für E-Bikes?
- Rechnen Sie zudem mit neu eintretenden Konkurrenzunternehmen? Wenn ja, warum?
- Wie sehen Sie sich dieser Marktsituation gegenüber aufgestellt?
- Welche Überlegungen leiten Sie bei Ihrer Markt-Einschätzung für die nachfolgenden Entscheidungen ab, z. B. hinsichtlich der Anschaffung von Maschinen und anderen Potenzialgütern zur Herstellung Ihres *E-runners?*
- Wie positionieren Sie sich mit Blick auf mögliche Lieferanten und wie bewerten Sie generell die Marktteilnehmer und deren Verhandlungsmacht auf Ihrem Markt?

ZITIERTE LITERATUR

Porter M. E. (2013): Wettbewerbsstrategien, 12. Aufl., Frankfurt a. M.: Campus.
Thommen, J.-P./Achleitner, A.-K./Gilbert, D. U./Hachmeister, D./Kaiser, G. (2017): Allgemeine Betriebswirtschaftslehre, 8. Aufl., Wiesbaden: Springer Gabler.
Schierenbeck, H./Wöhle, C. (2016): Grundzüge der Betriebswirtschaftslehre, 19. Aufl., Berlin: De Gruyter Oldenbourg.
Weber, W./Kabst, R./Baum, M. (2018): Einführung in die Betriebswirtschaftslehre, 10. Aufl., Wiesbaden: Springer Gabler.

Weiterführende Literatur

Balderjahn, G./Specht, G. (2016): Einführung in die Betriebswirtschaftslehre, 7. Aufl., Stuttgart: Schäffer-Poeschel.
Eisenführ, F./Theuvsen, L. (2004): Einführung in die Betriebswirtschaftslehre, 4. Aufl., Stuttgart: Schäffer-Poeschel.
Gogoll, F./Wenke, M. (2017): Unternehmensethik, Nachhaltigkeit und Corporate Social Responsibility, Stuttgart: Kohlhammer.
Haller, A. (1997): Wertschöpfungsrechnung, Stuttgart: Schäffer-Poeschel.
Kußmaul, H. (2016): Betriebswirtschaftslehre, 8. Aufl., Berlin: De Gruyter Oldenbourg.
Schmalen, H./Pechtl, H. (2013): Grundlagen und Probleme der Betriebswirtschaft, 15. Aufl., Stuttgart: Schäffer-Poeschel.
Schneck, O. (2015): Lexikon der Betriebswirtschaft, 9. Aufl., München: Beck.

2 Leistungswirtschaftliche Prozesse

ÜBERSICHT

- **2.1 Absatz:** Ziel des Absatzes ist es, den Verkauf der Produkte des Unternehmens zu gewährleisten, damit es im Wettbewerb bestehen kann. Hierzu müssen die Bedürfnisse der Kunden im Rahmen der Marktforschung ermittelt werden. Ein einfaches Kaufmodell bietet Ansatzpunkte, wie das Unternehmen mit seinen absatzpolitischen Instrumenten (Marketing-Mix) der Produkt- und Preispolitik sowie der Kommunikations- und der Distributionspolitik Kunden erreichen und an sich binden kann. Der aus den Aktivitäten resultierende Absatzplan gibt den Rahmen für die Produktion vor.
- **2.2 Produktion:** Die Produktion ist ein Instrument zur Umsetzung der Vorgaben des Absatzbereiches. Die Spannweite des Produktprogramms erstreckt sich von der kundenspezifischen Einzelproduktion bis zur marktorientierten Massenproduktion. Hierauf abgestimmt wird das Unternehmen seine Betriebsmittel (Maschinen) und seine Produktionsprozesse nach dem Werkstatt- oder nach dem Fließprinzip optimieren.
- **2.3 Beschaffung:** Die Beschaffung beschäftigt sich mit dem Einkauf und der Lagerung der zur Herstellung des Produktionsprogramms benötigten Werkstoffe und Betriebsmittel. Hierzu wird zunächst mittels Stücklisten und Verbrauchsprognosen der Beschaffungsbedarf ermittelt. Verknüpft mit der Lagerbestandsführung lässt sich die optimale Bestellmenge errechnen und beispielsweise in eine Just-in-time-Lieferung umsetzen.

2.1 Absatz

2.1.1 Ziele und Aufgaben des Absatzes

Unternehmen sind in ihr wirtschaftliches Umfeld eingebunden. Sie produzieren Wirtschaftsgüter, die sie ihren Kunden zum Kauf anbieten und für deren Produktion sie in der Regel Werkstoffe als Vorprodukte einkaufen müssen. Dieser Prozess der Leistungserstellung wird als *Wertschöpfungsprozess* bezeichnet (vgl. Abb. 1.4). Damit Unternehmen im Wettbewerb erfolgreich bestehen und Gewinne erwirtschaften können, muss ihr Wertschöpfungsprozess effizient funktionieren. Ausgangspunkt des Prozesses ist der *Kunde* mit seinen Bedürfnissen und seiner Nachfrage zur Bedürfnisbefriedigung.

Marketing

Im unternehmerischen Funktionsbereich *Absatz,* häufig auch als »Marketing« bezeichnet, versucht das Unternehmen, seine Güter und Dienstleistungen zu »vermarkten«. Das Ziel ist, die Kaufentscheidungen der potenziellen Kunden so zu beeinflussen, dass die Güter und Dienstleistungen des eigenen Unternehmens gegenüber konkurrierenden Angeboten bevorzugt werden. Als Ergebnis resultiert ein Absatzplan. Er bildet die Grundlage zur Ableitung der *Produktionsplanung.* In ihr wird festgelegt, welche Betriebsmittel eingesetzt werden und welcher Bedarf an Arbeitskräften zur Erstellung der Produkte besteht. Aus der Produktionsplanung wird der *Beschaffungsplan* abgeleitet. Er bestimmt, welche Werkstoffe und welche Betriebsstoffe zugekauft werden müssen und wie sie zu lagern sind.

Absatzmarkt

Um seine Produkte bzw. Dienstleistungen zu verkaufen, d. h. »abzusetzen«, muss das Unternehmen diese auf einem Markt, dem sogenannten Absatzmarkt, anbieten. Auf dem Absatzmarkt befinden sich in der Regel mehrere Anbieter und zahlreiche potenzielle Kunden. In Abhängigkeit von Angebot und Nachfrage wird zwischen einem *Verkäufermarkt* und einem *Käufermarkt* unterschieden. Bei Ersterem ist der Verkäufer gegenüber dem Kunden (Käufer) in einer besseren Position, da die Nachfrage das Angebot übersteigt (Nachfrageüberschuss bzw. Angebotsdefizit). Dagegen hat bei einem Käufermarkt, der in den entwickelten Industrieländern vorherrscht, der Kunde einen Vorteil, da er zwischen einer Vielzahl von Angeboten auswählen kann (Angebotsüberhang bzw. Nachfragedefizit). Für ein Unternehmen stellt sich dabei die Herausforderung, die Kunden zum Kauf der eigenen Produkte zu bewegen und die Beziehung zu den Kunden zu pflegen, damit diese nicht zur Konkurrenz abwandern und deren Angebote wahrnehmen.

Abb. 2.1

Determinanten des Absatzmarktes

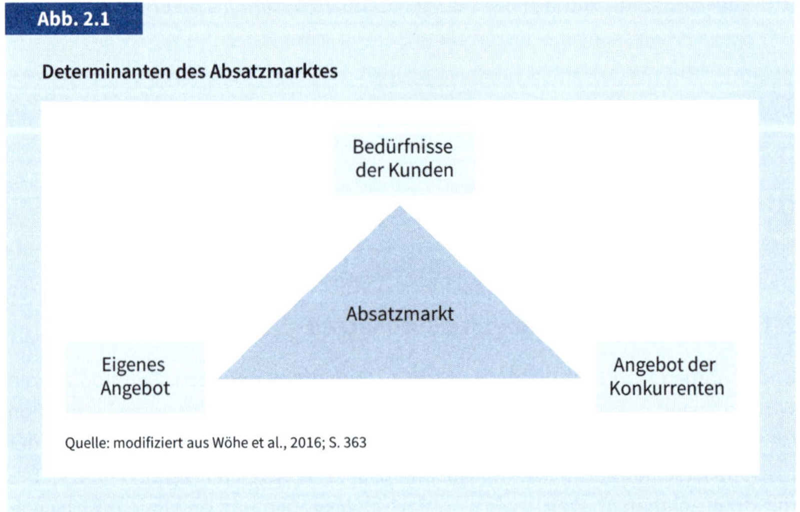

Quelle: modifiziert aus Wöhe et al., 2016; S. 363

Die Aufgabe des Absatzes ist es, Maßnahmen zu entwickeln, die das Unternehmen ergreifen kann, um den Verkauf der eigenen Produkte zu gewährleisten und damit im Verdrängungswettbewerb zu bestehen. Das Spannungsverhältnis zwischen den Bedürfnissen der Kunden und den Interessen des Unternehmens lässt sich als Dreieck darstellen, das durch die Eckpunkte »Bedürfnisse der Kunden«, »Eigenes Angebot« und »Angebot der Konkurrenten« markiert wird (vgl. Abb. 2.1).

Kundenbedürfnisse versus Unternehmensinteresse

Das Unternehmen versucht, die Bedürfnisse der Kunden zu ermitteln, das eigene Angebot im Vergleich zur Konkurrenz attraktiv erscheinen zu lassen und dies den potenziellen Kunden entsprechend zu übermitteln.

Der Gesamtbereich des Absatzes lässt sich in die drei Teilbereiche *Marktforschung, absatzpolitische Instrumente* und *Absatzplan* untergliedern (vgl. Abb. 2.2).

Abb. 2.2

Teilbereiche des Absatzes

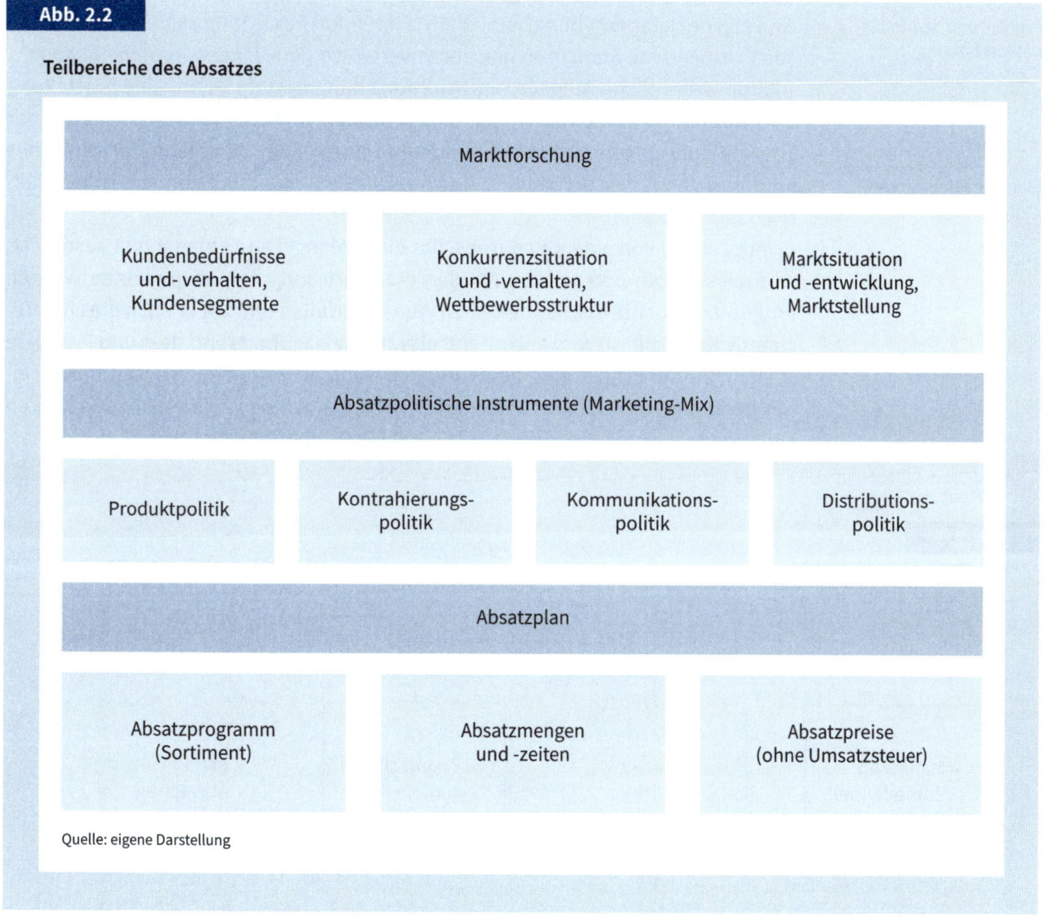

Quelle: eigene Darstellung

2.1.2 Marktforschung

Im Rahmen der *Marktforschung* werden systematisch Daten über den Absatzmarkt gewonnen und analysiert. Es gilt, möglichst frühzeitig zu erkennen, welche Trends und Entwicklungen sich bei Käufern und Konkurrenten abzeichnen. Hierzu werden

- sowohl quantitative Daten wie z. B. Marktvolumen, Kaufkraft und Altersstruktur der Marktteilnehmer, Anzahl und Größe der Konkurrenzunternehmen als auch
- qualitative Informationen wie z. B. Erwartungen der Marktteilnehmer und Zufriedenheit der Kunden erhoben.

Primär- und Sekundärdatenerhebung

Die Datenerhebung kann das eigene Unternehmen ins Blickfeld nehmen (z. B. Zufriedenheit der eigenen Kunden), sie kann sich aber auch auf die gesamte Marktsituation beziehen. Die durchgeführten Untersuchungen müssen nicht unbedingt eine eigene Datenerhebung beinhalten *(Primärdatenerhebung)*, sondern es können auch vorhandene Statistiken neu ausgewertet werden *(Sekundärdatenerhebung)*.

Einfaches Kaufmodell

Eine wesentliche Aufgabe der Marktforschung besteht darin, eine Vorstellung über das Kaufverhalten von Kunden zu gewinnen. Im Mittelpunkt steht hierbei der Entscheidungsprozess, den ein Kunde vor einem Kauf durchläuft. Ein einfaches Kaufmodell mit vier Schritten, die sich teilweise überlappen können, ist hier hilfreich (vgl. Abb. 2.3).

Ausgehend von einem Bedürfnis, das einen Mangel an Zufriedenheit ausdrückt, wird dieses vom potenziellen Kunden präzisiert und in einen konkreten Wunsch umgesetzt. Möchte der Kunde seinen Wunsch erfüllen und hat er auch die entsprechende Kaufkraft, so wird er eine entsprechende Nachfrage entfalten und Produkte suchen, die der Erfüllung seines Wunsches entsprechen. Bevor er sich zum Kauf eines bestimmten Produktes entscheidet, wird er noch den zu erwartenden Nutzen des Produkts gegenüber dem zu zahlenden Preis abwägen (vgl. Abb. 2.4).

Abb. 2.3

Einfaches Kaufmodell

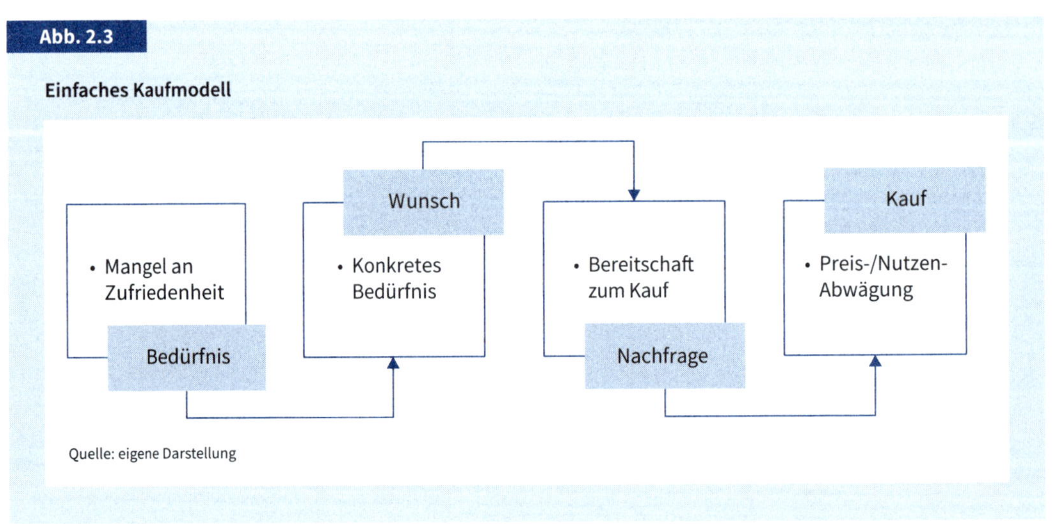

Quelle: eigene Darstellung

Abb. 2.4

Beispiel zur Umsetzung des einfachen Kaufmodells

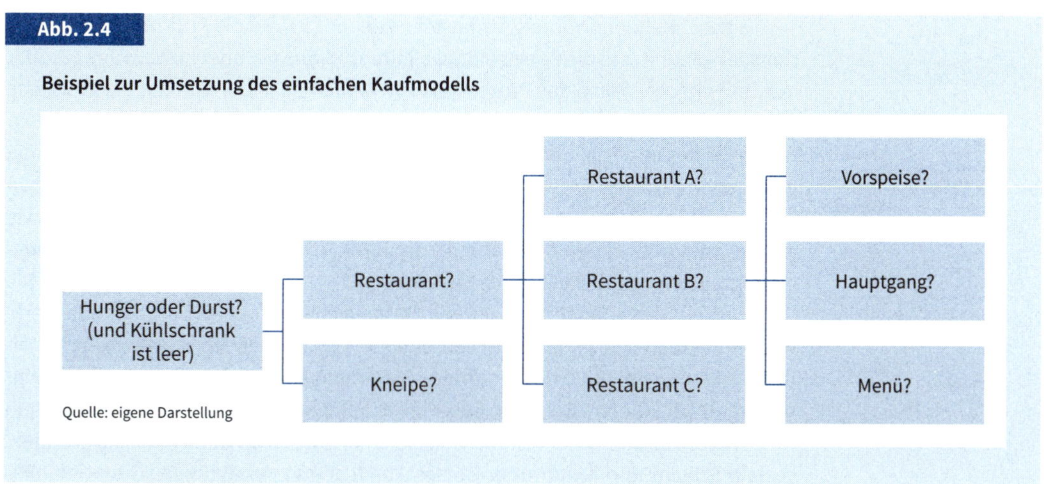

Quelle: eigene Darstellung

Beispiel zum Kaufmodell

Ein Beispiel für die Umsetzung des Kaufmodells liefert die Abbildung 2.4. Deutlich sind die verschiedenen Schritte der Kaufentscheidung erkennbar, die vom Allgemeinen ins Besondere verlaufen. Ist bei leerem Magen und leerem Kühlschrank die Entscheidung für einen Restaurantbesuch gefallen, stellt sich die Frage nach den Alternativen (Spezialisierung der Küche, Preisniveau, Bekanntheitsgrad, Entfernung des Restaurants vom Wohnort usw.). Der Kunde bedient sich zur Entscheidungsfindung zahlreicher Kriterien, was auch für die anschließende Frage nach der konkreten Zusammenstellung der Mahlzeit gilt. Das Zustandekommen einer Kaufentscheidung – hier für eine bestimmte Mahlzeit im Restaurant – ist letztlich das Ergebnis eines komplexen Prozesses mit vielen Kriterien und Vorlieben.

Verhaltensmuster von Kunden

Natürlich werden nicht alle Kunden diesen Prozess in gleicher Weise durchlaufen, sondern unterschiedliche Verhaltensmuster an den Tag legen. Es lassen sich verschiedene Typen von Verhaltensmustern unterscheiden, wobei ein und derselbe Käufer in unterschiedlichen Situationen durchaus unterschiedliche Verhaltensmuster aufweisen kann.

Rationales Verhalten

Ein *rationales Verhalten* zeichnet sich dadurch aus, dass der Käufer klare Ziele hat, die er erreichen will. Er versucht, die Informationen, die er für seine Entscheidungsfindung heranzieht, zu bewerten. Unter mehreren Alternativen entschließt er sich für diejenige, die seinen Nutzen maximiert.

Gewohnheitsverhalten

Beim *Gewohnheitsverhalten* orientiert sich der Käufer an bewährten Mustern entsprechend seiner Erfahrung. So muss er nicht jedes Mal eine neue Entscheidung treffen; der Kauf wird zur Routine.

Impulsverhalten

Beim *Impulsverhalten* handelt der Käufer spontan und lässt sich von augenblicklichen Eingebungen leiten. Er verzichtet auf zusätzliche und neue Informationen und ist rationalen Argumenten wenig zugänglich. Hieraus entstehen sogenannte Zufallskäufe.

Sozial abhängiges Verhalten

Beim *sozial abhängigen Verhalten* lässt sich der Käufer von den Wertvorstellungen und Denkmustern seiner sozialen Umwelt (z. B. Freunde, Familie, Kollegen) leiten.

Die beschriebenen Verhaltensmuster beziehen sich auf die Kriterien zur Informationsgewinnung und die Entscheidungsfindung. Sie sagen aber noch nichts darüber aus, auf welche Weise der Prozess bis zur Kaufentscheidung abläuft und welche Faktoren als Einflussgrößen das beschriebene Verhalten bestimmen. Bei den möglichen Einflussgrößen, den sogenannten Determinanten, lassen sich exogene von endogenen Faktoren unterscheiden (vgl. Abb. 2.5). Die *exogenen Faktoren* beziehen sich auf die vom Unternehmen eingesetzten absatzpolitischen Maßnahmen sowie auf die entsprechenden Maßnahmen der Konkurrenten, die endogenen Faktoren charakterisieren käuferbezogene Merkmale.

Exogene Einflussgrößen

Endogene Einflussgrößen

Innerhalb der *endogenen Faktoren* lassen sich langfristig überdauernde Merkmale von kurzfristig in der aktuellen Situation aktivierten Merkmalen unterscheiden. Zu den langfristig überdauernden Merkmalen gehören zum einen Personenmerkmale des Käufers wie Alter, Geschlecht, Fähigkeiten, Bedürfnisse und Werthaltungen, zum anderen Merkmale der sozialen Umwelt wie Familie, Bezugsgruppen, soziale Schicht und Kulturkreis. Zu den kurzfristig in der aktuellen Situation aktivierten Merkmalen zählen Prozesse der Aufmerksamkeit, der Wahrnehmung und des Gedächtnisses sowie auftretende Emotionen (Gefühle).

Abbildung 2.5 stellt ein Prozessmodell des Kaufverhaltens dar. In dem Modell bilden exogene und endogene Faktoren als Einflussgrößen die Input-Variablen, während die Einstellung zum Produkt und der Kauf des Produkts als Reaktion des

Abb. 2.5

Prozessmodell des Kaufverhaltens

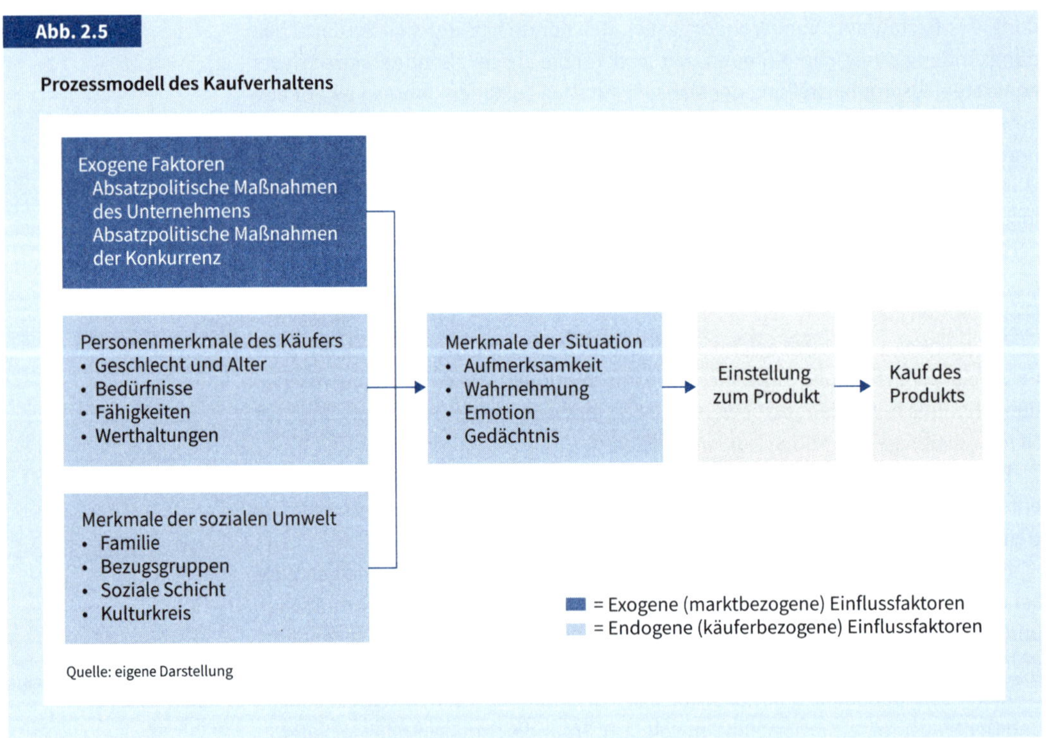

Quelle: eigene Darstellung

Käufers die Output-Variablen repräsentieren. Zu beachten ist, dass auch eine positive Einstellung zum Produkt nicht notwendigerweise zum Kauf führen muss. Der Preis beispielsweise kann abschreckend wirken oder die Gelegenheit ist ungünstig.

Manche der aufgeführten Variablen sind direkt erfassbar, andere sind nur indirekt erschließbar. So können manche Personenmerkmale über objektiv erhobene statistische Daten oder Fragebogen erfasst werden und der Kauf des Produkts kann direkt beobachtet werden. Dagegen sind situative Merkmale wie Aufmerksamkeits- und Gedächtnisprozesse nicht direkt beobachtbar, allenfalls können sie indirekt – beispielsweise mit Hilfe von Augenkameras – erschlossen werden.

Zu den *quantitativen Maßen,* die im Rahmen der Marktforschung erhoben werden, zählt die Ermittlung des Marktvolumens und der Marktanteil des Unternehmens am Gesamtmarkt in einem bestimmten Zeitraum.

Marktvolumen

Zur Bestimmung des *Marktvolumens* muss das Unternehmen festlegen, ob es regional, national oder international tätig werden will, und unter Beachtung seiner Möglichkeiten und Kapazitäten den für es realistisch erreichbaren relevanten Markt festlegen. Das Volumen des relevanten Marktes ist die Summe der Absatzmengen des Unternehmens und die seiner Konkurrenten in seiner Branche. Das Marktvolumen wird begrenzt durch das *Marktpotenzial,* d. h. durch die Gesamtheit der möglichen Absatzmengen eines Produktes. Erreicht das Marktvolumen annähernd das Marktpotenzial, spricht man von »gesättigten« Märkten, in denen ein Absatzwachstum kaum noch möglich ist.

$$\text{Marktwachstum (in \%)} = \frac{\text{zusätzliches Marktvolumen}}{\text{Marktvolumen der Vorperiode}} \times 100$$

Marktanteil

Zur Beschreibung der Stellung des Unternehmens in seinem relevanten Markt wird der *Marktanteil* des Unternehmens berechnet. Man unterscheidet den absoluten und den relativen Marktanteil.

Der *absolute Marktanteil* beschreibt den prozentualen Anteil der Absatzmenge des Produktes des Unternehmens am Marktvolumen der Branche (vgl. Abb. 2.6).

$$\text{Absoluter Marktanteil (in \%)} = \frac{\text{eigene Absatzmenge}}{\text{Marktvolumen}} \times 100$$

Der Aussagegehalt des absoluten Marktanteils ist gering, wenn der Absatzmarkt durch eine Vielzahl von Konkurrenten gekennzeichnet ist, es sich also um einen polypolistischen Markt handelt. In diesem Falle wird der *relative Marktanteil* berechnet. Er gibt an, welchen Anteil die eigene Absatzmenge eines Produktes an der Absatzmenge des Produkts des stärksten Konkurrenten hat:

$$\text{Relativer Marktanteil (in \%)} = \frac{\text{eigene Absatzmenge}}{\text{Absatzmenge des größten Konkurrenten}} \times 100$$

Der relative Marktanteil für ein Produkt beträgt 100 %, wenn die Absatzmenge des Unternehmens gleich der Absatzmenge desselben Produktes beim größten Konkurrenten ist. Ist der relative Marktanteil größer als 100 %, deutet dies auf die Marktführerschaft des Unternehmens für dieses Produkt hin.

Abb. 2.6

Marktpotenzial, Marktvolumen und Marktanteil

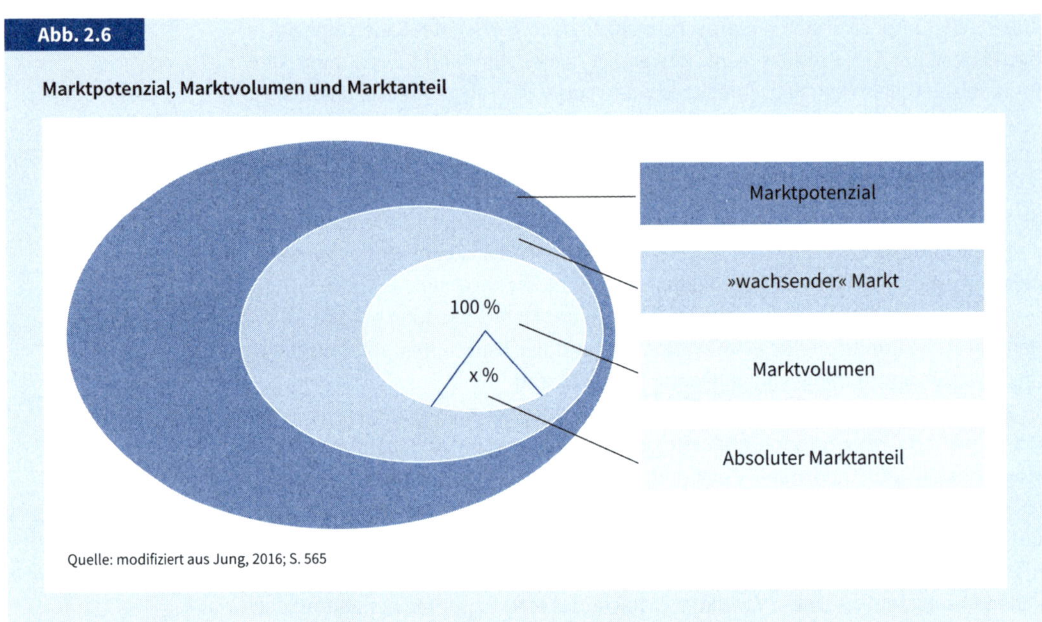

Quelle: modifiziert aus Jung, 2016; S. 565

Günstig ist es für ein Unternehmen, wenn es in einem wachsenden Markt tätig ist. Hier kann das Unternehmen – ohne seine Konkurrenten verdrängen zu müssen – mit dem Markt wachsen und zugleich seinen Marktanteil halten, oder, wenn es schneller wächst als die Konkurrenz, seinen Marktanteil vergrößern.

Möchte man die Marktstellung des ganzen Unternehmens in einem Markt beurteilen, wird anstelle der Absatzmenge eines Produktes der *Umsatz* des Unternehmens (= Summe der Absatzmengen multipliziert mit den Absatzpreisen der Produkte) für die Berechnung der Marktanteile angesetzt.

2.1.3 Absatzpolitische Instrumente

Die durch die Marktforschung gewonnenen Daten fließen in die Maßnahmen ein, die ein Unternehmen nutzt, um Kunden zu gewinnen bzw. zu halten und um sich von der Konkurrenz abzusetzen. Diese Maßnahmen gelten als *absatzpolitische Instrumente*. Mit ihnen will das Unternehmen seine Kunden von der Leistungsfähigkeit des eigenen Angebots überzeugen und sich von seinen Konkurrenten abheben. Der aufeinander abgestimmte Einsatz der einzelnen Instrumente wird als *»Marketing-Mix«* bezeichnet und in vier Gruppen eingeteilt (vgl. Abb. 2.7).

Marketing-Mix

Entsprechend den Anfangsbuchstaben »P« in den englischsprachigen Bezeichnungen spricht man auch von den 4 P's der absatzpolitischen Instrumente (Mc Carthy, 1960):

- Produktpolitik *(Product)*
- Kontrahierungspolitik (*Price*)

Abb. 2.7

Bestandteile des Marketing-Mix

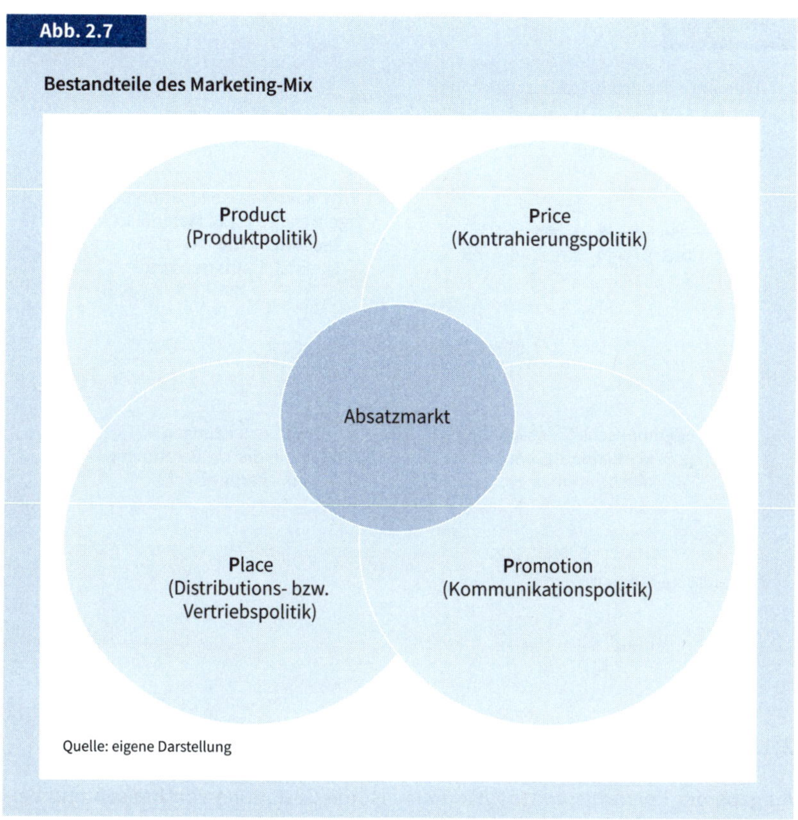

Quelle: eigene Darstellung

- Kommunikationspolitik (*P*romotion)
- Distributions- bzw. Vertriebspolitik (*P*lace)

Im Folgenden werden die einzelnen Instrumente erläutert.

2.1.3.1 Produktpolitik

Aufgabe der *Produktpolitik (Product)* ist es, ein an den Bedürfnissen der Nachfrager orientiertes Angebot zu konzipieren. Die eigenen Produkte sollen den potenziellen Kunden attraktiv erscheinen. Die Attraktivität kann sich beispielsweise auf den Anwendungs- und Gebrauchsnutzen oder auf die Qualität beziehen. Da die Kunden die Produkte des Unternehmens mit denen der Konkurrenz vergleichen, muss sich das eigene Angebot deutlich von den Konkurrenzprodukten abheben. Das Unternehmen sollte alles versuchen, sein eigenes Angebot in den Augen der Kunden zu etwas ganz Besonderem zu machen, damit es für die Kunden attraktiver als die Angebote der Konkurrenz ist. Dies geschieht durch die Produktdifferenzierung, die die Unterschiede zu den Produkten der Konkurrenz deutlich macht. Ansatzfelder der Produktdifferenzierung sind in Abbildung 2.8 aufgeführt.

Produktdifferenzierung

Abb. 2.8

Elemente der Produktdifferenzierung

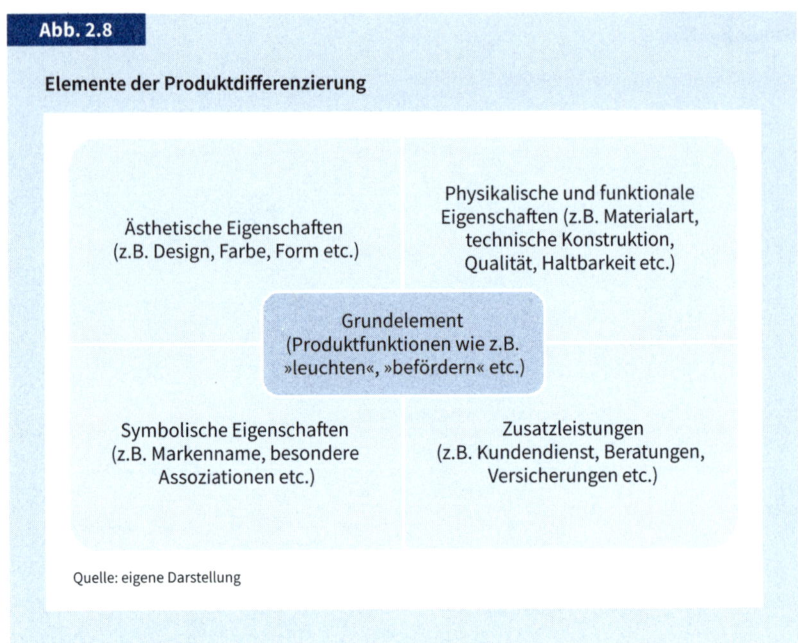

Quelle: eigene Darstellung

2.1.3.2 Kontrahierungspolitik

Aufgabe der *Kontrahierungspolitik (Price)* ist die Gestaltung von Preisen und Verkaufsbedingungen. Das Unternehmen versucht, die Preise möglichst kundengruppengenau festzulegen und damit in den Augen der Kunden das im Vergleich zur Konkurrenz attraktivste Preis-Leistungs-Verhältnis zu bieten. Die Leistung umfasst nicht nur die Merkmale des Produkts, sondern schließt auch die Liefer- und Zahlungsbedingungen ein. Hierbei kann das Unternehmen versuchen, seine Konditionen so zu gestalten, dass es den Kunden schwerfällt, einen Vergleich zu den Konditionen der Konkurrenz aufzustellen.

Typische Entscheidungsfelder der Kontrahierungspolitik sind:

- Preispolitik,
- Rabattpolitik,
- Politik der Lieferbedingungen,
- Politik der Zahlungsbedingungen,
- Kreditpolitik.

Maßgeblich für den privaten Kunden ist der Preis für den Endverbraucher, d. h. der Produktpreis zuzüglich der Umsatzsteuer (vgl. Kap. 6.3.6). Für das Unternehmen hingegen ist der erzielte »Nettopreis« d. h. der Preis ohne Umsatzsteuer relevant.

Preispolitik

Ähnlich wie bei der Produktpolitik ist es auch bei der *Preispolitik* wichtig, sich positiv von der Konkurrenz abzuheben. Dies geschieht vor allem durch die *Preisdifferenzierung*. Grundsätzlich gilt, dass ein Unternehmen zwar seine Preise eigenständig festlegen kann, dass aber das Preisniveau des Marktes nicht allein vom eigenen Preis, sondern von den Preisen aller Anbieter bestimmt wird. Die Höhe des eigenen Preises wird für das Unternehmen somit letztlich durch die Konkurrenz vorgegeben, denn ein Kunde wird immer versuchen, das für ihn beste Preis-Leistungs-Verhältnis zu realisieren, und hierbei häufig das »billigste« Produkt wählen.

Typische Beispiele der Preisdifferenzierung sind:

- Preisdifferenzierung nach Abnehmergruppen, z. B. Schülerfahrkarten, Preisnachlässe an Stammkunden, unterschiedliche Strompreise für private und industrielle Verbraucher,
- Räumliche Preisdifferenzierung, z. B. landesspezifische Preise,
- Zeitliche Preisdifferenzierung, z. B. Saisonpreise,
- Quantitative Preisdifferenzierung, z. B. Sonderpreise für Kleinstmengen oder für den Kauf des gesamten Lagerbestandes,
- Qualitative Preisdifferenzierung, z. B. Premiumware versus Standardware.

Rabattpolitik

Mit der Preispolitik überlappt sich häufig die *Rabattpolitik.* Dies zeigt sich besonders bei der zeitlichen und quantitativen Preisdifferenzierung, wo die normalen Preise durch die Gewährung von Rabatten zu reduzierten Saison- oder Sonderpreisen führen.

Lieferbedingungen

Bei der *Politik der Lieferbedingungen* trifft das Unternehmen Vereinbarungen, die sich auf die Vertragsabwicklung beziehen. Wichtige Eckpunkte der Lieferbedingungen sind vor allem der Liefertermin und die Art der Lieferung. Beispielsweise stellt sich die Frage, ob die Ware zum Kunden geliefert wird oder ob der Kunde die Ware selbst abholen muss. Auch Regelungen zur Verpackung oder zur Rücknahme von Verpackungen können in den Lieferbedingungen festgelegt werden.

Zahlungsbedingungen

Eng verknüpft mit den Lieferbedingungen ist die *Politik der Zahlungsbedingungen,* die das Unternehmen seinen Kunden anbietet. Neben Barzahlung können hier auch Vorauszahlungen oder Zahlungsstundungen vereinbart werden. Fast schon Standard ist die Einräumung eines Preisnachlasses auf den Rechnungsbetrag, wenn der Kunde innerhalb einer bestimmten Frist die Rechnung bezahlt (*Skonto*).

Kreditpolitik

Fließend ist der Übergang von der Politik der Zahlungsbedingungen zur *Kreditpolitik,* bei der das Unternehmen seinen Kunden durch ein langes Zahlungsziel den Kaufpreis kreditiert. Die Kunden gewinnen durch ein langes Zahlungsziel die Möglichkeit, durch die Nutzung der gekauften Produkte das Geld für den Kaufpreis zu verdienen, bevor sie die Produkte bezahlen müssen.

2.1.3.3 Kommunikationspolitik

Kundenansprache

Damit Kunden die Produkte des Unternehmens überhaupt kaufen können, müssen sie über das Angebot informiert sein. Darüber hinaus müssen sie von der Vorteilhaftigkeit des Unternehmensangebotes überzeugt sein, um zum Kauf animiert zu werden. Dies erfordert einen Dialog zwischen Anbieter und Nachfrager, auch bekannt unter der Bezeichnung »Kundenansprache«. Dieser Dialog ist mit dem absatzpolitischen Instrument der *Kommunikationspolitik* (*Promotion*) herzustellen. Im Mittelpunkt steht die Darstellung des Unternehmensangebots oder auch des Unternehmens selbst, um eine positive Einstellung des Kunden zum Unternehmensangebot herzustellen und zu stabilisieren.

Die Ziele der Kommunikationspolitik weisen also in dieselbe Richtung wie die der zuvor beschriebenen Produktpolitik; der Unterschied besteht jedoch darin, dass sich die Produktpolitik auf die substanzielle Gestaltung des Produkts richtet, während die Kommunikation allein die Präsentation betrifft.

Nach wie vor ist die »klassische« Werbung das wichtigste Mittel der Kommunikationspolitik, jedoch gehen mit der Entwicklung der Informations- und Kommunikationstechnologien viele neue Formen der Kundenansprache einher. Wichtige Felder der Kommunikationspolitik sind:

- die klassische Werbung,
- die Verkaufsförderung (Sales Promotion),
- die Produktplatzierung (Product Placement),
- das Sponsoring,
- das Direktmarketing (Direct Communication),
- die Öffentlichkeitsarbeit (Public Relations, »PR«),
- die Corporate Identity Policy,
- das Event-Marketing.

Werbung

Werbung im weitesten Sinne ist definierbar als die absichtliche und gesteuerte Form der Verbreitung von Informationen über Produkte bzw. Leistungen eines Unternehmens. Ziel ist, Menschen dahingehend zu beeinflussen, dass sie sich den Absatzzielen des Unternehmens entsprechend verhalten. Werbung im engeren Sinne ist eine Form der Massenkommunikation, d. h. über die Massenmedien wie Zeitung, Rundfunk, Fernsehen oder Internet wird ein sehr großer Personenkreis angesprochen. Häufig versuchen Unternehmen, ihr Produkt als Produkt eigener Art mit speziellen Eigenschaften erscheinen zu lassen, damit es zu einem »Markenartikel« bzw. »Markenprodukt« wird. Ein Markenprodukt befindet sich für gewöhnlich außerhalb des Preiswettbewerbes. Es hat sich einen Namen gemacht, ist für etwas Besonderes bekannt und wird daher aus Überzeugung konsumiert.

Verkaufsförderung

Im Rahmen der *Verkaufsförderung* (*Sales Promotion*) sollen die klassischen Werbemaßnahmen durch zusätzliche Kaufanreize und weitere absatzsteigernde Maßnahmen unterstützt werden. Die Verkaufsförderung kann sowohl käufer- als auch verkäuferorientiert sein. Beispiele für Kaufanreize, die sich an Kunden richten (*Consumer Promotion*), sind Einführungs- oder Aktionspreise, kostenlose Proben oder bedingungslose Rücknahmeangebote. Absatzfördernde Maßnahmen können sich aber auch an die Verkäufer der Produkte richten. Anreize zur Absatzsteigerung sind in diesem Fall beispielsweise Umsatzprovisionen für den eigenen Außendienst (*Staff Promotion*) und die Unterstützung der Verkaufsbemühungen der Händler (*Merchandising*) durch Preisnachlässe, Schulungen des Verkaufspersonals und die Bereitstellung von Präsentationshilfen.

Produktplatzierung

Bei der *Produktplatzierung* (*Product Placement*) werden Produkte des Unternehmens als Requisite in Film und Fernsehen eingebaut, ohne dass die Werbeabsicht offenkundig wird. Auf diese Weise wird das Unterbewusstsein des Kunden angesprochen. Den Filmproduzenten wird das Product Placement über die Beteiligung an den

Produktionskosten vergütet. In ähnlicher Weise funktioniert – gegen Zahlung einer Lizenzgebühr – die Vermarktung des Namens einer populären Person, meist aus der Sport- oder Filmszene. So trägt beispielsweise der Hauptdarsteller einer Unterhaltungsserie die Armbanduhr einer bekannten Marke oder die Erstplatzierte der Skiolympiade empfiehlt in Funk und Fernsehen ein leistungssteigerndes Getränk.

Sponsoring

Beim *Sponsoring* treten Unternehmen als Geldgeber auf, z. B. zur Förderung von Vereinen, Veranstaltungen, Sozialeinrichtungen oder Umweltschutzinitiativen. Von den Geförderten erwartet das Unternehmen bestimmte Gegenleistungen, beispielsweise schuldet ein geförderter Sportverein dem Unternehmen Werbung, indem z. B. das Firmenlogo auf die Trikots gedruckt wird. Die meisten Gelder fließen in den Sportbereich (z. B. durch die finanzielle Unterstützung einer Fußballmannschaft). Daneben sind auch der Sozialbereich und der Kulturbereich sehr beliebt. Beispiele für Sponsoring im Sozialbereich sind Zuwendungen an Kindertagesstätten oder an gemeinnützige Vereine. Ein Beispiel für das Kultursponsoring wäre die Unterstützung eines neu eröffneten Museums. Da das Sponsoring auf die Interessen der Geförderten (z. B. von Fußballfans, Eltern kleiner Kinder, Museumsbesucher) abzielt, ist es zugleich eine Form der Öffentlichkeitsarbeit.

Direktmarketing

Das *Direktmarketing* (Direct Communication) umfasst alle Werbebotschaften, die sich gezielt und unmittelbar an den Kunden richten. Absicht des anbietenden Unternehmens ist es, den Abschluss eines Kaufvertrags direkt ohne den Außendienst herbeizuführen. Die Zielperson kann schriftlich, telefonisch, im Internet oder per »Teleshopping« angesprochen werden. Beispiele sind ein personifizierter Werbebrief eines Bekleidungsherstellers oder Anrufe eines Autohauses bei seiner Stammkundschaft. Ebenso kann z. B. ein Schmuckanbieter seine Waren mit großem Aufwand im Fernsehen präsentieren und dann unmittelbar den Kontakt zum potenziellen Kunden herstellen, indem er ihn zur sofortigen Bestellung durch einen (kostenfreien) Anruf animiert.

Öffentlichkeitsarbeit

Die *Öffentlichkeitsarbeit* (*Public Relations*, »PR«) dient dem Aufbau von Beziehungen zwischen dem Unternehmen und verschiedenen Interessengruppen wie Kunden, Presse, Gemeinde oder Staat. Geworben wird nicht für die Produkte des Unternehmens, sondern für das Unternehmen selbst. Ziel ist, das Image des Unternehmens zu stärken und dessen Bekanntheitsgrad zu erhöhen. Durch vertrauensbildende Maßnahmen wird auf diese Weise der Absatz der Produkte indirekt gefördert. So kündigt z. B. ein Unternehmen in der Tageszeitung einen »Tag der offenen Tür« an und lädt zur Unternehmensbesichtigung ein, oder ein Hersteller von Kosmetikprodukten tritt in einer Talkshow auf und argumentiert vehement für ökologische Produkte und menschenwürdige Arbeitsbedingungen.

Corporate Identity Policy

Zur Öffentlichkeitsarbeit gehört auch die sogenannte *Corporate Identity Policy*. Sie dient dazu, das Selbstverständnis (*identity*) des Unternehmens zu kommunizieren und damit dessen Erscheinungsbild in der Öffentlichkeit zu verbessern. Wichtig ist, eine eindeutige Identifizierung des Unternehmens zu gewährleisten. Erreicht wird dies durch das Corporate Design mit z. B. einheitlichen Firmenfarben und Logos auf allen Geschäftsunterlagen. Das Corporate Design findet sich dann nicht nur auf Firmenbögen und Zeitungsanzeigen wieder, sondern beispielsweise auch auf firmeneigenen Fahrzeugen und der Kleidung der Mitarbeiter. Das Beispiel Kleidung lässt erkennen, dass die Corporate-Identity-Politik auch unternehmensinterne Wirkungen beabsichtigt: Die Mitarbeiter sollen sich mit dem Unternehmen identifizieren und nicht zur Konkurrenz »abwandern«.

Event-Marketing

Eine Sonderform der Öffentlichkeitsarbeit stellt das *Event-Marketing* dar. Hier wird um das zu verkaufende Produkt herum ein besonderes Ereignis (*event*) geschaffen, etwa eine Musikveranstaltung oder ein Wettbewerb. Auf das beteiligte Publikum wird keinerlei Verkaufsdruck ausgeübt, Spaß und Erlebnis stehen im Vordergrund. Beispielsweise veranstaltet ein Autohaus ein Musik-Festival und stellt dabei seine neuesten Pkw-Modelle aus.

2.1.3.4 Distributionspolitik

Absatzlogistik

Bei der *Distributionspolitik* bzw. *Vertriebspolitik* (*Place*) geht es um die effiziente Gestaltung der Lieferung des Produktes zum Kunden, also um den Weg des Produkts vom Unternehmen zum Kunden. Das Unternehmen will erreichen, dass seine Produkte zur rechten Zeit am rechten Ort verfügbar sind. Die zu erstellende Absatzlogistik umfasst zwei Teilbereiche: Absatzkanäle und Lieferablauf. Der erste Bereich bezieht sich auf die Frage, welche Institutionen am Vertrieb beteiligt sind. Zu entscheiden ist beispielsweise, ob die Belieferung direkt oder indirekt über Groß- und

Abb. 2.9

Bestandteile des Distributionssystems

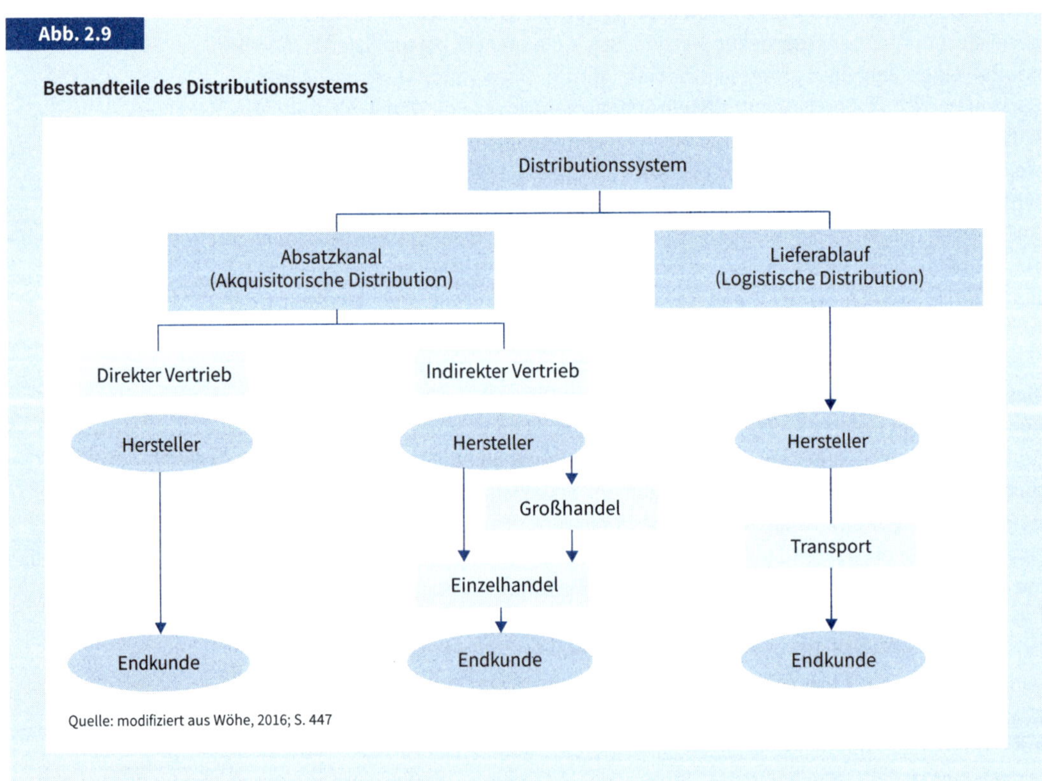

Quelle: modifiziert aus Wöhe, 2016; S. 447

Einzelhändler erfolgen soll und wer ggf. die Zwischenlagerung übernimmt. Beim *Direktvertrieb* verkauft der Hersteller unmittelbar z. B. per Online-Shop oder als »Werksverkauf« seine Produkte an die Endkunden. Werden beim Direktvertrieb Kunden angehalten, als selbstständige Vertriebspartner weitere Kunden anzuwerben, spricht man vom »Strukturvertrieb« oder von »Netzwerk-Marketing« bzw. »Multi-Level-Marketing (MLM)«. Ein *einstufiger* indirekter Vertrieb liegt vor, wenn Hersteller über Absatzmittler (z. B. Einzelhändler oder Handelsvertreter) an Endkunden verkaufen, und von einem *mehrstufigen* indirekten Vertriebsweg spricht man, wenn Hersteller gestuft über weitere Absatzmittler (z. B. Großhändler oder Distributoren) an Einzelhändler liefern und diese an Endkunden verkaufen.

Direkter versus indirekter Vertrieb

Der *Lieferablauf* bezieht sich auf die physische Durchführung der Lieferung. Vor allem müssen hier das Transportmittel und der Transportweg festgelegt werden (vgl. Abb. 2.9).

2.1.4 Absatzplan

Die im Marketing durchgeführte Absatzplanung mündet in die Aufstellung eines *Absatzplans.* Hier legt das Unternehmen fest, welche Produkte in welchen Mengen und zu welchen Preisen es zukünftig anbieten möchte. Der Absatzplan beinhaltet somit drei Bestandteile:

- das Absatzprogramm, d. h. die Gesamtheit der vom Unternehmen angebotenen Leistungen,
- die Absatzmenge der einzelnen Produkte,
- die Preise für die einzelnen Produkte.

Der Absatzplan bildet die Vorgabe für den Produktionsbereich des Unternehmens, aus ihm wird der Produktionsplan abgeleitet und umgesetzt. Der Absatzplan kann kurzfristig oder mittel- bis langfristig angelegt sein. Ein kurzfristiger Absatzplan bezieht sich auf die kommende Periode und dürfte typisch für Saisonprodukte sein. Ein mittel- bis langfristiger Absatzplan ist normalerweise unabdingbar für Start-up-Unternehmen sowie für Betriebserweiterungen oder -umstrukturierungen.

Absatzprognose

Voraussetzung für die Erstellung des Absatzplans ist eine Absatzprognose, die eine Schätzung der künftigen Absatzmenge beinhaltet. Die Absatzprognose basiert wesentlich auf den Ergebnissen der Marktforschung und der erwarteten Wirksamkeit der eingesetzten marktpolitischen Instrumente sowie – soweit vorhanden – auf den vom Unternehmen erzielten Absatzmengen der Vorperioden. Obwohl sich Absatzprognosen häufig nur auf Absatzmengen beziehen, ist die Einbeziehung der Absatzpreise (ohne Umsatzsteuer) in den Prognoseprozess dringend zu empfehlen, damit eine fundierte Umsatzvorhersage erstellt werden kann.

Gefährlich ist, die Absatzprognose allein aus der Absatzentwicklung der Vergangenheit abzuleiten. Berücksichtigt werden müssen auf jeden Fall auch erwartete Veränderungen der unternehmensexternen Rahmenbedingungen (z. B. Veränderungen der Einkommensstruktur, des Konsumverhaltens oder des Konkurrenzangebotes) und Veränderungen der unternehmensinternen Ausgangslage (z. B. geplante Produktveränderungen, erwartete Rationalisierungsvorteile).

2.2 Produktion

2.2.1 Ziele und Aufgaben der Produktion

Die Produktion steht im Zentrum der unternehmerischen Leistungserstellung. Es handelt sich um eine »Throughput-Planung«, die die Vorgaben der Absatzplanung umsetzt und die hierfür benötigten Ressourcen disponiert. Vom Beschaffungsmarkt werden Werkstoffe (z. B. Rohmaterialien) und Betriebsstoffe (z. B. Strom oder Benzin) bezogen, die im Rahmen der Produktion in die erstellten Güter und Dienstleistungen eingehen. Weiterhin werden Betriebsmittel (z. B. Maschinen) eingesetzt, die zwar längerfristig im Unternehmen verbleiben, die durch ihre Nutzung in der Produktion aber abgenutzt werden und an Wert verlieren.

Wertziele der Produktion

Als Ergebnis der Produktion werden Güter und Dienstleistungen erstellt und an den Absatzmarkt abgegeben. Erstellte Güter, die nicht den gewünschten Qualitätskriterien entsprechen, werden als »Ausschuss« bezeichnet und müssen entweder nachbearbeitet oder umweltgerecht entsorgt werden. Während des Produktionsprozesses fällt häufig weiterer Output an, der unerwünscht ist. Dies können z. B. Emissionen von Staub oder Gasen sein, aber auch Lärm und sonstige Belästigungen der Umgebung, die zu vermeiden sind (vgl. Abb. 2.10).

Die Umsetzung der Produktionsplanung unterliegt natürlich dem *Wirtschaftlichkeitsprinzip* (vgl. Kap. 1.4). Die knappen Ressourcen müssen so eingesetzt werden, dass der Quotient aus dem Wert der produzierten Güter und Dienstleistungen sowie dem Wert der verbrauchten Produktionsfaktoren größer als 1 ist:

$$\text{Wirtschaftlichkeit} = \frac{\text{Wert der hergestellten Produkte}}{\text{Wert der verbrauchten Produktionsfaktoren}}$$

Abb. 2.10

Produktion als Throughput-Planung

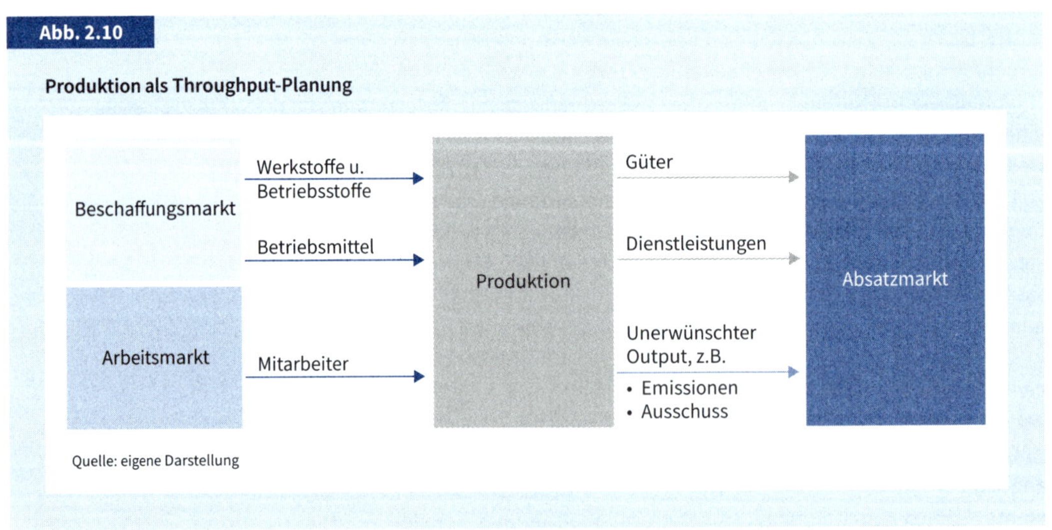

Quelle: eigene Darstellung

Stellt man nicht auf den Wert, sondern auf die Menge der hergestellten Produkte und die Menge der verbrauchten Produktionsfaktoren ab, ergibt sich die *Produktivität* des Unternehmens, die es zu maximieren gilt:

$$\text{Produktivität} = \frac{\text{Menge der hergestellten Produkte}}{\text{Menge der verbrauchten Produktionsfaktoren}} = \frac{\text{Output}}{\text{Input}}$$

Die Produktivität in dieser allgemeinen Definition wird für die konkrete Anwendung häufig spezifiziert als Produktivität der eingesetzten Arbeit, der eingesetzten Maschinen oder des verbrauchten Materials:

$$\text{Arbeitsproduktivität} = \frac{\text{Menge der hergestellten Produkte}}{\text{Anzahl der Arbeitsstunden}}$$

$$\text{Maschinenproduktivität} = \frac{\text{Menge der hergestellten Produkte}}{\text{Anzahl der Maschinenstunden}}$$

$$\text{Materialproduktivität} = \frac{\text{Menge der hergestellten Produkte}}{\text{Verbrauchtes Material}}$$

Die Materialproduktivität wird auch als »Materialergiebigkeit« oder als »Materialausbeute« bezeichnet. Anwenden lassen sich die Produktivitätskennzahlen sowohl für den Vergleich verschiedener Produktionsstätten eines Unternehmens oder zwischen verschiedenen Unternehmen als auch im Zeitvergleich als Produktivitätsentwicklung z. B. im Jahresverlauf.

Formal- und Sachziele der Produktion

Während Wirtschaftlichkeit und Produktivität übergeordnete *Formalziele* des Unternehmens sind, werden die Ziele für die Produktion um sogenannte *Sachziele* ergänzt:

- Die im Absatzplan formulierten Anforderungen zur Befriedigung der Kundenaufträge müssen bestmöglich erfüllt werden.
- Die Produktion muss in der Lage sein, die dem Kunden zugesagten Liefertermine einzuhalten. Nicht eingehaltene Liefertermine verärgern nicht nur die Kunden, sie wirken sich zudem häufig nachteilig auf Folgeaufträge aus. Können Kunden ihrerseits Termine nicht einhalten, weil das Unternehmen seine zugesagten Liefertermine überzieht, ist ggf. das Unternehmen dem Kunden gegenüber schadensersatzpflichtig.
- Die Produktionsabläufe sind so zu strukturieren, dass die Durchlaufzeiten der Aufträge möglichst kurz sind. Kurze Durchlaufzeiten vom Auftragseingang bis zur Auslieferung der Güter an die Kunden erhöhen die Kundenzufriedenheit und steigern die Flexibilität des Unternehmens, auf Nachfrageänderungen zu reagieren.
- Die Produktionsabläufe sind so zu strukturieren, dass die Produktionskapazitäten möglichst voll ausgelastet sind. Leerstehende Maschinen (sogenannte Leerkapazitäten) und unterbeschäftigte Mitarbeiter erhöhen die Produktionskosten und senken die Wirtschaftlichkeit.

Die unterschiedlichen Ziele und Anforderungen an die Produktion sind nicht immer konfliktfrei zu realisieren. Dies zeigt sich besonders bei den beiden konträren Zie-

Abb. 2.11

Konkurrierende Ziele der Produktionsplanung, das »Dilemma der Ablaufplanung«

Produktion
Ziel: hohe Kapazitätsauslastung
Konsequenz: Warteschlangen vor den Maschinen
Ergebnis: längere Durchlauf- und Lieferzeiten

Absatz/Marketing
Ziel: hohe, flexible Lieferbereitschaft
Konsequenz: Vorhalten von freien Kapazitäten in der Produktion
Ergebnis: kurze Durchlaufzeiten

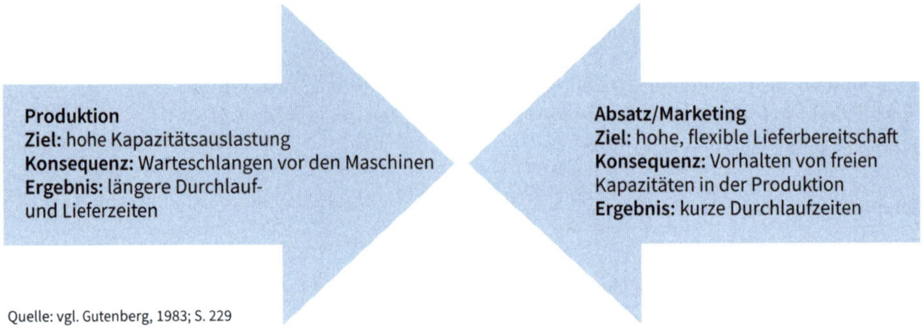

Quelle: vgl. Gutenberg, 1983; S. 229

len, die Durchlaufzeiten der Aufträge zu minimieren und die Auslastung der Produktionskapazitäten zu maximieren. Die Lösung dieses Konfliktes, der von Gutenberg (1983; S. 229) als *»Dilemma der Ablaufplanung«* bezeichnet wird, wird letztlich durch die Marktsituation des Unternehmens bestimmt: Sind die Kunden besonders »lieferzeitsensibel«, hat das Vorhalten von freien Kapazitäten zur Senkung der Durchlaufzeiten Priorität, sind die Kunden dagegen besonders »preissensibel«, müssen die Produktionskapazitäten optimal ausgelastet werden (vgl. Abb. 2.11). Eine Lösung des Konfliktes kann auch darin bestehen, ein größeres Fertigwarenlager vorzuhalten, doch können hohe Lagerbestände bei sich schnell ändernden Kundenbedürfnissen unwirtschaftlich sein.

Dilemma der Ablaufplanung

Produktionsprogramm

Die Festlegung des Produktionsprogramms in seiner »Breite« und seiner »Tiefe« hat wesentlichen Einfluss auf die Planung der Produktion. Ausgehend vom Absatzplan, der vorgibt, welche Güter und Dienstleistungen zu welcher Zeit an den Absatzmarkt zu liefern sind, muss vom Unternehmen festgelegt werden, ob alle Leistungen selbst erstellt werden oder ob Teile der Leistungen zugekauft werden sollen. Denkbar ist z. B., dass das Absatzprogramm ein breites Sortiment vorsieht, dass es aber aus Produktionssicht sinnvoller erscheint, Zubehörteile als Handelsware einzukaufen und ohne weitere Bearbeitung den eigenerstellten Gütern und Dienstleistungen beizustellen. Auch wäre es z. B. möglich, dass man Schulungen für den Einsatz der produzierten Güter beim Kunden als Dienstleistung nicht durch eigene Mitarbeiter erbringen lässt, sondern diese Schulungsleistung an Fremdfirmen vermittelt und von diesen durchführen lässt.

Produktionsprogrammbreite und Handelswaren

Produktionsprogrammtiefe

Die Tiefe des Produktionsprogramms drückt aus, welchen Teil der Wertschöpfung das Unternehmen selbst erbringt und wie viele Vorprodukte es zukauft. Hat ein Unternehmen ursprünglich eine hohe Produktionstiefe und lagert es dann Teile seiner Produktion als »Outsourcing« an Lieferanten aus, so verringert es seine Produktionstiefe; produziert es Bauteile, die es früher vom Beschaffungsmarkt zugekauft hat, jetzt selbst, so erhöht es als »Insourcing« seine Fertigungstiefe (vgl. Abb. 2.12).

Abb. 2.12

Bestimmung von Produktprogrammbreite und -tiefe

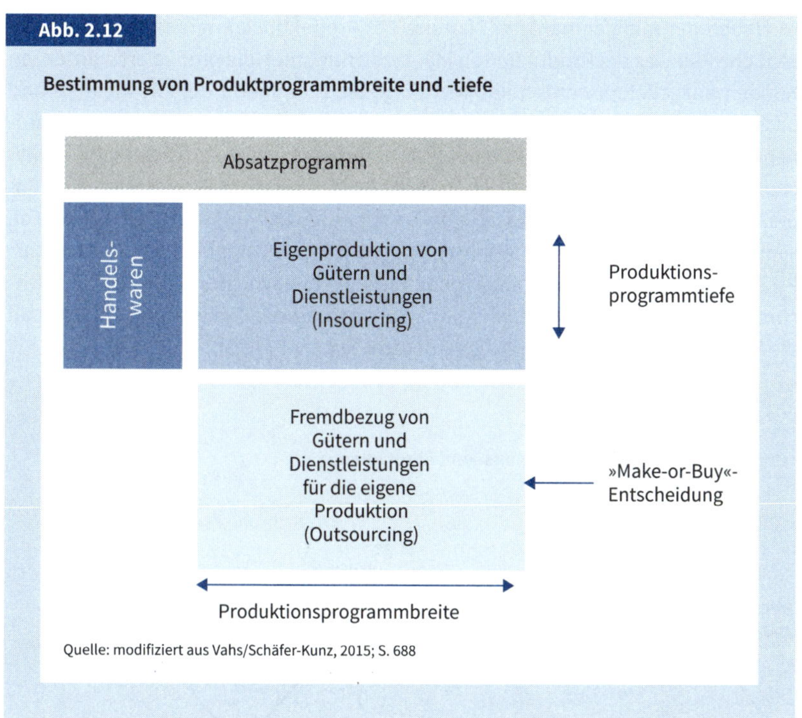

Quelle: modifiziert aus Vahs/Schäfer-Kunz, 2015; S. 688

Die Entscheidung über die Programmtiefe hängt von verschiedenen Faktoren ab. Voraussetzung für einen Fremdbezug ist, dass das gewünschte Zukaufteil oder die Dienstleistung am Beschaffungsmarkt in der notwendigen Qualität kostengünstiger als durch Eigenerstellung zu beschaffen ist. Auch müssen die Lieferanten zuverlässig sein und flexibel auf den eigenen Bedarf reagieren können. Eine wichtige Einflussgröße bei der Make-or-Buy-Entscheidung ist zudem die Auslastung der Produktionskapazität des Unternehmens. Ist die Produktionskapazität voll ausgelastet und müssen zur Erhöhung der Produktionstiefe zusätzliche Maschinen beschafft werden, ist ein Fremdbezug häufig die kostengünstigere Alternative. Allerdings bedingt die Auslagerung von Produktionsteilen auf Lieferanten häufig eine unerwünschte Know-how-Übertragung auf die Lieferanten, die diese ggf. ausnutzen können, um ihre Verhandlungsmacht zu erhöhen. Obwohl es bei nicht ausgelasteten Kapazitäten sinnvoll wäre, diese abzubauen, wird dies häufig aus sozialen Gründen vermieden. Durch die Annahme von Produktionsaufträgen von Fremdfirmen (sogenannte Lohnaufträge) versucht man stattdessen, die nicht benötigten Kapazitäten auszulasten, um die eigenen Mitarbeiter (insbesondere die Know-how-Träger) weiter zu beschäftigen und im Unternehmen zu halten. Die Produktionstiefe lässt sich wie folgt berechnen:

Fremdbezug

Make-or-Buy-Entscheidung

$$\text{Produktionstiefe} = \frac{\text{Wert der eigenen Produktion}}{\text{Wert der eigenen Produktion} + \text{Wert der fremdbezogenen Produkte}}$$

Multipliziert mit 100 lässt der Wert sich als Prozentwert angeben.

Zeitliche Produktionsplanung

Neben der mengenmäßigen Planung des Produktionsprogramms ist auch die zeitliche Planung der Produktion zu klären, da nur Güter, die produziert wurden, an Kunden ausgeliefert werden können. Folgt die Produktion dem Absatzplan und passt sie sich Nachfrageschwankungen zeitlich an, spricht man von einer »synchronen« Absatz- und Produktionsplanung. Andererseits kann es starke zeitliche Abweichungen zwischen der Produktion und der Auslieferung der Produkte an die Kunden geben, wie dies typischerweise bei Saisonprodukten der Fall ist. In diesem Fall »emanzipiert« sich die Produktion von den zeitlichen Vorgaben des Absatzplans; Produktions- und Absatzplanung verlaufen zeitlich »asynchron«. Die zeitliche Synchronisation zwischen der Produktionsplanung und der Auslieferungsplanung an die Kunden übernimmt das Fertigwarenlager (vgl. Abb. 2.13).

Abb. 2.13

Zeitliche Synchronisation und Emanzipation der Produktions- und Absatzplanung

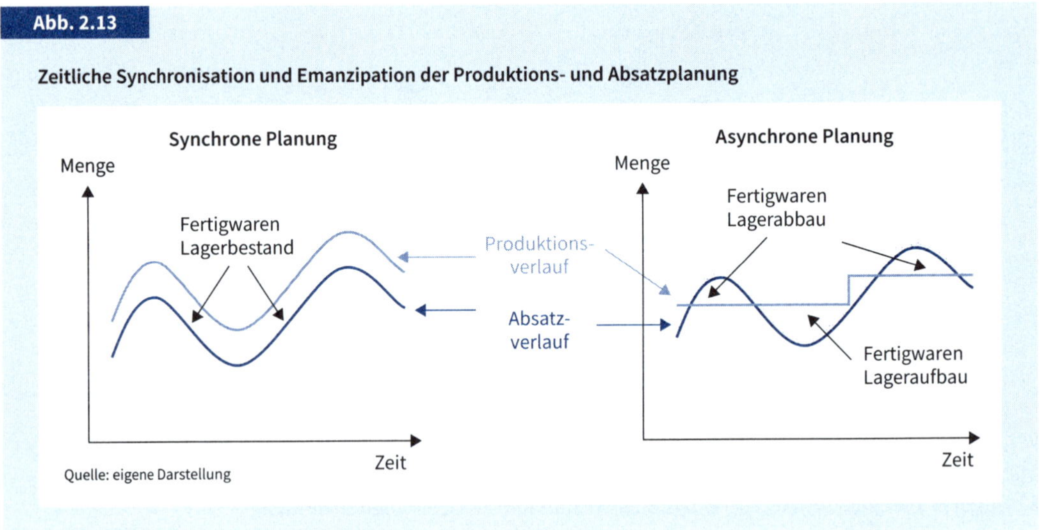

Quelle: eigene Darstellung

2.2.2 Differenzierung der Produktionstypen

Einzelproduktion

Ausschlaggebend für die Festlegung der Produktionsprozesse ist die Struktur des Absatzprogramms. Werden kundenindividuelle Produkte verkauft, wird die Produktion erst dann aktiv, wenn ein Kundenauftrag vorliegt und ein entsprechender *»Produktionsauftrag«* erteilt wird. Es handelt sich um eine *Einzelfertigung,* bei der die einzelnen Produktionsschritte kundenspezifisch geplant und ausgeführt werden. Natürlich können parallel mehrere unterschiedliche kundenspezifische Produkte hergestellt werden.

Serienproduktion

Handelt es sich jedoch um unterschiedliche marktgängige Produkte, die mit einer gewissen Regelmäßigkeit und in gleicher Form von Kunden nachgefragt werden, werden diese Produkte nicht einzeln, sondern in größerer Stückzahl auf Vorrat produziert und im Fertigwarenlager für den Verkauf bereitgestellt. Die insgesamt geplante Produktionsmenge eines jeden Produktes wird hierzu in verschiedene *Produktionsserien* aufgeteilt. Jede Serie läuft einzeln als Produktionsauftrag durch die

Produktion. Sind die Arbeitsschritte zur Herstellung einer Serie abgeschlossen, werden die Maschinen umgestellt (umgerüstet) und zur Produktion der Serie eines anderen Produktes vorbereitet. Bei der Serienproduktion unterscheidet man in Abhängigkeit von der Auftragshöhe zwischen der *Klein-* und der *Großserienproduktion.*

Sortenproduktion

Eine besondere Form der Serienproduktion stellt die *Sortenproduktion* dar. Ihre Besonderheit besteht darin, dass aus einem gemeinsamen Ausgangsmaterial verschiedene Endprodukte hergestellt werden. In einer Sortenproduktion werden somit produktions- und absatzverwandte Produkte hergestellt, die sich üblicherweise nur im geringen Umfang voneinander unterscheiden. Sonderformen der Sortenproduktion sind die Partie- und die Chargenproduktion.

Als *»Partie«* bezeichnet man eine einheitliche Menge von Rohmaterial, das bestimmte gleichartige Besonderheiten aufweist, z. B. die Kaffeelieferung eines Jahrgangs, die sich von der Lieferung des Folgejahrgangs oder der Lieferung aus einem anderen Kaffeeanbaugebiet unterscheidet. Partien von Rohstoffen, die gleiche Eigenschaften aufweisen, werden bei der Verarbeitung zusammengehalten.

Als *»Charge«* werden Werkstoffmengen bezeichnet, die in einem Produktionsprozess gemeinsam entstanden sind, wie z. B. in der Roheisen- oder Stahlgewinnung. Jede Schmelze in einem Hochofen bildet eine bestimmte Roheisencharge. Kennzeichnend für die Charge ist, dass die Produktionsmenge jeweils durch das Fassungsvermögen des Produktionsbehälters begrenzt wird. Da bei der Chargenproduktion das Ausgangsmaterial und der Produktionsprozess nicht immer gleich sein müssen, können sich ungeplante Produktunterschiede ergeben. Nicht nur in der Stahlindustrie, sondern auch in der chemischen Industrie und der Pharmazie wird häufig in Chargen produziert.

Massenproduktion

Während bei der Einzel- oder Serienproduktion vor Produktionsbeginn die Produktionsmenge festgelegt wird, ist dies bei der Massenproduktion nicht der Fall. Eine *Massenproduktion* liegt vor, wenn stets das gleiche Produkt auf gleichen Produktionsanlagen in sehr großen Stückzahlen hergestellt wird. Eine *einfache* Massenproduktion ist z. B. für Wasserwerke und für die Stromherstellung typisch. Häufiger findet man jedoch die *mehrfache* Massenproduktion. Hierbei werden auf gleichen Produktionsanlagen verschiedene, wenn auch verwandte, Standardprodukte in großen Mengen hergestellt, wie das z. B. in der Papiererzeugung oder beim Walzen von Stahlblechen der Fall ist. Die mehrfache Massenproduktion besitzt große Ähnlichkeit mit der Großserien- und Sortenproduktion (vgl. Abb. 2.14).

Kuppelproduktion

Ein Sonderfall der Produktion ist die *Kuppelproduktion.* Kuppelprodukte sind Produkte, die simultan in einem Produktionsprozess entstehen und zwangsläufig, d. h. aus technischen oder naturgesetzlichen Gründen, anfallen wie z. B. Sägemehl bei der Holzbearbeitung oder Bitumen bei der Benzinherstellung. Häufig wird zwischen dem Hauptprodukt einerseits und Nebenprodukten und Abfällen andererseits unterschieden. Als Haupt- oder Leitprodukt wird dasjenige Kuppelprodukt bezeichnet, das die Ausrichtung der Produktion primär bestimmt. Allerdings ist die Grenze zwischen der Kuppelproduktion und den anderen Produktionstypen fließend, da bei fast allen Produktionstypen Nebenprodukte (z. B. Prozesswärme) und Abfälle (z. B. Filterstäube) anfallen, die nicht immer entsorgt werden müssen, sondern zunehmend auch weiterverkauft werden können.

Abb. 2.14

Struktur der Produktionstypen

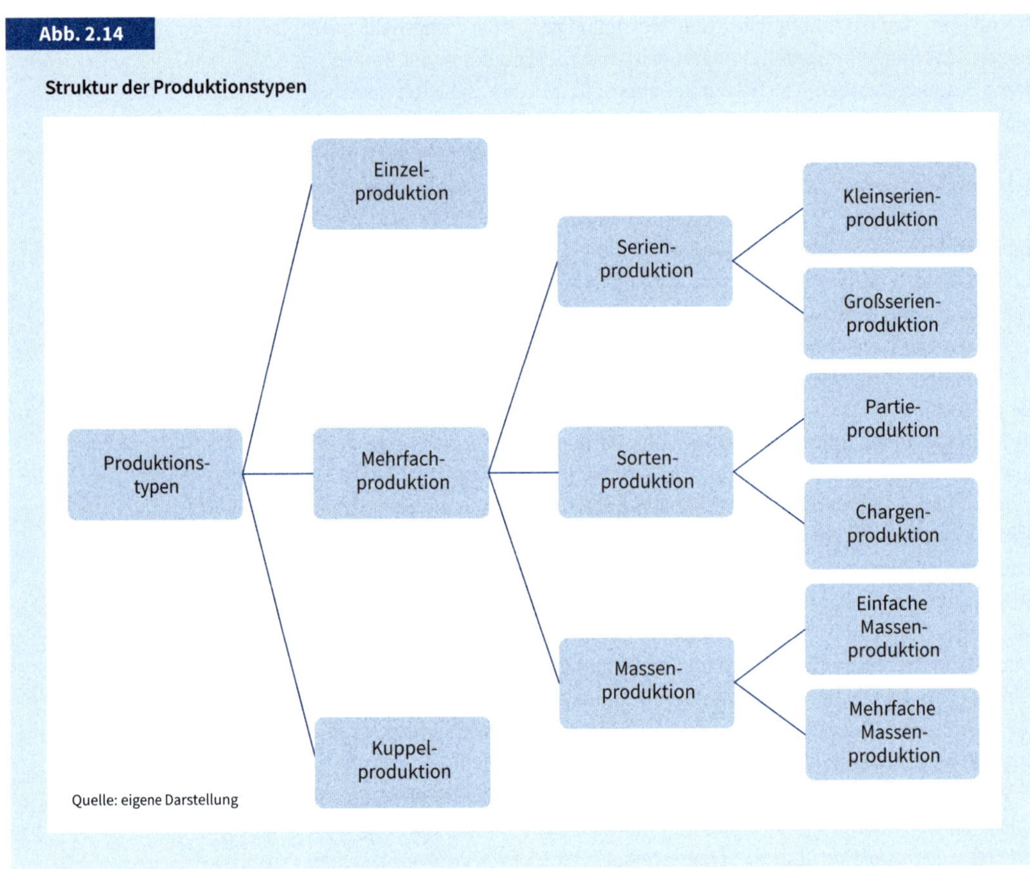

Quelle: eigene Darstellung

Die einzelnen Produktionstypen können in einem Unternehmen auch gemischt auftreten. Ist z. B. ein Produkt nach dem *Baukastenprinzip* aufgebaut, in dem unterschiedliche Bausteine (sogenannte Baugruppen) kundenspezifisch zum Endprodukt zusammengeführt (montiert) werden, können z. B. die Baugruppen als Serienproduktion organisiert werden, während die Endmontage dem Prinzip der Einzelproduktion folgt.

2.2.3 Organisation der Produktion

Die Organisation der Produktion beschäftigt sich mit der Anordnung der Betriebsmittel (Maschinen) zur Durchführung des Produktionsprozesses. Unterstützt wird die Produktionsorganisation im Zuge der Digitalisierung durch zahlreiche Sensoren, Kameras und Funkkontakte, die an den Maschinen und Transportmitteln sowie an den Werkstücken angebracht sind und die somit jederzeit eine Online-Überwachung des Produktionsprozesses ermöglichen. So melden Maschinen z.B. ihren Verschleißzustand, damit sie rechtzeitig gewartet werden können. Transportmittel haben selbstständige Ortungseinrichtungen, damit sie ihr innerbetriebliches Ziel finden und

Werkstücke können während der Produktion und im Lager per Funkerkennung geortet werden. Kameras vermessen den Produktionsfortschritt und kontrollieren, ob die Maschinen für die anstehenden Arbeitsgänge mit den richtigen Werkzeugen bestückt wurden. Trotz der fortschreitenden Online-Überwachung der Produktion lassen sich, abhängig vom Produktionstypus (vgl. Abb. 2.14) grundsätzlich zwei gegensätzliche Anordnungsprinzipien unterscheiden: das Werkstattprinzip und das Fließprinzip.

2.2.3.1 Werkstattproduktion

Werkstattprinzip

Beim *Werkstattprinzip* werden die Betriebsmittel, d. h. die Maschinen und Anlagen sowie die zugehörigen Mitarbeiter zur Maschinenbedienung in gleichartigen Werkstätten zusammengefasst. Das bedeutet, dass z. B. alle Arbeitsplätze, in denen aus dem Rohmaterial Formen ausgestanzt werden, zu einem einzigen Arbeitsbereich (Stanzwerkstatt) zusammengelegt sind. Gleiches gilt z. B. für alle Bohrmaschinen (Bohrerei) oder für alle Fräsmaschinen (Fräserei). Für die Durchführung der einzelnen Arbeitsschritte (Stanzen, Bohren, Fräsen) muss dann das Werkstück von einer Werkstatt zur anderen Werkstatt transportiert werden. Fällt für ein Produkt ein Arbeitsgang, wie z. B. das Ausstanzen von Formen, mehrfach an, wird die entsprechende Werkstatt (Stanzerei) ggf. mehrmals durchlaufen. Fällt für ein Produkt ein Arbeitsgang nicht an, kann die entsprechende Werkstatt übersprungen werden. Nachdem ein Produkt eine Werkstatt durchlaufen hat, wird es in das sogenannte *Zwischenlager* transportiert und wartet dort, bis für den nachfolgenden Arbeitsgang in der entsprechenden Werkstatt Kapazitäten zur Weiterbearbeitung frei sind (vgl. Abb. 2.15).

Abb. 2.15

Beispiel einer Werkstattproduktion

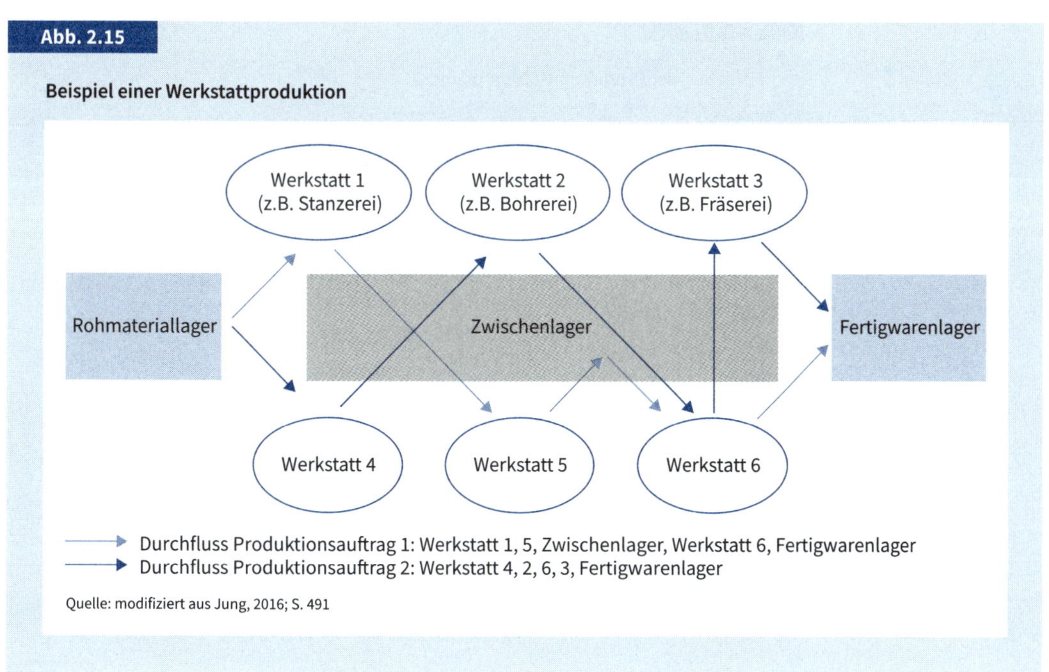

Quelle: modifiziert aus Jung, 2016; S. 491

Arbeitsvorbereitung und Arbeitsplan

Die Reihenfolge, in der die einzelnen Werkstätten durchlaufen werden, wird durch die *Arbeitsvorbereitung (AV)* festgelegt. Sie bildet das Bindeglied zwischen der Konstruktion und der Produktion der Produkte. Zu den Aufgaben der Arbeitsvorbereitung gehört die Aufteilung des Produktionsauftrages in einzelne Produktionsserien, auch »Fertigungslose« genannt. Weiterhin müssen die Aufträge terminiert und die Kapazitäten der Werkstätten verplant werden (vgl. Abb. 2.16). Als Ergebnis erstellt die Arbeitsvorbereitung den sogenannten *Arbeitsplan*, der dem Produktionsauftrag ausgedruckt in Papierform und/oder im Zuge der Digitalisierung gespeichert auf einem elektronischen (Funk-)Datenträger beigefügt wird. Der Arbeitsplan enthält alle Arbeitsschritte für die Erstellung eines Produktes (Arbeitsgangbeschreibungen), die hierzu benötigten Betriebsmittel, Steuerungssoftware und Werkzeuge sowie die Qualifikation (Lohngruppe) der benötigten Mitarbeiter. Auch beinhaltet der Arbeitsplan die Bearbeitungszeiten der Maschinen und – falls davon abweichend – die Vorgabezeiten der Mitarbeiter für die Maschinenbedienung. Die Vorgabezeiten der Mitarbeiter können z. B. als Soll-Zeiten für eine Akkordentlohnung genutzt werden, wenn die Mitarbeiter zusätzlich je Arbeitsgang ihre Ist-Zeiten erfassen (vgl. Kap. 4.5.3.2).

Losgrößenplanung

Ziel der *Losgrößenplanung* ist die Minimierung der Produktionskosten des Produktionsauftrages. Wird die gesamte Produktionsmenge hintereinander in einer Serie bzw. einem Fertigungslos produziert, müssen die hierfür notwendigen Maschinen nur ein einziges Mal vorbereitet und mit Werkzeugen eingerüstet werden. Dies senkt die Produktionskosten, doch führt die Zwischenlagerung der produzierten Mengen zu erhöhten Lagerkosten. Auch sinkt die Flexibilität der Produktion, da andere Produktionsaufträge ggf. warten müssen und Auftragsänderungen an einem

Abb. 2.16

Aufgaben der Produktionsablaufplanung

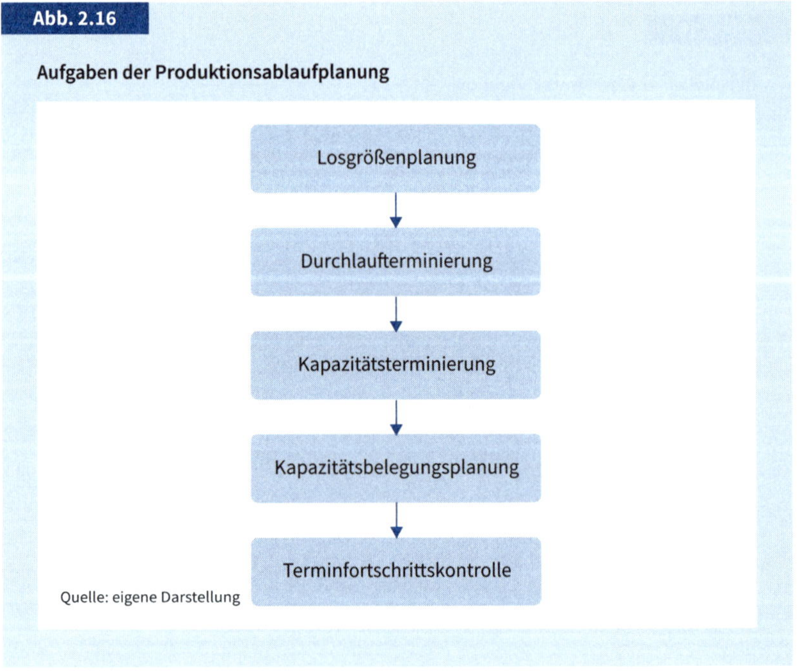

Quelle: eigene Darstellung

sich bereits in Arbeit befindlichen Auftrag nicht mehr möglich sind. Im Sinne der Erhöhung der Flexibilität und zur Reduzierung der Lagerkosten wäre es umgekehrt am besten, wenn die Produktionsmenge in viele kleine Fertigungslose aufgeteilt würde. Im Extremfalle würde man jedes Stück einzeln fertigen und gemischt mit anderen Produkten durch die Produktion laufen lassen. In diesem Falle müssten aber jedes Mal die Maschinen neu eingestellt und mit den jeweils passenden Werkzeugen versorgt werden. Dies treibt die Produktionskosten in die Höhe und senkt die Produktionskapazität, da Maschinen, die für die Produktion vorbereitet werden, stillstehen und nicht arbeiten.

Durchlaufterminierung

Bei der *Durchlaufterminierung* wird der idealtypische Durchlauf eines Fertigungsloses durch die Produktion simuliert. Ausgehend von freien Kapazitäten werden bei der Vorwärtsterminierung die Bearbeitungsschritte, die parallel oder nacheinander notwendig sind, zeitlich koordiniert und um die Kontrollzeiten zur Qualitätssicherung und um die Transportzeiten (Übergangszeiten) von einer Maschine zur nächsten Maschine ergänzt. Zusammen mit den Zwischenlagerzeiten lässt sich so der frühestmögliche Fertigstellungstermin errechnen. Ist ein Fertigstellungstermin vorgegeben, wird eine Rückwärtsterminierung vorgenommen, bei der alle Bearbeitungs-, Kontroll- und Übergangszeiten rückwärts vom Fertigstellungstermin abgezogen werden, um den spätesten Starttermin des Fertigungsloses zu bestimmen. Liegt der späteste Starttermin in der Vergangenheit, bedeutet dies, dass ein Auftrag nicht fristgerecht erstellt werden kann, weil z. B. zu geringe Produktionskapazitäten bereitstehen.

Kapazitätsterminierung

Im Zuge der *Kapazitätsterminierung* erfolgt ein Vergleich des sich aus der Durchlaufterminierung ergebenden Kapazitätsbedarfs (Soll-Kapazität) mit der vorhandenen Kapazität (Ist-Kapazität). Ist die Ist-Kapazität zu gering, muss sie angepasst werden, oder das Produktionsprogramm ist in der vorgegebenen Zeit nicht umsetzbar. Es resultieren entsprechende Auswirkungen auf das Absatzprogramm und auf die den Kunden angekündigten Liefertermine. Sind die Kapazitätsprobleme personell bedingt, lassen sich kurzfristige Kapazitätsanpassungen durch Überstunden oder durch zusätzliches Personal (i. d. R. Leiharbeiter) realisieren. Bei maschinenbedingten Kapazitätsproblemen ist zu prüfen, ob die Maschinen intensiver genutzt werden können, wodurch die Instandhaltungskosten erhöht werden und das Ausfallrisiko steigt. Eine Verkürzung der Bearbeitungszeiten wird i. d. R. nicht möglich sein, da diese technologisch vorgegeben sind und ansonsten Qualitätsprobleme entstehen könnten. Auch ist zu prüfen, ob sich ggf. kurzfristig einzelne Arbeitsgänge in andere Unternehmen auslagern lassen. Langfristig müssen Minderkapazitäten durch Investitionen in den Maschinenpark aufgestockt werden.

Kapazitätsbelegungsplanung

Nachdem in der Durchlaufterminierung die Zeitvorgaben der Fertigungslose fixiert und in der Kapazitätsterminierung die Kapazitätsanforderungen bestimmt wurden, erfolgt in der *Kapazitätsbelegungsplanung* die konkrete Zuordnung der einzelnen Arbeitsgänge zu den Maschinen. Die Feinsteuerung der Aufträge in den einzelnen Werkstätten erfolgt im Meisterbüro bzw. im Werkstattbüro. Sind die einzelnen Maschinen für einen konkreten Auftrag vorbereitet (eingerüstet) und ist das Rohmaterial verfügbar, erfolgt die Verteilung der Mitarbeiter auf die Maschinen und die Auftragsfreigabe. Das Maschinenbelegungsdiagramm zeigt auf, in welcher zeitlichen Reihenfolge die einzelnen Maschinen einer Werkstatt durch einen Auftrag belegt sind. Das Auftragsfolgediagramm veranschaulicht, in welcher zeitlichen Reihenfolge die einzelnen Aufträge die unterschiedlichen Maschinen belegen.

Terminfortschrittskontrolle

Durch die *Terminfortschrittskontrolle* je Auftrag kann nachverfolgt werden, wie die Aufträge durch die Produktion laufen. Der Beginn und das Ende eines jeden Arbeitsgangs werden im Rahmen der Betriebsdatenerfassung dokumentiert. Die hierbei erhobenen Daten zur Ist-Belegungszeit der Maschinen dienen nicht nur zur Kontrolle der technischen und wirtschaftlichen Maschinennutzung bei der späteren Nachkalkulation der Aufträge, sondern auch ggf. zur Leistungsentlohnung der Mitarbeiter. Aus der Gegenüberstellung von Soll-Bearbeitungszeit und Ist-Bearbeitungszeit für einen Arbeitsgang errechnet sich z. B. der Leistungsgrad eines Mitarbeiters für die Akkordentlohnung. Auch die Freigabe der belegten Maschinen nach dem Arbeitsgangende ist Teil der Terminfortschrittskontrolle und erfolgt i. d. R. automatisch durch die Betriebsdatenerfassung an den Maschinen.

Die einzelnen Problemfelder der Werkstattproduktion und ihre Verknüpfung zur Materialwirtschaft in der Beschaffung sind in Abb. 2.17 dargestellt.

Da der Durchfluss der einzelnen Produktionsaufträge nicht starr vorgegeben ist, sondern von Produktionsauftrag zu Produktionsauftrag wechseln kann, muss die Produktionsorganisation bei der Werkstattproduktion besonders flexibel sein. Die Werkstattproduktion kommt daher vor allem bei der Einzelproduktion und der (Klein-)Serienproduktion zur Anwendung. Allerdings können lange Transportwege zwischen den Werkstätten auftreten, auch können in den Zwischenlägern lange Lie-

Abb. 2.17

Problemfelder der Werkstattproduktion

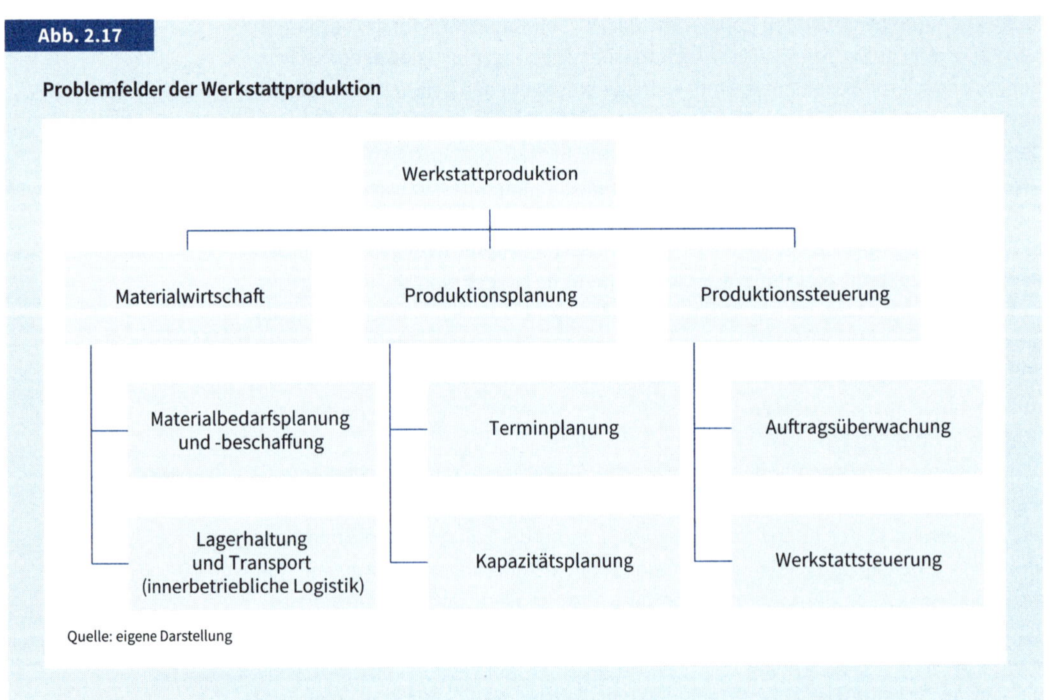

Quelle: eigene Darstellung

gezeiten entstehen, wenn die benötigten Maschinen noch durch andere Aufträge belegt sind. Dies führt wiederum zu hohen Beständen in den Zwischenlagern und dadurch zu verlängerten Durchlaufzeiten. Selbst wenn die Bearbeitungskapazitäten der verschiedenen Werkstätten einander angeglichen werden, kann es durch die unterschiedlichen Bearbeitungsreihenfolgen zu Unterauslastungen und Leerkapazitäten kommen, wodurch bei gegebenem Kapazitätsangebot die Produktivität sinkt.

2.2.3.2 Fließproduktion

Im Gegensatz zum Werkstattprinzip ist das *Fließprinzip* dadurch gekennzeichnet, dass die Anordnung der Maschinen und Arbeitsplätze durch die Reihenfolge der Bearbeitungsschritte vorgegeben ist. Werden im Laufe des Bearbeitungsfortschritts gleiche Arbeitsgänge mehrfach erforderlich, sind die entsprechenden Arbeitsplätze mehrfach vorhanden (vgl. Abb. 2.18).

Fließbandproduktion

Eine besondere Umsetzung des Fließprinzips stellt die *Fließbandproduktion* dar, bei der die Werkstücke zwischen den einzelnen Arbeitsstationen automatisch transportiert werden. Das Fließband ist in der Lage, hohe Stückzahlen zu verarbeiten, sodass das Fließprinzip zur Massen- und Großserienproduktion eingesetzt wird. Es ist deshalb sinnvoll, die einzelnen Arbeitsplätze mit Spezialmaschinen auszustatten, die optimal auf die einzelnen Arbeitsgänge abgestimmt sind. Die Mitarbeiter sind beim Fließband nicht an die einzelnen Arbeitsstationen gebunden, sondern folgen dem Arbeitsprozess und führen häufig mehrere Arbeitsgänge aus, sodass die Arbeitsmonotonie durchbrochen wird. Allerdings besteht die Tendenz, ganze Teile des Fließbandes zu automatisieren, sodass für die Mitarbeiter nur überwachende Tätigkeiten und Fehlerbehebungsmaßnahmen verbleiben. Die Automatisierung erlaubt es auch, das Fließband so auszugestalten, dass ähnliche, aber unterschiedliche Werkstücke erkannt und hintereinander verarbeitet werden können. So ist es selbst bei der auf große Stückzahlen optimierten Fließproduktion möglich, Produkte mit kundenindividuellen Ausprägungen zu erstellen.

Massen- und Großserienproduktion

Abb. 2.18

Beispiel einer Fließproduktion

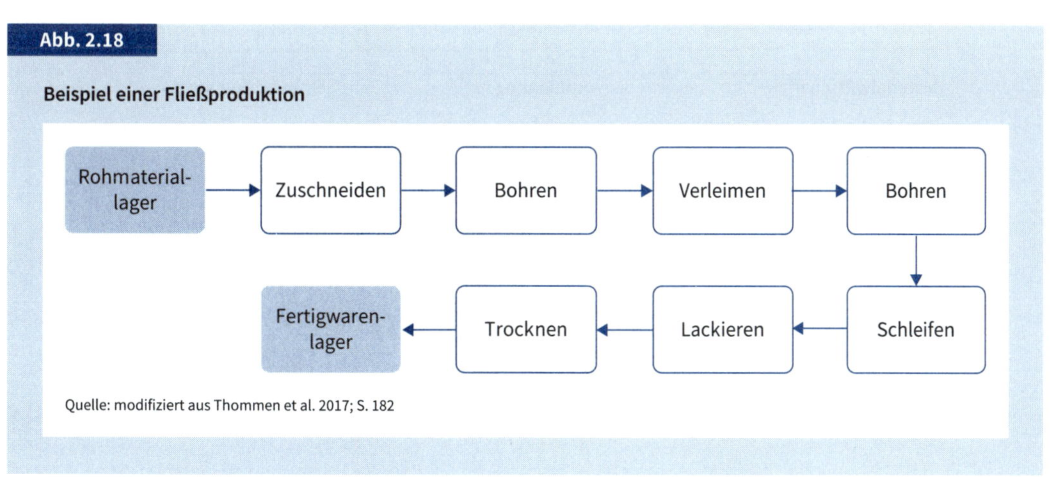

Quelle: modifiziert aus Thommen et al. 2017; S. 182

Gegenüber dem Werkstattprinzip bietet das Fließprinzip den Vorteil, dass die innerbetrieblichen Transportwege optimal verkürzt werden können. Auch werden Zwischenläger vermieden und die Probleme der Maschinenbelegungsplanung, der Reihenfolgeplanung der Arbeitsschritte und der Terminplanung entfallen. Andererseits ist die Layout-Planung des Fließbandes besonders wichtig, da hier die Arbeitsgangreihenfolge festgelegt wird. Auch sind die einzelnen Arbeitsstationen in ihrer Kapazität so auszulegen, dass die einzelnen Arbeitsgänge in einer bestimmten Taktzeit beendet werden können. Schließlich reagiert die Fließbandproduktion besonders anfällig auf Störungen, da der Ausfall einer Arbeitsstation das ganze Band zum Stocken bringt (vgl. Abb. 2.19).

Gruppenproduktion

Zwischen dem Werkstattprinzip und dem Fließprinzip lassen sich unterschiedliche Abstufungsformen bilden, bei denen versucht wird, die Vorteile der beiden Grundtypen miteinander zu kombinieren. Bei der *Gruppenproduktion* werden ähnliche Produkte zu Produktfamilien zusammengefasst, die automatisiert in sogenannten Bearbeitungszentren, Fertigungsinseln oder Fertigungszellen bearbeitet werden. Die Unterschiede zwischen den einzelnen Ansätzen zur Prozessautomatisierung sind fließend. Gemeinsam ist ihnen, dass sowohl Transportaufgaben als auch Werkzeugwechsel und Bearbeitungsschritte softwaregesteuert automatisiert werden, sodass unterschiedliche Bearbeitungsschritte an unterschiedlichen Werkstücken automatisiert durch Roboter durchgeführt werden können.

Verknüpft man die Prozessautomatisation mit modernen Werkstoff-Technologien, lassen sich kundenspezifische Produkte, die traditionell in Einzelproduktion

Abb. 2.19

Problemfelder der Fließproduktion

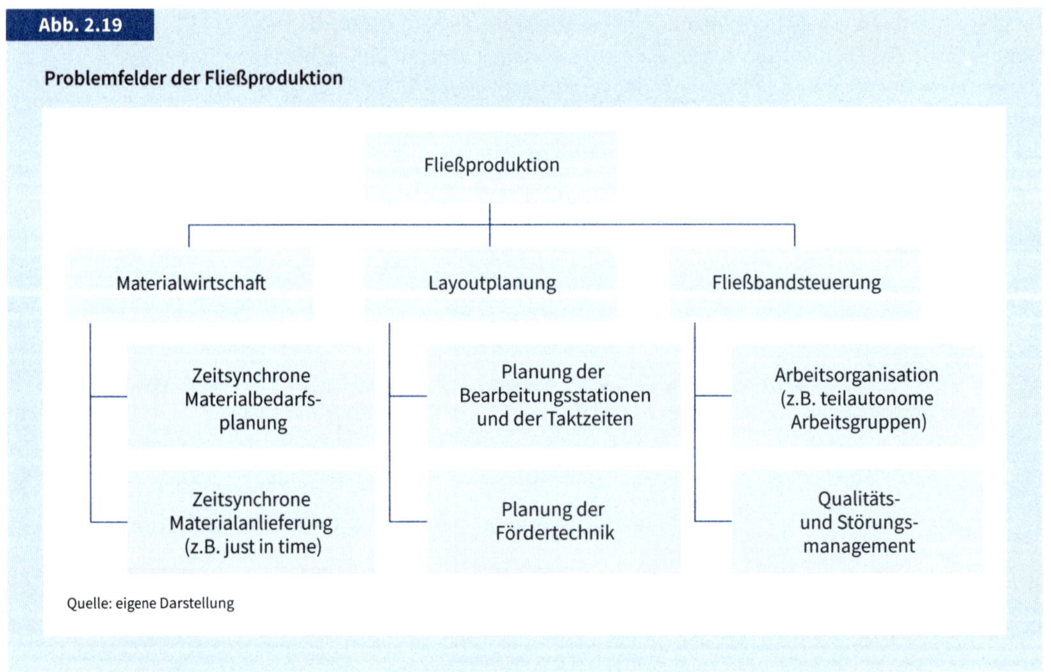

Quelle: eigene Darstellung

erstellt wurden, per Fließband erstellen. Der Einsatz von 3D-Druckern, die Werkstücke Schicht für Schicht aus unterschiedlichen Granulaten, z. B. aus Metallen, Plastik oder Keramik, zusammensetzen und die Schichten dann z. B. durch Erhitzen mit Laserstrahlen verschmelzen, führt dazu, dass hochkomplexe kundenspezifische Produkt-Geometrien produziert werden können, ohne dass hierfür eine komplexe Produktionsstruktur notwendig ist.

2.3 Beschaffung

2.3.1 Ziele und Aufgaben der Beschaffung

Die Beschaffung steht am Anfang der unternehmerischen Wertschöpfungskette (vgl. Abb. 1.4). Im engeren Sinne ist es die Aufgabe der Beschaffung, die für die Produktion ihrer Güter notwendigen Werk- und Betriebsstoffe kostengünstig in der passenden Menge und Qualität, am richtigen Ort und zur richtigen Zeit bereitzustellen (vgl. Abb. 2.20).

Abb. 2.20

Arbeitsfelder der Beschaffung

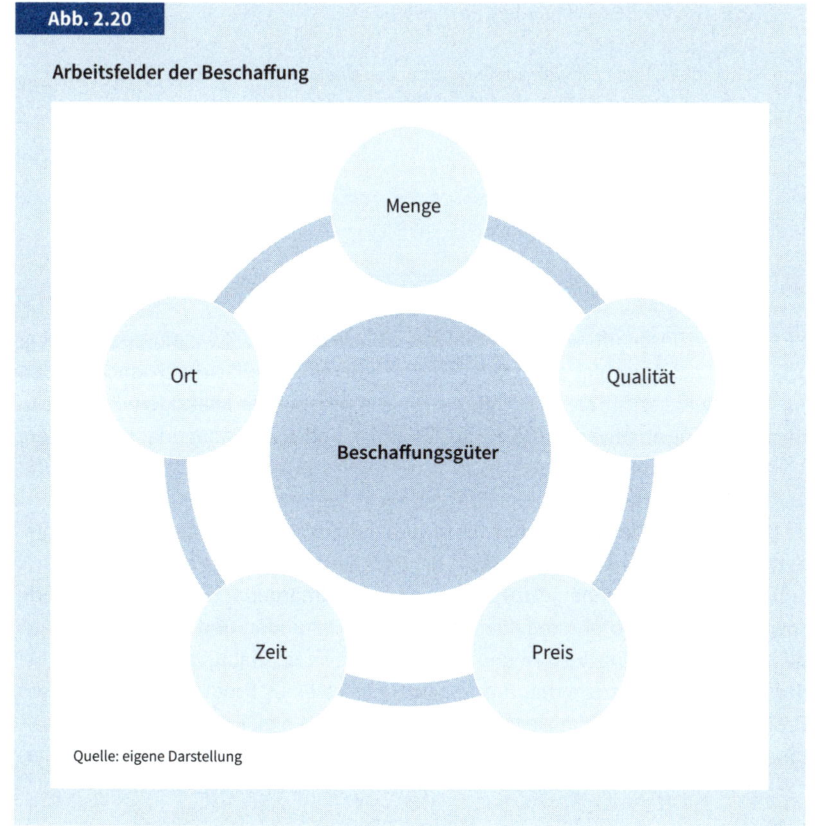

Quelle: eigene Darstellung

Die Beschaffungsgüter werden üblicherweise in Roh-, Hilfs- und Betriebsstoffe (RHB-Stoffe) sowie in Baugruppen und Handelswaren unterteilt (vgl. Abb. 2.21).

Abb. 2.21

Einteilung der Beschaffungsgüter

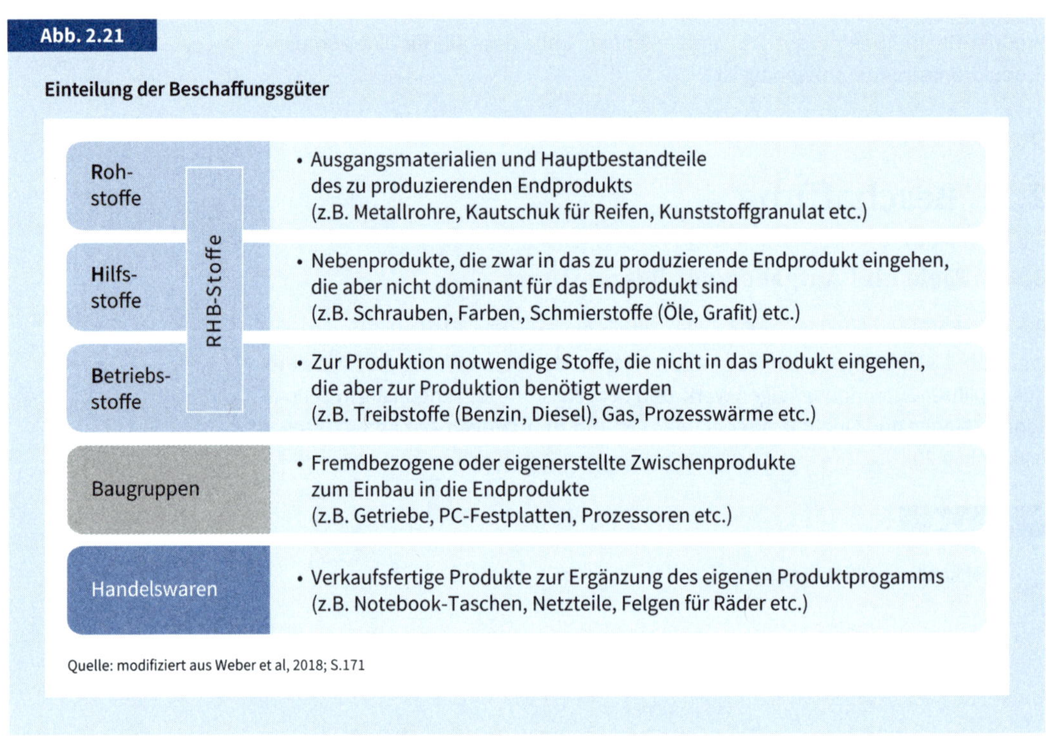

Quelle: modifiziert aus Weber et al, 2018; S.171

Betriebsmittel als Investitionsgüter

Nicht zu den Beschaffungsgütern zählen die Betriebsmittel. Zwar müssen Betriebsmittel, wie z. B. Maschinen und Anlagen, ebenfalls eingekauft werden, doch werden zur Entscheidung für die Beschaffung von Betriebsmitteln Methoden der Investitionsrechnung angewandt, die in Kap. 5.4 und in Kap. 6.2.5 näher erläutert werden.

Beschaffungsprogramm

Das Beschaffungsprogramm leitet sich mittelbar aus dem Absatzprogramm und unmittelbar aus dem Produktionsprogramm ab (vgl. Abb. 2.22).

Die im Produktionsprogramm des Unternehmens zusammengefassten verschiedenen Produkte werden aus der Sicht der Beschaffung abstrakt als »Primärbedarf« einer Periode bezeichnet. Zur Herstellung des Primärbedarfs werden Werkstoffe sowie Hilfs- und Betriebsstoffe benötigt, die als »Sekundär- und Tertiärbedarf« aus dem Primärbedarf abzuleiten und zu beschaffen sind. Analog zur Produktion, bei der Produktionsaufträge den Produktionsprozess eines Produktes starten, lösen Beschaffungsaufträge die einzelnen Bestellvorgänge aus. Fasst man alle Beschaffungsaufträge zusammen, beschreiben sie das Beschaffungsprogramm des Unter-

Abb. 2.22

Ableitung des Beschaffungsprogramms

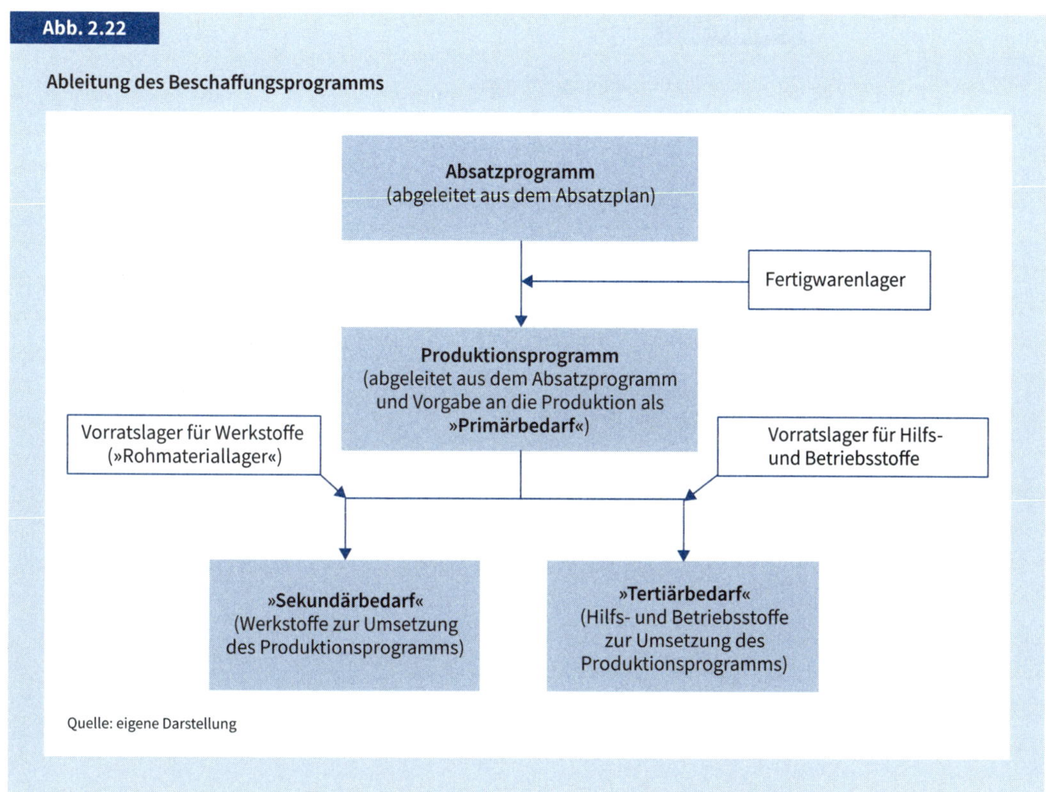

Quelle: eigene Darstellung

nehmens. Der Prozess zur Beschaffung der Sekundär- und Tertiärgüter lässt sich in eine Abfolge von Teilschritten unterteilen (vgl. Abb. 2.23).

Normung und Typisierung

Die Entscheidung über die zu beschaffenden Baugruppen und Handelswaren ist eng verknüpft mit der Entscheidung über die Breite und die Tiefe des Produktionsprogramms des Unternehmens (vgl. Kap. 2.2.1, Abb. 2.12). Eine große Bedeutung kommt hierbei der Frage nach der Standardisierung durch Normung und Typisierung der benötigten Rohmaterialien und Baugruppen zu. Standardisierte Materialien führen zu einer deutlichen Vereinfachung der Beschaffung, da die Vielfalt der Materialien abnimmt und sich die Qualitäten und Ausführungsarten verschiedener Lieferanten einfacher vergleichen lassen. Allgemeine Normen legen z. B. Größen, Abmessungen und Formen von Schrauben oder Leuchtmitteln fest, sodass diese von verschiedenen Lieferanten bezogen werden können, ohne dass am eigenen Produkt für jeden Lieferanten individuelle Anpassungen vorgenommen werden müssen. Durch Typisierung werden Baugruppen vereinheitlicht, sodass z. B. Ladegeräte unterschiedlicher Hersteller für das Aufladen verschiedener Smartphones genutzt werden können, da für sie die Anschlussstecker und -buchsen vereinheitlicht sind.

Abb. 2.23

Zyklus des Beschaffungsprozesses

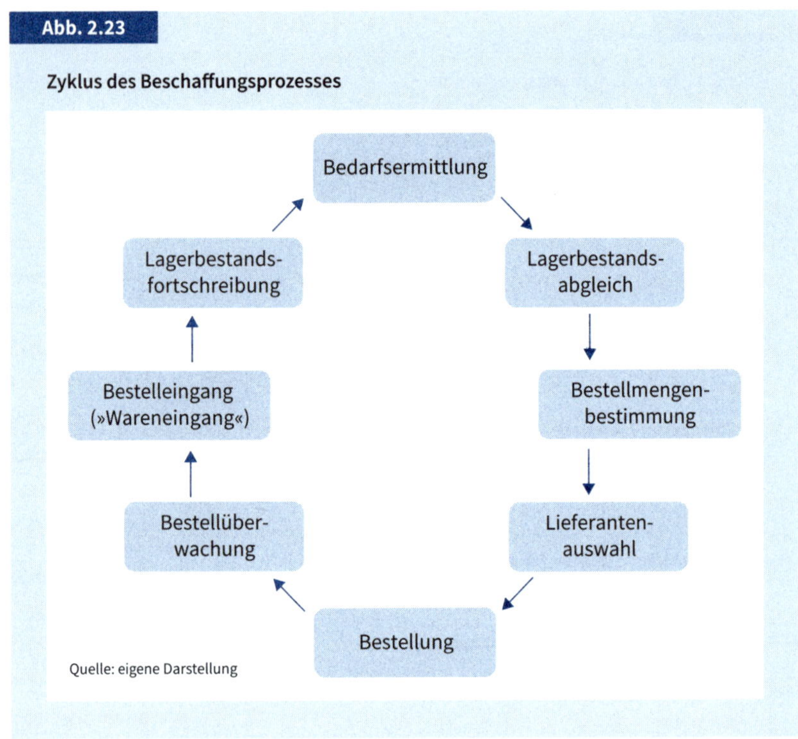

Quelle: eigene Darstellung

2.3.2 Beschaffungsbedarf

2.3.2.1 Deterministische Bedarfsplanung

Stückliste

Grundsätzlich sind für die Planung des Beschaffungsbedarfes an Werkstoffen (Sekundärbedarf) sowie an Hilfs- und Betriebsstoffen (Tertiärbedarf) zwei Vorgehensweisen möglich. Beim Sekundärbedarf wendet man i. d. R. die *deterministische Materialbedarfsplanung* an. Hierzu wird der Bedarf an Werkstoffen (Materialbedarf) aus der Menge der zu produzierenden Güter (Primärbedarf) abgeleitet. Dies setzt voraus, dass für jedes zu produzierende Gut eine *Stückliste* existiert, in der festgelegt ist, aus welchen Einzelteilen (Materialien) und Baugruppen ein Produkt besteht. Die grafische Darstellung einer Stückliste wird als »Gozintograph« bezeichnet. Im Beispiel enthält das Fertigprodukt X_1 zwei Zwischenprodukte A (Baugruppe A) und drei Zwischenprodukte B (Baugruppe B), wobei die Baugruppe A aus zwei Stück Material a und einem Stück Material b besteht (vgl. Abb. 2.24).

Zur praktischen Anwendung wird die grafische Darstellung in Tabellen bzw. Matrizen übertragen und elektronisch verarbeitet. In einer sogenannten Mengenübersichtsstückliste werden alle Mengenrelationen ausmultipliziert. Im Beispiel (Abb. 2.24) benötigt man für die Produktion von einem Stück X_1 zwei Baugruppen A, in der das Material a zweimal vorkommt; insgesamt werden somit vier Einheiten des Materials a für ein Stück X_1 benötigt. Soll X_1 in einer Serie von 100 Stück

Abb. 2.24

Strukturstückliste (Gozintograph) eines Produktes

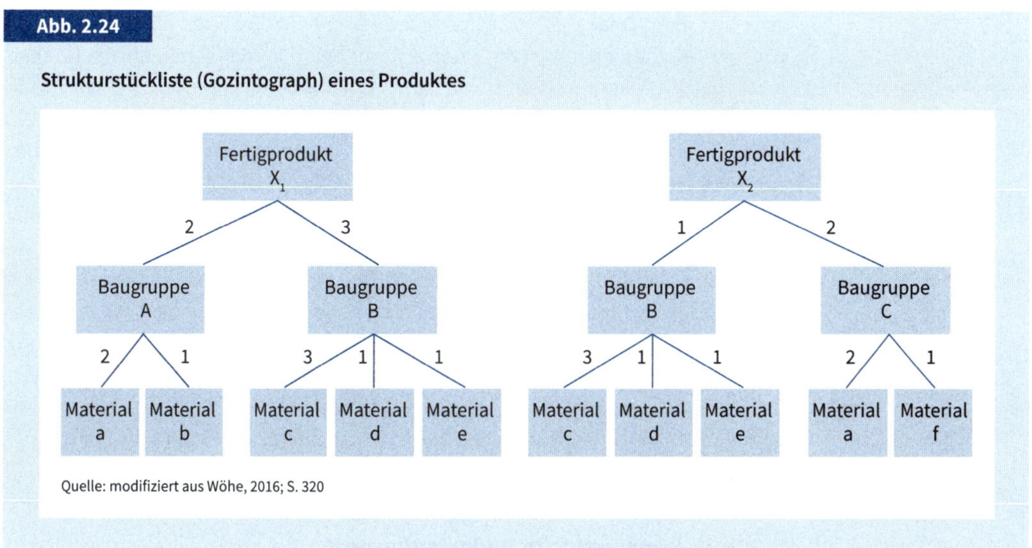

Quelle: modifiziert aus Wöhe, 2016; S. 320

gefertigt werden, müssen entsprechend 400 Teile von Material a bereitgestellt werden. Da Material a zudem als »Gleichteil« auch Bestandteil des Fertigprodukts X_2 ist, erhöht sich die Bereitstellungsmenge von a zusätzlich um den Bedarf für die Produktionsmenge von X_2. Die Darstellung der Anzahl der benötigten Einzelteile je Fertigprodukt dient der Beschaffungsabteilung als Dispositionsstückliste (vgl. Abb. 2.25). In der chemischen Industrie werden anstelle von Stücklisten sogenannte Rezepturen verwendet.

Eine wichtige Voraussetzung für die Anwendung von Stücklisten ist ihre Aktualität. Jede Änderung eines Produkts muss entsprechend in der Stückliste nachvoll-

Abb. 2.25

Mengenübersichtsstückliste

Fertigprodukt X_1

Bezeichnung	Menge
Baugruppe A	2
Baugruppe B	3
Material a	4
Material b	2
Material c	9
Material d	3
Material e	3

Fertigprodukt X_2

Bezeichnung	Menge
Baugruppe B	1
Baugruppe C	2
Material a	4
Material c	3
Material d	1
Material e	1
Material f	2

Quelle: modifiziert aus Wöhe, 2016; S. 321

zogen werden. Zusätzlich muss der »alte« Stand der Stücklisten, d. h. die Produkthistorie, erhalten bleiben, damit das Unternehmen immer genau nachvollziehen kann, welche Baugruppen und welches Material in die Fertigprodukte eingeflossen sind. Es kann z. B. in einem Reklamationsfall sehr wichtig sein, genau zu wissen, welches defekte Teil in welche Fertigprodukte verbaut wurde, damit man es ggf. in einer Rückrufaktion austauschen kann.

Materialentnahmescheine

Aus der Stückliste werden für den Produktionsauftrag die *Materialentnahmescheine* abgeleitet. Auf ihnen ist die Materialmenge eines jeden Einzelteils oder einer jeden Baugruppe vermerkt, die die Mitarbeiter für die Durchführung eines Produktionsauftrags aus dem Lager entnehmen dürfen. Im Rahmen der Lagerbuchführung dienen die Materialentnahmescheine als Buchungsbelege für die Minderung des Lagerbestandes. Der Terminus »Materialentnahmeschein« bezieht sich natürlich nicht nur auf einen »Papierausdruck«, sondern im Zuge der Digitalisierung allgemein auf einen entsprechenden Datensatz, der auf einem (Funk-)Datenträger gespeichert, den Auftragspapieren beigefügt ist.

2.3.2.2 Stochastische Bedarfsplanung

Bedarfsprognose

Eine andere Art der Materialbedarfsplanung ist die Ableitung der zu beschaffenden Materialmengen aus ihrem Verbrauch in der Vergangenheit. Diese Art der Bedarfsplanung bezeichnet man als die »verbrauchsgesteuerte« oder *stochastische Materialbedarfsplanung.* Sie wird überwiegend für die Beschaffung des Tertiärbedarfs, d. h. für die Beschaffungsplanung der Hilfs- und Betriebsstoffe angewandt. Es werden je nach Art des Verbrauchs unterschiedliche statistische Verfahren zur Verbrauchsschätzung angewandt. Wenn der Verbrauch keinem bestimmten Trend unterliegt, d. h. nicht regelmäßig steigt oder regelmäßig sinkt, lässt sich der künftige

Gewichtete Glättung

Bedarf mit Hilfe der gewichteten Glättung bestimmen (vgl. Jung, 2016; S. 378). Der Prognosewert der Periode t+1 berechnet sich wie folgt:

$$\text{Prognose}_{t+1} = \text{Prognose}_t + \alpha \times (\text{Ist-Verbrauch}_t - \text{Prognose}_t)$$

Der Faktor »α« bezeichnet den Glättungsfaktor ($0 \leq \alpha \leq 1$) und gibt an, wie stark die Verbrauchsabweichung den neuen Prognosewert$_{t+1}$ beeinflussen soll.

Beispiel:

- *Der Ist-Verbrauch an Dieselöl in der Periode t betrug 240 Liter.*
- *Der prognostizierte Verbrauch (Prognose$_t$) für Dieselöl in der Periode t betrug 230 Liter.*
- *Der Glättungsfaktor α wurde als Erfahrungswert aus der Vergangenheit auf 0,3 festgelegt.*

Für den prognostizierten Verbrauch der Periode t+1 ergibt sich:

- *Prognose$_{t+1}$ = 230 Liter + 0,3 × (240 Liter – 230 Liter) = 233 Liter.*

Die Anwendung der gewichteten Glättung führt in diesem Fall dazu, dass der neue Betriebsmittelverbrauch für die Periode t+1 um 3 Liter höher geschätzt wird als bei der letzten Prognose für die Periode t (230 Liter). Der Glättungsfaktor von α = 0,3 bewirkt, dass die Verbrauchsdifferenz von 10 Litern, d. h. der Prognosefehler zu der alten Vorhersage (tatsächlicher Verbrauch_t = 240 Liter; Prognose_t = 230 Liter), nur gedämpft in die neue Prognose_{t+1} (233 Liter) eingeht.

Dieses einfache Verfahren der gewichteten Glättung ist nur anwendbar, wenn der Verbrauch relativ gleichmäßig verläuft. Für die Periode t+1 sei deshalb angenommen, dass der Ist-Verbrauch an Dieselöl in der Periode t+1 = 225 Liter betragen soll. Damit ergibt sich als Prognose für die Periode t+2:

$$\text{Prognose}_{t+2} = \text{Prognose}_{t+1} + \alpha \times (\text{Ist-Verbrauch}_{t+1} - \text{Prognose}_{t+1})$$
$$\text{Prognose}_{t+2} = 233 \text{ Liter} + 0{,}3 \times (225 \text{ Liter} - 233 \text{ Liter}) = 230{,}6 \text{ Liter}$$

Der neue Prognosewert (230,6 Liter) konvergiert zur Mitte der Verbrauchsstatistik. Folgt der Betriebsmittelverbrauch allerdings einem Trend oder verläuft er saisonal, liefert die gewichtete Glättung keine geeigneten Prognoseergebnisse. Stattdessen sind kompliziertere Verfahren der Zeitreihenanalyse und -prognose anzuwenden.

Wichtig für die Prognose der Materialverbrauchsmengen aus den Verbrauchswerten der Vergangenheit ist natürlich, dass sich im Produktionsprogramm keine gravierenden Änderungen ergeben. Fallen Produkte weg oder kommen neue, völlig andere Produkte hinzu, weil sich die Kundenwünsche ändern, führt dies zu plötzlichen Verschiebungen im Produktionsprogramm und damit beim Materialbedarf. Diese Verschiebungen sind als »Strukturbrüche« in der Materialverbrauchsstatistik zu sehen und erschweren die Anwendung statistischer Methoden stark.

Ob die programmgebundene, d. h. stücklistenorientierte (deterministische) Materialbedarfsplanung oder die stochastische Materialbedarfsplanung zum Einsatz kommt, ist nicht fest vorgegeben und hängt z. B. von der Aktualität und der Konstanz der vorhandenen Daten ab.

Einen Hinweis darauf, bei welchen Verbräuchen eine besonders treffsichere und genaue Planung erfolgen soll, liefert die Analyse des Verbrauchs nach ihrem Wert in Relation zur verbrauchten Menge. Als Analysemethode lässt sich die *ABC-Analyse* einsetzen. Sie liefert, gerade wenn sehr viele Verbrauchsgüter beschafft werden müssen, auf einfache Weise einen Überblick darüber, welche Güterarten einen hohen Wertanteil am Beschaffungsvolumen besitzen und somit besonders intensiv geplant werden müssen (A-Materialien) und welche Güterarten zwar in großen Mengen verbraucht werden, aber wertmäßig nicht so bedeutend sind (C-Materialien). Die Einteilung in drei Klassen (A, B oder C) und ihre Abgrenzung untereinander ist nicht festgelegt, sondern folgt pragmatischen Erwägungen.

ABC-Analyse

Als Beispiel für eine ABC-Analyse sei eine Liste von zehn Verbrauchsgütern (Werkstoffe oder Hilfsstoffe, hier allgemein als »Material« bezeichnet) vorgegeben. Ausgangsdaten sind die Material-Nr., der Materialverbrauch in Mengeneinheiten (z. B. Stück) und der Materialpreis pro Mengeneinheit (z. B. Euro/Stück). Nach Berechnen des Verbrauchswertes werden die prozentualen Anteile an den Beschaffungsvolumina (getrennt nach Menge und Preis) bestimmt und es erfolgt eine Rangzuordnung nach der Höhe des Verbrauchswertes. Anschließend wird die Tabelle nach den Rangplätzen sortiert und die Prozentwerte werden kumuliert. Betrachtet man den kumulierten Materialverbrauch, zeigen sich zwischen den Rangplätzen 4 (12,8 %) und 5 (21,1 %) sowie zwischen den Rangplätzen 7 (33,9 %) und 8 (79,8 %) deutliche

Abb. 2.26

ABC-Einteilung der Materialarten nach Mengen- und Wertverbrauch

Material-Nr.	Materialverbrauchsmenge		Preis pro Stück	Materialverbrauchswert		Rang
	in Stück	In %	(Euro/Stück)	in Euro	In %	(Gemäß Verbrauchs-wert)
1	1.000	9,2	3,00 €	3.000,00 €	6,3	6
2	200	1,8	4,00 €	800,00 €	1,7	10
3	2.000	18,3	0,50 €	1.000,00 €	2,1	9
4	5.000	45,9	0,30 €	1.500,00 €	3,2	8
5	200	1,8	20,00 €	4.000,00 €	8,5	4
6	400	3,7	6,00 €	2.400,00 €	5,1	7
7	900	8,3	4,00 €	3.600,00 €	7,6	5
8	500	4,6	40,00 €	20.000,00 €	42,3	1
9	600	5,5	10,00 €	6.000,00 €	12,7	2
10	100	0,9	50,00 €	5.000,00 €	10,6	3
Summe:	10.900	100,0		47.300,00 €	100,0	

Rang	Material-Nr.	Materialverbrauchsmenge			Materialverbrauchswert			Klasse
		In %	Summe	kum. %	In %	Summe	kum. %	
1	8	4,6		4,6	42,3		42,3	
2	9	5,5		10,1	12,7		55,0	
3	10	0,9		11,0	10,6		65,5	
4	5	1,8	12,8 %	12,8	8,5	74,0 %	74,0	**A**
5	7	8,3		21,1	7,6		81,6	
6	1	9,2		30,3	6,3		87,9	
7	6	3,7	21,1 %	33,9	5,1	19,0 %	93,0	**B**
8	4	45,9		79,8	3,2		96,2	
9	3	18,3		98,2	2,1		98,3	
10	2	1,8	66,1 %	100,0	1,7	7,0 %	100,0	**C**
Summe:		100,0	100,0 %		100,0	100,0 %		

Quelle: entnommen aus Thommen et al., 2017; S. 157 — Prozentwerte auf eine Nachkommastelle gerundet.

Sprünge, sodass hier pragmatisch die Klassengrenzen zwischen A, B und C festgelegt werden können (vgl. Abb. 2.26).

Grafisch können die Ergebnisse einer ABC-Analyse als Klasseneinteilung oder mit einer Konzentrations-Kurve (*Lorenz-Kurve*) dargestellt werden (vgl. Abb. 2.27 und Abb. 2.28).

Abb. 2.27

ABC-Analyse als Klasseneinteilung mit den Daten aus Abb. 2.26

ABC-Klasseneinteilung
Verbrauchsmenge und Verbrauchswert in %
80 %
60 %
40 %
20 %
0 %
- 20 %
- 40 %
- 60 %
- 80 %
74,0 %
- 12,8 %
19,0 %
- 21,1 %
7,0 %
- 66,1 %
A
B
C
Verbrauchswert
Verbrauchsmenge (negativ dargestellt)

Quelle: eigene Darstellung

Abb. 2.28

Lorenz-Kurve zur Darstellung der Ergebnisse einer ABC-Analyse mit den Daten aus Abb. 2.26

ABC-Klasseneinteilung
12,8 %
33,9 %
Materialverbrauchswert in %
100 %
90 %
80 %
70 %
60 %
50 %
40 %
30 %
20 %
10 %
0 %
93,0 %
74,0 %
0 %
10 %
20 %
30 %
40 %
50 %
60 %
70 %
80 %
90 %
100 %
Materialverbrauchsmenge in %

Quelle: eigene Darstellung

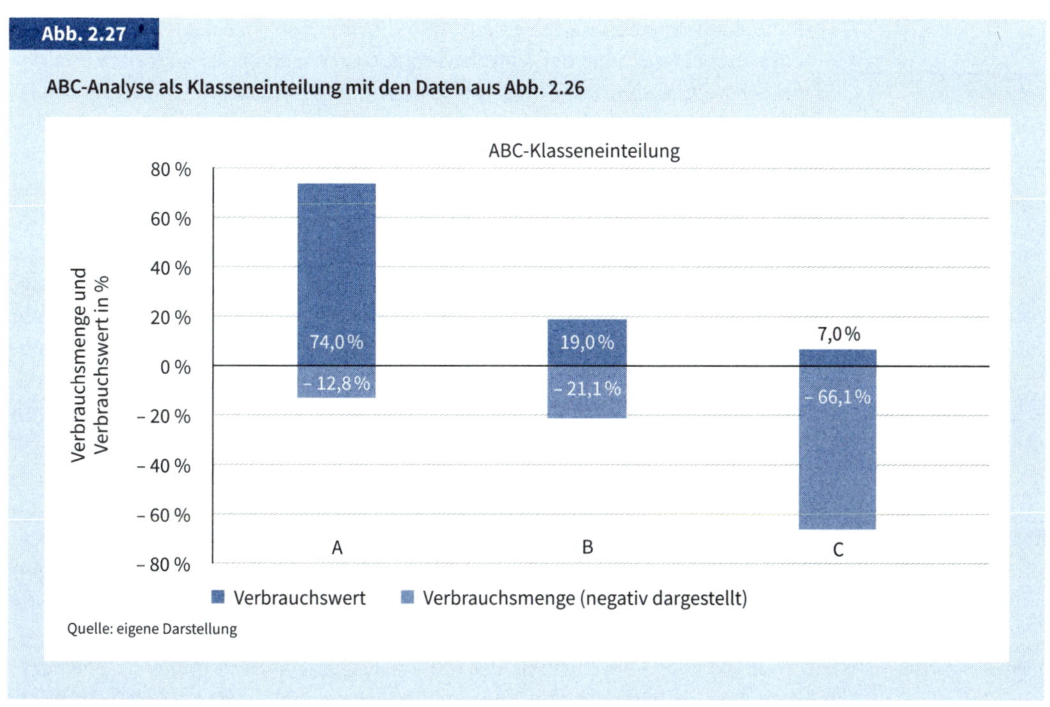

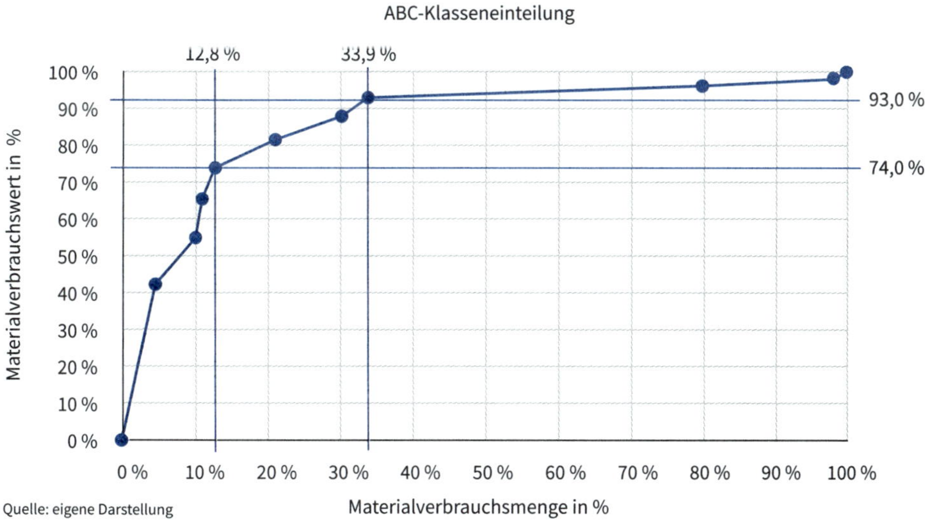

Rundet man die Beispielzahlen aus Abb. 2.27 und Abb. 2.28, lässt sich feststellen, dass sich auf ca. 15 % der Materialverbrauchsmengen ca. 80 % des Materialverbrauchswertes konzentrieren (A-Materialien). Diese hochwertigen bzw. einkaufsstarken Materialien wird man im Rahmen der Beschaffung besonders gründlich analysieren. Das betrifft nicht nur die Materialbedarfsplanung, die tendenziell eher stücklisten- und auftragsorientiert erfolgen wird, sondern auch die Lagerung und Bestellpolitik des Materials sowie die Auswahl der Lieferanten.

A-Materialien

Kumuliert man die Materialverbrauchsmengen weiter, ist ersichtlich, dass auf ca. 40 % des Materialverbrauchs ca. 95 % des Materialwertes entfallen, d. h. die restlichen Materialien nur ca. 5 % des Verbrauchswertes tragen (C-Materialien). Diese niedrigwertigen bzw. einkaufsschwachen Materialien sind möglichst arbeitsökonomisch zu behandeln, d. h. ihre Verbrauchsplanung wird weniger stücklistenorientiert, sondern tendenziell eher auf der Basis von statistischen Prognoseverfahren erfolgen.

C-Materialien

Für die Behandlung der B-Materialien lassen sich keine allgemeinen Empfehlungen aussprechen. Ihre Abgrenzung zu den A- und den C-Materialien ist fließend. So wird sich das Unternehmen bei den höherwertigen B-Materialien eher an den A-Materialien orientieren und programmorientiert planen, während es bei den niederwertigeren B-Materialarten, bei denen es sich häufig um Hilfs- oder Betriebsstoffe handelt, eher statistische Verfahren nutzen wird.

B-Materialien

Unabhängig vom Ergebnis der ABC-Analyse ist natürlich immer zu beachten, dass *Engpassmaterialien* besonders gründlich geplant werden müssen. Engpassmaterialien liegen immer dann vor, wenn das Fehlen dieses Materials zu Verzögerungen in der Produktion führen würde und damit das Produktionsprogramm nicht termin- und qualitätsgerecht erstellt werden kann.

Engpassmaterialien

2.3.3 Bestandsführung und Bestellmenge

Lagerbestand versus Buchbestand

Der im Lager tatsächlich vorhandene Materialbestand wird als *Lagerbestand* bezeichnet. Er ist zu unterscheiden vom *Buchbestand* des Materials in der Lagerbuchführung. Der Buchbestand wird rein rechentechnisch geführt, indem zu dem einmal gezählten Lagerbestand die Zugänge auf Basis der Lieferscheine hinzugezählt und die Abgänge auf Basis der Materialentnahmescheine abgezogen werden. Abgesehen von möglichen Rechenfehlern weicht der Buchbestand i. d. R. durch Diebstahl, Verderb und andere nicht erfasste Lagerentnahmen vom Lagerbestand ab.

Sicherheitsbestand

Meldebestand

Für die Bestandsführung sind auch der Sicherheitsbestand und der Meldebestand eines Lagers wichtig. Werden die Materialverbrauchsmengen nicht programmbezogen durch Stücklisten und Materialentnahmescheine erfasst, sondern statistisch berechnet, sollte jedes Lager einen *Sicherheitsbestand* aufweisen, der gewährleistet, dass bei Prognosefehlern keine Fehlmengen auftreten. Der *Meldebestand* eines Lagers wiederum gibt an, wann die nächste Bestellung ausgelöst werden muss. Der Meldebestand ist so zu bemessen, dass innerhalb der Lieferzeit des Materials der normale Verbrauch des Materials gesichert ist. Handelt es sich z. B. um ein Tanklager für Betriebsstoffe, kann die Liefermenge so gewählt werden, dass das Lager bei jeder Lieferung bis zum Höchstbestand aufgefüllt wird (vgl. Abb. 2.29).

Abb. 2.29

Lagerbestand einer Materialart im Zeitverlauf

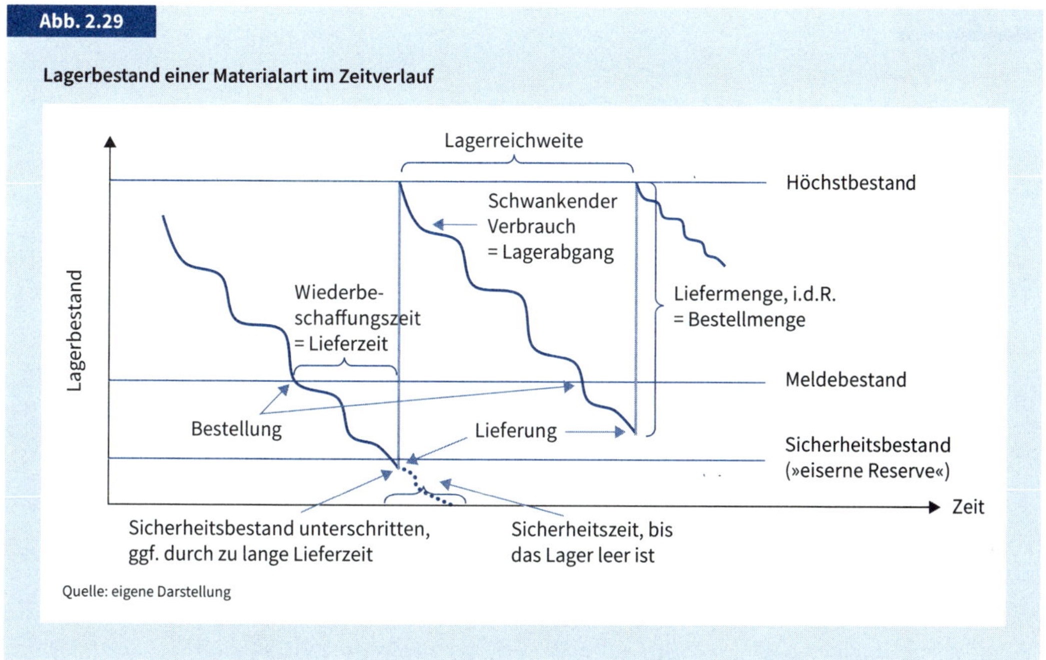

Quelle: eigene Darstellung

Bestellmenge

Die Festlegung der *Bestellmenge* beinhaltet häufig einen Zielkonflikt. Würde das Unternehmen z. B. den gesamten geschätzten Jahresbedarf auf einmal bestellen und einlagern, bräuchte es ein sehr großes Lager mit entsprechenden Lagerkosten durch die Bereitstellung des Lagerraumes. Auch muss das Material häufig bereits bei der Lieferung bezahlt werden, so dass Kapital im Lager gebunden ist und nicht anders verwendet werden kann. Dies senkt die Flexibilität des Unternehmens. Andererseits muss das Material nur einmal bei der Einlagerung bezüglich der Qualität geprüft werden und auch die Lieferkosten fallen nur einmal an.

Lagerkosten versus Bestellkosten

Im Gegensatz dazu könnte das Unternehmen häufig kleinere Materialmengen bestellen. Der Lagerraum könnte entsprechend kleiner sein und die zu bezahlenden Lieferantenrechnungen wären niedriger, obwohl auf Mengenrabatte im Vergleich zur Großbestellung verzichtet werden müsste. Aber dafür müsste bei jeder Lieferung eine Qualitätskontrolle durchgeführt werden und auch die Liefer- und Einlagerungskosten dürften höher ausfallen.

Zusammenfassend lässt sich unter vereinfachten Bedingungen feststellen, dass mit steigender Bestellmenge pro Bestellung die Lagerkosten ansteigen, die Bestellkosten dagegen abnehmen, weil weniger Bestellungen notwendig werden. Für das Unternehmen ergibt sich das Optimum dort, wo sich beiden Kostenfunktionen schneiden und die Gesamtkosten entsprechend am niedrigsten sind (vgl. Abb. 2.30).

Optimale Bestellmenge

Die Berechnung der optimalen Bestellmenge stößt in der Praxis auf große Schwierigkeiten, da sich nicht alle Einflussgrößen zur Bestimmung der Funktionsverläufe für die Lagerkosten und die Bestellkosten genau vorhersagen lassen. Aller-

Abb. 2.30

Verhältnis der Bestellmenge zu den Kosten

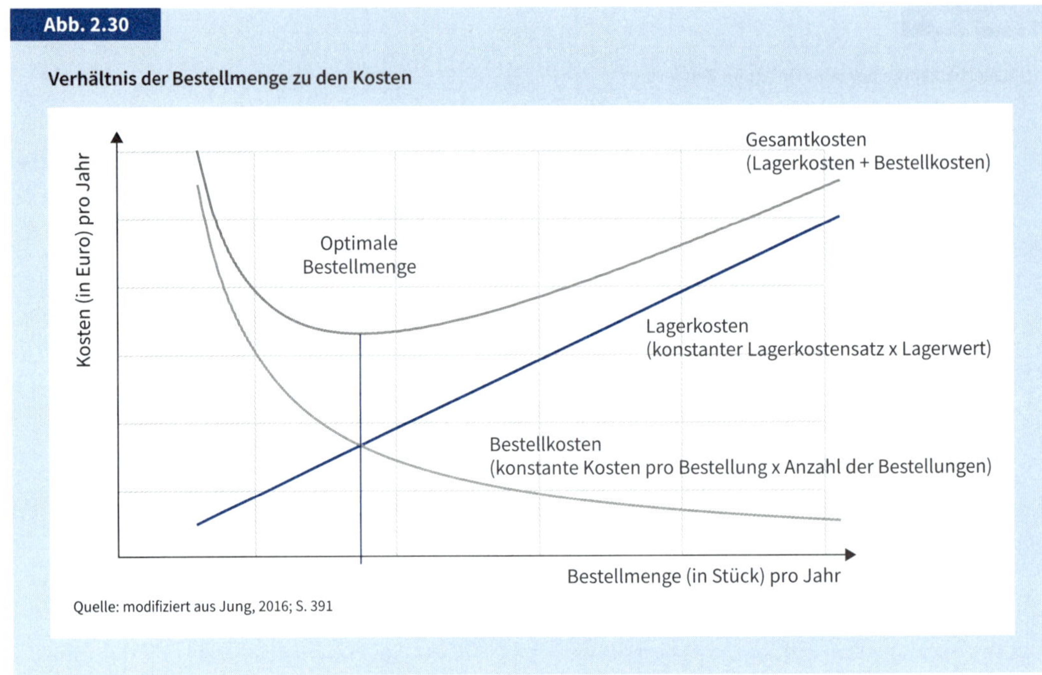

Quelle: modifiziert aus Jung, 2016; S. 391

dings weisen die Gesamtkosten im Bereich der optimalen Bestellmenge i. d. R. einen flachen Verlauf auf, sodass Abweichungen von der optimalen Bestellmenge keine großen Kostenänderungen verursachen.

Losgelöst von den Datenproblemen zu Berechnung der optimalen Bestellmenge weichen Unternehmen oft bewusst von den Ergebnissen der optimalen Bestellmengenberechnung ab. Handelt es sich z. B. um knappe Materialien, deren Verfügbarkeit für die Produktion von großer Bedeutung ist, kann es aus Vorsichtsgründen sinnvoll sein, Vorratsbeschaffungen durchzuführen. Umgekehrt wird das Unternehmen Beschaffungsgüter, die besonders wertvoll sind oder die im Lager verderben können, erst unmittelbar vor Produktionsbeginn einkaufen.

Vorratsbeschaffungen

Wichtig für die Beschaffungsplanung ist nicht nur die Planung der Bestellmengen, sondern auch die Beobachtung der Lagerbestandsänderungen. Hier haben sich besonders bei B- und C-Materialien mit schwankenden Verbrauchsmengen zwei Beschaffungspolitiken bewährt: das Bestellpunktverfahren und das Bestellrhythmusverfahren (vgl. Abb. 2.31).

Lagerbestandsänderungen

Bestellpunktverfahren

Beim *Bestellpunktverfahren* sind die Zeitpunkte, an denen bestellt wird, variabel. Die Bestellung wird erst dann ausgelöst, wenn der sogenannte Meldebestand erreicht ist. Die Bestellmenge ist i. d. R. fix und orientiert sich an der optimalen Bestellmenge, die Zeitpunkte, an denen bestellt wird, sind abhängig vom jeweiligen Materialverbrauch. Allerdings müssen der Meldebestand und der Sicherheitsbestand regelmäßig überprüft und ggf. angepasst werden, damit keine Fehlmengen auftreten. Durch diese regelmäßigen Lagerkontrollen bietet das Bestellpunktverfahren

Abb. 2.31

Bestellpunktverfahren und Bestellrhythmusverfahren

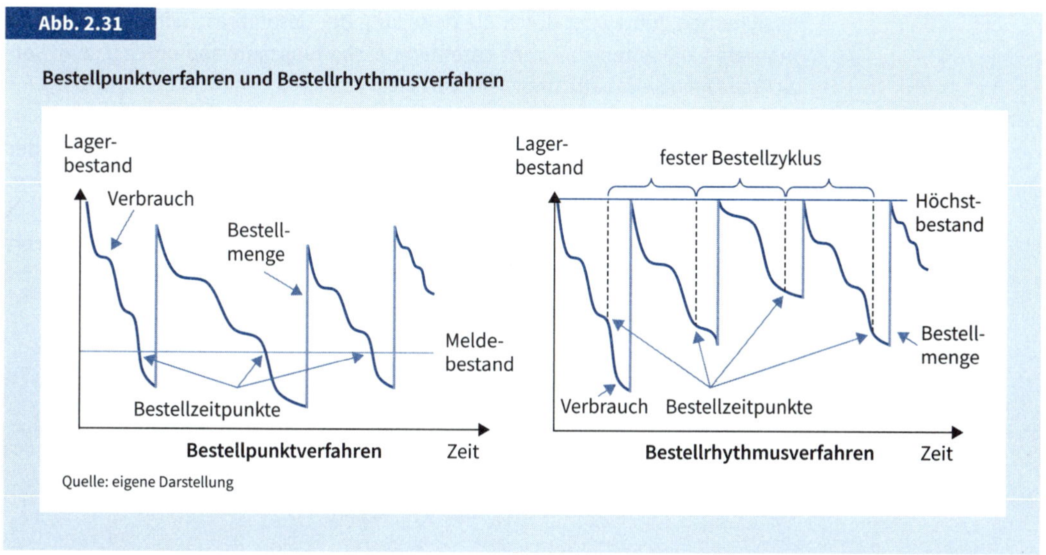

Quelle: eigene Darstellung

den Vorteil, dass auf Verbrauchsschwankungen oder auf Änderungen der Wiederbeschaffungszeit durch unzuverlässige Lieferanten schnell reagiert werden kann.

Bestellrhythmusverfahren

Beim *Bestellrhythmusverfahren* werden die Bestellungen nach dem Ablauf konstanter Zeitintervalle ausgelöst, wobei sich die Bestellmenge entweder an der optimalen Bestellmenge orientiert oder variabel ist, wenn z. B. das Lager bei jeder Bestellung bis zum Höchstbestand aufgefüllt wird. Der Bestellrhythmus orientiert sich am Produktionsrhythmus und an der Verbrauchsstruktur und ist besonders für Materialien geeignet, die einem regelmäßigen Verbrauch unterliegen. Natürlich müssen auch die Zeitintervalle regelmäßig kontrolliert und ggf. angepasst werden, da ansonsten die Gefahr besteht, dass es zu überhöhten Lagermengen kommt oder umgekehrt Fehlmengen auftreten.

2.3.4 Planung der Beschaffungsumsetzung

Aus der Planung des Beschaffungsbedarfs leitet sich die Planung der Beschaffungstermine ab. Als Vorlaufzeit der Beschaffung sind neben den Reaktions- und Lieferzeiten der Lieferanten auch die eigenen Prüf- und Einlagerungszeiten zu berücksichtigen. Zudem ergeben sich durch den Beschaffungsweg häufig besondere Restriktionen.

Single Sourcing versus Multiple Sourcing

Bei der direkten Beschaffung bezieht das Unternehmen seine Materialien unmittelbar vom Hersteller, während bei der indirekten Beschaffung Groß- und Zwischenhändler als Lieferanten auftreten. Im Regelfall wird die Bedarfsmenge einer Materialart nur von einem einzigen Lieferanten bezogen; das Unternehmen hat also für jede Materialart eine Beschaffungsquelle (*Single Sourcing).* Andererseits bietet es sich besonders bei einfachen und standardisierten Materialien an, diese von mehreren Lieferanten zu beziehen *(Multiple* Sourcing). Multiple Sourcing erhöht die Liefersicherheit, führt aber durch die Aufteilung der Gesamtbeschaffungsmenge auf mehrere Lieferanten zu einem erhöhten Beschaffungsaufwand und ggf. zum Verzicht auf Mengenrabatte und Liefervorteile.

Lieferantenauswahl

Bei der Auswahl der Lieferanten sind verschiedene Kriterien zu beachten. Wichtig ist, dass der Lieferant in der Lage sein muss, die bestellte Materialmenge in der gewünschten Qualität zur gewünschten Zeit an den gewünschten Ort zu liefern. Hinzu kommt, dass der Lieferant in der Lage sein sollte, auf Bestelländerungen flexibel zu reagieren und mögliche, ggf. langjährige Garantieverpflichtungen zu erfüllen.

Die Beschaffungsumsetzung erfolgt allgemein in fünf Stufen (vgl. Abb. 2.32).

Abb. 2.32

Beschaffungsdurchführung

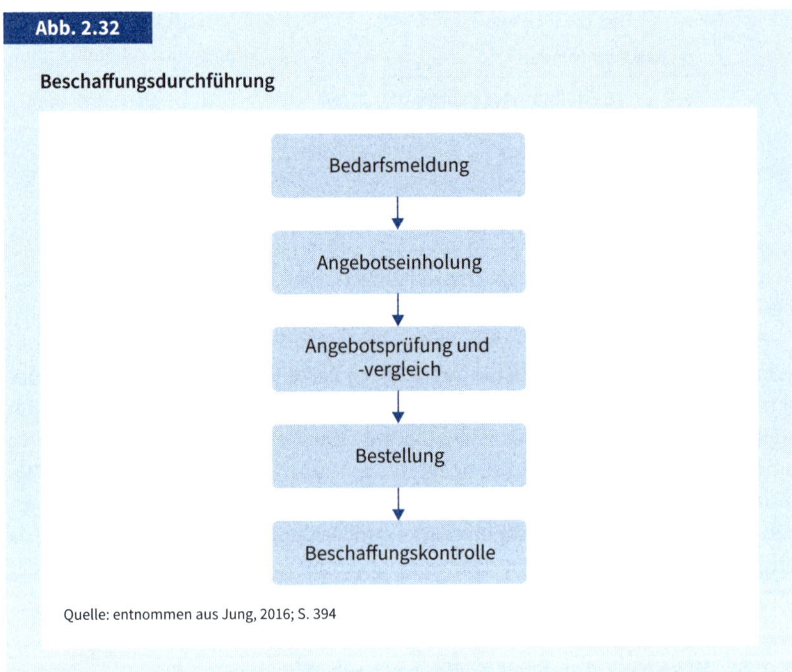

Quelle: entnommen aus Jung, 2016; S. 394

Angebotsprüfung und Bestellung

Die Bedarfsmeldung ergibt sich bei der programmbezogenen Bedarfsplanung aus der Stücklistenauflösung und bei der verbrauchsbezogenen Bedarfsplanung aus der Erreichung der Bestellauslösung nach dem Bestellpunkt- oder Bestellrhythmusverfahren. Bei der Angebotseinholung werden sowohl die bestehenden Lieferantenbeziehungen geprüft als auch neue Lieferanten angesprochen. Die Prüfung der beim Unternehmen eingegangenen Angebote bezieht nicht nur formale Kriterien (Menge, Qualität, Preis, Lieferzeit oder Liefer- und Zahlungsbedingungen etc.) ein, sondern es wird auch geprüft, ob ggf. Gegengeschäfte mit dem Lieferanten möglich sind oder ob zu dem Lieferanten zusätzlich noch andere Geschäftsbeziehungen bestehen. Bei der Bestellung schließlich wird ein Kaufvertrag mit dem Lieferanten geschlossen, den dieser i. d. R. durch eine Auftragsbestätigung bestätigt.

Die Beschaffungskontrolle besteht aus der Lieferterminüberwachung, der Wareneingangskontrolle und der Rechnungsprüfung. Die Lieferung selbst wird durch den Lieferschein dokumentiert, der im Lager als Beleg für die Zugangsbuchung genutzt wird. Im Zuge der Digitalisierung werden die Bestell- und Lieferdaten heute überwiegend elektronisch ausgetauscht. Zudem werden die gelieferten Artikel vor der Einlagerung mit elektronischen (Funk-) Datenträgern versehen, auf denen die Artikelbezeichnung und wichtige Artikeleigenschaften gespeichert sind.

Just-in-time-Beschaffung

Eine Sonderform der Belieferung ist die *»Just-in-time« (JIT)-Beschaffung.* Just-in-time bezeichnet hierbei die Lieferart, bei der die benötigten Werkstoffe zeit- und mengengenau geliefert werden, um die Lagerhaltung am Verarbeitungsort so gering wie möglich zu halten. Sinngemäß wird dabei das aus der Produktionswirtschaft bekannte »Fließprinzip« auf die Beschaffungsplanung übertragen, da die zu beschaffenden Materialien sich durch die Transportplanung in einem ständigen Zufluss zum Unternehmen befinden. Die Transportplanung hat die Aufgabe, die Transport- und Bestandskosten so niedrig wie möglich zu halten. Eine Verringerung dieser Kosten kann durch die Bestimmung der optimalen Transportmenge und durch die Berechnung der bedarfsgerechten Belieferungszyklen in Abhängigkeit von der Fließbandtaktung (vgl. Kap. 2.2.3.2) erreicht werden. Um eine reibungslose Beschaffung gemäß dem Just-in-time-Prinzip zu realisieren, ist ein permanenter Informationsaustausch mit dem Lieferanten unabdingbar, da jede Bedarfsänderung unmittelbar zu einer Lieferänderung führen muss. Zur Feinsynchronisation werden nur geringe Lagermengen unmittelbar am Verbrauchsort, d. h. in der Regel direkt am Fließband, vorgehalten. Ein Problem der Just-in-time-Beschaffung ist der erhöhte Kommunikationsaufwand zwischen dem Unternehmen und dem Zulieferer. Nur wenn der Lieferant jederzeit den aktuellen Produktionsstand des Abnehmers kennt, ist gewährleistet, dass die richtigen Werkstoffe oder Baugruppen angeliefert werden. Andernfalls kann die Lieferung falscher oder fehlerhafter Materialien zu umständlichen Nacharbeiten oder zu Produktionsverzögerungen führen. Hierzu sind Unternehmen und Lieferant i. d. R. online miteinander verbunden und nutzen kompatible Software zur Beschaffungs- und Transportabwicklung. Allerdings können Umwelteinflüsse wie Schnee oder andere Verkehrsbehinderungen wie Unfälle oder Straßensperrungen und Umleitungen einen reibungslosen Lieferfluss gefährden. Dies kann dazu führen, dass der Nachschub nicht rechtzeitig in der Produktion ankommt, was wiederum einen Produktionsstillstand zur Folge haben kann.

Just-in-sequence-Beschaffung

Eine Besonderheit des Just-in-time-Prinzips stellt das *»Just-in-sequence«-Prinzip* dar. Es bezeichnet eine Beschaffungsart, bei der die benötigten Werkstoffe und Baugruppen nicht nur zeit- und mengengenau an den richtigen Produktionsort geliefert werden müssen, sondern zusätzlich die Reihenfolge der angelieferten Materialien und Baugruppen mit der Produktionsreihenfolge übereinstimmen muss, damit völlig auf ein Eingangslager verzichtet werden kann. Werden z. B. Produkte in einer farblichen Reihenfolge produziert, dann müssen auch die Baugruppen in der »richtigen« farblichen Reihenfolge angeliefert werden, damit sie ohne Zwischenlager und Umsortierung direkt eingebaut werden können. Bei der »Just-in-sequence«-Belieferung orientiert sich der Lieferant unmittelbar an der Produktionsfeinplanung des Unternehmens, er wird somit unmittelbar in die Produktionskette des Unternehmens integriert. Hierdurch kann zwar auf ein Wareneingangslager verzichtet werden, doch steigen die schon beim Just-in-time-Prinzip genannten Risiken nochmals stark an. Um zumindest die Transportrisiken zu minimieren, teilen sich deshalb häufig Lieferant und Unternehmen den Produktionsort oder die Lieferanten siedeln sich in unmittelbarer räumlicher Nähe zur Produktionsstätte ihrer Kunden an.

ANWENDUNGSFRAGEN/LERNZIELE

Sie haben sich im 2. Kapitel dieses Buches mit den leistungswirtschaftlichen Prozessen eines Unternehmens beschäftigt. Nach dem Lesen des Kapitels sollen Sie:

1. ... die *Ziele des Absatzes* bestimmen und die *Aufgaben* der verschiedenen *Teilbereiche des Absatzes* skizzieren können.

2. ... mit Blick auf den Teilbereich *Marktforschung*:
   - die Kernaufgabe dieses Analysefeldes erläutern,
   - zwischen unterschiedlichen Typen von *Verhaltensmustern* auf der Käuferseite differenzieren,
   - das *Prozessmodell des Kaufverhaltens* in seinen Grundzügen vorstellen,
   - *Marktvolumen* und *Marktpotenzial* zueinander in Beziehung setzen
   - sowie zwischen *absolutem* und *relativem Marktanteil* rechnerisch unterscheiden können.

3. ... im Kontext des Teilbereichs *Absatzpolitische Instrumente* die zentralen Komponenten des *Marketing-Mix* erläutern und deren spezifische Ausgestaltungsmöglichkeiten anhand von Beispielen illustrieren können:
   - Produktpolitik,
   - Kontrahierungspolitik,
   - Kommunikationspolitik und
   - Distributionspolitik.

4. ... *Produktivität* und *Wirtschaftlichkeit* voneinander abgrenzen können.

5. ... das Dilemma der Ablaufplanung (nach Gutenberg) erklären können.

6. ... mögliche unternehmerische Entscheidungen für die *Tiefe* des *Produktprogramms* kritisch diskutieren können.

7. ... die spezifischen Besonderheiten der folgenden *Produktionstypen* erklären können:
   - Einzelproduktion,
   - Mehrfachproduktion (Serienproduktion, Sortenproduktion, Massenproduktion) und
   - Kuppelproduktion.

8. ... die Aufgaben der Produktionsablaufplanung erläutern können.

9. ... die Grundkonzeption zentraler Organisationstypen der Produktion vorstellen und kritisch beleuchten können:
   - Werkstattproduktion,
   - Fließproduktion.
10. ... eine Eingliederung der *Beschaffung* in den betrieblichen Wertschöpfungsprozess vornehmen sowie zentrale Aufgaben der *Beschaffung* bestimmen können.
11. ... den *Zyklus des Beschaffungsprozesses* in seinen Grundzügen vorstellen können.
12. ... den grundsätzlichen Aufbau einer Stückliste erklären können.
13. ... die Vorgehensweisen im Rahmen *deterministischer* sowie *stochastischer Materialbedarfsplanung* erläutern können.
14. ... das Instrument der *ABC-Analyse* erklären können.
15. ... zwischen *Lagerbestand, Buchbestand* und *Meldebestand* differenzieren können.
16. ... das *Bestellpunktverfahren* und das *Bestellrhythmusverfahren* voneinander abgrenzen können.
17. ... Vor- und Nachteile verschiedener Sourcing-Modelle (*Single*, *Multiple*) diskutieren können.
18. ... die zentralen Stufen der *Beschaffungsdurchführung* erläutern können.
19. ... die Belieferungsform *Just-in-time* kritisch reflektieren können.

ANWENDUNGSBEISPIEL/STORY

2 Absatz – Produktion – Beschaffung: der Wertschöpfungsprozess Ihres *E-runners*

Im zweiten Kapitel Ihrer Story steht die Analyse des Wertschöpfungsprozesses Ihrer Geschäftsidee im Mittelpunkt. Absatz – Produktion – Beschaffung sind die wesentlichen Elemente der Wertschöpfungskette und müssen jetzt für den *E-runner* mit Leben gefüllt werden.

Die *Absatzplanung* startet mit der Marktforschung.

Greifen Sie Ihre Überlegungen zu den Wettbewerbskräften des Marktes aus dem ersten Kapital auf und beginnen Sie, Ihren Markt einzugrenzen und genauer zu beschreiben:

- Überlegen Sie, welche Information Sie zur Größe des Marktes, zur Konkurrenz und zur Entwicklung des Marktes benötigen und wie Sie die notwendigen Daten hierzu erheben oder beschaffen können.
- Werden E-Bikes eher rational gekauft oder handeln die Käufer eher emotional? Zu welchen Verkaufspreisen bieten Ihre Konkurrenten E-Bikes an?
- Gestalten Sie die Elemente des Marketing-Mix für Ihre Geschäftsidee aus.

- Beschreiben Sie die Elemente Ihres Produktes: Was ist das Außergewöhnliche des *E-runners* und wie vermitteln Sie diese besonderen Produkteigenschaften Ihren potenziellen Kunden?
- Können Sie unterschiedliche Kundengruppen unterscheiden und wie möchten Sie diese ansprechen: z. B. durch Werbung oder durch Sponsoring eines Fahrradclubs?
- Wie hoch ist der durchschnittliche Marktpreis für ein dem *E-runner* vergleichbares Fahrrad?
- Welche preispolitischen Maßnahmen möchten Sie zur Verkaufsförderung einsetzen? Rabatte oder nach Kundengruppen gestaffelte Preise? Saisonpreise etc.?
- Wie bieten Sie Ihr Produkt, den *E-runner* an? Möchten Sie ein Ladengeschäft führen oder richten Sie einen Internet-Shop ein?
- Wie liefern Sie den *E-runner* an Ihre Kunden? Können Ihre Kunden den *E-runner* abholen?
- Versuchen Sie, einen Absatzplan zu erstellen. Setzen Sie den durchschnittlichen Marktpreis an, oder können Sie einen höheren Verkaufspreis für den *E-runner* begründen?
- Welche Verkaufsmengen schätzen Sie? Sind diese gleichverteilt über die kommenden Monate oder saisonal unterschiedlich?

Aus dem Absatzplan leiten Sie Ihren *Produktionsplan* ab:

- Überlegen Sie, aus welchen Teilen und Komponenten Ihr Produkt besteht und welche Maschinen zur Produktion notwendig sind.
- Vermutlich werden Sie als Start-up keine Massenproduktion planen, aber überlegen Sie trotzdem, wie ein Fließband zur Fahrradproduktion aussehen könnte.
- Was sind die besonderen Eigenschaften eines Fließbandes und welche Vor- und Nachteile ergeben sich hieraus?
- Wahrscheinlich planen Sie für Ihr Produkt eher eine kundenbezogene Einzelfertigung. Welche Werkstätten müssten Sie hierfür einplanen und wie sehen die Planungsschritte für einen Fertigungsdurchlauf aus?
- Wie hoch schätzen Sie den Kaufpreis für die benötigten Maschinen und Anlagen und welche Betriebsstoffe benötigen Sie für den Antrieb der Maschinen?
- Haben Sie schon festgelegt, welche Teile und Baugruppen Sie zukaufen möchten?
- Welche Vorgaben ergeben sich aus Ihrer Produktionsplanung für die Beschaffung Ihrer Zukaufteile?

Mit dem *Beschaffungsplan* legen Sie Ihr Einkaufsprogramm und Ihre Lagerplanung fest:

- Erstellen Sie eine (vereinfachte) Stückliste des *E-runners.*
- Welche Teile möchten Sie zukaufen? Haben Sie für die Teile einen regelmäßigen oder einen unregelmäßigen Bedarf?
- Welche Lagerpolitik wählen Sie?
- Versuchen Sie, Ihre Einkaufspreise und Ihre Einkaufsmengen zu schätzen.

ZITIERTE LITERATUR

Gutenberg, E. (1983): Grundlagen der Betriebswirtschaftslehre, Band 1: Die Produktion, 24. Aufl., Berlin: Springer.

Jung, H. (2016): Allgemeine Betriebswirtschaftslehre, 13. Aufl., Berlin: De Gruyter Oldenbourg.

Thommen, J.-P./Achleitner, A.-K./Gilbert, D. U./Hachmeister, D./Kaiser, G. (2017): Allgemeine Betriebswirtschaftslehre, 8. Aufl., Wiesbaden: Springer Gabler.

Vahs, D./Schäfer-Kunz, J. (2015): Einführung in die Betriebswirtschaftslehre, 7. Aufl., Stuttgart: Schäffer-Poeschel.

Weber, W./Kabst, R./Baum, M. (2018): Einführung in die Betriebswirtschaftslehre, 10. Aufl., Wiesbaden: Springer Gabler.

Wöhe, G./Döring, U./Brösel, G. (2016): Einführung in die Allgemeine Betriebswirtschaftslehre, 26. Aufl., München: Vahlen.

Weiterführende Literatur

Arnolds, H./Heege, F./Röh, C./Tussing, W. (2016): Materialwirtschaft und Einkauf, 13. Aufl., Wiesbaden: Springer Gabler.

Berndt, R./Fantapié Altobelli, C./Sander, M. (2016): Internationales Marketing-Management, 5. Aufl., Wiesbaden: Springer Gabler.

Bloech, J./Bogaschewsky, R./Buscher, U./Daub, A./Götze, U./Roland, F. (2014): Einführung in die Produktion, 7. Aufl., Wiesbaden: Springer Gabler.

Bruhn, M. (2015): Kommunikationspolitik, 8. Aufl., München: Vahlen.

Corsten, H./Gössinger, R. (2016): Produktionswirtschaft, 14. Aufl., Berlin: De Gruyter Oldenbourg.

Diller, H., (2008): Preispolitik, 4. Aufl., Stuttgart: Kohlhammer.

Homburg, C. (2017): Marketingmanagement, 6. Aufl., Wiesbaden: Springer Gabler.

Kuß, A./Wildner, R./Kreis, H. (2014): Marktforschung, 5. Aufl., Wiesbaden: Springer Gabler.

Meffert, H./Burmann, Ch./Kirchgeorg, M. (2015): Marketing, 12. Aufl., Wiesbaden: Springer Gabler.

Scharf, A./Schubert, B./Hehn, P. (2015): Marketing, 6. Aufl., Stuttgart: Schäffer-Poeschel.

Schögel, M. (2012): Distributionsmanagement, München: Vahlen.

Steven, M. (2014): Produktionsmanagement, Stuttgart: Kohlhammer.

Trommsdorff, V./Teichert, T (2011): Konsumentenverhalten, 8. Aufl., Stuttgart: Kohlhammer.

3 Strukturelle Entscheidungen

ÜBERSICHT

- **3.1 Standort:** Der Standort eines Unternehmens ist der geografische Ort seiner Leistungserstellung. Entscheidungskriterien für die Standortwahl lassen sich aus der Wertschöpfungskette des Unternehmens ableiten. Aber auch die Standorte der Konkurrenz und steuerliche Gesichtspunkte beeinflussen Standortentscheidungen.
- **3.2 Rechtsform:** Die Wahl der Rechtsform eines Unternehmens unterliegt dem Typenzwang. Der oder die Eigentümer müssen sich entscheiden, ob sie das Unternehmen als Einzelkaufmann, als Personengesellschaft oder als Kapitalgesellschaft führen. Entscheidungskriterien zur Rechtsformwahl sind u. a. Leitungsbefugnis, Haftung mit dem Privatvermögen oder Gewinnbeteiligung. Durch die Kombination von Rechtsformen bieten sich Gestaltungsmöglichkeiten, mit denen sich die Vorteile von Personen- und von Kapitalgesellschaften kombinieren lassen. Kapitalgesellschaften ab einer bestimmten Größenordnung unterliegen der unternehmerischen Mitbestimmung.
- **3.3 Organisation:** Unternehmen funktionieren nach dem Prinzip der Arbeitsteilung. Organisatorisch zu gestalten sind der Unternehmsaufbau (Aufbauorganisation) und die unternehmerischen Prozesse und Abläufe (Ablauforganisation). Im Mittelpunkt der Analyse steht die »Stelle« mit ihren Aufgaben, Befugnissen und Pflichten. Sie ist eingebunden in die Unternehmenshierarchie mit den unterschiedlich strukturierten und abgegrenzten Entscheidungs- und Führungsebenen der verschiedenen Typen der Aufbauorganisation. Anknüpfend an die Prozesse der Wertschöpfungskette des Unternehmens kann die Organisation der Verkaufs- und Produktionsprozesse eher einzelkundenorientiert gestaltet werden oder sich auf den Markt für Massenprodukte beziehen.

3.1 Standort

Der Standort eines Unternehmens ist der geografische Ort, an dem das Unternehmen seine Leistung erbringt. Die Frage, welcher Ort zur Leistungserbringung gewählt wird, stellt sich nicht nur bei der Gründung, sondern insbesondere auch bei der weiteren Entwicklung des Unternehmens. So ist in Wachstumsphasen zu entscheiden, ob ein Standort ausgebaut oder zusätzliche Standorte gesucht werden sollen, während in Schrumpfungsphasen über Standortzusammenlegungen und -verkleinerungen oder Standortschließungen zu entscheiden ist.

Die Standortwahl zählt zu den strukturellen Unternehmensentscheidungen, auch »konstitutive Entscheidungen« genannt, da sie von besonderer Bedeutung für das Unternehmen sind. Konstitutive Entscheidungen haben i. d. R. eine langfristige Bindungswirkung und können nur sehr aufwendig wieder revidiert werden.

Die Entscheidungskriterien für die Wahl eines Standortes lassen sich anhand von Standortfaktoren aus der Wertschöpfungskette des Unternehmens ableiten (vgl. Abb. 3.1).

Standortfaktoren

Für die Bewertung der Standortfaktoren muss jedes Unternehmen sein eigenes Anforderungsprofil erstellen, da die Anzahl der Einflussfaktoren und deren Gewichtung unterschiedlich ausfallen. Neben der *politischen Sicherheit* und der *Rechtssi-*

Abb. 3.1

Ausgewählte Standortfaktoren in Anlehnung an die Wertschöpfungskette

Absatzorientierte Standortfaktoren	• z.B. Kundenstruktur und Einkaufsvorlieben • z.B. Konkurrenzsituation, Vertriebswege, Verkehrsanbindung • z.B. regionale Herkunfsbezeichnungen und Schutzzonen • z.B. staatliche Subventionen und Steuerbelastungen
Produktionsorientierte Standortfaktoren	• z.B. technologische und geologische Bedingungen • z.B. Verfügbarkeit, Lage und Preis von Immobilien • z.B. Umweltschutz- und sonstige Auflagen • z.B. Qualifikation des Personals und Arbeitskosten
Beschaffungsorientierte Standortfaktoren	• z.B. benötigte Maschinen und Produktionsanlagen • z.B. benötigte Werkstoffe und Produktionsmaterialien • z.B. Energieversorgung und Transport-Infrastruktur • z.B. Sitz von Lieferanten und Kommunikationsinfrastruktur

Quelle: eigene Darstellung

cherheit gewinnen Infrastrukturfragen zunehmend an Bedeutung. Dies gilt insbesondere für die *Kommunikationsinfrastruktur,* da alle Unternehmen als Folge der Digitalisierung z. B. mit ihren Lieferanten und ihren Kunden vernetzt sind und ein schnelles und sicheres Internet zum Datenaustausch benötigen. Gleiches gilt auch für die *Transport-Infrastruktur*, die einen lückenlosen und schnellen in- und ausländischen Warenumschlag gewährleisten muss.

Für die Deckung des Personalbedarfs des Unternehmens ist es wichtig, dass bei aller Mobilität des Arbeitsmarktes eine entsprechende Infrastruktur an Schulen, Hochschulen und Weiterbildungsmöglichkeiten gegeben ist, um auch den zukünftigen Bedarf zu decken. Neben einer fairen Entlohnung erwarten Mitarbeiter ein urbanes Umfeld mit einer angemessenen Lebensqualität für ihre Familien.

Wichtige Einflussgrößen für die Standortwahl ergeben sich für das Unternehmen auch aus den Anforderungen an den Umweltschutz. Neben behördlichen Auflagen und gesetzlichen Vorschriften ist nicht zuletzt die Entwicklung der öffentlichen Meinung zu beachten.

Standorte der Konkurrenz

Besonders für Konsumgüterhersteller sind häufig der lokale Bezug und die Nähe zum Kunden wichtige Verkaufsargumente. Während bei Gütern des täglichen Bedarfs Konkurrenzgeschäfte mit gleichem oder ähnlichem Angebot eher die Wettbewerbssituation verschärfen, kann es für Waren, die seltener gekauft werden wie z. B. Möbel oder Schmuck, sinnvoll sein, den Vergleich mit anderen Wettbewerbern zu suchen, um von einer höheren Kundenfrequenz zu profitieren (vgl. Abb. 3.2).

Abb. 3.2

Konkurrenzabhängigkeit der unterschiedlichen Waren

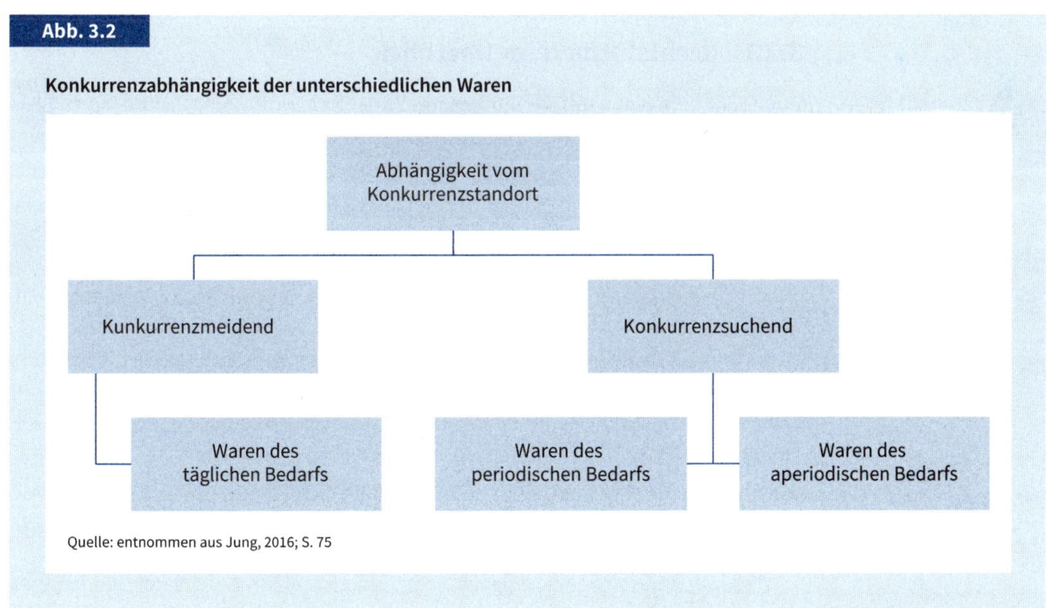

Quelle: entnommen aus Jung, 2016; S. 75

Aber nicht nur die räumliche Konzentration von Unternehmen einer Branche kann verkaufsfördernd wirken und sogenannte positive Agglomerationseffekte erzeugen, auch die Ansiedlung mehrerer Unternehmen aus verschiedenen Branchen kann zu Wettbewerbsvorteilen führen. Vorteile ergeben sich insbesondere dann, wenn die Unternehmen wirtschaftlich eng verflochten sind und eine gemeinsame Infrastruktur nutzen können.

Steuerliche Rahmenbedingungen

Schließlich sind auch steuerliche Bedingungen bei der Standortwahl zu berücksichtigen. Neben der Grunderwerbsteuer und der Grundsteuer können insbesondere die Unterschiede bei der Gewerbesteuer die Entscheidung für oder gegen einen konkreten Standort beeinflussen. Die Gewerbesteuer (siehe Kap. 6.3.6) ist eine Gemeindesteuer, ihre Höhe wird maßgeblich durch die Hebesätze der Gemeinden beeinflusst. Große Städte haben i. d. R. höhere Hebesätze, während Gemeinden in ihrem Umland Unternehmen durch niedrigere Hebesätze anlocken möchten. Dies ist z. B. besonders deutlich bei der Stadt Monheim am Rhein erkennbar, die für 2018 einen gewerbesteuerlichen Hebesatz von 250 % beschlossen hat (§ 6 Amtsblatt der Stadt Monheim am Rhein, Jahrgang 2018, Nr. 02 vom 29.01.2018), während die Hebesätze der beiden umliegenden Städte Düsseldorf 440 % bzw. Köln 475 % betragen. Im Jahre 2017 betrug der durchschnittliche Hebesatz in Deutschland 361,0 %; der gesetzliche Mindesthebesatz liegt bei 200 % (http://www.factfish.com/gewerbesteueratlas [30.01.2018]).

3.2 Rechtsform

3.2.1 Rechtsformen im Überblick

Zur Teilnahme eines Unternehmens am Wirtschaftsleben ist es erforderlich, dass das Unternehmen eine Rechtsform wählt. Das Gesellschaftsrecht sieht verschiedene fest definierte Rechtstypen vor, zwischen denen bei der Gründung eines Unternehmens gewählt werden kann. Obwohl sämtliche möglichen Rechtsformen gesetzlich festgelegt sind, d. h. ein Typenzwang bei der Rechtsformwahl besteht, gibt es Gestaltungsmöglichkeiten innerhalb einer gewählten Rechtsform, zudem sind Mischformen durch die Kombination von Rechtsformen möglich (vgl. Abb. 3.3).

Firma

Im Wirtschaftsleben wird der Name des Unternehmens, mit dem ein *Kaufmann* am Geschäftsbetrieb teilnimmt, als *»Firma«* bzw. *»Fa.«* bezeichnet. Der Begriff »Kaufmann« bzw. die »Kaufmannseigenschaft« ist gesetzlich nicht scharf definiert, sondern auf sie wird aufgrund der Unternehmensgröße und der Geschäftsstruktur geschlossen. Wird ein Unternehmen ins Handelsregister eintragen, nimmt es handelsrechtlich immer als Kaufmann am Wirtschaftsleben teil und kann unter dem Namen der Firma klagen und verklagt werden.

Die Firma kann sich einen eigenständigen, nicht irreführenden Namen geben, dies kann auch ein Phantasiename sein. Allerdings muss der Firmenname stets auf die Rechtsform des Unternehmens verweisen und die Rechtsform im Namen nennen.

Abb. 3.3

Wichtige Rechtsformen von Unternehmen

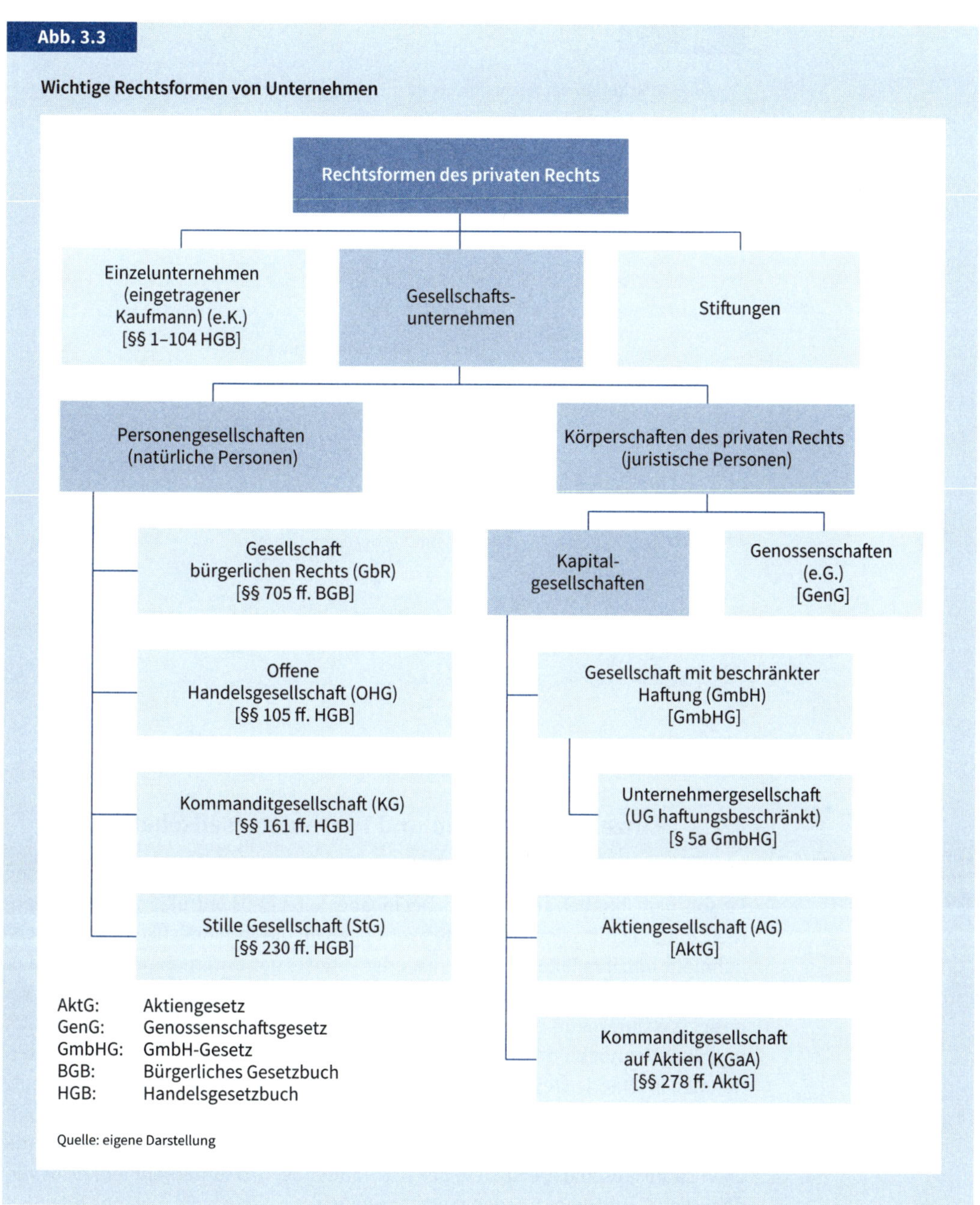

Quelle: eigene Darstellung

Wichtige Kriterien, anhand derer eine Rechtsform ausgewählt werden kann, sind in Abbildung 3.4 aufgelistet.

Abb. 3.4

Auswahlkriterien der Rechtsformwahl

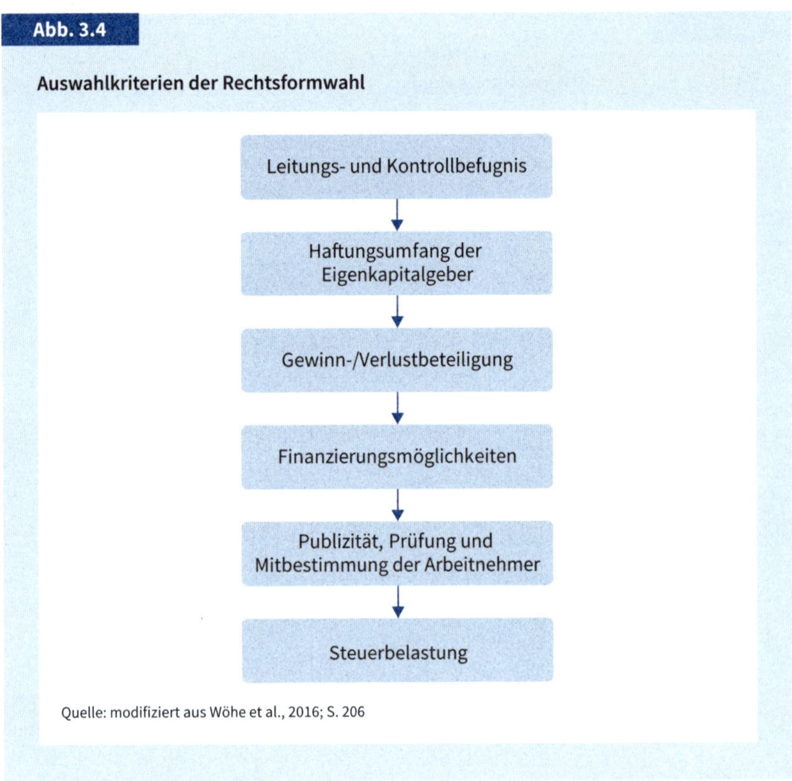

Quelle: modifiziert aus Wöhe et al., 2016; S. 206

3.2.2 Einzelunternehmen und Personengesellschaften

Einzelkaufmann und Einzelunternehmen

Ein *Einzelunternehmen* ist ein Unternehmen, das von einer einzelnen *natürlichen Person*, dem Inhaber, geführt wird. Der Inhaber leitet und kontrolliert das Unternehmen, er haftet mit seinem gesamten Vermögen für die Verbindlichkeiten des Unternehmens und ihm fallen die Gewinne oder Verluste des Unternehmens zu. Ein Mindestkapital ist für die Gründung eines Einzelunternehmens nicht erforderlich. Benötigt das Unternehmen Fremdkapital, hängt die Kreditwürdigkeit von der Bonität und vom Vermögen des Inhabers ab. Als Kaufmann kann der Inhaber sein Unternehmen ins Handelsregister eintragen lassen und führt dann im Namen den Zusatz »*eingetragener Kaufmann*« bzw. »*e.K.*«. Der eingetragene Kaufmann muss bei Überschreiten eines Mindestumsatzes und eines Mindestgewinns einen handelsrechtlichen Jahresabschluss erstellen, der aber (außer bei Großunternehmen) nicht veröffentlicht (publiziert) werden muss. Steuerlich unterliegen die Gewinne oder Verluste der persönlichen Einkommensteuerpflicht des Inhabers.

Eingetragener Kaufmann

Gesellschaftsunternehmen

Schließen sich mehrere Personen zusammen, die gemeinsam ein Unternehmen betreiben möchten, bilden sie ein *Gesellschaftsunternehmen*. Der Zusammenschluss kann unterschiedlich eng sein, auch können die handelnden Personen unterschiedliche Funktionen in der Gesellschaft wahrnehmen.

Gesellschaft bürgerlichen Rechts (GbR)

Eine *Gesellschaft bürgerlichen Rechts (GbR)*, auch *BGB-Gesellschaft* genannt, ist die einfachste Zusammenschlussform von Personen, die gemeinsam wirtschaftlich tätig werden möchten. Die sich zusammenschließenden Personen sind die Gesellschafter der GbR. Sie bringen gemeinschaftlich das Gesellschaftskapital auf, ein Mindestkapital ist nicht vorgeschrieben. Sofern der Gesellschaftsvertrag nichts anderes regelt, leiten und kontrollieren alle Gesellschafter die GbR gemeinsam, ihnen fallen die Gewinne oder Verluste in gleicher Höhe zu und sie haften, wenn das Gesellschaftsvermögen nicht ausreicht, zusätzlich mit ihrem gesamten Privatvermögen. Benötigt die GbR Fremdkapital, hängt die Kreditwürdigkeit der Gesellschaft weitgehend von der Bonität und vom Vermögen ihrer Gesellschafter ab. Die GbR hat keine Kaufmannseigenschaft. Sie wird, soweit die Gesellschafter keinen anderen Beschluss fassen, nicht ins Handelsregister eingetragen und unterliegt, da sie nicht zur Erstellung eines handelsrechtlichen Jahresabschlusses verpflichtet ist, keinen Prüfungs- und Publizitätsvorschriften. Steuerlich unterliegen die Gewinne oder Verluste der persönlichen Steuerpflicht der Gesellschafter.

Offene Handelsgesellschaft (OHG)

Gegenüber einer GbR ist eine *Offene Handelsgesellschaft (OHG)* ein wesentlich engerer Zusammenschluss von (mindestens zwei) Personen zur Umsetzung ihrer wirtschaftlichen Interessen. Zur Gründung der OHG schließen sie einen Gesellschaftsvertrag und sind verpflichtet, die OHG als Firma ins Handelsregister eintragen zu lassen. Die Gesellschafter bringen das Gesellschaftskapital gemeinsam auf, eine Mindesthöhe des Kapitals ist nicht vorgeschrieben. Sofern der Gesellschaftsvertrag nichts anderes regelt, leiten und kontrollieren alle Gesellschafter die OHG gemeinsam, ihnen fallen die Gewinne oder Verluste in gleicher Höhe zu und sie haften, wenn das Gesellschaftsvermögen nicht ausreichend ist, gemeinschaftlich mit ihrem gesamten Privatvermögen. Benötigt die OHG Fremdkapital, hängt ihre Kreditwürdigkeit weitgehend von ihrem eigenen Vermögen und von ihrer Bonität sowie vom Vermögen und der Bonität der Gesellschafter ab. Die OHG unterhält einen kaufmännischen Geschäftsbetrieb und muss ihre Buchführung mit einem handelsrechtlichen Jahresabschluss abschließen. Handelt es sich nicht um ein Großunternehmen, unterliegt die OHG keinen Prüfungs- und Publizitätsvorschriften. Steuerlich unterliegen die Gewinne oder Verluste der persönlichen Steuerpflicht der Gesellschafter.

Kommanditgesellschaft (KG)

Während sich für die OHG zwei oder mehrere Personen zusammenschließen, um als Gesellschafter gemeinsam ein Unternehmen zu führen, gibt es bei der Rechtsform der *Kommanditgesellschaft (KG)* zwei rechtlich unterschiedliche Typen von Gesellschaftern, nämlich »Komplementäre« und »Kommanditisten«. Analog zur OHG wird zur Gründung der KG ein Gesellschaftsvertrag geschlossen und die Firma wird ins Handelsregister eingetragen. Die Gesellschafter bringen das Gesellschaftsvermögen gemeinsam auf, eine Mindesthöhe ist nicht vorgeschrieben. Allerdings unterscheiden sich die Gesellschafter bezüglich der Haftung für Verbindlichkeiten der KG. Mindestens ein Gesellschafter, der als *»Komplementär«* bezeichnet wird, haftet zusätzlich zum Vermögen der KG unbeschränkt mit seinem gesamten Privatvermögen, während der oder die anderen Gesellschafter, die als *»Kommanditisten«* bezeichnet werden, haftungsbeschränkt sind. Reicht das Gesellschaftsvermögen im Haftungsfalle nicht aus, verlieren die Kommanditisten maximal ihre Einlage, ein Durchgriff der Gläubiger auf ihr sonstiges Vermögen ist nicht möglich. Sofern der Gesellschaftsvertrag nichts anderes regelt, wird die KG durch den oder die Komplementäre geleitet, den Kommanditisten steht nur ein Kontrollrecht zu. Auch die Verteilung der Gewinne oder Verluste wird i. d. R. im Gesellschaftsvertrag geregelt und spiegelt häufig das höhere Haftungsrisiko der Komplementäre wider. Benötigt die KG Fremdkapital, hängt ihre Kreditwürdigkeit nicht nur von ihrer eigenen Bonität und ihrem Vermögen ab, der Fremdkapitalgeber wird auch die Bonität und das Vermögen der Gesellschafter, insbesondere die des Komplementärs als »Vollhafter« prüfen. Im Gegensatz zur OHG dürfte es allerdings für eine KG leichter sein, zur Kapitalbeschaffung zusätzliche Gesellschafter, insbesondere Kommanditisten, zu gewinnen, da die Kommanditisten im Haftungsfall nur ihre Einlage verlieren. Analog zur OHG muss die KG als Kaufmann ihre Buchführung mit einem handelsrechtlichen Jahresabschluss abschließen. Handelt es sich bei der KG nicht um ein Großunternehmen, unterliegt sie keinen Prüfungs- und Publizitätsvorschriften. Steuerlich unterliegen die Gewinne oder Verluste der persönlichen Steuerpflicht der Gesellschafter.

Stille Gesellschaft (StG)

Bei der sogenannten *Stillen Gesellschaft (StG)* beteiligt sich ein Investor an einer Gesellschaft, ohne dass er als Gesellschafter nach außen in Erscheinung tritt. Im Gesellschaftsvertrag wird i. d. R. festgelegt, wie der stille Gesellschafter am Gewinn der Gesellschaft beteiligt wird; eine Beteiligung am Verlust der Gesellschaft kann ausgeschlossen werden. Eine Leitungsbefugnis steht dem stillen Gesellschafter nicht zu, allerdings kann er Einsicht in die Geschäftsbücher nehmen. Für die Verbindlichkeiten des Unternehmens übernimmt der stille Gesellschafter keine Haftung, seine Einlage kann er im Insolvenzfalle als Forderung geltend machen. Benötigt das Unternehmen zusätzliches Kapital, kann es weitere stille Gesellschafter aufnehmen. Steuerlich unterliegen die dem stillen Gesellschafter zufließenden Gewinne oder ggf. Verluste seiner persönlichen Steuerpflicht.

3.2.3 Kapitalgesellschaften und besondere Rechtsformgestaltungen

Während sich bei Personengesellschaften i. d. R. natürliche Personen zu einer Gesellschaft zusammenschließen, die sie z. B. in Form einer OHG gemeinschaftlich leiten und für deren Handeln sie gemeinsam mit ihrem Vermögen haften, fallen hingegen bei *Kapitalgesellschaften* Unternehmensleitung und Kapitalbereitstellung durch die Gesellschafter auseinander. Kapitalgesellschaften beruhen auf einem Gesellschaftsvertrag und sind eine eigenständige *juristische Person*, eine Körperschaft des privaten Rechts. Ihr Grundtyp ist der *»eingetragene Verein (e. V.)«*, der unabhängig vom Wechsel seiner Mitglieder besteht und der einen bestimmten, i. d. R. nicht wirtschaftlichen Zweck verfolgt. Für die Wahrnehmung wirtschaftlicher Interessen sieht das Handelsgesetz neben den Genossenschaften die Kapitalgesellschaften als Rechtsform vor. Eine Kapitalgesellschaft wird ins Handelsregister eingetragen und ist als juristische Person Inhaberin des Gesellschaftsvermögens. Die Geschäftsführung und die Kontrollrechte werden bei juristischen Personen durch deren Organe wahrgenommen.

Eingetragener Verein (e. V.)

Gesellschaft mit beschränkter Haftung (GmbH)

Eine *Gesellschaft mit beschränkter Haftung (GmbH)* ist eine juristische Person, die aus einem oder mehreren Gesellschaftern besteht. Die Gesellschafter stellen der GmbH mindestens 25.000 Euro als sogenanntes Stammkapital zur Verfügung. Das Stammkapital ist in der Höhe nach oben nicht begrenzt, der Anteil eines einzelnen Gesellschafters am Stammkapital wird als seine »Stammeinlage« bezeichnet. Die Stammeinlagen der Gesellschafter können unterschiedlich hoch sein, sie bestimmen sein Stimmgewicht in der Gesellschafterversammlung als Organ der GmbH. Das zweite Organ der GmbH ist die Geschäftsführung, die die Gesellschaft leitet und vertritt. Der oder die Geschäftsführer werden von der Gesellschafterversammlung bestellt, sie müssen selbst keine Stammeinlage halten und werden i. d. R. von der GmbH angestellt. Die Bildung eines Aufsichtsrats als drittes Organ der GmbH ist handelsrechtlich nicht vorgeschrieben, kann aber zwingend sein, wenn die GmbH bei mehr als 500 Mitarbeitern der unternehmerischen Mitbestimmung (vgl. Kap. 3.2.4) unterliegt. Auch im Gesellschaftsvertrag, der Satzung der GmbH, kann die Einrichtung eines Aufsichtsrates mit bestimmten Kontrollrechten vereinbart werden. Ebenfalls kann die Satzung der GmbH Einschränkungen für den Handlungsspielraum der Geschäftsführung vorsehen und vorschreiben, bei welchen Geschäften die Gesellschafterversammlung zustimmen muss (vgl. Abb. 3.5).

Für die Verbindlichkeiten der Gesellschaft haftet die GmbH als juristische Person mit ihrem Gesellschaftsvermögen. Reicht dieses zur Abdeckung der Verbindlichkeiten nicht aus, erfolgt kein Durchgriff auf das sonstige Vermögen der Gesellschafter. Benötigt die GmbH Fremdkapital, hängt ihre Kreditwürdigkeit von ihrer Bonität und

Abb. 3.5

Grundstruktur einer Gesellschaft mit beschränkter Haftung (GmbH)

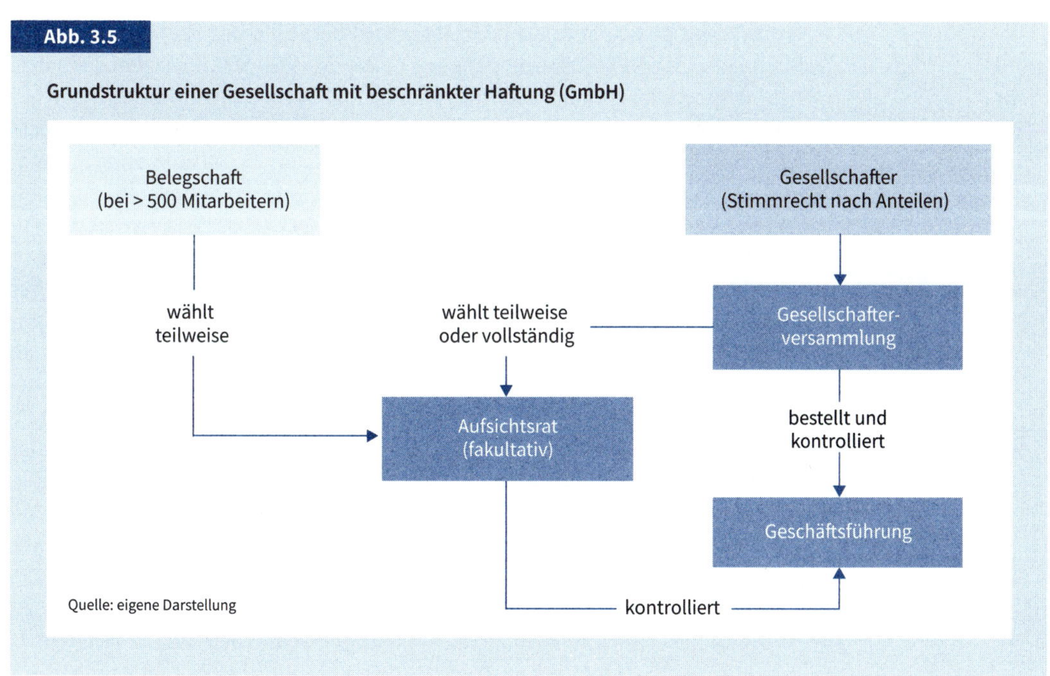

Quelle: eigene Darstellung

vom Vermögen der Gesellschaft ab. Zusätzliches eigenes Kapital kann die GmbH durch eine Erhöhung ihres Stammkapitals durch die aktuellen Gesellschafter oder durch die Aufnahme zusätzlicher Gesellschafter aufbringen. Allerdings ist die Aufnahme neuer Gesellschafter oder eine spätere Übertragung von Gesellschafteranteilen auf andere Gesellschafter erschwert, da jeder Gesellschaftsanteil einen Anteil am Marktwert der GmbH repräsentiert, wobei der Marktwert der Gesellschaft aufwendig ermittelt werden muss. Für jede Veränderung der Gesellschafterstruktur ist eine notarielle Beurkundung erforderlich und alle Mitgesellschafter müssen zustimmen. Abhängig von ihrer Größe unterliegt die GmbH umfangreichen Publizitätsvorschriften bei der Veröffentlichung ihres Jahresabschlusses. Die GmbH ist als juristische Person selbst steuerpflichtig, die ausgeschütteten Gewinne, die sogenannten Dividenden, unterliegen der persönlichen Steuerpflicht der Gesellschafter.

Einmann-GmbH

Gehört das Stammkapital einer GmbH nur einer einzigen Person, bezeichnet man sie als »Einmann-GmbH« oder als »Ein-Personen-GmbH«. Für eine Einmann-GmbH gelten keine gesellschaftsrechtlichen Sonderregelungen. Sie ist eine juristische Person, wird durch ihre Organe vertreten und haftet mit ihrem Gesellschaftsvermögen. Der alleinige Gesellschafter kann sich selbst entweder zum Geschäftsführer oder alternativ ggf. zum Aufsichtsratsmitglied wählen. Allerdings haftet der Einmann-Gesellschafter bei Pflichtverletzungen u. U. den Gläubigern persönlich mit seinem Privatvermögen.

Unternehmergesellschaft (UG haftungsbeschränkt)

Eine Sonderform der GmbH ist die *Unternehmergesellschaft (UG haftungsbeschränkt)*, auch »Mini-GmbH« oder »1-Euro-GmbH« genannt. Analog zur »großen« GmbH ist sie eine juristische Person, die durch ihre Organe, d. h. durch die Hauptversammlung und durch die Geschäftsführung, vertreten wird. Fast alle Regelungen entsprechen denen der GmbH mit Ausnahme der Höhe des Stammkapitals. Das Stammkapital darf bei der Gründung nur 1 Euro betragen. Erwirtschaftet die Unternehmergesellschaft Gewinne, dürfen diese pro Jahr nur zu 75 % an die oder den Gesellschafter ausgeschüttet werden, die verbleibenden 25 % sind einer Gewinnrücklage zuzuführen. Hat das Stammkapital eine Höhe von 25.000 Euro erreicht, kann sich die UG in eine GmbH umwandeln, sie muss aber nicht umfirmieren. Als Unternehmensbezeichnung ist für die UG zwingend vorgegeben, dass sie den Zusatz »Unternehmergesellschaft (haftungsbeschränkt)« bzw. »UG (haftungsbeschränkt)« führt.

Aktiengesellschaft (AG)

Eine *Aktiengesellschaft* (AG) ist eine juristische Person, an der die Gesellschafter (Aktionäre) durch das Halten von Aktien am sogenannten Grundkapital der AG beteiligt sind. Das Mindestgrundkapital einer AG beträgt 50.000 Euro. Es wird in Aktien aufgeteilt, deren sogenannter Mindestnennwert 1 Euro ist. Das Grundkapital ist die Summe der Nennwerte aller Aktien. Die Aktie ist ein Wertpapier, das eigenständig z. B. an einer Börse zu einem Kurswert gehandelt werden kann. Der Kurswert der Aktie ergibt sich aus dem Abgleich von Angebot und Nachfrage der gehandelten Aktien, er weicht i. d. R. deutlich vom Nennwert der Aktie ab. Die Organe einer AG sind der Vorstand, der Aufsichtsrat und die Hauptversammlung. Sie üben die Leitungs- und Kontrollrechte aus und werden durch Wirtschaftsprüfer unterstützt, die die Buchführung und den Jahresabschluss der AG prüfen (vgl. Abb. 3.6).

Die Hauptversammlung ist die Versammlung der Aktionäre. Jede Aktie hat i. d. R. eine Stimme. Die Hauptversammlung stimmt als Organ z. B. über Änderungen des

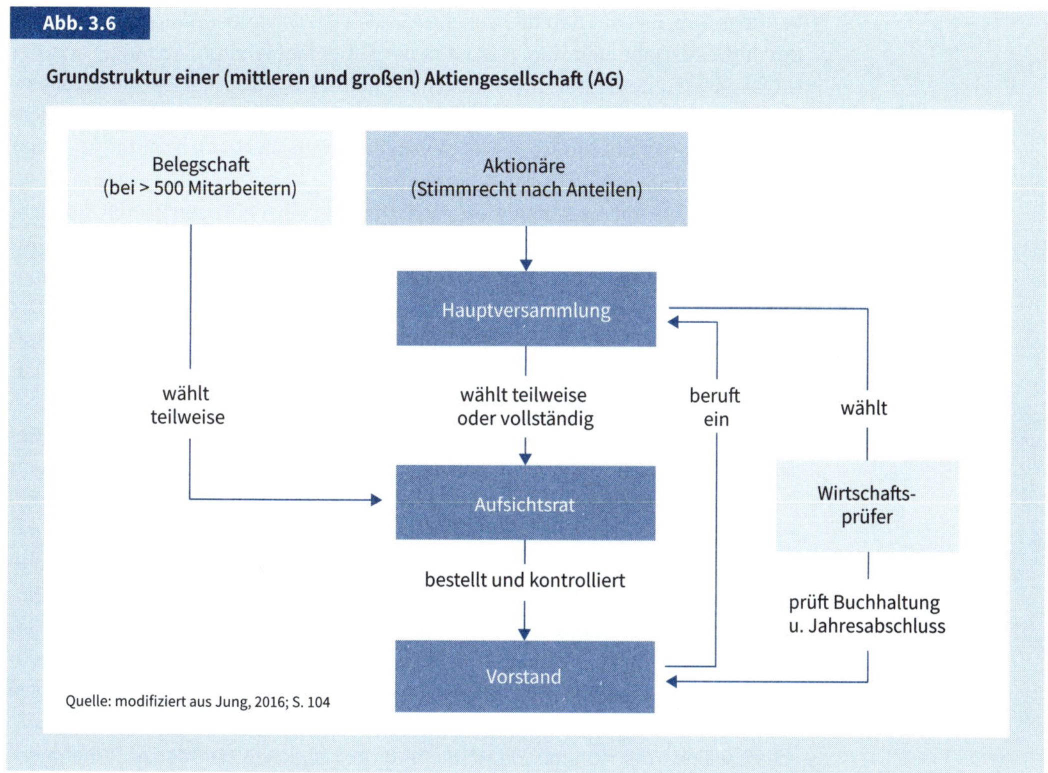

Abb. 3.6

Grundstruktur einer (mittleren und großen) Aktiengesellschaft (AG)

Gesellschaftsvertrages, Satzung genannt, über Änderungen des Grundkapitals und über die Verwendung des zur Ausschüttung vorgeschlagenen Bilanzgewinns ab. Sie wählt in Abhängigkeit von der unternehmerischen Mitbestimmung (siehe Kap. 3.2.4) den Aufsichtsrat der AG und wählt bei mittleren und großen Aktiengesellschaften die Wirtschaftsprüfer. Der Aufsichtsrat besteht je nach Unternehmensgröße aus 3 bis 21 Mitgliedern. Er wird den Regelungen der unternehmerischen Mitbestimmung folgend anteilig von der Unternehmensbelegschaft und von der Hauptversammlung gewählt sowie bestellt und überwacht als Organ den Vorstand der AG. Der Vorstand leitet und vertritt die AG in eigener Verantwortung. Er ist als Organ der AG nicht an Weisungen der Hauptversammlung oder des Aufsichtsrats gebunden, hat aber weitgehende Berichtspflichten an den Aufsichtsrat. Der Vorstand erstellt den Jahresabschluss und kann maximal die Hälfte des Gewinns den Rücklagen zuführen. Über die Verwendung des restlichen Gewinns entscheidet die Hauptversammlung. Als juristische Person kann die AG mit ihren Aktionären oder Vorstandsmitgliedern Arbeitsverträge oder andere Verträge abschließen.

Für die Verbindlichkeiten der Gesellschaft haftet die AG als juristische Person mit ihrem Gesellschaftsvermögen. Reicht dieses zur Abdeckung der Verbindlichkeiten nicht aus, erfolgt kein Durchgriff auf das sonstige Vermögen der Aktionäre. Benötigt die AG Fremdkapital, hängt ihre Kreditwürdigkeit von ihrer Bonität und von ihrem

Vermögen ab. Eigenes Kapital kann die AG nach Beschluss der Hauptversammlung durch die Ausgabe und den Verkauf neuer Aktien aufnehmen. Abhängig von der Größe der AG unterliegt sie umfangreichen Publizitätsvorschriften bei der Veröffentlichung ihres Jahresabschlusses. Die AG ist als juristische Person selbst steuerpflichtig, die ausgeschütteten Gewinne, die sogenannten Dividenden, unterliegen der persönlichen Steuerpflicht der Aktionäre.

Einmann-AG

Gehören alle Aktien einer Aktiengesellschaft nur einer einzigen Person, bezeichnet man sie als »Einmann-AG« oder als »Ein-Personen-AG«. Für eine Einmann-AG gelten keine aktienrechtlichen Sonderregelungen. Sie ist eine juristische Person, wird durch ihre Organe vertreten und haftet mit ihrem Gesellschaftsvermögen. Der alleinige Aktionär kann sich selbst entweder zum Vorstand oder alternativ zum Aufsichtsratsmitglied wählen. Allerdings haftet der Einmann-Aktionär bei Pflichtverletzungen u. U. den Gläubigern persönlich mit seinem Privatvermögen.

Kommanditgesellschaft auf Aktien (KGaA)

Bei einer *Kommanditgesellschaft auf Aktien (KGaA)* unterscheiden sich die Gesellschafter hinsichtlich ihrer Beteiligungsrechte und -pflichten an der Gesellschaft. Die KGaA ist eine juristische Person, die durch ihre Organe, d. h. durch die Hauptversammlung, den Aufsichtsrat und die Geschäftsführung (Vorstand), geleitet und vertreten wird. Bezüglich der Anteilseigner wird zwischen den Komplementären und den Kommanditaktionären unterschieden. Während die Komplementäre eine Einlage in nicht vorgeschriebener Mindesthöhe leisten und kraft Gesetzes zur Geschäftsführung bestimmt sind, bringen die Kommanditaktionäre das Kommanditkapital (mindestens 50.000 Euro) auf. Zusammen bilden die Komplementäreinlage und das Kommanditkapital das Grundkapital der KGaA. Analog zur Aktiengesellschaft wählen die Kommanditaktionäre in Abhängigkeit von der unternehmerischen Mitbestimmung (siehe Kap. 3.2.4) den Aufsichtsrat der KGaA, der allerdings gegenüber der Geschäftsführung der KGaA, die aus den Komplementären besteht, im Vergleich zur AG ein geringeres Kontrollrecht hat und die Geschäftsführung weder berufen noch abberufen kann (vgl. Abb. 3.7).

Für die Verbindlichkeiten der Gesellschaft haftet die KGaA als juristische Person mit ihrem Gesellschaftsvermögen. Reicht dieses zur Abdeckung der Verbindlichkeiten nicht aus, haften die Komplementäre mit ihrem sonstigen Vermögen. Ein Durchgriff auf das Vermögen der Kommanditaktionäre erfolgt nicht. Benötigt die AG Fremdkapital, hängt ihre Kreditwürdigkeit von ihrer Bonität sowie vom Vermögen der Gesellschaft und von der Bonität und dem Vermögen der Komplementäre ab. Eigenkapital kann die KGaA durch die Aufnahme zusätzlicher Komplementäre und durch die Ausgabe und den Verkauf neuer Aktien aufnehmen. Abhängig von der Größe der AG unterliegt sie umfangreichen Publizitätsvorschriften bei der Veröffentlichung ihres Jahresabschlusses. Die KGaA ist als juristische Person selbst steuerpflichtig, die ausgeschütteten Gewinne unterliegen der persönlichen Steuerpflicht der Komplementäre und der Kommanditaktionäre.

Rechtsformkombinationen

Während sich bei einer KGaA natürliche Personen als Gesellschafter zu einer Kapitalgesellschaft zusammengeschlossen haben, von denen mindestens ein Gesellschafter als Komplementär zusätzlich zur KGaA mit seinem sonstigen Vermögen haftet, kann an Stelle des natürlichen Gesellschafters auch eine juristische Person

Abb. 3.7

Grundstruktur einer Kommanditgesellschaft auf Aktien (KGaA)

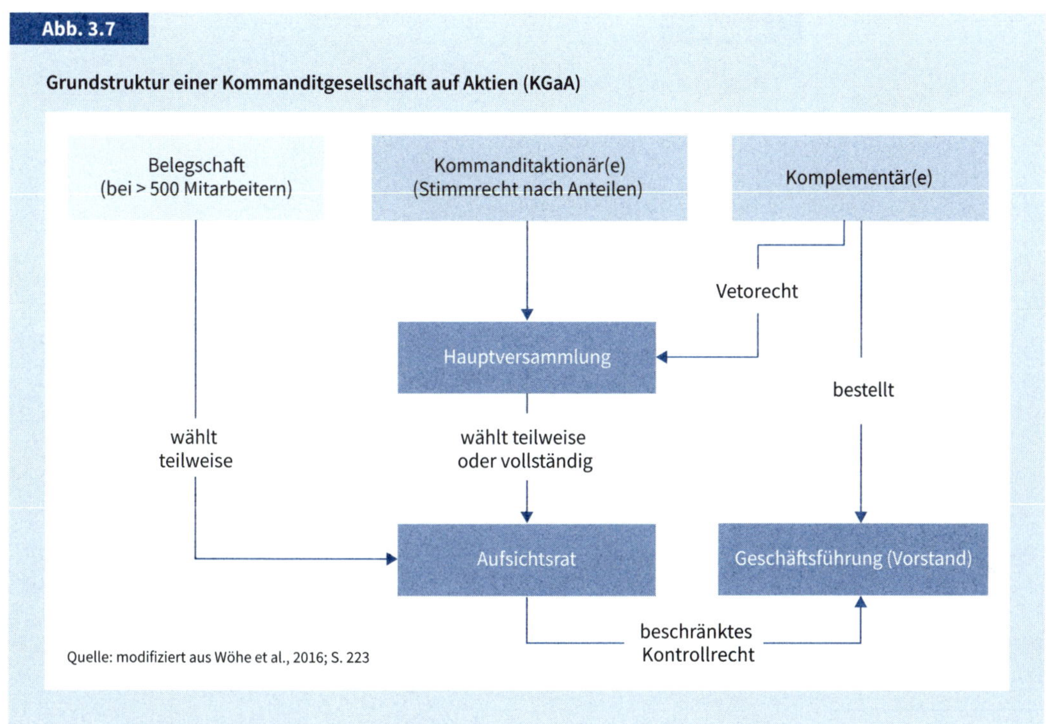

Quelle: modifiziert aus Wöhe et al., 2016; S. 223

als Komplementär-Gesellschafter auftreten. Solche Rechtsformkombinationen sind z. B. die GmbH & Co. KG oder die AG & Co. KG.

GmbH & Co. KG

Bei einer *GmbH & Co. KG* handelt es sich wie bei der Kommanditgesellschaft (KG) um eine Personengesellschaft, deren Kommanditisten natürliche Personen sind, deren Komplementär jedoch eine GmbH als juristische Person ist. Die KG wird durch die Geschäftsführung der GmbH als Komplementär geleitet und haftet ihren Gläubigern gegenüber mit ihrem Gesellschaftskapital. Reicht das Gesellschaftskapital der KG nicht aus, um alle Ansprüche zu befriedigen, haftet der Komplementär, d. h. die GmbH, mit seinem Vermögen, das auf das Gesellschaftsvermögen der GmbH beschränkt ist. Ein Durchgriff auf das Vermögen der Kommanditisten oder der Gesellschafter der GmbH erfolgt nicht. Da es sich bei der GmbH um eine Ein-Personen-GmbH handeln kann und der Gesellschafter der GmbH zusätzlich alleiniger Kommanditist der KG sein kann, ist es möglich, dass sich die GmbH & Co. KG in einer einzigen Hand befindet (vgl. Abb. 3.8).

AG & Co. KG

Analog zur GmbH kann auch eine Aktiengesellschaft als juristische Person Komplementär einer Kommanditgesellschaft sein; sie firmiert dann mit dem Rechtsformzusatz *AG & Co. KG* im Namen. Die Aktionäre der AG können zugleich Kommanditisten der KG sein. Da jedoch die AG einen Aufsichtsrat bilden muss, der aus mindestens drei Personen besteht, und ein Aktionär nicht gleichzeitig Aufsichtsrat und Vorstand sein kann, ist eine Ein-Personen-Gesellschaft als AG & Co. KG ausgeschlossen.

Abb. 3.8

Beispiel einer Ein-Personen-GmbH & Co. KG

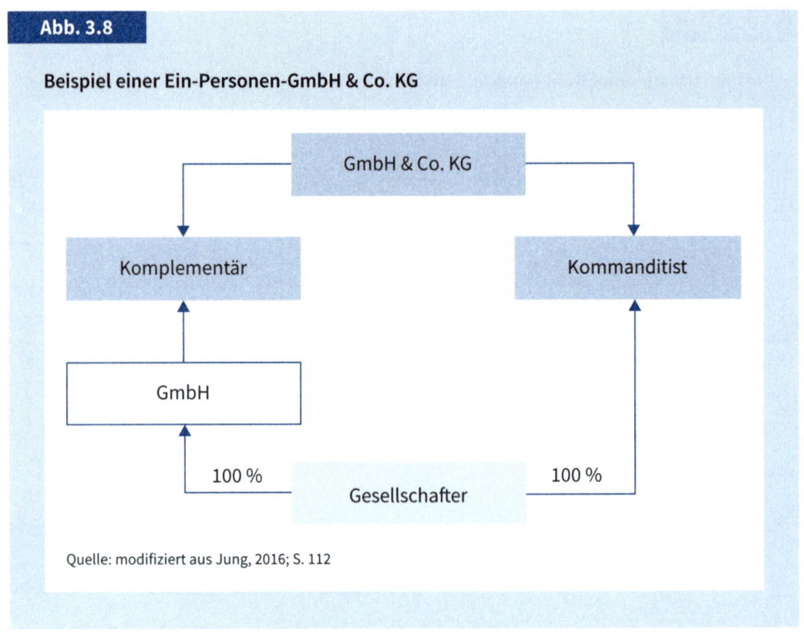

Quelle: modifiziert aus Jung, 2016; S. 112

Eingetragene Genossenschaft (e. G.)

Eine *eingetragene Genossenschaft (e. G.)* ist ein wirtschaftlicher Verein mit einer offenen Zahl von Mitgliedern. Als juristische Person wird sie von mindestens drei Mitgliedern gegründet und in das Genossenschaftsregister eingetragen. In der Satzung der Genossenschaft werden der Zweck der Genossenschaft und die Genossenschaftsanteile festgelegt. Die Organe der Genossenschaft sind die Generalversammlung, der Aufsichtsrat und der Vorstand. Typische Genossenschaften sind z. B. Einkaufsgenossenschaften, Absatzgenossenschaften und Kreditvereine wie die Volks- und Raiffeisenbanken. Sie dienen dem Ziel, durch Bündelung der Ressourcen wirtschaftliche Vorteile für ihre Mitglieder zu erwirtschaften.

Stiftung

Eine Sonderstellung bei den Rechtsformen nehmen *Stiftungen* ein. Sie sind ein rechtlich verselbstständigtes Vermögen ohne Eigentümer. Im Rahmen der Stiftungsgründung überträgt der Stifter als Schenkung sein Vermögen, z. B. sein Unternehmen, auf die Stiftung als eigenständige juristische Person. Die Satzung der Stiftung kann festlegen, dass die Gewinne, die die Stiftung mit ihrem Vermögen erzielt, an den Stifter oder an dessen Familie ausgeschüttet werden. Die Stiftung wird durch ihren Vorstand als Organ vertreten. Über die Einhaltung des in der Satzung festgelegten Stiftungszwecks wacht die Stiftungsaufsicht, die bei den Deutschen Bundesländern angesiedelt ist.

3.2.4 Rechtsformen und unternehmerische Mitbestimmung

Die unternehmerische Mitbestimmung der Belegschaft hängt von der Unternehmensgröße, der Rechtsform und dem Betätigungsfeld des Unternehmens ab. Sie wird in drei Gesetzen geregelt (vgl. Abb. 3.9).

Montan-Mitbestimmung

Die *Montan-Mitbestimmung* bezieht sich nur auf Unternehmen des Bergbaus und der Eisen und Stahl erzeugenden Industrie, die in der Rechtsform einer Aktiengesellschaft (AG) oder einer Gesellschaft mit beschränkter Haftung (GmbH) geführt werden. Hat die Gesellschaft i. d. R. mehr als 1000 Beschäftigte, ist sie zur Bildung eines mitbestimmten Aufsichtsrats verpflichtet. Abhängig von der Höhe des Grundkapitals der Gesellschaft besteht der Aufsichtsrat aus 11, 15 oder 21 Mitgliedern. Seine Besetzung erfolgt zu gleichen Teilen (paritätisch) durch die Anteilseigner und die Arbeitnehmer, ergänzt durch ein neutrales Mitglied, den sogenannten »neutralen Mann«. Das neutrale Mitglied, das einvernehmlich von Anteilseignern und Arbeitnehmern zu wählen ist, soll verhindern, dass es bei Abstimmungen zu Pattsituationen kommt. Alle Aufsichtsratsmitglieder werden zwar durch die Hauptversammlung der Gesellschaft gewählt, doch erfolgt die Wahl der Arbeitnehmervertreter auf Vorschlag des Betriebsrats (Bestätigungswahl).

Zusätzlich zur Mitbestimmung im Aufsichtsrat regelt die Montan-Mitbestimmung, dass im Vorstand bzw. in der Geschäftsführung der Gesellschaft ein gleichberechtigtes Mitglied als Arbeitsdirektor vom Aufsichtsrat bestellt werden muss. Die Bestellung des Arbeitsdirektors darf nicht gegen die Stimmen der Arbeitnehmer im Aufsichtsrat erfolgen. Das Ressort des Arbeitsdirektors ist gesetzlich nicht vorgeschrieben, sondern wird in der Geschäftsordnung des Vorstands festgelegt. Häufig ist der Arbeitsdirektor für Personal- und Sozialfragen zuständig.

Abb. 3.9

Gesetze zur unternehmerischen Mitbestimmung

Montan-Mitbestimmung von 1951 (MontanMitbestG)	Mitbestimmungsgesetz von 1976 (MitbestG)	Drittelbeteiligungsgesetz von 2004 (DrittelbG)
Aktiengesellschaften und Gesellschaften mit beschränkter Haftung des Bergbaus oder der Eisen und Stahl erzeugenden Industrie, d.h. der sogenannten Montanindustrie, mit mehr als 1000 Beschäftigten, unterliegen dem Montan-Mitbestimmungsgesetz von 1951.	Kapitalgesellschaften, die nicht in der Montanindustrie tätig sind und mehr als 2000 Beschäftigte haben, unterliegen dem Gesetz über die Mitbestimmung der Arbeitnehmer von 1976.	Kapitalgesellschaften mit mehr als 500, aber weniger als 1000 Beschäftigten unterliegen dem Gesetz über die Drittelbeteiligung der Arbeitnehmer im Aufsichtsrat von 2004.

Quelle: eigene Darstellung

Mitbestimmungsgesetz

Das *Mitbestimmungsgesetz* von 1976 regelt die unternehmerische Mitbestimmung für Kapitalgesellschaften mit i. d. R. mehr als 2000 Beschäftigten, soweit sie nicht unter die Montan-Mitbestimmung fallen. Anzuwenden ist sie auch auf Unternehmen in der Rechtsform der GmbH & Co. KG, wenn die Kommanditisten die Anteilsmehrheit an der GmbH halten. Das Mitbestimmungsgesetz von 1976 schreibt für die betroffenen Gesellschaften die Bildung eines Aufsichtsrats mit 12, 16 oder 20 Mitgliedern vor, wobei die Anzahl der Aufsichtsratsmitglieder abhängig von der Anzahl der Beschäftigten ist. Die Mitglieder des Aufsichtsrats sind zu gleichen Teilen durch die Anteilseigner in der Hauptversammlung und durch die Arbeitnehmer in unmittelbarer Wahl (und ggf. durch Delegierte) zu wählen. Um bei Abstimmungen eine Stimmengleichheit zu vermeiden, ist der Aufsichtsratsvorsitzende, der i. d. R. von den Anteilseignern gestellt wird, mit einer Doppelstimme ausgestattet.

Ebenso wie bei der Montan-Mitbestimmung regelt das Mitbestimmungsgesetz von 1976, dass im Vorstand bzw. in der Geschäftsführung der Gesellschaft ein gleichberechtigtes Mitglied als Arbeitsdirektor vom Aufsichtsrat bestellt werden muss. Im Gegensatz zur Montan-Mitbestimmung kann die Bestellung des Arbeitsdirektors auch gegen die Stimmen der Arbeitnehmer im Aufsichtsrat geschehen. Da bei Kommanditgesellschaften auf Aktien (KGaA) die Komplementäre die Geschäftsführung berufen, findet die Bestellung eines Arbeitsdirektors durch den Aufsichtsrat hier keine Anwendung. Das Ressort des Arbeitsdirektors wird in der Geschäftsordnung des Vorstands festgelegt, er ist i. d. R. für Personal- und Sozialfragen zuständig.

Drittelbeteiligungsgesetz

Für Kapitalgesellschaften mit mehr als 500, aber weniger als 2000 Beschäftigten greifen die Mitbestimmungsregelungen des *Drittelbeteiligungsgesetzes* von 2004. Das Gesetz schreibt vor, dass die Gesellschaft einen Aufsichtsrat zu bilden hat, der entsprechend der Kapitalausstattung der Gesellschaft aus 3 bis 21 Mitgliedern besteht. Ein Drittel der Aufsichtsratsmitglieder wird von den Arbeitnehmern der Gesellschaft in unmittelbarer Wahl (Urwahl) gewählt.

Im Unterschied zur Montan-Mitbestimmung oder zum Mitbestimmungsgesetz von 1976 sieht das Drittelbeteiligungsgesetz keinen Arbeitsdirektor im Vorstand bzw. in der Geschäftsführung der Gesellschaft vor.

3.3 Organisation

3.3.1 Grundbegriffe der Organisation

Die Tätigkeiten im Unternehmen sind arbeitsteilig aufgebaut. Zahlreiche arbeitsteilige Aufgaben müssen strukturiert und Mitarbeiter müssen koordiniert werden. Es geht somit um die Gestaltung des unternehmerischen Aufbaus und um die Regelung der unternehmerischen Prozesse und Abläufe. Abzugrenzen von der Organisation als dauerhafter Gestaltungsaufgabe ist die »Improvisation«, mit der das Unternehmen auf unerwartete und kurzfristige Störungen oder Umweltänderungen reagieren muss. Regelungen und Anweisungen, die ohne feste Struktur erfolgen, bezeichnet man als »Disposition« (vgl. Abb. 3.10).

Abb. 3.10

Abgenzung von Organisation, Improvisation, Disposition

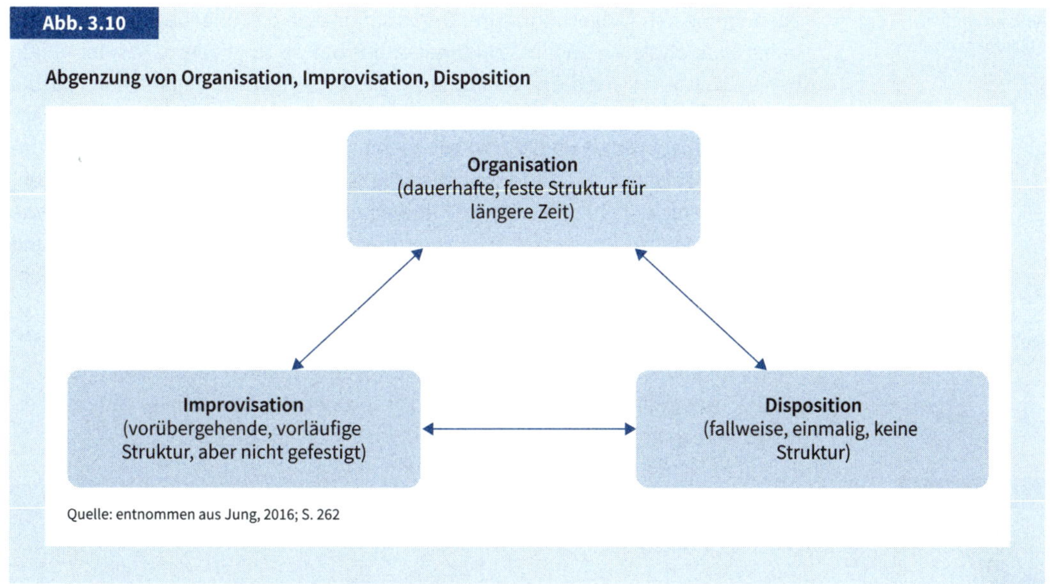

Quelle: entnommen aus Jung, 2016; S. 262

Im Mittelpunkt der Organisation steht die Aufgabe, die zu erledigen ist. Zur Beschreibung und Konkretisierung einer Aufgabe sowie zu ihrer Erledigung lassen sich verschiedene Bestimmungselemente unterscheiden und analysieren (vgl. Abb. 3.11).

Abb. 3.11

Bestimmungselemente der Organisation

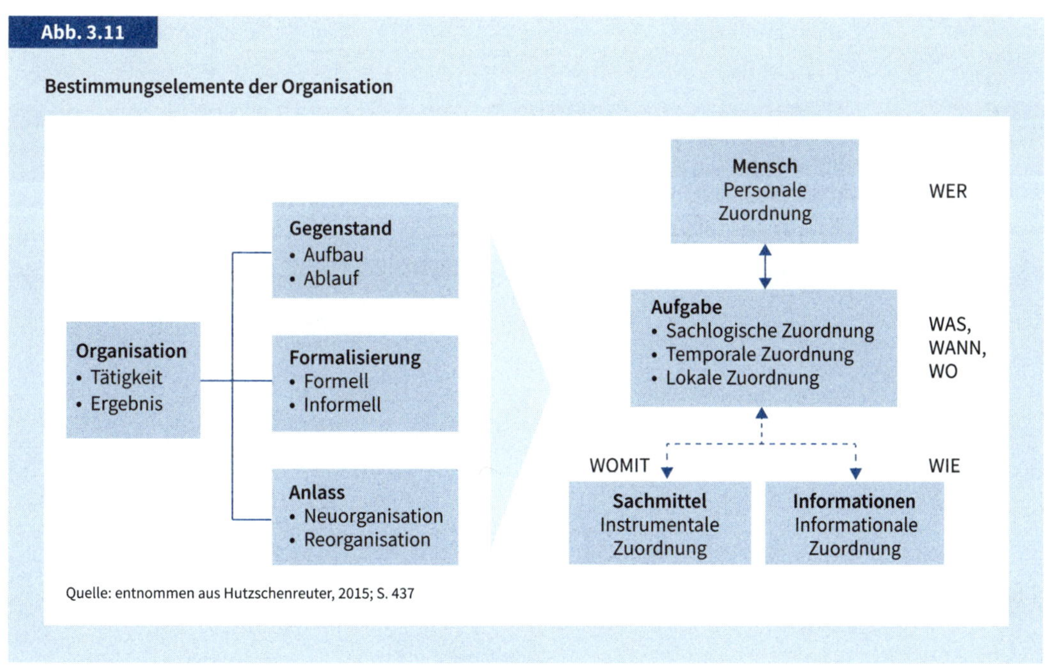

Quelle: entnommen aus Hutzschenreuter, 2015; S. 437

Aufbau- und Ablauforganisation

Zur allgemeinen Ausgestaltung der Organisation sind die Aufgaben des Unternehmens zu analysieren und in Strukturen und Prozesse zu gliedern. Aus der Aufgabenanalyse leitet sich die Aufspaltung der Gesamtaufgabe in Teilaufgaben ab, die dann im Rahmen der Aufgabensynthese einzelnen Organisationseinheiten und Abteilungen zuzuordnen sind. Die so gebildeten Strukturen werden als *Aufbauorganisation* bezeichnet. Parallel erfolgt die Arbeitsanalyse. In ihr werden die notwendigen Arbeitsgänge beschrieben, die im Rahmen der Arbeitssynthese in Prozesse gegliedert und zu Prozessketten zusammengefasst werden. Die Darstellung und Beschreibung der Prozessketten bezeichnet die *Ablauforganisation* des Unternehmens (vgl. Abb. 3.12).

Stelle

Die kleinste Organisationseinheit eines Unternehmens ist die sogenannte *Stelle*. Sie ist auf Dauer angelegt, ihr ist ein Verantwortungsrahmen zugeordnet und sie ist mit Rechten ausgestattet, damit die ihr zugeordneten Arbeitsinhalte dauerhaft erledigt werden können (vgl. Abb. 3.13).

Abb. 3.12

Analyse-Synthese-Konzept zur Entwicklung der Gesamtorganisation

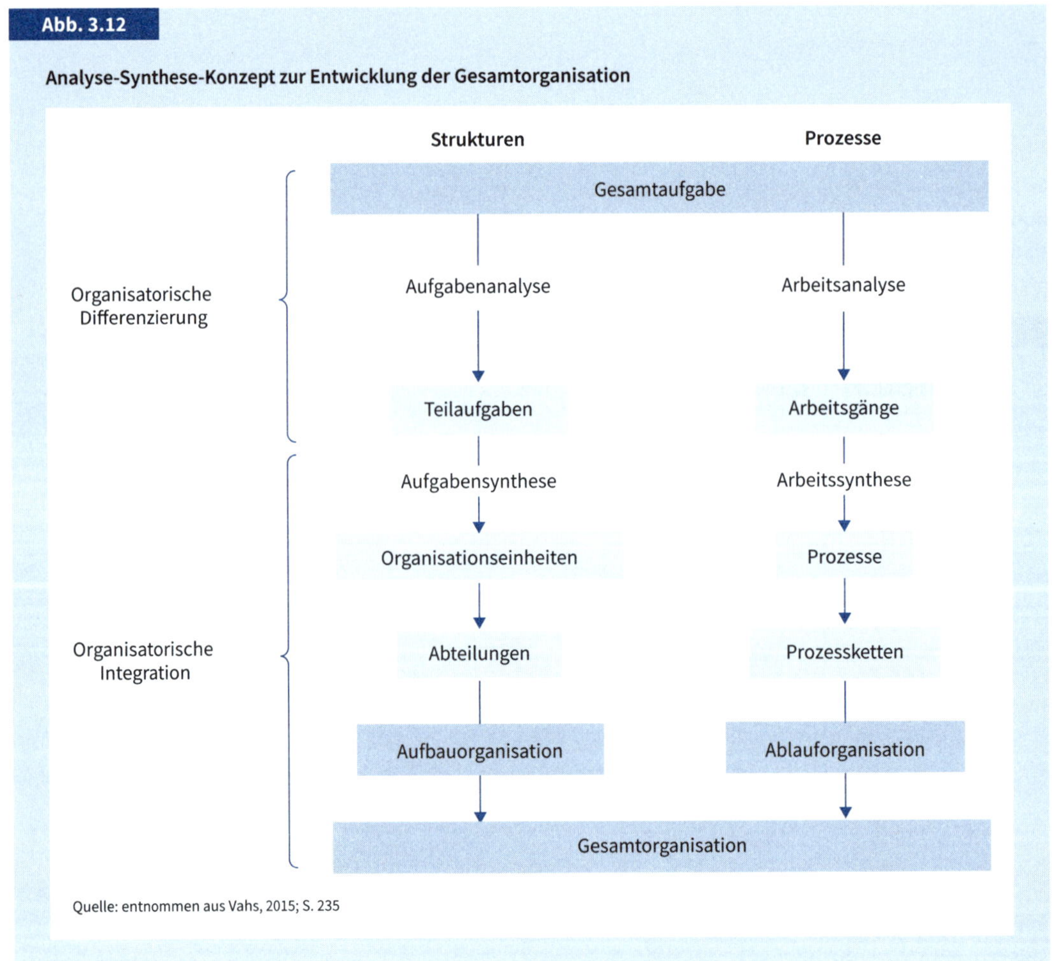

Quelle: entnommen aus Vahs, 2015; S. 235

Abb. 3.13

Wesensmerkmale einer Stelle

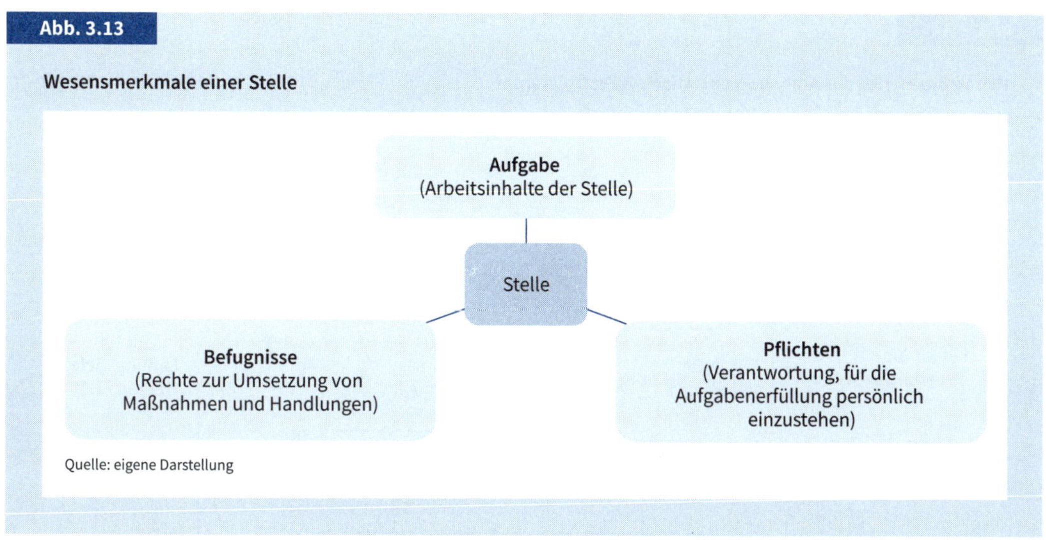

Quelle: eigene Darstellung

Leitungsstellen versus ausführende Stellen

Stellen werden i. d. R. nicht personenbezogen, sondern abstrakt aufgabenorientiert eingerichtet. Stellen, die eine Weisungsbefugnis gegenüber anderen Stellen haben, werden »Leitungsstellen« (Instanzen) genannt, Stellen ohne Weisungsbefugnis heißen »ausführende Stellen«. Sie bilden die unterste Ebene im Unternehmen. Häufig sind den Leitungsstellen unterstützende und beratende Dienste zugeordnet, die als »Stabsstellen« bezeichnet werden. Typische Stabsstellen können z. B. Aufgaben der Marktforschung im Absatzbereich übernehmen, die Produktion in Form der Arbeitsvorbereitung unterstützen oder als Rechtsberatung (Justiziariat) der Geschäftsführung, d. h. der obersten Leitungsstelle, zuarbeiten.

Stabsstellen

Abteilung

Die Inhalte einer Stelle werden in der sogenannten Stellenbeschreibung dokumentiert. Stellen mit zusammenhängenden Aufgaben werden zu einer Stellengruppe, einer sogenannten Abteilung zusammengefasst. Charakteristisch für eine Abteilung ist, dass eine der Abteilungsstellen eine Leitungsstelle ist. Der räumliche Ort der Stelle ist der Arbeitsplatz eines Mitarbeiters.

3.3.2 Aufbauorganisation

Hierarchiestufen

Die im Rahmen der Aufgabensynthese gebildeten Abteilungen mit ihren Stellen bilden durch ihr Über- und Unterordnungsverhältnis die *Hierarchie* des Unternehmens. Flache Hierarchien zeichnen sich dadurch aus, dass viele Stellen einer Leitungsebene untergeordnet sind. Die Anzahl der Hierarchiestufen wird als »Leitungstiefe« bezeichnet (vgl. Abb. 3.14).

Die Anzahl der Hierarchiestufen eines Unternehmens ist unabhängig von der Unternehmensgröße oder der Rechtsform des Unternehmens. Es zeigt sich aber, dass häufig »ältere«, d. h. schon lange tätige Unternehmen über mehr Hierarchiestufen verfügen, während »junge« Unternehmen oder Unternehmensneugründungen (sogenannte Start-ups) flache Hierarchien bevorzugen.

Abb. 3.14

Hierarchieebenen der Aufbauorganisation als Organigramm

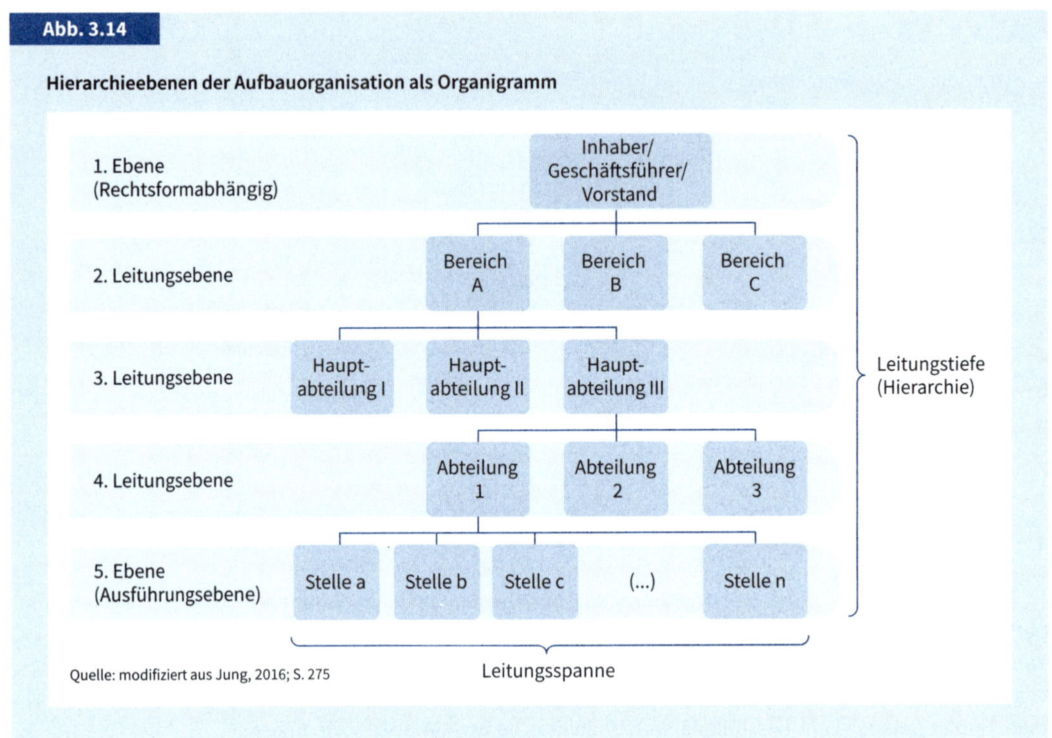

Quelle: modifiziert aus Jung, 2016; S. 275

Organigramm und Einliniensystem

Die grafische Darstellung der Aufbauorganisation eines Unternehmens wird als *»Organigramm«* bezeichnet. In ihm sind sowohl die Abteilungen als auch die Leitungsbeziehungen zwischen den übergeordneten und den untergeordneten Abteilungen abgebildet. Gibt es eine eindeutige Hierarchiekette von der Unternehmensleitung über die nachgeordneten Leitungsebenen bis zur Ausführungsebene, spricht man von einem *»Einliniensystem«*. In einem Einliniensystem erhält jede Stelle nur von einer einzigen übergeordneten Leitungsstelle Anweisungen. Stabsstellen sind ggf. einzelnen Leitungsstellen beratend zugeordnet, haben aber keine Anweisungsbefugnis gegenüber anderen Stellen (Stabliniensystem). Die Bezeichnung der 2. Leitungsebene benennt die Art der Organisation. Folgt man z. B. der Wertschöpfungskette mit ihren Hauptfunktionen Absatz, Produktion, Beschaffung als 2. Leitungsebene, bezeichnet man diese Organisationsform als *funktionale* Aufbauorganisation (vgl. Abb. 3.15).

Spartenorganisation

Neben der funktionalen Gliederung der Führungsebene unterhalb der Unternehmensleitung sind auch andere Strukturierungsmöglichkeiten der Aufbauorganisation verbreitet. Typische Einteilungen sind z. B. Untergliederungen nach Objekten, nach Regionen, nach Kundengruppen oder nach Projekten. Diese Arten der Untergliederungen werden auch als *»Spartenorganisation«* oder *»divisionalisierte«* Organisation bezeichnet (vgl. Abb. 3.16).

Abb. 3.15

Beispiel für eine funktionale Aufbauorganisation nach dem Stabliniensystem

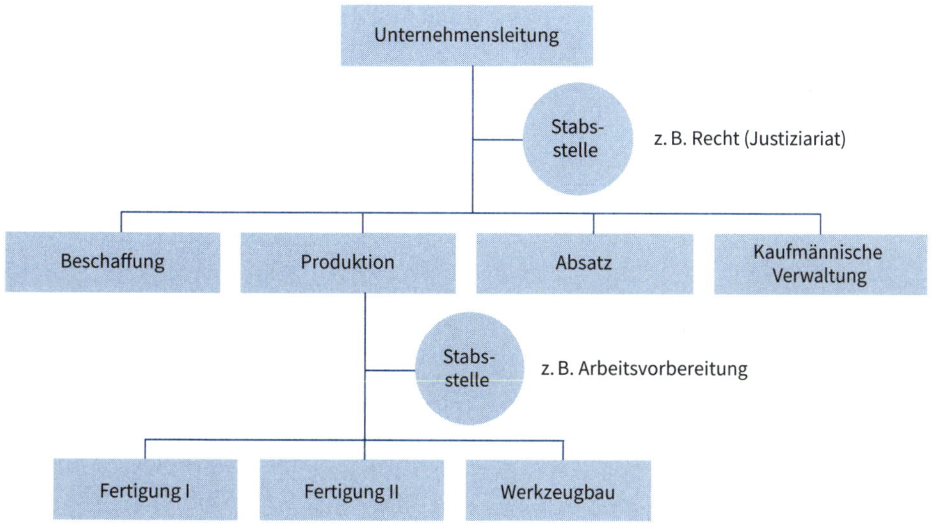

Unternehmensleitung
Stabs-
stelle
z. B. Recht (Justiziariat)
Beschaffung
Produktion
Absatz
Kaufmännische
Verwaltung
Stabs-
stelle
z. B. Arbeitsvorbereitung
Fertigung I
Fertigung II
Werkzeugbau

Quelle: modifiziert aus Jung, 2016; S. 284

Abb. 3.16

Ausgewählte Strukturierungsalternativen der Aufbauorganisation

Funktional orientierte Organisation	• z. B. Absatz, Produktion, Beschaffung
Objektorientierte Organisation	• z. B. nach Produkten: PKW, LKW, Motorräder
Regional orientierte Organisation	• z. B. Europa, USA, Asien
Kundenorientierte Organisation	• z. B. Industriekunden, Privatkunden
Projektorientierte Organisation	• z. B. Baustelle 1, Baustelle 2, ...

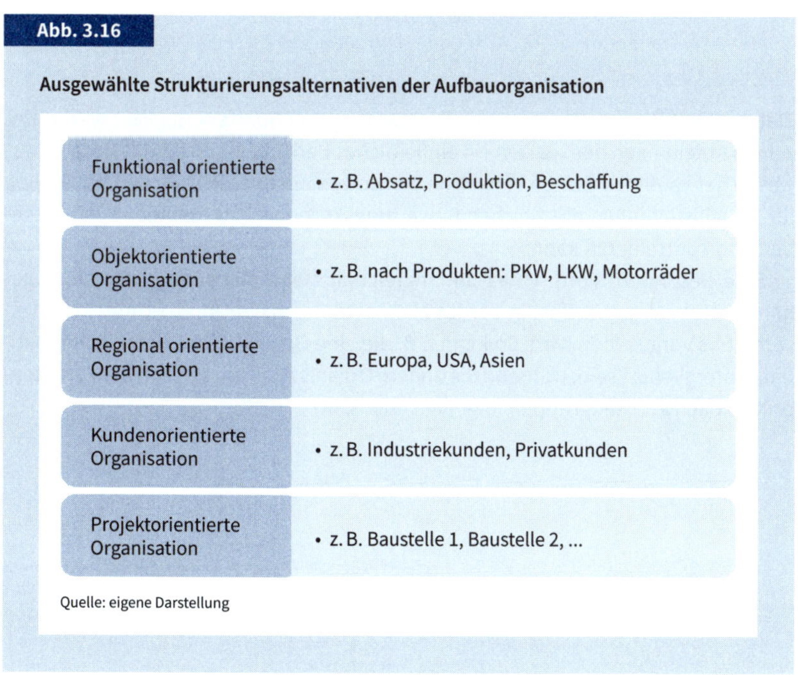

Quelle: eigene Darstellung

Mehrliniensystem

Neben einem Einliniensystem der Aufbauorganisation sind auch *»Mehrliniensysteme«* möglich. Bei Mehrliniensystemen untersteht eine Stelle mehreren, mindestens zwei, übergeordneten Instanzen (vgl. Abb. 3.17).

Abb. 3.17

Beispiel für eine Spartenorganisation nach dem Mehrliniensystem

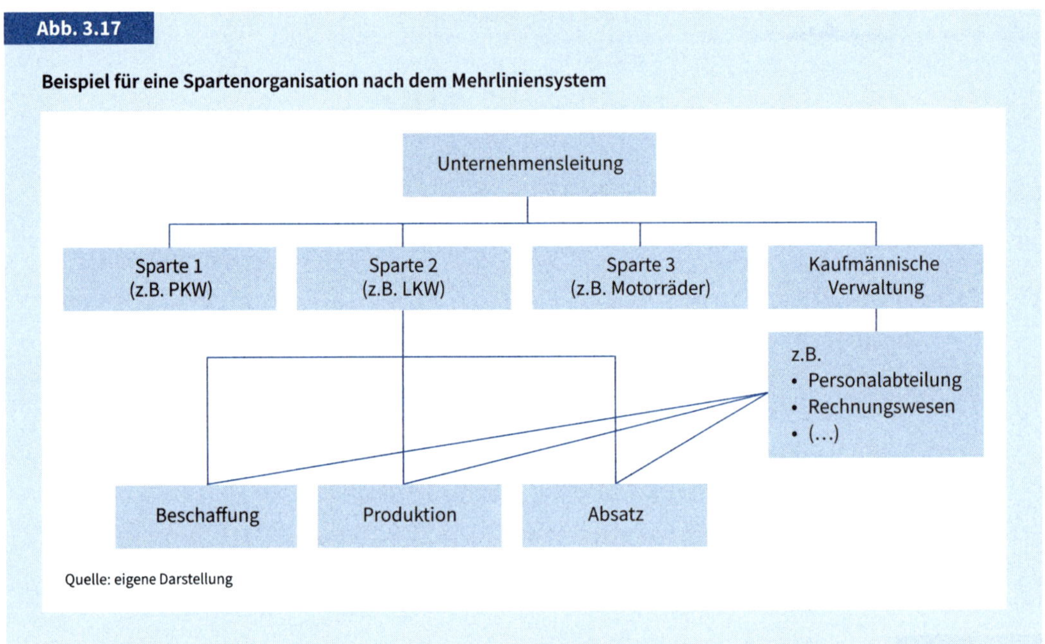

Quelle: eigene Darstellung

Ziel des Mehrliniensystems ist es z. B., dass bei einer Spartenorganisation die einzelnen Abteilungen der Sparten ein einheitliches Berichtswesen für das Rechnungswesen der kaufmännischen Verwaltung umsetzen oder dass die Personalabteilung für Neueinstellungen die gleichen Bewertungskriterien unternehmensweit vorgeben und kontrollieren kann.

Matrixorganisation

Eine besondere Form eines umfangreichen Mehrliniensystems ist die sogenannte *Matrixorganisation*, in der für alle Abteilungen ein Doppel-Unterstellungsverhältnis vorgegeben wird. So kann z. B. die eine Organisationsdimension funktional untergliedert sein, während die andere Organisationsdimension dem Spartenprinzip nach Produktgruppen folgt (vgl. Abb. 3.18).

Abb. 3.18

Matrixorganisation mit produktsparten- und funktionsorientierter Ausrichtung

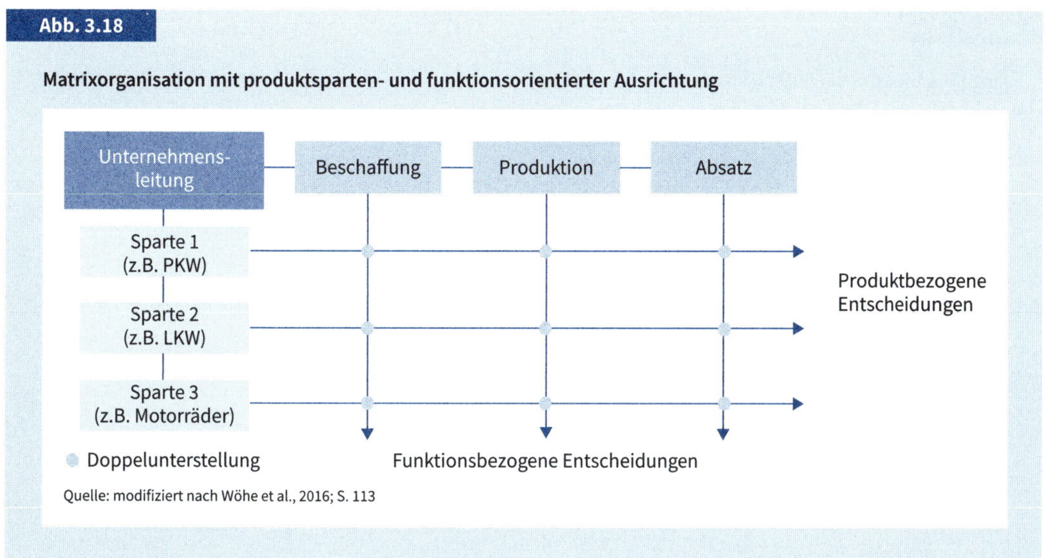

Quelle: modifiziert nach Wöhe et al., 2016; S. 113

3.3.3 Ablauforganisation

Prozesse

Bei der Ablauforganisation stehen die Arbeitsgänge im Mittelpunkt der Betrachtung. Sie werden entsprechend den zeitlichen und räumlichen Erfordernissen sowie den notwendigen personellen Anforderungen analysiert und zu *Prozessen* strukturiert. Ein Ablaufprozess konzentriert sich auf die zeitliche Reihenfolge, in der die Mitarbeiter die Arbeitsschritte an ihrem Arbeitsort zu erledigen haben. Die Ablauforganisation beinhaltet somit eine dynamische Betrachtung der Unternehmensaufgabe, während die Aufbauorganisation die Organisationseinheiten, d. h. die Stellen und Abteilungen, und deren Hierarchie darstellt bzw. statisch in einem Organigramm abbildet.

Kundenanonyme Massenproduktion

Kundenorientierte Einzelproduktion

Am Beispiel des Leistungsprozesses eines Unternehmens lassen sich prototypisch zwei Typen der Ablauforganisation aus dem Produktionsprozess gegenüberstellen: Massenproduktion nach dem Fließprinzip und Einzelproduktion nach dem Werkstattprinzip (siehe Kap. 2.2.3). Ist das Produktprogramm des Unternehmens auf den anonymen Massenmarkt ausgerichtet und werden die Produkte in Massenproduktion oder in Großserien gefertigt, erfolgt als erster Schritt vor der Fertigung die Lagerentnahme und als letzter Schritt nach der Fertigung der Verkauf bzw. die Auslieferung an die Kunden. Der Produktionsprozess ist nach dem Fließprinzip organisiert. Anders verläuft die Prozesskette bei der kundenorientierten Einzelproduktion. Hier steht der konkrete Kundenauftrag am Beginn der Prozesskette, die mit der Auslieferung des fertigen Produktes an den Kunden endet (vgl. Abb. 3.19). Die einzelnen Prozessschritte lassen sich natürlich noch weiter untergliedern und um Prozessschritte wie z. B. Qualitätskontrolle, Fakturierung und Kundenservice ergänzen.

Abb. 3.19

Ablauforganisation am Beispiel der Auftragsabwicklung

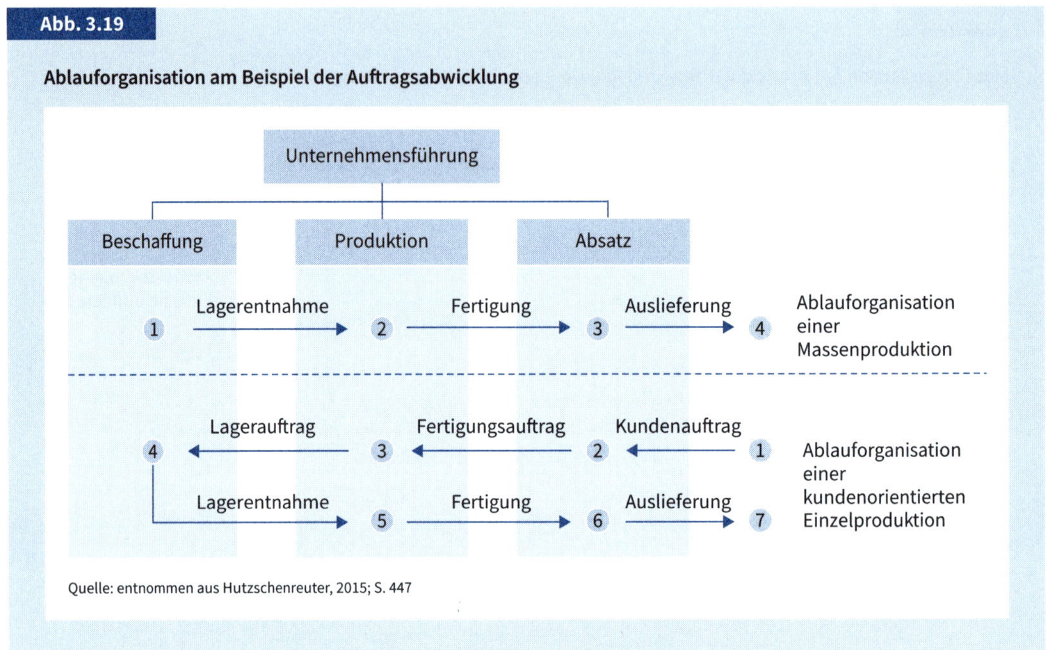

Quelle: entnommen aus Hutzschenreuter, 2015; S. 447

ANWENDUNGSFRAGEN/LERNZIELE

Sie haben sich im 3. Kapitel dieses Buches mit strukturierenden Entscheidungen im Rahmen der Betriebswirtschaftslehre beschäftigt. Nach dem Lesen des Kapitels sollen Sie:

1. ... relevante Standortfaktoren entlang der Wertschöpfungskette darlegen können.

2. ... zentrale Auswahlkriterien der Rechtsformwahl bestimmen können.

3. ... den grundlegenden Unterschied zwischen Personengesellschaften und Kapitalgesellschaften erklären können.

4. ... eine Kurzcharakterisierung der folgenden Rechtsformen von Unternehmen vornehmen können:

- Einzelunternehmen (eingetragener Kaufmann, e. K.),
- Offene Handelsgesellschaft (OHG),
- Kommanditgesellschaft (KG),
- Gesellschaft mit beschränkter Haftung (GmbH),
- Aktiengesellschaft (AG),
- Kommanditgesellschaft auf Aktien (KGaA).

5. ... die Rechtsformkombination der *GmbH & Co. KG* erklären können.

6. … rechtlich verankerte *Mitbestimmungsmöglichkeiten* der Arbeitnehmer auf Unternehmensebene kennen.
7. … einen Überblick über zentralen Grundbegriffe der *Organisation* darlegen können.
8. ... mit Blick auf die *Aufbauorganisation* die Grundkonzepte der Weisungssysteme *Einliniensystem* und *Mehrliniensystem* gegenüberstellen können.
9. … den Begriff des *Organigramms* erklären können.
10. … alternative *Strukturierungsmöglichkeiten der Aufbauorganisation* erläutern können.
11. ... die *Ablauforganisation am Beispiel einer Auftragsabwicklung* verdeutlichen können.

ANWENDUNGSBEISPIEL/STORY

3 Strukturierende Entscheidungen zur Geschäftsidee Ihres *E-runners*

Im dritten Kapitel Ihrer Story beschäftigen Sie sich mit strukturierenden Fragen zu Ihrem Start-up-Unternehmen. Nachdem Sie im zweiten Kapitel den Wertschöpfungsprozess Ihrer Geschäftsidee strukturiert haben, greifen Sie diese Überlegungen jetzt auf und planen den *Standort* Ihres Unternehmens:

- Abhängig von der Absatzplanung müssen Sie entscheiden, ob Sie für Ihre Kunden den Verkauf in einem Ladengeschäft in der Innenstadt planen oder ob Sie den *E-runner* nur in einem Internet-Shop anbieten möchten.
- Bitte prüfen Sie die Standortfaktoren ebenfalls in Abhängigkeit von Ihrer Produktions- und Beschaffungsplanung. Welche Mietzahlungen fallen ggf. für ein Ladenlokal oder für Produktions- und Lagerhallen an?

Für Ihre Start-up-Idee ist es notwendig, die passende *Rechtsform* zu finden:

- Sie müssen den Firmennamen festlegen und prüfen, ob der Arbeitstitel »*E-runner*« als Namensbestandteil möglich ist.
- Ist die Internet-Domain noch frei?
- Wer aus Ihrem Freundeskreis möchte mit Ihnen gemeinsam das Unternehmen gründen?
- Welche Argumente sprechen für eine Personengesellschaft? Oder wäre die Gründung einer Kapitalgesellschaft die richtige Wahl? Entscheiden Sie anhand der Kriterien zur Rechtsformwahl.
- Wenn Sie Ihre Geschäftsidee nicht als Einzelkaufmann umsetzen möchten, fällt vermutlich eine Offene Handelsgesellschaft in die engere Wahl. Oder Sie gründen mit Ihren Freunden eine Gesellschaft mit beschränkter Haftung oder eine Unternehmergesellschaft (haftungsbeschränkt). Stellen Sie die Vor- und Nachteile der Rechtsformen gegenüber.
- Wenn Sie sich entschieden haben: Wie viel Kapital können Sie und ggf. Ihre Freunde für Ihr Unternehmen bereitstellen oder als Gesellschaftsanteile übernehmen?

- Ist das Thema der *unternehmerischen Mitbestimmung* für Ihr Unternehmen relevant?

Mit der Entscheidung für die passende Rechtsform legen Sie die oberste Führungsebene Ihres Unternehmens fest und müssen nun die Organisation Ihres Unternehmens verfeinern:

- Wie soll Ihre *Organisation* grundsätzlich ausgestaltet sein – flach oder mit mehreren Hierarchiestufen?
- Wie soll Ihre zweite Führungsebene ausgestaltet sein?
  - Entsprechend den Funktionen Absatz – Produktion – Beschaffung und kaufmännische Verwaltung oder
  - nach Produktsparten: z. B. herkömmliche Fahrräder versus E-Bikes oder
  - Produktion versus Handel mit Fahrrädern?
- Zeichnen Sie ein *Organigramm* Ihres Unternehmens.
- Beschreiben Sie den *Absatzprozess* und den *Beschaffungsprozess* Ihres Unternehmens.

ZITIERTE LITERATUR

Hutzschenreuter, T. (2015): Allgemeine Betriebswirtschaftslehre, 6. Aufl., Wiesbaden: Springer Gabler.

Jung, H. (2016): Allgemeine Betriebswirtschaftslehre, 13. Aufl., Berlin: De Gruyter Oldenbourg.

Vahs, D./Schäfer-Kunz, J. (2015): Einführung in die Betriebswirtschaftslehre, 7. Aufl., Stuttgart: Schäffer-Poeschel.

Wöhe, G./Döring, U./Brösel, G. (2016): Einführung in die Allgemeine Betriebswirtschaftslehre, 26. Aufl., München: Vahlen.

Weiterführende Literatur

Bankhofer, U. (2001): Industrielles Standortmanagement, Berlin: Springer.

Dernedde, K. (2014): Rechtsformen von Unternehmen in Deutschland, ausgewählten Staaten der EU und der Schweiz, Hamburg: Igel.

Haaker, O. (2015): Standortwahl von internationalen Industrieunternehmungen, Wiesbaden: Springer Gabler.

Kieser, A./Walgenbach P. (2010): Organisation, 6. Aufl., Stuttgart: Schäffer-Poeschel.

Klein-Blenkers, F. (2016): Rechtsformen der Unternehmen, 2. Aufl., Heidelberg: C. F. Müller.

Klunzinger, E. (2012): Grundzüge des Gesellschaftsrechts, 16. Aufl., München: Vahlen.

Picot, A./Dietl, H./Franck, E./Fiedler, M./Royer, S. (2015): Organisation, 7. Aufl., Stuttgart: Schäffer-Poeschel.

Schreyögg, G./Geiger, D. (2016): Organisation, 6. Aufl., Wiesbaden: Springer Gabler.

Vahs, D. (2015), Organisation, 9. Aufl., Stuttgart: Schäffer-Poeschel.

4 Personal

ÜBERSICHT

- **4.1 Grundlagen**: Zur betrieblichen Leistungserstellung ist der Einsatz menschlicher Arbeitskraft unabdingbar. Die Aufgaben des »Personalmanagements« im Unternehmen folgen dabei einem »natürlichen« Zyklus von der Planung des Personalbedarfs über die Personalauswahl und -motivation bis zur Personalführung und -entwicklung sowie ggf. bis zur Personalfreisetzung. Ein wichtiges Thema ist zudem die innerbetriebliche Mitbestimmung »am Arbeitsplatz«.
- **4.2 Personalbedarf:** Ausgangspunkt der Personalbedarfsplanung ist eine Arbeitsanalyse. Aus ihr leiten sich das Anforderungsprofil und die Stellenbeschreibung ab.
- **4.3 Personalauswahl:** Der Personalauswahl liegt ein systematischer Prozess zugrunde, der vom Anforderungsprofil ausgehend, aus der Vielzahl der Bewerber mittels Testverfahren (z. B. Assessment Center) die passenden Kandidaten zur Einstellung herausfiltern soll.
- **4.4 Arbeitsmotivation:** Mitarbeiter müssen nicht nur den Arbeitsplatzanforderungen genügen, sondern auch bereit sein, die anstehenden Arbeitsaufgaben zu lösen. Diese Bereitschaft (Motivation) hängt von intrinsischen und extrinsischen Faktoren ab, deren Wirkungsweise von verschiedenen Motivationstheorien unterschiedlich gesehen wird. Zudem wirkt sich die Persönlichkeit der Mitarbeiter stark auf den Zusammenhang zwischen Arbeitszufriedenheit, Arbeitsmotivation und Arbeitsleistung aus.
- **4.5 Arbeitsentgelt:** Ein wichtiger Motivationsfaktor ist das Arbeitsentgelt. Dieses soll in seiner Höhe nicht nur fair und gerecht sein, sondern differenziert den Arbeitsanforderungen entsprechen. Diese Grundanforderungen spiegeln sich unterschiedlich in den verschiedenen Lohnformen wider. Freiwillige Sozialleistungen sowie unterschiedliche Formen der Erfolgsbeteiligung ergänzen die Anforderungen an die Lohn- und Gehaltsfindung.
- **4.6 Personalführung:** Führung ist ein Interaktionsprozess, der die absichtliche Beeinflussung der Mitarbeiter zur Erreichung der Unternehmensziele beinhaltet. Zur Beschreibung des optimalen Führungsverhaltens gibt es unterschiedliche Hypothesen, die den Zusammenhang zwischen Führungsstil und Führungserfolg darstellen.

- **4.7 Personalentwicklung:** So wie sich das Unternehmen im Wettbewerbsumfeld ständig an Marktveränderungen anpassen muss, so ändern sich ebenfalls laufend die Anforderungsprofile seiner Mitarbeiter. Unterschiedliche Personalentwicklungsmaßnahmen helfen dabei, Mitarbeiter durch Trainings »on« und »off« the job an zukünftige Herausforderungen heranzuführen.
- **4.8 Personalfreisetzung:** Die Planung von Personalfreisetzungen schlägt den Bogen zur Personalbedarfsplanung. Durch Personalfreisetzungen muss das Unternehmen auf (temporäre) Überkapazitäten reagieren, ohne dass dies gleich zu Personalentlassungen führen muss. An die Umsetzung von Entlassungen werden hohe arbeitsrechtliche Anforderungen gestellt.
- **4.9 Betriebliche Mitbestimmung:** Nahezu alle vom Unternehmen geplanten und durchgeführten Personalmaßnahmen und Arbeitsplatzveränderungen unterliegen der betrieblichen Mitbestimmung. Ein wichtiges Organ der Mitbestimmung nach dem Betriebsverfassungsgesetz ist der Betriebsrat mit seinen Mitbestimmungs- und Mitwirkungsrechten.

4.1 Grundlagen

Um die betrieblichen Leistungen zu erstellen, bedarf es des Einsatzes menschlicher Arbeitskraft. Die Gesamtheit der Menschen, die in einem Unternehmen gegen Entgelt arbeiten, bildet das »Personal«, häufig auch als »Belegschaft«, »Arbeitskräfte«, »Arbeitnehmer« oder als »Mitarbeiter« bezeichnet. Im marktwirtschaftlichen Wettbewerb können sich nur solche Unternehmen behaupten, deren Personal effizient arbeitet. Effizienz bedeutet hierbei, dass durch den Einsatz der menschlichen Leistungskraft die Unternehmensziele bestmöglich erreicht werden. Diesem Ziel dient die Personalwirtschaft, häufig auch als »Personalmanagement«, »Personalwesen« oder »Human Ressources Management« bezeichnet.

Personalwirtschaft

Die Aufgaben der *Personalwirtschaft* sind die Personalbedarfsplanung und -beschaffung, die Motivation und Entlohnung des Personals sowie die Personalführung und -entwicklung und ggf. die Personalfreisetzung.

Bei allen sozialen, personellen und wirtschaftlichen Angelegenheiten greifen die gesetzlichen Mitbestimmungsrechte der Belegschaft eines Unternehmens. Dabei wird unterschieden zwischen der Mitbestimmung im Unternehmen nach dem Betriebsverfassungsgesetz (betriebliche Mitbestimmung) und der Mitbestimmung durch Arbeitnehmervertreter auf der Unternehmensebene (unternehmerische Mitbestimmung); diese wurde bereits rechtsformbezogen in Kap. 3.2.4 betrachtet.

4.2 Personalbedarf

Bei der Personalbedarfsplanung soll der gegenwärtige Bedarf an Arbeitskräften hinsichtlich Art, Anzahl und Zeitraum ermittelt werden. Zu fragen ist:

- Welche Tätigkeitsbereiche müssen abgedeckt werden? (Qualitative Planung)
- Wie viele Personen werden benötigt? (Quantitative Planung)
- Wann und wie lange werden die Personen benötigt? (Zeitliche Planung)
- In welchen Unternehmensteilen werden die Personen benötigt? (Örtliche Planung)

Arbeitsanalyse und Arbeitsplatzbeschreibung

Ausgangspunkt der Personalbedarfsplanung ist eine *Arbeitsanalyse*. Sie beinhaltet eine Spezifikation der Tätigkeitsbereiche sowie eine Beschreibung der auszuführenden Tätigkeiten und ihres Umfelds in den jeweiligen Bereichen. Konkretisiert wird die Arbeitsanalyse durch eine Arbeitsplatzbeschreibung, die die an einem bestimmten Arbeitsplatz auszuführenden Tätigkeiten spezifiziert. Aus der Arbeitsplatzbeschreibung wird ein *Anforderungsprofil* abgeleitet. Es beinhaltet die zur erfolgreichen Ausübung der jeweiligen Tätigkeiten erforderlichen Personenmerkmale. Hierbei kann es sich um Qualifikationen, Persönlichkeitseigenschaften oder Verhaltensweisen handeln. Arbeitsplatzbeschreibung und Anforderungsprofil münden in eine *Stellenbeschreibung*, die als Grundlage für die Personalauswahl dient.

Anforderungsprofil und Stellenbeschreibung

Bei der Personalbedarfsplanung müssen sowohl die Kosten für die Rekrutierung als auch die Kosten für die zu zahlenden Löhne bzw. Gehälter beachtet werden. Vor allem ist hierbei zu berücksichtigen, dass die unternehmerische Freiheit durch gesetzliche Vorschriften wie beispielsweise Mindestlohn, Urlaubsanspruch und Arbeitszeitregelungen erheblich eingeschränkt ist.

Brutto- versus Nettopersonalbedarf

Unterschieden werden muss zwischen einem *Bruttopersonalbedarf* und einem *Nettopersonalbedarf*. Ersterer bezieht sich auf den gesamten Personalbedarf zu einem bestimmten Zeitpunkt, Letzterer lediglich auf den zusätzlich zum vorhandenen Personal notwendigen Bedarf je Anforderungsprofil. Bei der Nettopersonalbedarfsplanung müssen zudem auch mögliche Umstrukturierungen des bestehenden Personalbestandes berücksichtigt werden. Es gilt für die Berechnung des Nettopersonalbedarfs je Anforderungsprofil i:

$$\text{Nettopersonalbedarf } i = \text{Bruttopersonalbedarf } i - \text{Istpersonalbestand } i$$

mit den Anforderungsprofilen $i = 1, 2, \ldots, n$.

4.3 Personalauswahl

Sind Stellen in einem Unternehmen zu besetzen, kommen als Anwärter für diese Stellen in der Regel sowohl Mitarbeiter in Frage, die bereits dem Unternehmen angehören, als auch Personen von außerhalb, die neu einzustellen sind.

Abb. 4.1

Beispiel einer Stellenanzeige

Als einer der führenden europäischen Hersteller von Dicht- und Klebstoffen suchen wir am Standort Köln eine/einen

Marketingleiter/in

Ihre Aufgaben:

- Steuerung aller Marketingmaßnahmen mit Ihrem Team
- Übernahme aller Themenbereiche des Marketing inkl. klassischer Werbung, Verkaufsförderung und Öffentlichkeitsarbeit
- Ausbau, Pflege und Koordination eines qualifizierten Partnernetzwerks mit Verbänden, Kooperationen, Agenturen und Dienstleistern
- Direkter Bericht an die Geschäftsleitung

Ihr Profil:

- abgeschlossenes Studium in Betriebswirtschaft oder Wirtschaftsingenieurwesen
- mehrjährige Berufserfahrung in einer vergleichbaren Position – idealerweise in der Kunststoffindustrie
- ausgeprägte unternehmerische Denk- und Arbeitsweise
- sichere EDV-Kenntnisse
- verhandlungssicheres Englisch

Ihre aussagekräftige Bewerbung richten Sie bitte elektronisch unter der Kennziffer … bis zum … an …

Quelle: eigene Darstellung

Stellenausschreibung

Ausgangspunkt sind in der Regel Stellenausschreibungen, die sowohl intern im Unternehmen als auch extern vor allem in Form von *Stellenanzeigen* vorgenommen werden. Die Stellenanzeige enthält Informationen über die vakante Stelle (Arbeitsplatzbeschreibung und Anforderungsprofil) sowie möglichst auch Informationen darüber, welche Unterlagen eingereicht werden sollen. Zur Verbreitung der Stellenanzeigen dienen vor allem Medien wie Zeitungen oder das Internet. Auf diese Stellenanzeigen können sich Interessenten bewerben. Geeignete Personen können auch durch persönliche Ansprache zur Bewerbung ermuntert werden. Von den Interessenten für eine Stelle wird in der Regel eine Bewerbung entweder in gedruckter oder zunehmend in elektronischer Form erwartet (vgl. Abb. 4.1).

Personalauswahl

Die *Personalauswahl* beinhaltet die Entscheidung, mit welcher Person die vakante Stelle besetzt werden soll bzw. – wenn es sich um mehrere Stellen handelt – mit welchen Personen die Stellen besetzt werden sollen. Es sollen diejenigen Bewerber ausgewählt werden, die am besten dem Anforderungsprofil der zu besetzenden Stelle entsprechen.

Um den Auswahlprozess effizient zu gestalten, sollte er in mehreren Schritten vorgenommen werden, wobei sich je Schritt die Zahl der in Frage kommenden Bewerber verringert (vgl. Abb. 4.2).

Abb. 4.2

Schematischer Ablauf eines Personalauswahlprozesses

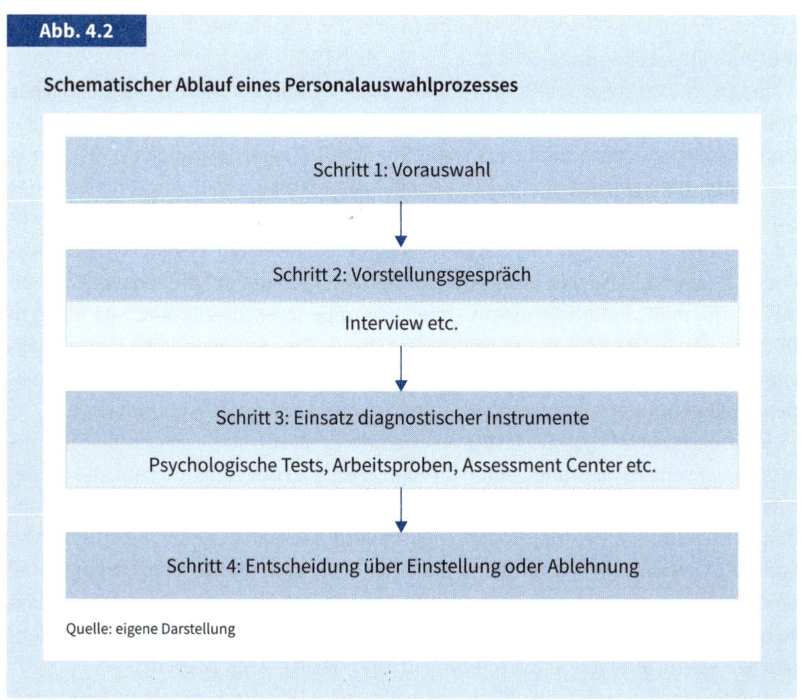

Quelle: eigene Darstellung

Vorauswahl

Im ersten Schritt wird auf der Basis des Anschreibens und der Bewerbungsunterlagen (Lebenslauf, Zeugnisse etc.) eine *Vorauswahl* getroffen. Bewerber, die offensichtlich nicht den Anforderungen genügen, werden nicht weiter berücksichtigt. Aus den verbliebenen Bewerbern werden solche ausgewählt, die nach Augenschein für die Stelle geeignet scheinen.

Vorstellungsgespräch

Im zweiten Schritt werden die ausgewählten Bewerber zu einem *Vorstellungsgespräch* eingeladen, damit ein persönlicher Eindruck von den jeweiligen Bewerbern gewonnen werden kann. Das Gespräch kann entweder in freier Form oder in Form eines strukturierten Interviews geführt werden. Inhaltlich kann sich das Gespräch auf die gegenwärtige Situation des Bewerbers, auf seine Zukunftsvorstellungen und auf Informationen über das Unternehmen beziehen. Da der persönliche Eindruck in starkem Maße von der gesprächsführenden Person geprägt ist, sollte besonders auf deren Kompetenz und Vertrauenswürdigkeit geachtet werden.

Diagnostisches Instrumentarium

Im dritten Schritt werden die verbliebenen Kandidaten einem *diagnostischen Instrumentarium* unterzogen. Wie viele und welche Instrumente eingesetzt werden, hängt sowohl von der hierarchischen Platzierung der Stelle im Unternehmen als auch vom jeweiligen Anforderungsprofil ab. Diagnostiziert werden sollten solche Merkmale, die nicht bereits aus den Bewerbungsunterlagen hervorgehen. Bei den zu diagnostizierenden Merkmalen kann es sich um Fähigkeiten, Fertigkeiten, Verhaltensweisen oder Persönlichkeitseigenschaften handeln. Im Wesentlichen können psychologische Tests, Arbeitsproben und das sogenannte Assessment Center (AC) zum Einsatz kommen.

Psychologische Tests

Ein *psychologischer Test* ist ein standardisiertes und normiertes diagnostisches Routineverfahren zur Messung von Fähigkeiten (z. B. allgemeine Intelligenz, Konzentrationsfähigkeit oder räumliches Vorstellungsvermögen), Leistungen (z. B. Lösung von Mathematikaufgaben) und Persönlichkeitsmerkmalen (z. B. Ängstlichkeit oder Leistungsbereitschaft). Unter »standardisiert« versteht man hierbei, dass die Durchführung und Auswertung des Verfahrens nach festgesetzten Regeln erfolgt. »Normiert« bedeutet, dass das Testergebnis einen Rückschluss auf die relative Position des Testnehmers innerhalb einer Vergleichsgruppe (z. B. alle 20- bis 25-Jährigen in Deutschland) erlaubt. Beispielsweise lässt sich aus dem Ergebnis eines Tests der allgemeinen Intelligenz ablesen, wie weit der Testnehmer hinsichtlich seiner allgemeinen Intelligenz über bzw. unter dem Durchschnitt der Vergleichsgruppe liegt.

Arbeitsproben

Während psychologische Tests Personenmerkmale in relativ abstrakter Form erfassen, weisen *Arbeitsproben* einen direkten Bezug zu den Aufgaben auf, die im Berufsalltag der zu besetzenden Stelle zu erledigen sind. Bei einer Arbeitsprobe handelt es sich um die Bearbeitung einer simulierten Arbeitsaufgabe. Beispielsweise könnte eine Arbeitsprobe für die Stelle einer Sekretärin im Schreiben einer E-Mail an einen säumigen Lieferanten bestehen. Arbeitsproben weisen zwar im Vergleich zu psychologischen Tests eine höhere Lebensnähe auf, sind aber wegen der fehlenden Standardisierung und Normierung in ihrer Aussagekraft begrenzt.

Häufig werden unterschiedliche diagnostische Verfahren miteinander kombiniert. Dies geschieht vorzugsweise in Form eines sogenannten Assessment Center.

Assessment Center (AC)

In einem *Assessment Center (AC)* werden mehrere stellenrelevante und unternehmensspezifische Anforderungen simuliert und den Auswahlkandidaten zur Bearbeitung vorgegeben. Die Aufgaben sollen charakteristisch für bestehende und zukünftige Arbeitssituationen sein. Zum Einsatz kommen beispielsweise Gruppendiskussionen, Einzelgespräche, Fallstudien, Präsentationen, Rollenspiele und Arbeitsproben. Zur Prüfung jeder einzelnen Anforderung werden jeweils mehrere Übungen durchgeführt. Beispielsweise kann die Prüfung des »verhandlungssicheren Englisch« in der Beantwortung eines (simulierten) Telefonanrufs und in einer Gruppendiskussion vorgenommen werden. Das Verhalten bzw. die Leistungen der einzelnen Kandidaten werden jeweils von mehreren trainierten Beurteilern beobachtet und bewertet. Durch den Einsatz von mehreren Beurteilern soll die Objektivität der Beurteilung gewährleistet werden. Durch die gleichzeitige Beurteilung mehrerer Kandidaten ergibt sich zudem die Möglichkeit, das Verhalten der einzelnen Kandidaten konkurrierend in Interaktion mit anderen zu beobachten. Als Ergebnis eines Assessment Centers erhält jeder Kandidat für jede der geprüften Anforderungen einen Wert, der entweder auf einer Skala als Absolutwert oder in einem Rangplatz im Vergleich zu den anderen Kandidaten dargestellt wird.

Gegenüber psychologischen Tests zeichnet sich das Assessment Center durch eine stärkere Realitätsnähe aus. Sein Nachteil ist allerdings in der fehlenden Standardisierung und Normierung zu sehen. Sein konkreter Nutzen zur Vorhersage des späteren Berufserfolgs ist somit keinesfalls gesichert. Assessment Center und psychologische Tests werden häufig gemeinsam eingesetzt.

Einstellungsentscheidung

Im letzten Schritt des Auswahlverfahrens muss eine *Entscheidung* darüber getroffen werden, welcher Kandidat die Stelle erhalten soll. Auszuwählen ist derjenige Kandidat, dessen diagnostische Ergebnisse die beste Übereinstimmung mit dem Anforderungsprofil aufweisen. Um zu einem Gesamtwert für jeden Kandidaten zu gelangen, müssen die Ergebnisse der einzelnen Verfahren kombiniert werden. Erschwert wird diese Kombination dadurch, dass ein Kandidat normalerweise nicht in allen der einzelnen Anforderungsdimensionen gleich gut ist, sondern Stärken und Schwächen aufweist. Die Kombination der Einzelergebnisse kann auf verschiedene Weise geschehen. Eine Möglichkeit besteht darin, »Hürden«, d. h. Mindest- bzw. Schwellenwerte, für jede Anforderungsdimension festzulegen. In die Endauswahl kommt ein Kandidat nur, wenn er alle Hürden überschreitet. Eine andere Möglichkeit besteht darin, die Bedeutsamkeit der einzelnen Anforderungsmerkmale unterschiedlich zu gewichten. Wenn es sich um Absolutwerte handelt, kann für jeden Kandidaten eine gewichtete Gesamtsumme berechnet werden. Ausgewählt wird dann der Kandidat mit dem höchsten Summenwert.

4.4 Arbeitsmotivation

4.4.1 Arbeitsmotivation als Leistungsbereitschaft

Motivation

Um die Unternehmensziele zu erreichen, müssen die Mitarbeiter bestimmte Leistungen erbringen. Um diese Leistungen erbringen zu können, muss ein Mitarbeiter nicht nur die erforderlichen Fähigkeiten besitzen, sondern er muss auch die Bereitschaft zur Bearbeitung der anstehenden Arbeitsaufgaben aufweisen. Die Bereitschaft, eine bestimmte Handlung auszuführen oder auch zu unterlassen oder gar zu vermeiden, bezeichnet man als »*Motivation*«. Sie umfasst die Gesamtheit der Beweggründe für die Einleitung, die inhaltliche Ausrichtung, die Intensität und die Zeitdauer eines Verhaltens. Im Unternehmenskontext bezieht sich die Motivation auf die Bereitschaft, arbeitsrelevante Leistungen zu erbringen. Führungskräfte haben die Aufgabe, die Leistungsbereitschaft so zu fördern, dass die Unternehmensziele bestmöglich erreicht werden.

Die Motivation bezieht sich immer auf einen momentanen Zustand. Ob und wie dieser Zustand aktiviert wird, hängt sowohl von persönlichen Tendenzen des Mitarbeiters, den sogenannten *Motiven,* manchmal auch »Bedürfnisse« genannt, als auch von Anreizen bzw. Erschwernissen des Arbeitsumfeldes, den sogenannten *Motivatoren,* ab. Damit kann die Motivation sowohl zwischen unterschiedlichen Personen als auch bei ein und derselben Person zwischen unterschiedlichen Situationen variieren.

Motive und Motivatoren

Die Motive können sowohl »angeboren« bzw. »primär« (wie etwa Hunger, Durst oder Sexualbedürfnis) als auch »erworben« bzw. »sekundär« (wie etwa das Leistungsbedürfnis) sein. Die Motivatoren umfassen vor allem die Art der Arbeitsaufgaben, das Arbeitsentgelt, erwartete Belohnungen (z. B. Karriereaussichten) und Arbeitsbedingungen (z. B. Lärm oder Zeitdruck).

4.4.2 Intrinsische und extrinsische Motivation

Man unterscheidet zwei Arten der Motivation: intrinsische und extrinsische Motivation. *Intrinsische Motivation*, d.h. Motivation »von innen heraus«, liegt dann vor, wenn eine Tätigkeit um ihrer selbst willen ausgeführt wird. Dies ist dann der Fall, wenn die Tätigkeit entweder Spaß macht oder wenn man von der Bedeutsamkeit ihres Inhalts überzeugt ist. *Extrinsische Motivation*, d.h. eine »von außen« bestimmte Motivation, liegt dann vor, wenn eine Tätigkeit deshalb ausgeführt wird, weil man dafür eine Belohnung oder das Ausbleiben negativer Konsequenzen erwartet, die Tätigkeit dient in diesem Fall als Mittel zum Zweck, sie ist »instrumentell«. Die erwarteten Belohnungen können ganz verschiedener Art sein, Beispiele sind Arbeitslohn, Beförderungen, Statussymbole, Lob vom Vorgesetzten und Macht über Untergebene. Erwartete negative Konsequenzen können beispielsweise Kritik vom Vorgesetzten, Lohnminderungen, eine Abmahnung oder Missbilligung seitens der Arbeitskollegen sein.

Kontrolle versus Ansporn

Im Allgemeinen streben Führungskräfte danach, vor allem die intrinsische Motivation ihrer Mitarbeiter zu erhöhen, da sie diese als wirkungsvoller zur Erreichung der Unternehmensziele erachten. Tatsächlich kann aber die extrinsische Motivation das Ausmaß der intrinsischen Motivation sowohl erhöhen als auch vermindern. Entscheidend ist, ob eine als Motivator eingesetzte Belohnung vom Mitarbeiter eher als *Kontrolle* oder eher als *Ansporn* wahrgenommen wird. Wird die Belohnung als Kontrollmechanismus eingesetzt, richtet sich die Aufmerksamkeit des Mitarbeiters stärker auf die Belohnung als auf den Inhalt der Tätigkeit. Bei Ausfall der »Prämie« oder auch bei Ausfall einer weiteren Erhöhung der Belohnung lässt daher das Interesse an der Aufgabe nach. Wird die Belohnung dagegen als Wertschätzung der erbrachten Leistung empfunden, kann sie als Ansporn dienen und das Interesse am Inhalt der Aufgabe erhöhen.

4.4.3 Motivationstheorien

Es existieren verschiedene Theorien zur Erklärung des Zustandekommens von Motivation. Sie unterscheiden sich vor allem darin, ob sie das Augenmerk auf die persönlichen Motive bzw. Bedürfnisse des Mitarbeiters und deren Befriedigung richten (»Bedürfnistheorien«) oder ob sie die Dynamik der Entstehung einer bestimmten Motivation beleuchten (»Instrumentalitätstheorien« und »Gleichgewichtstheorien«). Im Folgenden werden die zur Erklärung der Arbeitsmotivation einflussreichsten Theorien aus diesen Kategorien vorgestellt.

4.4.3.1 Bedürfnistheorien

Ausgangspunkt der Bedürfnistheorien ist die Annahme, dass alle Menschen eine Reihe von Bedürfnissen haben, nach deren Befriedigung sie streben. Die jeweilige Stärke der einzelnen Bedürfnisse ist interindividuell verschieden und kann sich im Verlauf der Zeit ändern. Die Stärke der Motivation ergibt sich daraus, inwieweit die bei einem Mitarbeiter jeweils vorherrschenden Bedürfnisse durch die situativen Anreize befriedigt werden können.

Maslows Bedürfnishierarchie

Nach Abraham *Maslows Bedürfnishierarchie* (Maslow, 1943) haben alle Menschen fünf Arten von Bedürfnissen, die hinsichtlich ihrer Vordringlichkeit eine Rangfolge (»Hierarchie«) bilden. Am unteren Ende der Hierarchie stehen physiologische Bedürfnisse wie Essen, Trinken und Schlaf, am oberen Ende Bedürfnisse nach Selbstverwirklichung wie die Entfaltung des eigenen Potenzials. Die vier unteren Stufen der Hierarchie (physiologische Grundversorgung, Sicherheit, soziale Bindung und Selbstachtung) gelten als »Defizitbedürfnisse«, weil ihre Nicht-Befriedigung als Mangel empfunden wird, dem abgeholfen werden muss, während das Bedürfnis nach Selbstverwirklichung als »Wachstumsbedürfnis« gilt, das letztlich unersättlich ist. Bezogen auf die Unterscheidung zwischen extrinsischer und intrinsischer Motivation sind die ersten beiden Stufen der extrinsischen Motivation und die letzte Stufe der intrinsischen Motivation zuzuordnen. Die mittleren Stufen nehmen eine Zwischenstellung zwischen intrinsischer und extrinsischer Motivation ein (vgl. Abb. 4.3).

Erst wenn die Bedürfnisse auf einer unteren Stufe der Hierarchie erfüllt sind, können die Bedürfnisse auf der nächsthöheren Stufe verhaltenswirksam werden. Das bedeutet, dass sich ein Mitarbeiter erst dann den Bedürfnissen nach sozialer Bindung zuwendet, wenn ihm sein Arbeitsplatz ausreichende biologische Grund-

Abb. 4.3

Bedürfnishierarchie nach Maslow

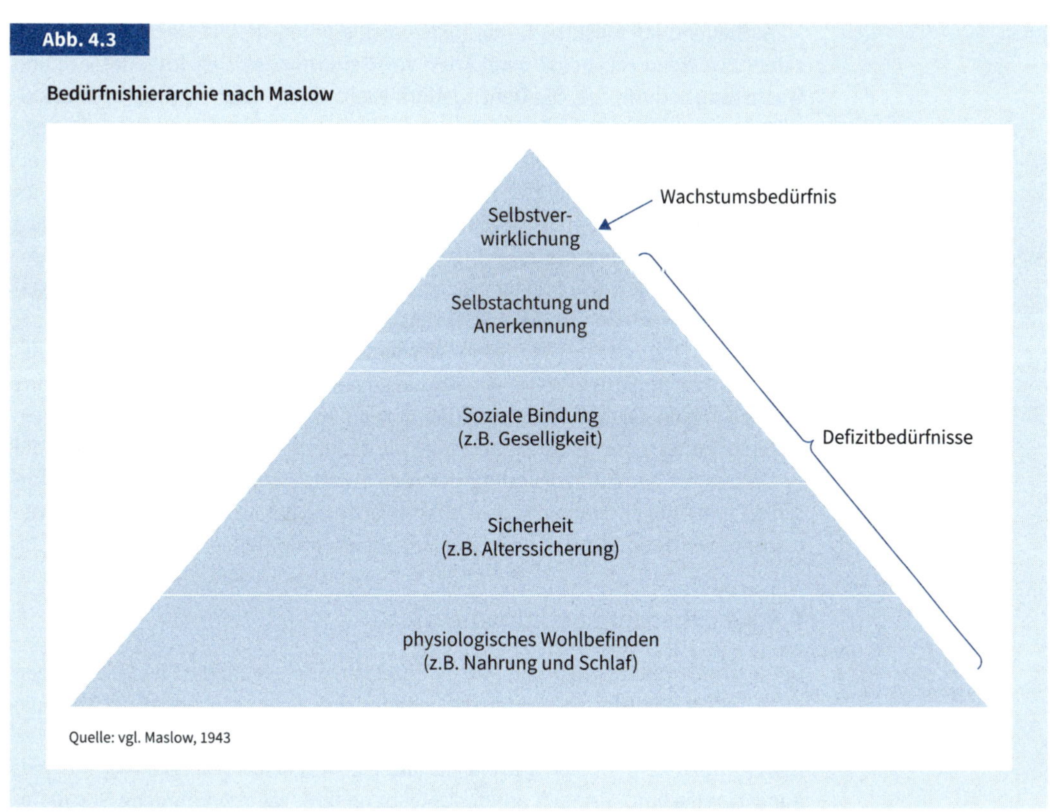

Quelle: vgl. Maslow, 1943

Abb. 4.4

Mögliche Führungsstrategien in Abhängigkeit vom dominanten Motiv des Mitarbeiters

Führungsstrategien in Abhängigkeit vom dominanten Motiv des Mitarbeiters	
Dominantes Motiv	**Strategie**
Selbstverwirklichung	Delegation von Aufgaben an Mitarbeiter, Partizipation bei der Führung.
Selbstachtung	Zeigen, dass die Vorstellungen des Mitarbeiters auch die eigenen sind.
Soziale Bindung	Interesse zeigen für die Probleme des Mitarbeiters.
Sicherheit	Erklären, warum und wie etwas gemacht wird.

Quelle: eigene Darstellung

versorgung und Sicherheit bietet. Maslows Bedürfnishierarchie schließt individuelle Unterschiede nicht aus, da es die als Pyramide veranschaulichte Darstellung zulässt, dass die Basisbreite und die Höhe der Pyramide interindividuelle Unterschiede aufweisen können. Abbildung 4.4 zeigt Beispiele, wie sich in Abhängigkeit von der für einen Mitarbeiter dominanten Stufe unterschiedliche Strategien eines Vorgesetzten ableiten lassen, um die Motivation zu fördern.

Zweifaktoren-Theorie

Aufbauend auf Maslows Bedürfnishierarchie unterscheidet Herzberg (1968) in seiner *Zweifaktoren-Theorie* zwei Arten von Bedürfnissen: Defizitbedürfnisse und Wachstumsbedürfnisse. Die Defizitbedürfnisse ordnet er den extrinsischen Faktoren (»Hygienefaktoren«), die Wachstumsbedürfnisse (»Motivatoren«) den intrinsischen Faktoren zu. Nach Herzberg gibt es extrinsische Arbeitsbedingungen, die erfüllt sein müssen, weil sie bei Nicht-Erfüllung »Unzufriedenheit« hervorrufen. Zu ihnen gehören vor allem die Bezahlung, Arbeitsplatzsicherheit, ein gesundheitlich unbedenklicher Arbeitsplatz, geringe Reglementierung und ein angenehmes Betriebsklima. Ähnlich wie bei der medizinischen Hygiene schaffen diese Bedingungen die Voraussetzung für eine Schadensvermeidung. Darüber hinaus wirken sie jedoch nicht motivierend. Motivationsfördernd sind nur die intrinsischen Faktoren wie der Inhalt der Arbeit, Weiterentwicklung der eigenen Fähigkeiten, Anerkennung der Leistung und eigene Verantwortung. Obwohl Herzbergs Theorie in empirischen Untersuchungen nur teilweise bestätigt wurde, hatte sie erheblichen Einfluss auf Bestrebungen zur Humanisierung der Arbeitswelt. Insbesondere Herzbergs Vorschlag zum »Job Enrichment«, d. h. zur Anreicherung des Arbeitsbereiches mit interessanten und stimulierenden Arbeitsaufgaben, wurde vielfach aufgegriffen.

4.4.3.2 Instrumentalitätstheorien

Die Instrumentalitätstheorien, auch »Prozesstheorien« genannt, berücksichtigen nicht nur die Bedürfnisse, sondern beziehen die Erwartung ein, ob bzw. in welchem Ausmaß die mit den Bedürfnissen verbundenen Ziele erreicht werden können. Die Erwartungen können sich sowohl auf die eigene Person (Fähigkeiten, Anstrengungsbereitschaft) als auch auf die Umgebung (z. B. wahrgenommene Restriktionen) beziehen. Menschen entschließen sich nach diesen Theorien nur dann zum Handeln, wenn sie damit etwas erreichen, was für sie »Wert« besitzt, die Handlung wird damit »instrumentell« für das Erreichen des mit Wert besetzten Ergebnisses.

Zielsetzungstheorie

Die von Locke und Latham (1990) entwickelte *Zielsetzungstheorie* (*Goal Setting Theory*) besagt, dass Handlungen von Zielen gesteuert werden, von denen der Mitarbeiter annimmt, dass sie erreichbar sind. Daraus ergeben sich bestimmte Anforderungen sowohl an die Art der Ziele als auch an die organisatorischen und persönlichen Randbedingungen. An die Ziele werden zwei Anforderungen gestellt: Sie müssen erstens eine Herausforderung darstellen, d. h. schwierig sein, gleichzeitig aber realistisch. Sie müssen zweitens konkretisiert werden, d. h. spezifisch und nicht vage sein. Beispielsweise ist das Ziel, »sorgfältiger zu arbeiten«, vage, während das Ziel, die Ausschussrate in den nächsten vier Monaten um 3 % zu verringern, spezifisch ist. Inwieweit die Ziele sich in den Leistungen niederschlagen, hängt von persönlichen Randbedingungen wie Zielbindung, Fähigkeiten und Selbstvertrauen sowie organisatorischen Randbedingungen wie Unterstützung und zeitnahes Feedback über die erzielten Fortschritte ab. Wesentliche Aussagen der Zielsetzungstheorie werden in dem als »Management by Objectives« bezeichneten Führungsstil aufgegriffen (vgl. Kap. 4.6.2.2).

Erwartungs-mal-Wert-Modell

Nach dem *Erwartungs-mal-Wert-Modell* ergibt sich die Motivation für eine bestimmte Handlung als Produkt aus dem Wert (Anreiz), den das Handlungsziel für eine Person hat, und der Erwartung, dass durch die Ausführung der Handlung das Ziel erreicht wird. Die beiden Komponenten können einander nicht kompensieren: Ist eine der beiden Komponenten gleich Null, ist die Gesamtstärke der Motivation ebenfalls gleich Null (vgl. Abb. 4.5). Bei zwei oder mehr Handlungsalternativen wird die Handlung mit der höchsten Motivationsstärke gewählt.

Weg-Ziel-Theorie

Eine Anwendung des Erwartungs-mal-Wert-Modells ist die *Weg-Ziel-Theorie* (*path-goal theory*; vgl. House, 1996). Hier wird zwischen dem Handlungsziel *(goal)* und dem Weg *(path)* zu diesem Ziel unterschieden. Dasselbe Ziel kann auf unterschiedlichen Wegen, d. h. mit unterschiedlichen Handlungen, erreicht werden. Weg und Ziel weisen beide sowohl einen intrinsischen als auch einen extrinsischen Wert

Abb. 4.5

Erwartungs-mal-Wert-Modell

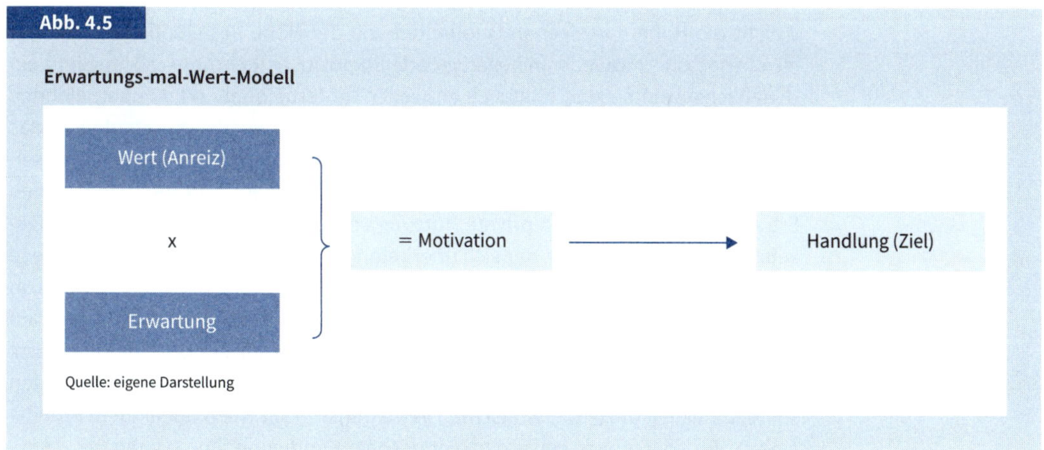

Quelle: eigene Darstellung

auf. Die Erwartung gibt die subjektive Wahrscheinlichkeit an, dass mit dem gewählten Weg das Ziel erreicht werden kann. Das Ziel kann sich sowohl auf das unmittelbare Handlungsergebnis als auch auf die zu erwartende Belohnung beziehen.

Der Weg-Ziel-Ansatz kennzeichnet zugleich einen Führungsstil (vgl. Kap. 4.6.2.2), den ein Vorgesetzter einsetzen kann, um die Motivation seiner Mitarbeiter zu stärken. Die Motivation zu einer Handlung kann nach diesem Ansatz bereits dadurch erhöht werden, dass diese Handlung für sich selbst genommen interessanter gestaltet wird. Ein Beispiel wäre etwa die Vorbereitung einer Konferenz, die von einem Mitarbeiter allein deshalb in Angriff genommen wird, weil sie in Teamarbeit vorgenommen wird und der Mitarbeiter gerne im Team arbeitet.

4.4.3.3 Gleichgewichtstheorien

Nach den Gleichgewichtstheorien basiert die Stärke der Arbeitsmotivation auf dem Vergleich zwischen Aufwand und Ertrag, d. h. zwischen dem Arbeitseinsatz und der hierfür erhaltenen Belohnung. Der Ertrag ist als Zusammenfassung verschiedenster Arten von Belohnungen wie beispielsweise Arbeitsentgelt, Attraktivität der Tätigkeit, Prestige, Statussymbole oder soziale Kontakte zu sehen. Auch der Aufwand ist als Zusammenfassung unterschiedlicher Elemente zu betrachten, Beispiele sind Ausbildung, Erfahrung und Fleiß. Aufwand und Ertrag müssen nach den Gleichgewichtstheorien in einem angemessenen Verhältnis stehen, ansonsten kommt es zu einem »Ungleichgewicht«, das sich in den meisten Fällen negativ auf die Arbeitsmotivation auswirkt.

Equity-Theorie

In der *Equity-Theorie* von Adams (1965) wird angenommen, dass das Verhältnis zwischen eigenem Aufwand (Input) und eigenem Ertrag (Output) im Vergleich zum selben Verhältnis bei einer relevanten Bezugsperson (Vergleichsperson, z. B. Arbeitskollege) betrachtet wird. Als »gerecht« wird empfunden, wenn die beiden Quotienten dieselbe Höhe aufweisen, wenn also gilt:

$$\frac{\text{eigener Output}}{\text{eigener Input}} = \frac{\text{Output der Vergleichsperson}}{\text{Input der Vergleichsperson}}$$

Weicht die Höhe des eigenen Quotienten von der Höhe des Quotienten der Vergleichsperson – entweder in negativer oder in positiver Richtung – ab, entsteht ein »Ungleichgewicht«. Man fühlt sich entweder »unterbelohnt« oder »überbelohnt«. Das Ungleichgewicht ruft einen Spannungszustand hervor, der dazu motiviert, das Ungleichgewicht aufzuheben. Fühlt sich der Mitarbeiter unterbelohnt, kann er seinen Arbeitseinsatz verringern (z. B. durch mehr Pausen bei der Arbeit) oder seinen Ertrag erhöhen (z. B. durch private Nutzung von Unternehmenseigentum). Umgekehrt kann ein Mitarbeiter, der sich überbelohnt fühlt, beispielsweise seine eigene Leistung gedanklich nach unten korrigieren oder die Leistung der Vergleichsperson aufwerten. Es zeigt sich, dass i. d. R. Menschen stärker auf Unterbelohnung als auf Überbelohnung reagieren. Als praktische Konsequenz für ein Unternehmen lässt sich daraus ableiten, dass Unterbezahlung von Mitarbeitern vermieden werden sollte, da sie leicht zu unerwünschten Verhaltensweisen wie mangelndem Arbeitseinsatz, Ressourcenverschwendung oder sogar Kündigung führen kann.

4.4.4 Arbeitszufriedenheit

Während sich die Motivation auf einen momentanen Zustand bezieht, der einer Handlung vorausgeht, handelt es sich bei der Arbeitszufriedenheit um eine längerfristige Einstellung, die eine Bewertung der eigenen Arbeitssituation beinhaltet. Gleichwohl gibt es Zusammenhänge zwischen Arbeitszufriedenheit und Arbeitsmotivation. So kann sich etwa, wie in den Gleichgewichtstheorien angenommen, eine Unzufriedenheit mit der Arbeitssituation in einer Verminderung der Arbeitsmotivation niederschlagen, und umgekehrt können durch motivationale Prozesse hervorgerufene Ergebnisse eigener Handlungen die Arbeitszufriedenheit erhöhen.

Das Ausmaß der Arbeitszufriedenheit wird meist durch Fragebogen erfasst. Oft handelt es sich um einen Soll-Ist-Vergleich zwischen den eigenen Ansprüchen (Soll) und der tatsächlich erlebten Arbeitssituation (Ist). Die Differenz zwischen Ist- und Sollwert gibt hierbei Auskunft über den Grad der Zufriedenheit bzw. Unzufriedenheit.

Commitment versus Compliance

Eng verwandt mit der Arbeitszufriedenheit ist die Bindung an das Unternehmen, das sogenannte *Commitment*. Es zeichnet sich dadurch aus, dass man sich mit dem Unternehmen identifiziert, langfristig im Unternehmen verbleiben will und bereit ist, den Unternehmenszielen freiwillig zu folgen. Im Gegensatz dazu steht die sogenannte *Compliance*, die einen erzwungenen Gehorsam gegenüber dem Unternehmen beinhaltet, um die eigenen Interessen (z. B. Geld oder Prestige) zu verfolgen. Dies kann leicht zu Handlungen führen, die nicht den Unternehmenszielen dienen, wie etwa, dass Zahlen gefälscht werden, um die Bilanz zu schönen, oder dass Fehler vertuscht werden, um Qualitätsziele zu erreichen.

4.4.5 Arbeitsmotivation und Arbeitsleistung

Man könnte versucht sein, anzunehmen, dass eine Erhöhung der Arbeitsmotivation – bei sonst gleichbleibenden Bedingungen wie etwa Fähigkeiten – immer zu einer Erhöhung der Arbeitsleistung der Mitarbeiter führt. Tatsächlich lässt sich dies jedoch nicht empirisch nachweisen. Der maximalen Leistung entspricht nicht eine maximale, sondern eine optimale Motivationsstärke. Nach dem sogenannten *Yerkes-Dodson-Gesetz* (1908) folgt die Beziehung zwischen Motivationsstärke und Leistung einer umgekehrt U-förmigen Funktion. Mit zunehmender Motivationsstärke erhöht sich zunächst die Leistung, aber nur bis zu einem bestimmten Punkt, dem »Optimum«. Bei der optimalen Motivationsstärke ist das Leistungsmaximum erreicht. Wird das Optimum überschritten, nimmt die Leistung wieder ab. Die mit der Erhöhung der Motivation (beispielsweise durch Zeitdruck) verbundene Erhöhung der Anstrengung verbessert zunächst die Leistung, eine weitere Erhöhung beeinträchtigt sie aber, weil die Handlung nicht mehr angemessen koordiniert werden kann. Die Lage des Optimums bzw. Leistungsmaximums variiert mit der Schwierigkeit der Aufgabe: Zur Ausführung leichter Aufgaben bedarf es einer höheren Motivationsstärke als zur Ausführung schwieriger Aufgaben (vgl. Abb. 4.6).

Yerkes-Dodson-Gesetz

Eine Reihe von Studien hat gezeigt, dass bei komplexen Überwachungsaufgaben eine sehr hohe Motivation mit einer Störung der Informationsverarbeitung einhergeht und trotz hoher Mengenleistung die Qualität der Leistung sinkt. Die Lage des

Abb. 4.6

Das Yerkes-Dodson-Gesetz bei Aufgaben von unterschiedlichem Schwierigkeitsgrad

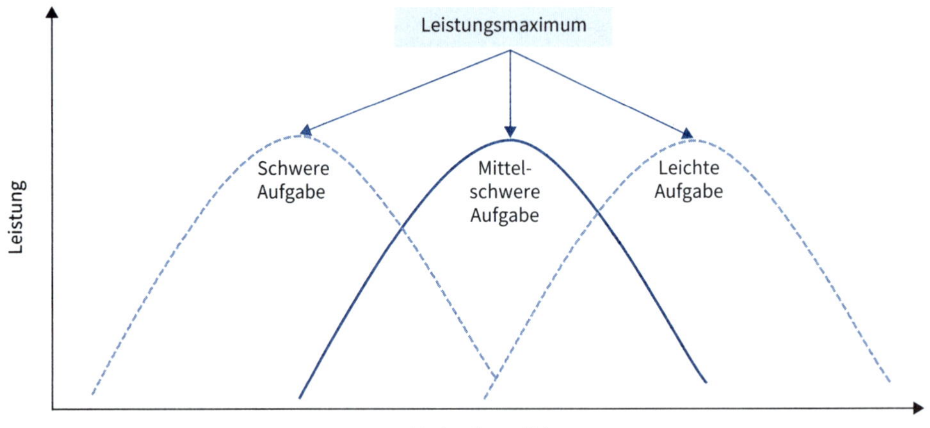

Quelle: eigene Darstellung

Optimums variiert nicht nur mit der Aufgabenschwierigkeit, sondern ist auch von der Persönlichkeit des Mitarbeiters abhängig: Extrovertierte Mitarbeiter benötigen (wegen ihrer höheren Impulsivität) eine höhere Aktivierung als introvertierte (mehr in sich gekehrte) Mitarbeiter. Für Unternehmen lässt sich die Schlussfolgerung ableiten, dass es ein optimales Motivationsniveau gibt, das eine mittlere Lage zwischen Unterforderung und Überforderung einnimmt. Das Optimum ist sowohl von der Art der Aufgabe als auch von der Persönlichkeit des Mitarbeiters abhängig. Aufgabe einer Führungskraft ist es, jeweils einen Kompromiss zwischen Unterforderung und Überforderung zu finden.

4.5 Arbeitsentgelt

4.5.1 Arbeitsentgelt als Kostenfaktor und als Einkommen

Arbeitsentgelt

Für seine Arbeitsleistung erhält der Mitarbeiter eines Unternehmens eine Gegenleistung vom Unternehmen. Diese Gegenleistung wird im Alltagssprachgebrauch häufig als »Entlohnung«, »Lohn«, »Gehalt« oder »Salär« bezeichnet, manchmal wird auch zwischen dem »Gehalt« eines Angestellten und dem »Lohn« eines Arbeiters unterschieden, zusammenfassend handelt es sich um das »Arbeitsentgelt«. Definiert wird das *Arbeitsentgelt* als die materielle Gegenleistung eines Unternehmens für die Arbeitsleistung derjenigen Personen, die sich dem Unternehmen vertraglich verpflichtet haben, diese Leistungen zu erbringen. Arbeitsentgelte können finanzielle Leistungen (Geld) oder geldwerte Leistungen (Sachwerte) sein. Die Mindesthöhe des Arbeitsentgelts ist in Deutschland seit 2015 durch den sogenannten Mindestlohn gesetzlich vorgegeben, er beträgt seit 2017 8,84 € je Zeitstunde (§ 11 MiloG in Verbindung mit der Mindestlohnanpassungsverordnung vom 15.11.2018).

Für das Unternehmen ist das Arbeitsentgelt ein bedeutsamer Kostenfaktor, für den Mitarbeiter stellt es als Einkommen einen wichtigen Anreizfaktor dar.

Die Kosten, die dem Unternehmen durch einen Arbeitnehmer entstehen, die sogenannten Lohn- und Gehaltskosten, setzen sich zusammen aus

- dem Bruttoentgelt und
- den Lohnnebenkosten.

Lohnnebenkosten

Das Bruttoentgelt beinhaltet als festen Bestandteil die Grundvergütung (Lohn bzw. Gehalt) und als variablen Bestandteil Leistungszulagen wie etwa Prämien oder Boni. Die Lohnnebenkosten sind Sozialleistungen, die vom Arbeitgeber getragen werden (vor allem Unfallversicherung sowie der Arbeitgeberanteil der Krankenversicherung, der Rentenversicherung, der Pflegeversicherung und der Arbeitslosenversicherung).

Nettoeinkommen

Das Einkommen, das dem Arbeitnehmer als Auszahlungsbetrag oder »Nettoeinkommen« verbleibt, ist das Bruttoentgelt abzüglich der vom Unternehmen an den Staat (Fiskus) für den Arbeitnehmer abgeführten Lohnsteuer (als Vorauszahlung auf die Einkommensteuer des Arbeitnehmers) und abzüglich der vom Unternehmen abgeführten, aber vom Arbeitnehmer zu tragenden Anteile an den Sozialleistungen (Krankenversicherung, Rentenversicherung, Pflegeversicherung und Arbeitslosenversicherung). Abbildung 4.7 stellt Lohnkosten und Auszahlungsbetrag gegenüber.

Abb. 4.7

Arbeitsentgelt als Kostenfaktor und als Einkommen

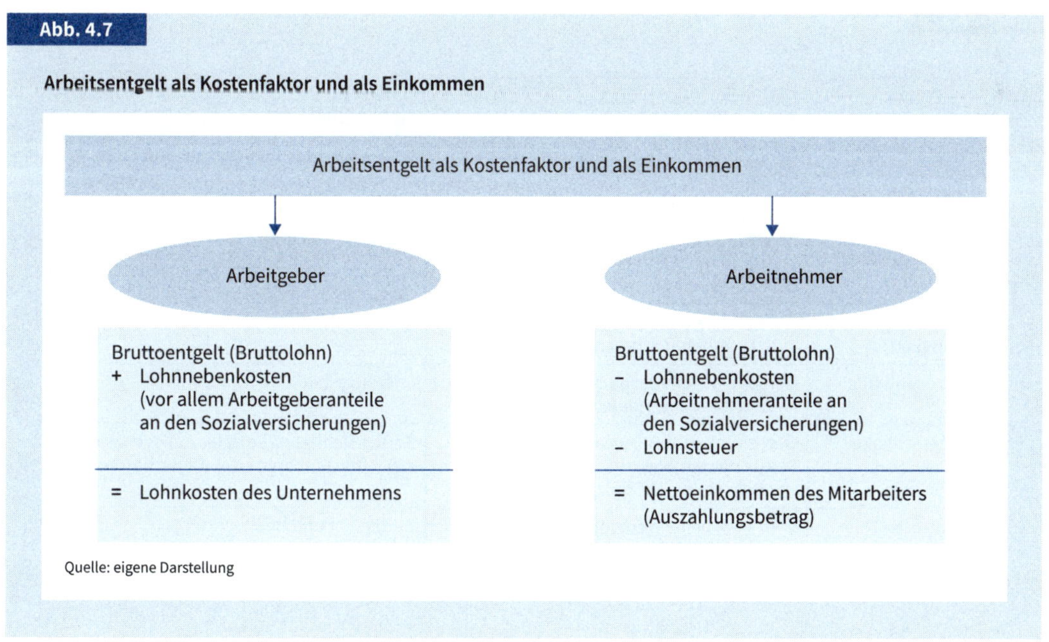

Quelle: eigene Darstellung

4.5.2 Gerechtigkeit beim Arbeitsentgelt

Unternehmen können das Entgelt nicht frei mit den Beschäftigten aushandeln, es gibt ein Arbeitsvertragsrecht mit bestimmten Vorgaben (Normen). Hierbei gibt es eine Normenhierarchie, an deren oberem Ende europäisches Recht und an deren unterem Ende der spezielle Arbeitsvertrag eines Mitarbeiters steht. Häufig verweist der Arbeitsvertrag auf Regelungen des Branchen- oder des Firmentarifvertrages, der von den Arbeitgeberverbänden bzw. den einzelnen Arbeitgebern einerseits und den Gewerkschaften (für die Arbeitnehmer) andererseits im Rahmen der Tarifautonomie ausgehandelt wurde.

Entgeltgerechtigkeit

Innerhalb des rechtlichen Rahmens stellt sich die Frage nach der Gerechtigkeit des Arbeitsentgeltes, meist als »Lohngerechtigkeit« bzw. »Entgeltgerechtigkeit« bezeichnet, sowohl für den Arbeitgeber als auch für den Arbeitnehmer. Mangelnde Gerechtigkeit kann für das Unternehmen zum Verlust von Arbeitskräften führen, beim Mitarbeiter kann eine als ungerecht empfundene Bezahlung die Arbeitsmotivation beeinträchtigen. Eine perfekte Gerechtigkeit kann es nicht geben, da unterschiedliche Vergleichsmaßstäbe und unterschiedliche Gerechtigkeitsprinzipien angelegt werden können. Die Gerechtigkeit ist nur relativ zu betrachten, da sie einen Vergleich mit einer bestimmten Bezugsgruppe beinhaltet. Die Bezugsgruppe kann z. B. eine Gruppe aus der Branche, aus dem Unternehmen, aus der Familie oder aus dem Freundeskreis sein. Erhebliche Unterschiede kann es zwischen der Perspektive des Unternehmens und der Perspektive des Mitarbeiters geben. Auch zwischen den Mitarbeitern können die Betrachtungsweisen variieren, beispielsweise kann sich ein Mitarbeiter ungerecht entlohnt fühlen, obwohl die Gleichbehandlung in Bezug

Abb. 4.8

Gerechtigkeitsprinzipien bei der Entgeltfestsetzung

Prinzip	Beschreibung	Maßnahme
Marktgerechtigkeit	Gerechtigkeit in Bezug auf den externen Personal- bzw. Arbeitsmarkt	Vergleich mit den Entgelten innerhalb der entsprechenden Branche auf dem Arbeitsmarkt
Anforderungsgerechtigkeit	Gerechtigkeit in Bezug auf den Schwierigkeitsgrad und Verantwortungsgrad der Arbeitsaufgaben	Arbeitsbewertung
Leistungsgerechtigkeit	Gerechtigkeit in Bezug auf die vom Mitarbeiter erbrachte Leistung	Leistungsbewertung
Gleichbehandlung	Gerechtigkeit in Bezug auf das Entgelt von Mitarbeitern in vergleichbarer Position	Entgeltsystem
Sozialgerechtigkeit	Gerechtigkeit in Bezug auf den sozialen Status des Mitarbeiters (z. B. Alter, Dauer der Betriebszugehörigkeit)	Berücksichtigung sozialer Anliegen wie z. B. Altersvorsorge oder Kinderbetreuung
Subjektive Gerechtigkeit	Vom Mitarbeiter persönlich empfundene Gerechtigkeit	Befragung und Beobachtung der Mitarbeiter

Quelle: eigene Darstellung

auf Kollegen in vergleichbarer Position gewährleistet ist. Wichtige Gerechtigkeitsprinzipien sind in Abbildung 4.8 aufgeführt. Für das Unternehmen ergeben sich verschiedene Maßnahmen, diesen Prinzipien nachzukommen.

Marktgerechtigkeit, Anforderungsgerechtigkeit und Leistungsgerechtigkeit sind für das Unternehmen von höchster Wichtigkeit. Die Marktgerechtigkeit kann durch den externen Vergleich mit den Entgelten innerhalb der entsprechenden Branche auf dem Arbeitsmarkt hergestellt werden. Zur Gewährleistung der Anforderungs- und der Leistungsgerechtigkeit dient die intern im Unternehmen vorzunehmende *Entgeltdifferenzierung,* auf deren Basis ein Entgeltsystem erstellt werden kann.

Entgeltdifferenzierung durch Arbeitsbewertung

Das wichtigste Mittel zur Entgeltdifferenzierung ist die *Arbeitsbewertung*. Sie dient der Differenzierung der Arbeitsentgelte nach der Höhe der Anforderungen, die die Arbeitsstelle an den arbeitenden Menschen stellt. Als Grundlage können die Arbeitsplatzbeschreibungen und Anforderungsprofile dienen. Als Ergebnis resultiert eine Stellenhierarchie, die in Form einer Rangreihe, in Form von Kategorien unterschiedlicher Anforderungshöhe oder in Form von Punktwerten dargestellt wird. Je nach der Höhe der Anforderungen, die durch die Stellenhierarchie abgebildet wird, ergeben sich unterschiedliche Entgeltsätze.

Es existieren unterschiedliche Verfahren der Arbeitsbewertung (vgl. Abb. 4.9). Sie unterscheiden sich darin, ob die Bewertung summarisch oder analytisch vorgenommen wird und ob der Bewertungsmaßstab durch die im Unternehmen vorhandenen Stellen oder durch eine Anforderungsskala gebildet wird.

Rangfolgeverfahren

Rangfolgeverfahren: Die einfachste Form der Stellenbewertung besteht darin, sämtliche Stellen hinsichtlich der Höhe ihrer Anforderungen in eine Rangfolge zu bringen. Kriterium ist zumeist ein globaler Faktor, der sich beispielsweise aus Schwierigkeitsgrad, Verantwortungsgrad und Kompetenzniveau zusammensetzt. Aufgrund der resultierenden Rangfolge wird das höchste Entgelt dem höchsten und das geringste Entgelt dem niedrigsten Rangplatz zugeordnet.

Lohngruppenverfahren

Lohngruppenverfahren: Beim Lohngruppenverfahren wird jede Stelle in eine der tariflich vereinbarten Lohngruppen eingeordnet. Beispielsweise werden im Tarifvertrag zehn Lohngruppen vereinbart. Für die Standardlohngruppe (Facharbeiter mit abgeschlossener Berufsausbildung) wird der tarifvertraglich vereinbarte *Ecklohn* (100 %) gezahlt. Der niedrigsten Lohngruppe (Arbeiten, die nach kurzer Einarbeitungszeit ausgeführt werden können) kann z. B. eine Arbeitswertigkeit von 75 % des Ecklohns, der höchsten Lohngruppe (hochwertige Facharbeiten) eine Arbeitswertigkeit von 130 % zugeordnet werden.

Abb. 4.9

Verfahren der Arbeitsbewertung

Arbeitsbewertung		
	summarisch	**analytisch**
Stelle im Vergleich zu anderen Stellen	Rangfolgeverfahren	Rangreihenverfahren
Stelle in Bezug auf eine Skala	Lohngruppenverfahren	Punktsystemverfahren

Quelle: eigene Darstellung

Rangreihenverfahren

Rangreihenverfahren: Das Rangreihenverfahren stellt eine Verfeinerung des Rangfolgeverfahrens dar. Für jede einzelne Anforderungsart, die sogenannten Faktoren (also beispielsweise Fachkenntnisse, Belastung und Verantwortungsgrad), wird eine eigene Rangreihe gebildet. In Anschluss daran werden die einzelnen Rangreihen zu einer Gesamtrangfolge kombiniert. Hierbei können auch unterschiedliche Gewichtungen der einzelnen Anforderungsarten vorgenommen werden.

Punktsystemverfahren

Punktsystemverfahren: Beim Punktsystemverfahren resultiert als Ergebnis ein Punktwert für jede Stelle. Zunächst werden Stufen für die Ausprägung eines Faktors gebildet und diesen Stufen jeweils ein bestimmter Wert zugewiesen. Beispielsweise werden Stufenwerte von 0, 125, 250, 375 und 500 spezifiziert. Zusätzlich erhält jeder Faktor ein Gewicht entsprechend seiner Bedeutsamkeit. Die maximale Punktzahl eines Faktors ergibt sich aus dem höchsten Stufenwert multipliziert mit dem Gewicht. Sodann werden für jede Stelle eine Stufe und deren Wert für die Ausprägung des jeweiligen Faktors bestimmt. Der Punktwert einer Stelle errechnet sich aus der Summe der mit dem Faktorgewicht multiplizierten Stufenwerte. Abbildung 4.10 zeigt ein Beispiel für das Punktsystem, Abbildung 4.11 ein Beispiel für die Berechnung des Punktwertes einer Stelle.

Aus dem Punktwert der Stelle kann auf einfachem Wege die Entgeltsumme berechnet werden, indem der Punktwert mit einem Geldfaktor multipliziert wird. Auch kann die Bildung von Lohngruppen vorgenommen werden, indem die Punktwerte in Kategorien eingeteilt werden. Ein Beispiel ist in Abbildung 4.12 aufgeführt.

Entgeltdifferenzierung durch Leistungsbewertung

Eine Entgeltdifferenzierung kann auch entsprechend dem Prinzip der Leistungsgerechtigkeit vorgenommen werden. Als Mittel dient die *Leistungsbewertung*. Während die Arbeitsbewertung sich auf jeweils eine Arbeitsstelle bezieht, die mit unterschiedlichen Personen besetzt sein kann, wird bei der Leistungsbewertung die Höhe der von einem bestimmten Mitarbeiter erbrachten Leistung beurteilt. Grundlage ist die Ermittlung geeigneter Kennzahlen sowohl für die tatsächliche Leistung (*Ist-Leistung*) als auch die normalerweise zu erbringende Leistung (Sollleistung oder *Normalleistung*). Die Beurteilung der Leistungshöhe kann sowohl ergebnisbezogen als auch verhaltensbe-

Abb. 4.10

Beispiel eines Punktsystems

Punktsystem

Faktor	**Gewicht**	**Stufenwerte**				
		Stufe 1	**Stufe 2**	**Stufe 3**	**Stufe 4**	**Stufe 5**
Ausbildung	50 %	0	125	250	375	500
Erfahrung	25 %	0	125	250	375	500
Komplexität	12 %	0	125	250	375	500
Sozialbeziehungen	8 %	0	125	250	375	500
Arbeitsbedingungen	5 %	0	125	250	375	500

Quelle: eigene Darstellung

zogen vorgenommen werden. Das *Leistungsergebnis* lässt sich nach Quantität (Bearbeitungszeit, Stückzahl) und Qualität (Leistungsgüte, Fehlerhäufigkeit) differenzieren. Das *Leistungsverhalten* kann aufgabenbezogen (z. B. Einfallsreichtum, Leistungsorientierung, Flexibilität), ressourcenbezogen (zielgerechte Nutzung der Betriebsmittel) und sozialbezogen (z. B. Teamverhalten, Art der Mitarbeiterführung) erfolgen.

Abb. 4.11

Beispiel für den Punktwert einer Stelle

Punktwert einer Stelle							
Die Stelle beinhaltet beispielhaft folgende Anforderungselemente:							
Ausbildung: Stufe 4 Erfahrung: Stufe 2 Komplexität: Stufe 4				Sozialbeziehungen: Stufe 2 Arbeitsbedingungen: Stufe 1			
Faktor	Gewicht	Stufe 1	Stufe 2	Stufe 3	Stufe 4	Stufe 5	Faktorwert
Ausbildung	50 %				375		187,50
Erfahrung	25 %		125				31,25
Komplexität	12 %				375		45,00
Sozialbeziehungen	8 %		125				10,00
Arbeitsbedingungen	5 %	0					0,00
Punktwert der Stelle:							273,75

Quelle: eigene Darstellung

Abb. 4.12

Beispiel für eine Lohngruppenbildung beim Punktsystemverfahren

Lohngruppenbildung beim Punktsystemverfahren		
Punktzahl der Stelle	**Lohngruppe**	**Abstufung in Prozent**
Bis 50	1	75
51 – 100	2	81
101 – 150	3	87
151 – 200	4	93
201 – 250	5	100 (Ecklohn)
251 – 300	6	106
301 – 350	7	112
351 – 400	8	118
401 – 450	9	124
451 – 500	10	130

Quelle: eigene Darstellung

4.5.3 Lohnformen

Das Arbeitsentgelt als finanzielle Leistung des Unternehmens an einen Mitarbeiter kann in unterschiedlichen Formen, den sogenannten Lohnformen, ausgezahlt werden. Die Festlegung der Lohnform kann inputbezogen entsprechend der Dauer der Arbeitszeit oder outputbezogen entsprechend dem Arbeitsergebnis erfolgen. Oft werden auch die verschiedenen Formen miteinander kombiniert. Einen Überblick über die gebräuchlichsten Lohnformen gibt Abbildung 4.13.

Abb. 4.13

Gebräuchliche Lohnformen

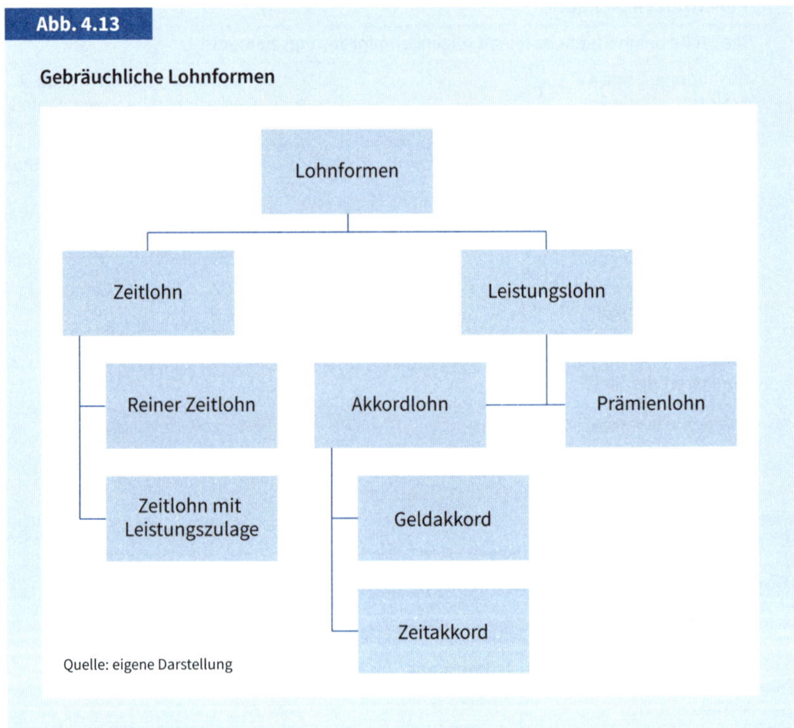

Quelle: eigene Darstellung

4.5.3.1 Zeitlohn

Beim Zeitlohn erfolgt die Entlohnung nach der *Dauer der Arbeitszeit* unabhängig von der erbrachten Leistung. Beim *reinen Zeitlohn* erhalten alle Beschäftigten einer Lohngruppe das gleiche Arbeitsentgelt pro Zeiteinheit. Gewöhnlich wird der Zeitlohn als Stundenlohn, Wochenlohn oder Monatslohn ausgezahlt. Lohnzuschläge werden nur gezahlt, wenn außerhalb der tariflich festgelegten Arbeitszeit gearbeitet wird (z. B. Überstunden). Beim *Zeitlohn mit Leistungszulage* werden nach bestimmten Kriterien (wie z. B. Betriebstreue oder Einsatzbereitschaft) Lohnzuschläge gewährt.

Der Zeitlohn ist vor allem dann angebracht, wenn

- Leistungsanreize schwer möglich sind (z. B. Nachtwächtertätigkeit),
- Präzision wichtiger als Schnelligkeit ist,
- die erbrachte Leistung schwer messbar ist (z. B. Forschungs- und Entwicklungstätigkeit),
- die Arbeit mit hoher Unfallgefahr verbunden ist,
- die Arbeitsgeschwindigkeit nicht immer unmittelbar vom Mitarbeiter selbst beeinflusst werden kann (z. B. durch nicht vom Arbeitnehmer beeinflussbare Maschinenbearbeitungszeiten).

Vor- und Nachteile

Vorteile des Zeitlohns bestehen vor allem in der Möglichkeit der einfachen Abrechnung und der Vermeidung von gesundheitlichen Schäden und Qualitätseinbußen wegen zu hohen Arbeitstempos.

Nachteile des Zeitlohns bestehen für den Arbeitgeber darin, dass er das Risiko geringer Arbeitsproduktivität eingeht, und für den Arbeitnehmer, dass er keinen Anreiz für eine Leistungsverbesserung oder einen Mehrverdienst erhält.

4.5.3.2 Leistungslohn

Beim Leistungslohn richtet sich die Entlohnung nach dem vom Arbeitnehmer erzielten *Arbeitsergebnis*. Unterschieden wird zwischen Akkordlohn und Prämienlohn. In beiden Fällen setzt sich der Gesamtlohn aus einem festen Grundlohn und einem variablen Zusatzlohn zusammen. Beim Akkordlohn bezieht sich der Zusatzlohn auf die Stückzahl der erbrachten Leistung, beim Prämienlohn können außer einer akkordähnlichen Mengenleistung auch Qualitätsleistungen, Kosteneinsparungen oder Verbesserungsvorschläge berücksichtigt werden. Der Grundlohn ist beim Akkordlohn der tarifliche Mindestlohn, während beim Prämienlohn der Grundlohn gewöhnlich den tariflichen Mindestlohn übersteigt.

Akkordlohn

Beim *Akkordlohn* ist die Höhe des Stundenverdienstes von der Menge der erbrachten Leistung abhängig. Der Akkordlohn setzt sich zusammen aus einem festen Sockelbetrag, dem tariflichen Mindestlohnsatz, und einem variablen Zuschlag, dem sogenannten *Akkordzuschlag*. Dieser beträgt in der Regel 15 bis 20 % des tariflichen Mindestlohns. Die Summe aus Mindestlohn und Akkordzuschlag ergibt den *Akkordrichtsatz*. Der Akkordrichtsatz bezieht sich auf die Normalleistung, die üblicherweise erwartet wird. Der Stundenlohn eines Mitarbeiters entspricht dem Akkordrichtsatz, wenn der Mitarbeiter die Normalleistung erbringt. Abbildung 4.14 veranschaulicht das Prinzip.

Um den Akkordlohn eines Mitarbeiters zu berechnen, ist die Anzahl der Produkteinheiten (Stücke) die pro Arbeitsstunde bei Normalleistung zu produzierten sind, festzulegen. Aus der Normalleistung pro Stunde errechnet sich die Vorgabezeit pro Produkteinheit per Division der Produkteinheiten durch 60 Minuten. Die Vorgabezeit entspricht als Normalleistung der Soll-Arbeitszeit bei einem normalen Arbeitstempo.

Der effektive Stundenverdienst (SV) ist von der tatsächlichen Leistung des Arbeitnehmers, der Ist-Leistung pro Stunde (IL), abhängig. Entspricht die Ist-Leistung der

Abb. 4.14

Prinzip des Akkordlohns

Akkordlohn	
Tariflicher Mindestlohn pro Stunde + Akkordzuschlag (12–20 %) = Akkordrichtsatz pro Stunde (AR)	Beispiel: tariflicher Mindestlohn = 20 €/Std. Akkordzuschlag 20 % = 4 €/Std. Akkordrichtsatz = 24 €/Std.
Aus dem Akkordrichtsatz pro Stunde (AR) wird der Minutenfaktor (MF) per Division durch 60 errechnet: MF = AR/60	Beispiel: Minutenfaktor (MF) = 24/60 = 0,40 €/Min.
Aus der vorgegebenen Stückzahl pro Stunde (Normalleistung) ergibt sich die Vorgabezeit (VZ) als 60 Min. dividiert durch die Normalleistung: VZ = 60/Normalleistung	Beispiel: Normalleistung = 30 Stück/Std. Vorgabezeit (VZ) = 60/30 = 2 Min.

Quelle: eigene Darstellung

Normalleistung, liegt der Leistungsgrad bei 100 %. Der effektive Stundenverdienst (SV) entspricht dann dem Akkordrichtsatz (AR).

In abrechnungstechnischer Hinsicht kann man zwischen Geldakkord und Zeitakkord unterscheiden. Beide Berechnungsarten führen zum selben Stundenverdienst (SV). Abbildung 4.15 veranschaulicht die Berechnung.

Geldakkord

Geldakkord: Beim Geldakkord wird pro hergestellter Produkteinheit ein bestimmter Geldbetrag vergütet, der Geldsatz (GS) pro Produkteinheit. Er ergibt sich aus der Division des Akkordrichtsatzes durch die Anzahl der Produkteinheiten bei Normalleistung oder als Produkt aus Minutenfaktor (MF) und Vorgabezeit (VZ). Der effektive Stundenverdienst (SV) errechnet sich als Produkt von Ist-Leistung (IL) und Geldsatz (GS), also SV = IL × GS.

Zeitakkord

Zeitakkord: Beim Zeitakkord errechnet sich der effektive Stundenverdienst (SV) als Produkt von Ist-Leistung (IL), Vorgabezeit (VZ) und Minutenfaktor (MF), also SV = IL × VZ × MF.

In der betrieblichen Praxis wird meist nur der Zeitakkord angewendet. Er hat gegenüber dem Geldakkord den Vorteil, dass bei Lohnänderungen die veränderte Berechnung einfacher ist, da die Vorgabezeiten sich nicht geändert haben.

Die Anwendung des Akkordlohnprinzips unterliegt verschiedenen Einschränkungen. Eine wesentliche Einschränkung ist dadurch gegeben, dass der effektive Stundenverdienst nicht den tariflich vereinbarten Mindestlohn unterschreiten darf. Auch wenn die Ist-Leistung weniger als 100 % beträgt, wird der tarifliche Mindestlohn (meistens sogar mehr) garantiert.

Eine weitere Einschränkung ergibt sich dadurch, dass es sich um Arbeiten handeln muss, die sich ständig wiederholen, deren Ablauf bekannt ist und deren Ausführung vom Mitarbeiter beherrscht wird. Sobald sich Änderungen im Produkt, im Produktionsverfahren (z. B. durch technologische Neuerungen) oder im Produktionsablauf (z. B. durch fortschreitende Automatisierung) ergeben, müssen Anpassungen vorgenommen werden. Einschränkungen ergeben sich auch durch das je-

Abb. 4.15

Beispiel zur Berechnung des Akkordlohns

Berechnung des Akkordlohns	
Geldakkord	Zeitakkord
Geldsatz (GS) = Vorgabezeit (VZ) x Minutenfaktor (MF) bzw.: = Akkordrichtsatz (AR) / Normal-Leistung	Ist-Leistung (IL) Vorgabezeit (VZ) Minutenfaktor (MF)
Stundenverdienst (SV) = IL x GS	Stundenverdienst (SV) = IL x VZ x MF
Beispiel:	
tariflicher Mindestlohn	20 Euro/Std.
Akkordzuschlag (20 %)	4 Euro/Std.
Akkordrichtsatz (AR)	24 Euro/Std.
Vorgabezeit (VZ)	2 Minuten pro Produkteinheit
Minutenfaktor (MF)	0,40 Euro/Min.
Geldsatz (GS)	0,80 Euro pro Produkteinheit
Normal-Leistung	30 Produkteinheiten
Ist-Leistung (IL)	Gezählte Produkteinheiten
Ein Stundenverdienst (SV) von 24 Euro ergibt sich, wenn die Ist-Leistung (IL) 30 Produkteinheiten entspricht bzw. wenn zur Herstellung einer Produkteinheit 2 Minuten benötigt werden. Der Stundenverdienst von 24 Euro entspricht dem Akkordrichtsatz (AR), wenn die Ist-Leistung (IL) gleich der Normal-Leistung (NL) ist.	
Will der Arbeitnehmer seinen Stundenverdienst (SV) auf 32 Euro steigern, muss er 40 Produkteinheiten pro Stunde herstellen bzw. die Herstellung einer Produkteinheit in 1,5 Minuten schaffen.	

Quelle: eigene Darstellung

weilige Auftragsvolumen und die jeweilige Auftragsabfolge, da die Stückmenge nicht beliebig variiert werden kann.

Vor- und Nachteile des Akkordlohns

Vorteile des Akkordlohns bestehen für den Arbeitnehmer im Leistungs- und Mehrverdienstanreiz und für den Arbeitgeber in der Kalkulationssicherheit durch konstante Lohnstückkosten. Die Vorgabezeiten können zudem als Hilfe für die Personalbedarfsplanung dienen.

Nachteile des Akkordlohns ergeben sich dadurch, dass die Ausrichtung auf das Arbeitstempo gesundheitliche Schäden beim Arbeitnehmer, technische Schäden an den Maschinen und Qualitätsmängel der produzierten Güter hervorrufen kann.

4.5.3.3 Prämienlohn

Der Prämienlohn setzt sich aus einem zeitabhängigen Grundlohn und einem leistungsabhängigen Zuschlag, der sogenannten Prämie, zusammen. Die Höhe der Prämie bestimmt sich nach der über der Normalleistung hinaus erbrachten Mehr-

Abb. 4.16

Überblick über verschiedene Prämienarten

Mengenleistungsprämien	Sie treten an Stelle des Akkordlohns, wenn genaue Vorgabezeiten (z.B. wegen wechselnder Arbeitsbedingungen) nicht ermittelt werden können.
Qualitätsprämien	Sie werden für eine Steigerung der qualitativen Produktionsleistung (z.B. Verminderung der Ausschussquote) gezahlt.
Ersparnisprämien	Sie werden für Einsparungen an Produktionsfaktoren gewählt (z.B. geringerer Energieverbrauch oder höhere Materialausbeute).
Nutzungsgradprämien	Sie werden für eine bessere Ausnutzung der Betriebsmittel (z.B. Reduzierung von Wartezeiten oder längere Maschinenlaufzeiten durch bessere Wartung) gezahlt.

Quelle: eigene Darstellung

leistung. Im Vergleich zum Akkordlohn zeichnet sich der Prämienlohn durch ein breiteres Anwendungsfeld aus, da neben *mengenmäßigen* Mehrleistungen auch *Qualitätsverbesserungen*, *Kosteneinsparungen* und *Verbesserungsvorschläge* mit Prämien belohnt werden können. Abbildung 4.16 gibt einen Überblick über die verschiedenen Prämienarten.

Einzel- und Gruppenprämien

Die Prämie kann als einmalige Zuwendung (*Bonus*) oder als dauerhafte *Lohnzulage* gewährt werden. In Abhängigkeit von der Anzahl der an der Mehrleistung beteiligten Personen kann zudem die Prämie als *Einzelprämie* an einen bestimmten Mitarbeiter oder als *Gruppenprämie* an mehrere Mitarbeiter vergeben werden.

4.5.4 Betriebliche Sozialleistungen

Zusätzlich zum Arbeitsentgelt kann ein Unternehmen seinen Mitarbeitern weitere Zuwendungen in Form von Geldbeträgen, Sach- oder Dienstleistungen gewähren. Diese Zuwendungen basieren primär auf dem Prinzip der Sozialgerechtigkeit (vgl. Abb. 4.8) und gelten als betriebliche Sozialleistungen. Unterschieden wird hierbei zwischen *gesetzlich* und *tarifvertraglich* vorgeschriebenen Sozialleistungen einerseits und vom Unternehmen zusätzlich gewährten *freiwilligen* Sozialleistungen andererseits (vgl. Abb. 4.17).

Vorgeschriebene und freiwillige Sozialleistungen

Die freiwilligen betrieblichen Sozialleistungen dienen nicht nur sozialen Zielen, sondern können auch ökonomisch motiviert sein. Für potenzielle Mitarbeiter dienen sie möglicherweise als Anreize, bei gegenwärtigen Mitarbeitern können sie die Bindung an das Unternehmen und die Leistungsbereitschaft erhöhen.

Abb. 4.17

Arten betrieblicher Sozialleistungen

Betriebliche Sozialleistungen	
vorgeschriebene (Gesetz, Tarifverträge)	**freiwillige**
• Arbeitgeberanteil zur Sozialversicherung • Lohnfortzahlung im Krankheitsfall • Tarifliches Urlaubsgeld • Tarifliches Weihnachtsgeld	• Betriebliche Altersversorgung • Übertarifliches Weihnachts- und Urlaubsgeld • Finanzielle Zuschüsse (z. B. für Wohnen, Essen) • Sonderzahlungen und Leistungen (Jubiläumsgeschenke, Sonderurlaub usw.) • Leistungen für betriebliche Einrichtungen (Kantine, Kindertagesstätten, Sportanlagen)

Quelle: entnommen aus Wöhe et al., 2016; S. 146

Normalerweise kann ein Unternehmen aus Kostengründen nicht alle freiwilligen Sozialleistungen gleichzeitig realisieren. Oft werden dem Mitarbeiter einzelne Möglichkeiten bzw. eine Kombination derselben zur Wahl gestellt: Beim sogenannten *Cafeteria-Prinzip* kann der Mitarbeiter innerhalb eines vorgegebenen Rahmens aus einem breiten Angebot von Leistungen diejenigen auswählen, die seinen Bedürfnissen am ehesten entsprechen. Damit werden individuelle Präferenzen wie beispielsweise mehr Freizeit oder bessere Altersvorsorge berücksichtigt.

Cafeteria-Prinzip

4.5.5 Erfolgs- und Kapitalbeteiligung

Unternehmen haben die Möglichkeit, ihren Mitarbeitern zusätzlich zum vertraglich vereinbarten Arbeitsentgelt finanzielle Zuwendungen zukommen zu lassen, die direkt auf die finanzielle Situation des Unternehmens bezogen sind und eine Teilnahme des Mitarbeiters an dieser Situation beinhalten. Aus Unternehmenssicht können diese Zuwendungen dazu dienen, die Leistungsbereitschaft der Mitarbeiter zu stärken, die Bindung an das Unternehmen zu erhöhen und die Zusammenarbeit zwischen Management und Belegschaft zu verbessern. Die Zuwendungen können in Form von Erfolgsbeteiligung und in Form von Kapitalbeteiligung ausgestaltet werden.

Erfolgsbeteiligung

Die *Erfolgsbeteiligung* orientiert sich ebenso wie der Leistungslohn am Output. Im Unterschied zum Leistungslohn bezieht sich der Output jedoch nicht auf die Leistung des einzelnen Mitarbeiters, sondern auf den Erfolg des Unternehmens. Bezugsgrößen können beispielsweise der Gewinn oder der Umsatz sein. Variiert werden kann neben der Höhe des Anteils auch der Kreis der einbezogenen Personen. Dieser kann beispielsweise die gesamte Belegschaft, die höheren Führungskräfte oder eine spezielle Abteilung umfassen oder sich auch auf einen einzelnen Mitarbeiter beschränken. Eine gebräuchliche Form der Erfolgsbeteiligung im Vertriebsbereich ist die Provision, bei der der Mitarbeiter einen bestimmten Anteil vom jeweiligen Umsatz erhält, beispielsweise beim Verkauf von Autos oder Versicherungen.

Kapitalbeteiligung

Bei der *Kapitalbeteiligung* werden die Mitarbeiter Teil des Eigentümerkreises des Unternehmens. Die Kapitalbeteiligung kann auf direkte Weise oder in Form einer Option erfolgen. Bei der direkten Kapitalbeteiligung bietet das Unternehmen seinen Mitarbeitern eine Beteiligung am Eigenkapital in Form des Kaufs von Aktien zu vergünstigten Konditionen an. Bei der Option auf eine Kapitalbeteiligung wird dem Mitarbeiter eine Aktienkauf- oder Aktienverkaufsoption gewährt. Mit der Aktienoption erwirbt der Optionsnehmer das Recht, durch einseitige Willenserklärung eine bestimmte Anzahl von Aktien zu bereits fest vereinbarten Konditionen innerhalb einer bestimmten Frist zu erwerben oder zu verkaufen.

4.6 Personalführung

4.6.1 Führungsaufgaben

Führung

Unter »*Führung*« versteht man die absichtliche Beeinflussung der Mitarbeiter zur Erreichung der Unternehmensziele. Impliziert ist, dass es in Unternehmen jeweils »Führende« und »Geführte« gibt, die in einer hierarchischen Über- und Unterordnung zueinander stehen, wobei die Geführten sozial beeinflusst werden sollen, damit es zu einer adäquaten Zielerreichung kommt. Hierbei ist zu beachten, dass umgekehrt auch die Führenden durch die Geführten beeinflusst werden. Damit lässt sich der Führungsprozess als sozialer *Interaktionsprozess* charakterisieren. In diesem Prozess soll erreicht werden, dass die Mitarbeiter ihr Arbeits- und Leistungsverhalten auf die Unternehmensziele ausrichten und gleichzeitig mit ihrer Arbeit zufrieden sind. Aus diesen beiden Bereichen, die oftmals als »Leistungsorientierung« und »Personenorientierung« bezeichnet werden, lassen sich die in Abbildung 4.18 aufgeführten Führungsaufgaben ableiten. Die Leistungsorientierung bezieht sich auf die Erfüllung der anstehenden Aufgaben, die Personenorientierung

Abb. 4.18

Aufgaben der Führung

Führungsaufgaben	
Leistungsorientierung	**Personenorientierung**
• Definition von Zielen • Organisation • Bereitstellung von Informationen • Förderung der Aufgabenerfüllung • Kontrolle der Aufgabenerfüllung • Beurteilung der Mitarbeiter	• Förderung des Gruppenzusammenhalts • Förderung der Mitarbeiter • Schaffung eines Vertrauensklimas • Kommunikation

Quelle: eigene Darstellung

auf die Herstellung eines vertrauensvollen Verhältnisses zwischen Führenden und Geführten.

Führungserfolg

Der *Führungserfolg* ist keinesfalls einfach zu messen, da der Anteil des Führungsverhaltens an den Unternehmensergebnissen schwierig von anderen Einflussgrößen zu trennen ist. Unterschieden werden können globale Maße, leistungsorientierte Maße und personenorientierte Maße.

Als *globale Maße* können Fehlzeiten (Absentismus) und Personalfluktuation *(Turn-over-Rate)* dienen. Sie können als Indikator von mangelndem Führungserfolg gelten, wenn sie überdurchschnittlich ausgeprägt sind. *Leistungsorientierte Maße* können Quantität und Qualität der erbrachten Leistung sowie Fehlerhäufigkeit sein. Als *personenorientierte Maße* können Arbeitszufriedenheit, Betriebsklima und Akzeptanz der Führungsperson durch die Mitarbeiter dienen.

4.6.2 Führungstheorien

Zur Beschreibung optimalen Führungsverhaltens existieren unterschiedliche Theorien. Unterschieden werden Persönlichkeitsansätze, Verhaltensansätze und Interaktionsansätze. Sie werden im Folgenden dargestellt.

4.6.2.1 Persönlichkeitsansätze

Ging man früher davon aus, dass es so etwas wie eine geborene »Führerpersönlichkeit« gibt, die sich durch bestimmte Eigenschaften wie etwa Intelligenz, Dominanz, Selbstvertrauen und soziale Kompetenz auszeichnet, lässt sich heute sagen, dass diese Eigenschaften zwar nützlich sind, aber keineswegs einen hohen Führungserfolg garantieren. Zudem ist anzunehmen, dass eine mittlere Ausprägung solcher Eigenschaften günstiger als eine extrem hohe Ausprägung ist.

Transformationstheorie

Eine modernere Variante der Persönlichkeitsansätze stellt die Auffassung dar, dass es sogenannte »Führertypen« gibt, die einen bestimmten Führungsstil verfolgen. Am bekanntesten ist die sogenannte *Transformationstheorie*. Nach ihr sollte ein Führer in der Lage sein, durch sein »Charisma« den Mitarbeitern attraktive Visionen und überzeugende Ziele sowie ungewöhnliche Wege zu deren Umsetzung zu vermitteln. Der charismatische Führer bildet den Gegensatz zum »pragmatischen« Führer, dessen Bemühungen sich vorwiegend auf die Erfüllung der alltäglichen Arbeitsaufgaben richten.

Auch die in Kap. 4.6.2.3 beschriebenen Kontingenz-Modelle gehen davon aus, dass es einen persönlich geprägten Führungsstil gibt, der sich nur schwer ändern lässt. Ob der jeweilige Führungsstil erfolgreich ist, hängt jedoch von der Arbeitsumgebung ab.

4.6.2.2 Verhaltensansätze

Verhaltensorientierte Führungsansätze gehen davon aus, dass effektives Führungsverhalten nicht auf Persönlichkeitseigenschaften beruht, sondern sich trainieren lässt.

Managerial-Grid-Modell

Der bekannteste Verhaltensansatz ist das *Managerial-Grid-Modell* von Blake und Mouton (1964, 1994). Nach Blake und Mouton lässt sich Führungsverhalten durch zwei Dimensionen beschreiben: Aufgabenorientierung (*initiating structure*) und Mitarbeiterorientierung (*consideration*). Die beiden Dimensionen entsprechen weitgehend den in 4.6.1 beschriebenen Bereichen der Leistungsorientierung und Personenorientierung. Das konkrete Führungsverhalten einer Person lässt sich als Punktwert auf einer von 1 bis 9 reichenden Skala für jede der beiden Dimensionen darstellen. Die jeweilige Ausprägung lässt sich in einem »Verhaltensgitter« (*managerial grid*) darstellen (vgl. Abb. 4.19).

Nach Blake und Mouton kennzeichnet die Ausprägung 9/9 den idealen Führungsstil. Da dieser aber in der betrieblichen Praxis kaum realisierbar sei, genüge es, die Ausprägung 5/5 als Kompromiss (middle of the road) zwischen Aufgaben- und Mitarbeiterorientierung anzustreben.

Management by Objectives (MbO)

Auch der Ansatz des *Management by Objectives (MbO)* bzw. »Führung durch Zielvereinbarung« von Peter F. Drucker (1954) geht davon aus, dass Führungsverhalten trainierbar ist. Kennzeichnend für diesen Ansatz ist, dass in partnerschaftlicher Zusammenarbeit zwischen Vorgesetzten und Untergebenen Zielvorgaben erarbeitet werden, dass es aber den Untergebenen freigestellt wird, auf welchem Weg die Ziele

Abb. 4.19

Verhaltensgitter nach Blake und Mouton

Mitarbeiterorientierung

1/9

Country Club Style:
Rücksichtsvolle Aufmerksamkeit gegenüber den Mitarbeitern, minimale Betonung der Leistung

9/9

Team Style:
Gemeinsamer Einsatz von Führungsperson und Mitarbeitern

5/5

Impoverished Style:
Minimale Anstrengung, Laissez-faire-Stil

Authority-Compliance Style:
Planung und Festlegung der Arbeitsbedingungen ohne Beachtung der Mitarbeiter

1/1

9/1

Aufgabenorientierung

Quelle: modifiziert aus Blake/Mouton, 1994, S. 26f

erreicht werden. Die Gesamtziele des Unternehmens werden hierbei in Unterziele transformiert, sodass jeder einzelne Mitarbeiter konkrete Vorgaben für einen bestimmten Planungszeitraum hat. Am Ende des Planungszeitraums wird überprüft, inwieweit die Ziele erreicht wurden. Die Formulierung der Ziele soll den folgenden Bedingungen – durch die englischen Buchstaben SMART abgekürzt – genügen (vgl. Doran, 1981):

S = spezifisch, d. h. auf die jeweilige Abteilung und den jeweiligen Mitarbeiter bezogen,
M = messbar in Bezug auf die Zielerreichung,
A = aktiv beeinflussbar,
R = realistisch, d. h. umsetzbar,
T = terminiert, d. h. es wird ein Zeitlimit vorgegeben.

Weg-Ziel-Ansatz

Im Unterschied zum MbO-Ansatz geht der *Weg-Ziel-Ansatz* bzw. »Path-Goal«-Ansatz (vgl. Kap. 4.4.3.2) davon aus, dass die Führungskraft neben der Vermittlung angemessener Ziele auch Wege aufzeigen muss, wie der Mitarbeiter die vorgegebenen Ziele erreichen kann. Impliziert ist, dass die Führungskraft Hinweise gibt, wie möglicherweise Hindernisse auf dem Weg zur Zielerreichung ausgeräumt werden können, und das Selbstvertrauen des Mitarbeiters dahingehend stärkt, dass dieser auch überzeugt ist, die vorgegebenen Ziele erreichen zu können.

4.6.2.3 Interaktionsansätze

Die Interaktionsansätze betonen die Wechselwirkung (Interaktion) zwischen Führungsverhalten einerseits und bestimmten Merkmalen der Arbeitssituation bzw. der Geführten. Die Effizienz der Führung hängt vom Zusammenspiel dieser einzelnen Komponenten ab.

Reifegrad-Modell

Gemäß dem *Reifegrad-Modell* (Blanchard et al., 2002) ist der »optimale« Führungsstil variabel und auf den Charakter des Geführten bezogen. Die geführte Person wird hinsichtlich ihres Entwicklungsstandes, d. h. ihrer »Reife« *(maturity)*, kategorisiert, wobei sich die Reife sowohl auf die *Fähigkeit* zur Bewältigung der anstehenden Aufgaben als auch auf die *Bereitschaft* bzw. Motivation, die Aufgaben auszuführen, bezieht. Vier Reifegrade M *(maturity levels)* werden unterschieden; jedem der vier Reifegrade wird ein passender Führungsstil, d. h. ein am meisten Erfolg *(success)* versprechender Stil S, zugeordnet:

- S1 *Anweisen (telling)*: Der Vorgesetzte gibt klare Vorgaben, was zu tun ist.
- S2 *Überzeugen (selling)*: Der Vorgesetzte erklärt die Aufgabe in einer Weise, dass sich der Mitarbeiter diese zu eigen macht.
- S3 *Beteiligen (participating)*: Der Vorgesetzte bezieht den Mitarbeiter in die Entscheidung über die anstehenden Aufgaben ein.
- S4 *Delegieren (delegation)*: Der Vorgesetzte übergibt die Verantwortung für die Entscheidung und Durchführung der anstehenden Aufgaben an den Mitarbeiter.

Die vier Führungsstile lassen sich auch als Ausprägungen auf den beiden Dimensionen »Aufgabenorientierung« und »Mitarbeiterorientierung« (vgl. Kap. 4.6.1) darstellen. Sie werden hier als »Dirigieren« und »Sekundieren« bezeichnet. Abbildung 4.20 veranschaulicht, wie sich der Ausprägungsgrad der beiden Dimensionen von Stufe zu Stufe ändert.

Kontingenz-Modelle

Während das Reifegrad-Modell das Augenmerk auf die Interaktion zwischen der Führungskraft und der Individualität des Mitarbeiters richtet, stehen bei den *Kontingenz-Modellen* die Interaktion zwischen Führungsstil und Arbeitssituation im Mittelpunkt der Betrachtung. Zwei dieser Modelle werden im Folgenden vorgestellt.

Situationsansatz der Führung

Nach dem Situationsansatz der Führung (Fiedler & Garcia, 1987) hängt der Führungserfolg von der Passung zwischen dem Führungsstil der Führungskraft und der Art der Arbeitssituation ab. Der Führungsstil gilt als überdauernde individuelle Eigenschaft der Führungskraft und lässt sich auf einer einzigen Skala, die von »aufgabenorientiert« zu »beziehungsorientiert« reicht, darstellen. Die Arbeitssituation wird wesentlich durch die Art der auszuführenden Aufgaben bestimmt. Sind die Aufgaben entweder nur ganz vage oder aber ganz klar definiert (z. B. Routineaufgaben), ist ein aufgabenorientierter Führer am erfolgreichsten, weil er Leitlinien für die Aufgabenbearbeitung vorgibt. Sind die Aufgaben dagegen nur mittelmäßig strukturiert, ist ein

Abb. 4.20

Die vier Führungsstile des Reifegrad-Modells

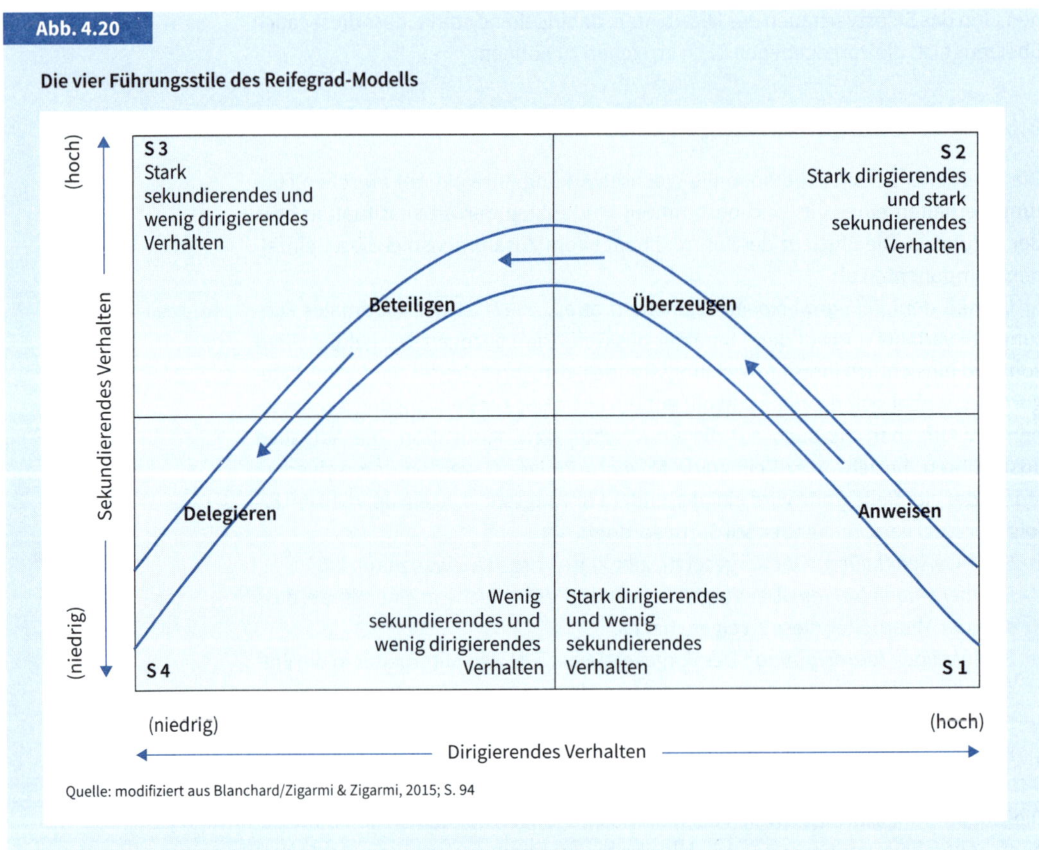

Quelle: modifiziert aus Blanchard/Zigarmi & Zigarmi, 2015; S. 94

beziehungsorientierter Führer erfolgreicher, da er die Kreativität der Mitarbeiter anregt. Passen Führungsstil und Arbeitssituation nicht zusammen, muss man entweder die Führungsperson austauschen oder die Arbeitssituation ändern.

Kontrolle versus Wertschätzung

Ein anderes Kontingenzmodell knüpft zum einen an die klassische Einteilung in einen »autoritären«, einen »demokratischen« und einen »Laissez-faire«-Stil (Lewin et al., 1939) und zum anderen an das Verhaltensgitter (*managerial grid*, vgl. Abb. 4.19) an. Es ist durch die beiden Dimensionen »Art der Kontrolle« und »Wertschätzung des Mitarbeiters« geprägt. Bei der »Art der Kontrolle« werden die beiden Extreme »Selbstkontrolle« und »Fremdkontrolle« unterschieden, bei der »Wertschätzung des Mitarbeiters« die beiden Extreme »niedrige Wertschätzung« und »hohe Wertschätzung«. Daraus werden *vier Führungsstile* abgeleitet: »kooperativer (= demokratischer) Führungsstil« (Selbstkontrolle und hohe Wertschätzung), »partizipativer Führungsstil« (Fremdkontrolle und hohe Wertschätzung), »Laissez-faire«-Stil (Selbstkontrolle und geringe Wertschätzung) und »autoritärer Führungsstil« (Fremdkontrolle und geringe Wertschätzung) (vgl. Abb. 4.21).

Während der Laissez-faire-Stil in den meisten Fällen ineffektiv ist, da er zu Chaos und Unzufriedenheit führt, hängt die Effektivität der übrigen drei Führungsstile von

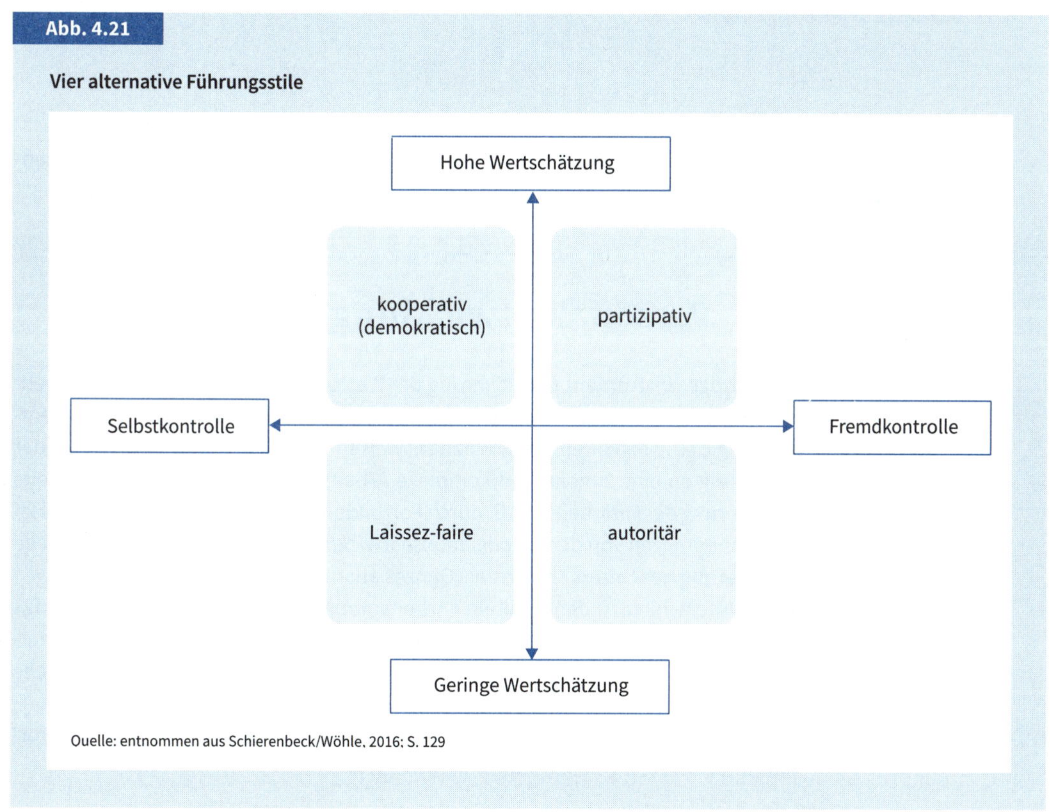

Abb. 4.21

Vier alternative Führungsstile

Quelle: entnommen aus Schierenbeck/Wöhle, 2016: S. 129

Abb. 4.22

Rahmenbedingungen für den autoritären, den partizipativen und den kooperativen (demokratischen) Führungsstil

	Autoritärer Führungsstil	Partizipativer Führungsstil	Kooperativer (demokratischer) Führungsstil
Persönlichkeit des Mitarbeiters	• Überwiegend autoritäre Wertvorstellungen • Wenig Eigeninitiative • Hohes Sicherheitsbedürfnis	• Hohes Fähigkeitsniveau • Hohe Leistungsmotivation • Selbstständiges Denken • Wenig Erfahrung • Mittlerer Grad an Eigeninitiative • Unsicherheit	• Hohes Fähigkeitsniveau • Hohe Leistungsmotivation • Selbstständiges Denken • Lange Erfahrung • Starke Eigeninitiative • Selbstsicherheit
Situation	• Hohes Arbeitstempo und zeitkritische Entscheidungen erforderlich • Stabile Umweltbedingungen	• Klare Zielvorgaben • Kontrolle der Zielerreichung	• Ideenreiche Entscheidungen erforderlich • Hohe Umweltkomplexität • Starker Innovationszwang
Art der Aufgabe	• Routineaufgaben	• Nicht-standardisierte Aufgaben	• Nicht-standardisierte Aufgaben
Organisationsstruktur	• Strenge Hierarchie • Hoher Organisationsgrad	• Mittleres Hierarchiegefälle	• Flache Hierarchie

Quelle: modifiziert aus Schierenbeck/Wöhle, 2016; S. 130

den personellen, situativen, aufgabenbezogenen und organisatorischen Rahmenbedingungen ab (vgl. Abb. 4.22).

4.7 Personalentwicklung

Ein wichtiges Instrument zur Sicherung der Wettbewerbsfähigkeit eines Unternehmens ist die *Personalentwicklung (PE)*. Sie beinhaltet die Förderung und Weiterentwicklung der Fähigkeiten und Verhaltensweisen der Mitarbeiter mit dem Ziel der Anpassung an eine zunehmend komplexe Arbeitswelt. Da sie auf die individuelle Veränderung der Mitarbeiter (z. B. durch Fortbildung und Umschulung) abzielt, lässt sie sich abgrenzen von der *Organisationsentwicklung (OE)*, die die überindividuelle Veränderung des Unternehmens als Ganzes anstrebt.

Systematische Maßnahmen zur langfristigen Qualifizierung

Im Unterschied zu den Kapiteln »Arbeitsmotivation« (Kap. 4.4) und »Führung« (Kap. 4.6), die ebenfalls Wege der Förderung und Beeinflussung der Mitarbeiter aufzeigen, richtet sich das Augenmerk der Personalentwicklung auf *systematische Maßnahmen* des Unternehmens zur langfristigen Qualifizierung der Mitarbeiter.

Zur Ermittlung des Bedarfs an Personalentwicklungsmaßnahmen müssen Informationen aus zwei Quellen kombiniert werden:

- Arbeitsanalysen und Anforderungsprofile (vgl. Kap.4.2) der vorhandenen sowie der in der Zukunft geplanten Arbeitsplätze bzw. Stellen,
- Beurteilungen der Mitarbeiter im Hinblick auf Fähigkeiten und bisher erbrachte Leistungen.

Zur Erstellung der Arbeitsanalysen und Anforderungsprofile neu zu schaffender Stellen wird man Informationen über die gegenwärtigen und zukünftigen Rahmenbedingungen des Unternehmens heranziehen. Bei der Mitarbeiterbeurteilung können die in Kapitel 4.3 beschriebenen diagnostischen Instrumente zum Einsatz kommen, sie müssen allerdings ergänzt werden durch die Einschätzung der erbrachten Leistungen der Mitarbeiter durch deren Vorgesetzte.

Soll-Ist-Vergleich

Der Bedarf an Personalentwicklungsmaßnahmen ergibt sich durch einen Soll-Ist-Vergleich zwischen erforderlichen Tätigkeiten bzw. Anforderungen einerseits (Soll) und aktuellen Leistungsvoraussetzungen bei den Mitarbeitern (Ist) andererseits.

Zur Klassifikation der PE-Maßnahmen kann eine zweidimensionale Typologie dienen. Auf der einen Dimension wird je nach Gegenstand der Maßnahme zwischen Wissensvermittlung, Verhaltensveränderung und Karriereplanung unterschieden, die andere Dimension differenziert je nach Art der Vermittlung zwischen speziellen Trainingskursen außerhalb der normalen Arbeitstätigkeit (»off the job«) und situativ-erfahrungsbezogenen Maßnahmen innerhalb der normalen Arbeitstätigkeit (»on the job«) (vgl. Abb. 4.23).

Evaluation

Um die Wirksamkeit von Personalentwicklungsmaßnahmen zu überprüfen, bedarf es einer *Evaluation.* Sie ist fast ebenso wichtig wie die Vorbereitung und Durchführung einer Maßnahme. Vor allem, da die Maßnahmen oft kostspielig sind, muss geprüft werden, ob sie die gewünschten Effekte hervorrufen. Eine Maßnahme kann dann als erfolgreich betrachtet werden, wenn sie positive Konsequenzen im Praxisbereich aufweist. Der Nachweis der Effektivität wird allerdings dadurch erschwert, dass neben den durchgeführten Maßnahmen andere – nur schwer kontrollierbare –

Abb. 4.23

Beispiele zur Typologie von Personalentwicklungsmaßnahmen

	Wissenserwerb	Verhaltensmodifikation	Karriereplanung
Training »off the job«	• Fortbildungsseminare • Fremdsprachenkurse • Computerbasiertes Training (CBT)	• Rollenspiele • Stress-Training • Gruppendynamisches Training	• Interkulturelles Training • Führungstraining • Management-Seminare • Fallstudien (Case Studies)
Training »on the job«	• Aufgabenorientierter Informationsaustausch • Erwerb neuer Arbeitstechniken	• Teamtraining • Umgang mit Fehlern • Modell-Lernen	• Coaching • Mentoring

Quelle: eigene Darstellung

Einflussfaktoren wirksam werden. Zeigt sich beispielsweise bei einem Vorher-Nachher-Vergleich in den Werten nach Durchführung der Maßnahme eine Leistungsverbesserung gegenüber den Werten vor Durchführung der Maßnahme, ist nicht auszuschließen, dass die Leistungsverbesserung nicht auf die Trainingsmaßnahme, sondern auf veränderte Rahmenbedingungen (z. B. eine Lohn- und Gehaltserhöhung) zurückzuführen ist. Aussagekräftiger wäre hier ein Versuchsplan, der eine Kontrollgruppe einbezieht, die ein andersartiges Training erhalten hat.

4.8 Personalfreisetzung

Die Planung von Personalfreisetzungen ist eng mit der Personalbedarfsplanung verknüpft, denn es werden die gleichen Fragestellungen – aber mit umgekehrten Vorzeichen – aufgegriffen:

- Welche Tätigkeitsbereiche müssen nicht mehr abgedeckt werden? (Qualitative Planung)
- Wie viele Personen werden nicht mehr benötigt? (Quantitative Planung)
- Wann und wie lange werden die Personen nicht mehr benötigt? (Zeitliche Planung)
- In welchen Unternehmensteilen werden die Personen nicht mehr benötigt? (Örtliche Planung)

Personalbedarfsplan

Zeigt sich bei der Personalbedarfsplanung, dass eine personelle Überkapazität, d. h. ein sogenannter Personalüberhang, besteht, muss der *Bruttopersonalplan* entsprechend angepasst werden. Die notwendigen Anpassungsmaßnahmen, die im *Nettopersonalplan* ausgewiesen werden, können hierbei das gesamte Unternehmen betreffen oder sich nur auf einzelne Teilbereiche beziehen und müssen mögliche Umstrukturierungen berücksichtigen. Der Nettopersonalplan enthält somit nicht nur Maßnahmen zum Personalabbau (»Kündigungen«), sondern insbesondere auch alle Alternativen des Unternehmens zur Personalfreisetzung ohne Personalabbau. Personalfreisetzungsmaßnahmen können beispielsweise Maßnahmen der Personalumsetzung sein, die nicht zu einer Verkleinerung der Gesamtbelegschaft führen.

Gründe für Personalfreisetzung

Die Gründe für eine Personalfreisetzungsmaßnahme können sowohl zeitlich vorübergehend oder andauernd sein. Aus Sicht der Unternehmensführung können die Maßnahmen sowohl ungeplant sein, wenn sie primär unternehmensexterne Ursachen haben und unvorhersehbar waren, als auch planvoll vorbereitet werden, wenn überwiegend unternehmensinterne und planbare Gründe vorliegen (vgl. Abb. 4.24).

Neben den unternehmensbedingten Faktoren können auch personalbedingte individuelle Faktoren eine Personalfreisetzungsmaßnahme erforderlich machen. Die Gründe liegen dann im persönlichen (Fehl-)Verhalten, in der mangelnden Fähigkeit und/oder in der fehlenden Leistungsbereitschaft einzelner Mitarbeiter.

Die schutzwürdigen Interessen der Mitarbeiter zum Erhalt und zur Ausgestaltung von Arbeitsplätzen werden vom Gesetzgeber in vielen Gesetzen geregelt. Zu beachten sind beispielsweise die Gesetze zum Mutterschutz, zum Jugendarbeitsschutz,

Abb. 4.24

Beispielhafte Ursachen für Personalfreisetzungen

	Andauernde Ursachen	Vorübergehende Ursachen
Unternehmensexterne, unvorhersehbare oder ungeplante Ursachen	• Gesetzliche Änderungen oder Auflagen • Tarifvertragliche Änderungen • (Fehl-)Investitionen oder (Fehl-)Planungen	• Konjunktureinbrüche • Änderungen der Kundennachfrage • Änderungen im Wettbewerbsumfeld
Unternehmensinterne, vorhersehbare oder geplante Ursachen	• Technischer Fortschritt und Automatisierung • Reorganisationen oder Standortwechsel	• Änderungen im Produktprogramm • Effizienzsteigerungen oder Rationalisierungen

Quelle: eigene Darstellung

zur Schwerbehinderung, zur Altersteilzeit, zum Arbeitsplatzschutz und zum Kündigungsschutz etc. Wichtige Regelungen finden sich insbesondere im Betriebsverfassungsgesetz (vgl. zur betrieblichen Mitbestimmung Kap. 4.9) sowie ggf. in Tarifverträgen, in Betriebsvereinbarungen und, einzelvertraglich geregelt, in den Arbeitsverträgen der Führungskräfte.

Kurzfristige versus langfristige Überkapazitäten

Für die Planung und Ausgestaltung von Maßnahmen zur Personalfreisetzung ist zu unterscheiden, ob die Ursachen des Personalüberhangs eher als vorübergehend oder als langfristig und dauerhaft eingeschätzt werden. Kurzfristige und *vorübergehende Überkapazitäten* lassen sich häufig ohne eine Änderung der Arbeitsverhältnisse lösen. Überstunden können abgebaut werden, Mitarbeiter können vorübergehend ihre Arbeitszeit reduzieren oder ihren Urlaub vorziehen oder das Unternehmen kann, soweit die gesetzlichen oder tarifvertraglichen Voraussetzungen vorliegen, Kurzarbeit einführen. Überkapazitäten lassen sich zudem durch die Nichtbesetzung von frei werdenden Stellen im Rahmen der natürlichen Fluktuation abbauen oder durch die Nichtverlängerung von Zeitverträgen oder von Leiharbeitsverträgen.

Betrifft die personelle Überkapazität nur einzelne Unternehmensbereiche, sind auch Umsetzungen in Unternehmensbereiche mit Personalbedarf denkbar. Die Umsetzungen sind ggf. arbeitsvertraglich zu regeln und erfordern häufig Maßnahmen zur Personalentwicklung (vgl. Kap. 4.7).

Strukturell bedingte oder *langfristige Überkapazitäten* sind i. d. R. nur durch eine Verkleinerung der Belegschaft abzubauen. Hierzu kann das freiwillige Ausscheiden von Mitarbeitern gefördert werden, indem das Unternehmen ihnen Aufhebungsverträge oder vorzeitige Pensionierungen anbietet. Erst wenn alle sozialverträglichen Möglichkeiten zur Reduzierung der personellen Überkapazitäten ausgeschöpft wurden, kann das Unternehmen Kündigungen aussprechen.

Betriebsbedingte Kündigung

Betriebsbedingte Kündigungen sind für Unternehmen mit mehr als 10 Mitarbeitern nach dem *Kündigungsschutzgesetz (KSchG)* nur möglich, wenn die Arbeitsplätze der betroffenen Mitarbeiter auf Dauer entfallen und wenn das Unternehmen alle anderen Möglichkeiten zur Personalfreisetzung geprüft und ausgeschöpft hat.

Die Auswahl der zu kündigenden Mitarbeiter ist stets unter sozialen Gesichtspunkten zu treffen (sogenannte Sozialauswahl), wobei u. a. die Dauer der Betriebszugehörigkeit, das Lebensalter sowie Unterhaltspflichten und Schutzrechte wegen einer Schwerbehinderung zu berücksichtigen sind.

Personenbedingte Kündigung

Liegt die Ursache der Kündigung nicht im Bereich des Arbeitgebers, sondern in der Person des Arbeitnehmers, liegt eine *personenbedingte Kündigung* vor. Personenbedingte Kündigungen können dann ausgesprochen werden, wenn Mitarbeiter aufgrund ihrer persönlichen Eigenschaften und Fähigkeiten den Zweck ihres Arbeitsvertrags, z. B. krankheitsbedingt, nicht erreichen können. Hierzu muss gegeben sein, dass es »dauerhaft« zu einer erheblichen Beeinträchtigung der Unternehmensinteressen kommt und diese auch nach einer Interessenabwägung nicht durch andere Maßnahmen auszugleichen sind.

Verhaltensbedingte Kündigung

Anders zu sehen sind *verhaltensbedingte Kündigungen* von Mitarbeitern. Hier liegt der Kündigungsgrund in einer festgestellten schwerwiegenden Verletzung des Arbeitsvertrages und in der Befürchtung des Unternehmens, dass dieses Fehlverhalten weiterhin vorkommen wird. Eine Kündigung ist nur dann möglich, wenn es keine anderen geeigneten Mittel gibt, die Vertragsverletzungen zu vermeiden, und der Mitarbeiter, z. B. durch eine Abmahnung, auf die drohende Kündigung bei weiterem Fehlverhalten hingewiesen wurde.

Im Rahmen der betrieblichen Mitbestimmung (vgl. Kap. 4.9) ist der Betriebsrat vor jeder Kündigung anzuhören, aber auch ein Widerspruch des Betriebsrats kann eine begründete Kündigung letztlich nicht verhindern.

4.9 Betriebliche Mitbestimmung

Bei allen vom Unternehmen geplanten und durchgeführten Personalmaßnahmen sind neben den gesetzlichen Vorschriften zum Schutz der Arbeitnehmer (z. B. Arbeitsgesetz, Tarifvertragsgesetz, Bundesurlaubsgesetz, Entgeltfortzahlungsgesetz, Kündigungsschutzgesetz, Mutterschutzgesetz) die gesetzlichen Vorschriften zur Mitbestimmung der Belegschaft eines Unternehmens im Arbeitsalltag zu berücksichtigen. Sie werden als »arbeitsrechtliche« oder »betriebliche Mitbestimmung« bezeichnet und zielen im Gegensatz zur unternehmerischen Mitbestimmung im Aufsichtsrat (siehe Kap. 3.2.4) auf die Einhaltung der Arbeitnehmerinteressen im betrieblichen Alltag, soweit diese nicht bereits durch einen Tarifvertrag geregelt sind.

Betriebsverfassungsgesetz (BetrVG)

Die betriebliche Mitbestimmung ist im *Betriebsverfassungsgesetz (BetrVG)* geregelt. Wichtige Organe sind der Betriebsrat, die Jugend- und Auszubildendenvertretung, der Sprecherausschuss, der Wirtschaftsausschuss und die Einigungsstelle.

Das bedeutendste Organ ist der *Betriebsrat*. Das Betriebsverfassungsgesetz raumt den Arbeitnehmern in Unternehmen mit mindestens fünf ständig beschäftigten Mitarbeitern das Recht ein, einen Betriebsrat zu wählen. Die Zahl seiner Mitglieder, der sogenannten Betriebsräte, hängt von der Belegschaftsstärke ab. Bei bis zu 20 Arbeitnehmern besteht er aus nur einer Person, dann steigt die Zahl der Betriebsräte kontinurierlich. Bei mehr als 1000 Arbeitnehmern besteht er aus 15 Personen, bei mehr als 7000 Arbeitnehmern aus 35 und in Großunternehmen aus einer noch höheren Anzahl von Personen. Ab 200 Arbeitnehmern ist mindestens ein Mitglied des Betriebsrats beruflich freizustellen, die Zahl der freigestellten Mitglieder steigt mit der Anzahl der Arbeitnehmer.

Die Aufgaben des Betriebsrats bestehen zum einen in allgemeinen Tätigkeiten, wie beispielsweise der Überwachung der Einhaltung von arbeitsrechtlichen Normen, und zum anderen in der Beteiligung bei Entscheidungen in

- sozialen Angelegenheiten,
- personellen Angelegenheiten und
- wirtschaftlichen Angelegenheiten.

Betriebliche Mitbestimmung

Zwei Formen der Beteiligung sind bei Entscheidungen in diesen Angelegenheiten zu unterscheiden: *Mitbestimmung* und *Mitwirkung*. So hat der Betriebsrat beispielsweise bei der Ausschreibung von Stellen das Recht zur Mitbestimmung, dagegen steht ihm bei personellen Einzelmaßnahmen nur das Recht der Mitwirkung zu.

Ist der Betriebsrat mitbestimmungsberechtigt, resultiert als Ergebnis von Entscheidungen eine *Betriebsvereinbarung*, die vom Arbeitgeber und vom Betriebsrat zu unterschreiben ist. Kommt keine Einigung zustande, kann jede der beiden Seiten die Einigungsstelle anrufen. Diese entscheidet dann verbindlich.

Betriebliche Mitwirkung

In den Fällen, bei denen der Betriebsrat nur ein Mitwirkungsrecht hat, umfassen seine Befugnisse das Recht zur vollständigen Information durch den Arbeitgeber, das Recht zur Beratung und das Widerspruchsrecht. So kann der Betriebsrat beispielsweise bei personellen Einzelmaßnahmen wie etwa Kündigung oder Versetzung unter Angabe von gesetzlich vorgegebenen Gründen seine Zustimmung verweigern, der Arbeitgeber kann dann allerdings beim Arbeitsgericht beantragen, die Zustimmung gerichtlich zu ersetzen.

Jugend- und Auszubildendenvertretung

Ein weiteres wichtiges Organ ist die *Jugend- und Auszubildendenvertretung*. Diese vertritt die Interessen der Arbeitnehmer unter 18 Jahren und der zur Ausbildung Beschäftigten unter 25 Jahren. Die Interessenvertretung der leitenden Angestellten (d. h. Personen, die frei von Weisungen handeln) wird durch den *Sprecherausschuss* vorgenommen. Er ist in Unternehmen mit mindestens zehn leitenden Angestellten wählbar. Im Unterschied zum Betriebsrat hat der Sprecherausschuss lediglich Informations- und Beratungsrechte.

Wirtschaftsausschuss

In Unternehmen mit mehr als 100 ständig beschäftigten Arbeitnehmern muss ein *Wirtschaftsausschuss* eingesetzt werden. Er berät sich mit der Unternehmensführung in wirtschaftlichen Fragen und informiert hierüber den Betriebsrat. Die Mitglieder des Wirtschaftsausschusses werden durch den Betriebsrat entsandt, ihre Zahl liegt zwischen drei und höchstens sieben, mindestens ein Betriebsratsmitglied muss vertreten sein.

Einigungsstelle

Zur Beilegung von Meinungsverschiedenheiten zwischen Betriebsrat und Arbeitgeber dient eine *Einigungsstelle*, die entweder temporär zur Beilegung eines bestimmten Konflikts oder als ständige Einrichtung gebildet wird. Sie besteht aus einer gleich großen Anzahl von Vertretern des Betriebsrats und des Arbeitgebers sowie einem unparteiischen Vorsitzenden, auf dessen Person sich beide Seiten einigen müssen.

ANWENDUNGSFRAGEN/LERNZIELE

Sie haben sich im 4. Kapitel dieses Buches mit betriebswirtschaftlich relevanten Personalfragen beschäftigt. Nach dem Lesen des Kapitels sollen Sie:

1. … die Kernaufgaben der *Personalwirtschaft* bestimmen können.
2. … zwischen *Bruttopersonalbedarf* und *Nettopersonalbedarf* differenzieren können.
3. ... die zentralen Schritte im *Ablauf eines Personalauswahlprozesses* erläutern können.
4. ... *intrinsische Motivation* und *extrinsische Motivation* voneinander abgrenzen können.
5. ... mit Blick auf relevante *Motivationstheorien*:
   - die Zweifaktoren-Theorie (nach Herzog) skizzieren,
   - die Zielsetzungstheorie (nach Locke/Latham) in ihren Grundzügen beschreiben,
   - das Erwartungs-mal-Wert-Modell vorstellen und
   - den wesentlichen Aussagegehalt der Equity-Theorie (nach Adams) bestimmen können.
6. ... den Zusammenhang zwischen *Arbeitsmotivation* und *Arbeitsleistung* erläutern können.
7. ... das *Arbeitsentgelt als Kostenfaktor* und *als Einkommen* analysieren können.
8. ... wesentliche *Gerechtigkeitsprinzipien bei der Entgeltfestsetzung* diskutieren können.
9. ... zentrale Verfahren der *Arbeitsbewertung* in ihren Grundzügen vorstellen können.
10. ... Vorteile und Nachteile folgender *Lohnformen* kritisch reflektieren können:
    - Zeitlohn,
    - Akkordlohn,
    - Prämienlohn.
11. ... einen Überblick zu verschiedenen *Arten betrieblicher Sozialleistungen* geben können.
12. … die klassischen *Aufgaben der Führung* aus den Perspektiven *Leistungsorientierung* und *Personenorientierung* bestimmen können.
13. … die folgenden führungstheoretischen Ansätze erläutern können:
    - Managerial-Grid-Modell (nach Blake/Mouton),
    - Management by Objectives (nach Drucker),
    - Reifegrad-Modell (nach Blanchard et al.).

14. … Ziele und Beispiele von *Personalentwicklungsmaßnahmen* beschreiben können.

15. … einen Überblick bezüglich *unternehmensexternen* und *unternehmensinternen Ursachen für Personalfreisetzungsmaßnahmen* geben können.

16. … zwischen einer betriebsbedingten, personenbedingten und verhaltensbedingten *Kündigung* unterscheiden können.

17. … zentrale Organe der *betrieblichen Mitbestimmung* (nach *BetrVG*) kennen und deren Aufgaben erläutern können.

ANWENDUNGSBEISPIEL/STORY

4 Personal zur Realisierung der Geschäftsidee Ihres *E-runners*

Nach der Strukturierung Ihres Unternehmens im dritten Kapital stehen im vierten Kapitel Ihrer Story Personalfragen im Mittelpunkt Ihrer Analyse:

- Bestimmen Sie – auf der Basis einer *Arbeitsanalyse* – den Personalbedarf Ihres Start-ups. Welche Tätigkeitsbereiche müssen abgedeckt werden? Wie viele Personen werden dazu benötigt? Wann, wie lange und in welchen Organisationseinheiten sollen die Personen zur Verfügung stehen?
- Durchlaufen Sie die klassischen Phasen eines *Personalauswahlprozesses*. Formulieren Sie zunächst eine Stellenanzeige für einen Produktionsleiter oder für den Marketingleiter Ihres Unternehmens. Welche diagnostischen Instrumente würden Sie im weiteren Verlauf der Personalauswahl anwenden, um die Fähigkeiten und die Persönlichkeitseigenschaften Ihrer Bewerber zu erkennen?
- Aus welcher theoretischen Perspektive beleuchten Sie den Bereich der *Arbeitsmotivation?* Welche Modelle stünden hier zur Verfügung? Welche Schlüsse lassen sich aus dem Yerkes-Dodson-Gesetz in Hinblick auf die Art der Aufgaben, die Stärke der Motivation und die Persönlichkeit der Mitarbeiter ableiten?
- Um ein sozial förderliches *Arbeitsklima* zu schaffen, sind Sie bestrebt, das Thema Gerechtigkeit beim Arbeitsentgelt allgemein in den Blick zu nehmen: Welches spezielle Prinzip leitet Ihre Überlegungen in diesem Bereich? Ergeben sich dadurch Konsequenzen für Sie hinsichtlich der Arbeitsbewertung und Lohnformbestimmung? Begründen Sie Ihre Position gegenüber alternativen Prinzipien.
- Für welches *Arbeitsentgelt* und welche *Lohnformen* entscheiden Sie sich? Wie hoch werden die Bruttolöhne Ihrer Belegschaft sein und welche Lohnnebenkosten müssen Sie als Arbeitgeber zusätzlich tragen?
- Diskutieren Sie den zukünftigen *Führungsstil* in Ihrem Unternehmen. Für welches Vorgehen entscheiden Sie sich – sowohl unter Berücksichtigung des von Ihnen formulierten Leitbildes für Ihr Unternehmen als auch hinsichtlich der von Ihnen vorgenommenen Personalauswahl? Welche anderen Führungsmöglichkeiten existierten? Begründen Sie Ihre Wahl.

- Mittelfristig wird das Thema *Personalentwicklung* in Ihrem Unternehmen eine wichtige Bedeutung einnehmen. Welchen Mitarbeitern würden Sie welche Möglichkeiten zur Weiterentwicklung vorschlagen? Was versprechen Sie sich für Ihr Unternehmen davon? Wie begründen Sie Ihre Strategie? Können Sie Mitarbeiter, die nicht Ihren Vorstellungen entsprechen, ohne Begründung entlassen?
- Die *betriebliche Mitbestimmung* sieht als Organ den Betriebsrat vor. Welche Aufgaben hat ein Betriebsrat und welche Probleme und Entscheidungen müssten Sie ggf. mit dem Betriebsrat abstimmen?

ZITIERTE LITERATUR

Adams, J. S. (1965): Inequity in social exchange, in: Berkowitz, L. (Ed.), Advances in experimental social psychology, Vol. 2, pp. 267-299, New York: Academic Press.

Blake, R. R./Mouton, J. S. (1964): Managerial Grid: Key to Leadership Excellence, Houston: Gulf Publishing.

Blake, R. R./Mouton, J. S. (1994): Besser führen mit GRID, München: Econ.

Blanchard, C. M./Courneya, K. S./Rodgers, W. M./Murnaghan, D. M. (2002): Determinants of exercise intention and behavior in survivors of breast and prostate cancer: an application of the theory of planned behavior. In: Cancer Nursing, 25, (2), 88-95.

Blanchard, K./Zigarmi, P./Zigarmi, D. (2015): Der Minuten-Manager: Führungsstile, 3. Aufl., Reinbek bei Hamburg: Rowohlt.

Doran, G. T. (1981): There's a S.M.A.R.T. way to write management's goals and objectives. In: Management Review, 70, (11), 35-36.

Drucker, P. F. (1954, Reprint 2012): The Practice of Management, Amsterdam: Elsevier.

Fiedler, F. E./Garcia, J. E. (1987): New Approaches to Leadership, Cognitive Resources and Organizational Performance, Hoboken (NJ): Wiley.

Herzberg, F. (1968): One more time: how do you motivate employees? In: Harvard Business Review, 46, 53-62.

House, R. J. (1996): Path-Goal Theory of Leadership: Lessons, Legacy, and a Reformulated Theory. In: Leadership Quarterly, 7, 323-352.

Lewin, K./Lippitt, R./White, R. K. (1939): Patterns of aggressive behavior in experimentally created social climates. In: Journal of Social Psychology, 10, pp. 271–301.

Locke, E. A., Latham, G. P. (1990): A Theory of Goal-Setting & Task Performance, Englewood Cliffs (NJ): Prentice Hall.

Maslow, H. A. (1943): A Theory of Human Motivation. In: Psychological Review, 50, 370–396

Schierenbeck, H./Wöhle, C. (2016); Grundzüge der Betriebswirtschaftslehre, 19. Aufl., Berlin: De Gruyter Oldenbourg.

Yerkes, R. M./Dodson, J. D. (1908): The relation of strength of stimulus to rapidity of habit-formation. Journal of Comparative Neurology and Psychology, 18, 459–482.
Wöhe, G./Döring, U./Brösel, G. (2016): Einführung in die Allgemeine Betriebswirtschaftslehre, 26. Aufl., München: Vahlen.

Weiterführende Literatur

Berthel, J./Becker, F. G. (2017): Personal-Management, 11. Aufl., Stuttgart: Schäffer-Poeschel.
Bröckermann, R. (2016): Personalwirtschaft, 7. Aufl., Stuttgart: Schäffer-Poeschel.
Brox, H./Rüthers, B./Henssler, M. (2016): Arbeitsrecht, 19. Aufl., Stuttgart: Kohlhammer.
Oechsler, W. A./Paul, C. (2015): Personal und Arbeit, 10. Aufl., Berlin: De Gruyter Oldenbourg.
Ridder, H.-G. (2015): Personalwirtschaftslehre, 5. Aufl., Stuttgart: Kohlhammer.
Scholz, C. (2014): Personalmanagement, 6. Aufl., München: Vahlen.
Weibler, J. (2016): Personalführung, 3. Aufl., München: Vahlen.

5 Investition und Finanzierung

ÜBERSICHT

- **5.1 Grundlagen:** Die Finanzwirtschaft befasst sich mit der *Liquidität* und dem finanziellen Gleichgewicht des Unternehmens. Sie schafft den Ausgleich zwischen dem Kapitalbedarf des Unternehmens, der im Rahmen der *Finanzierung* (Kapitalbeschaffung) zu decken ist, und der geplanten Kapitalverwendung des Unternehmens, beispielsweise für *Investitionen.*
- **5.2 Kapitalbedarf:** Der Kapitalbedarf eines Unternehmens ergibt sich grundsätzlich aus seiner laufenden Geschäftstätigkeit. Der Verkauf von Produkten führt zu einem Zahlungsmittelzufluss, Löhne und Gehälter sowie die Bezahlung der Lieferanten führen zu einem Zahlungsmittelabfluss; der Saldo aus Mittelzufluss und Mittelabfluss wird als »*Cashflow*« bezeichnet. Die Höhe des Kapitalbedarfs hängt vom zeitlichen Anfall der Cashflows und der *Kapitalbindungsdauer* im Wertschöpfungsprozess des Unternehmens ab. Das Ergebnis der Kapitalbedarfsprognose geht in den *Finanzplan* des Unternehmens ein.
- **5.3 Kapitalbeschaffung:** Weist der Finanzplan eine Unterdeckung aus, muss im Rahmen der *Finanzierung* Kapital beschafft werden. Möglichkeiten ergeben sich aus der *Außenfinanzierung* durch Eigenkapitalgeber, Banken oder Leasinggeber sowie aus der *Innenfinanzierung* durch Vermögensumschichtungen und durch Abschreibungs- oder Rückstellungsgegenwerte.
- **5.4 Kapitalverwendung und dynamische Verfahren der Investitionsrechnung:** Die Kapitalverwendung durch den Kauf von Vermögensgegenständen wird als »*Investition*« bezeichnet. Investitionen binden langfristig Kapital und unterliegen der *Opportunitätsabwägung* bezüglich der »besten« Kapitalverwendung. Mit den Methoden der *dynamischen Investitionsrechnung* (Vermögensendwert, Kapitalwert, Annuität und Interner Zinsfuß) wird aufgezeigt, ob eine Investition wirtschaftlich vorteilhafter ist als eine alternative Geldanlage. Wichtig ist hierbei die Ableitung des *Kalkulationszinssatzes* als Messlatte zur Beurteilung der Investitionen.
- **Hinweis:** Neben den dynamischen Methoden zur Beurteilung von Investitionen auf der Basis von Ein- und Auszahlungen werden im internen Rechnungswesen Investitionen auf der Basis von Erlösen und Kosten bewertet. Zu den Modellen der sogenannten »statischen Investitionsrechnung« (Kosten- und Gewinnvergleich, Rentabilität und statische Amortisationsdauer) vgl. Kap. 6.2.5.

5.1 Grundlagen

Liquidität

Die Finanzwirtschaft befasst sich mit der *Liquidität* des Unternehmens. Ein Unternehmen ist liquide, wenn es seine Zahlungsverpflichtungen jederzeit erfüllen kann. Es befindet sich im »finanziellen Gleichgewicht«, wenn die zufließenden Einzahlungen die abfließenden Auszahlungen decken. Zeitliche Unterschiede zwischen den Einzahlungen und den Auszahlungen ergeben den Kapitalbedarf oder den Kapitalüberschuss einer Periode.

Finanzierung und Investition

Da es zum Wesen eines Unternehmens gehört, wirtschaftlich mit seinen Ressourcen umzugehen, wird es finanzielle Verpflichtungen nur dann eingehen, wenn die Zahlungsmittelzuflüsse auf Dauer deutlich höher sind als die Zahlungsmittelabflüsse. Die Planung der Zahlungsmittelzuflüsse wird als *»Finanzierung«* oder »Kapitalbedarfsplanung« bezeichnet, während die Planung der Zahlungsmittelabflüsse, insbesondere der Abflüsse für den Kauf von Ressourcen, als *»Investition«*, d.h. als »Kapitalverwendungsplanung« bezeichnet wird. Eine *Finanzierung* ist also die Zuführung von Kapital in das Unternehmen verbunden mit dem Versprechen an die Kapitalgeber, dieses Kapital zusammen mit den Kapitalkosten, d.h. den Zinsen, zurückzuzahlen. Eine Investition hingegen ist die Verwendung von Kapital, verbunden mit der Hoffnung, dass die eingesetzten Ressourcen in der Zukunft zu einem entsprechenden Zahlungsmittelrückfluss führen. Investition und Finanzierung sind »zwei Seiten einer Medaille«, die sich durch gegenläufige Zahlungsströme und durch das Auseinanderfallen der Zahlungszeitpunkte beschreiben lassen (vgl. Abb. 5.1).

Abb. 5.1

Wesen von Investition und Finanzierung

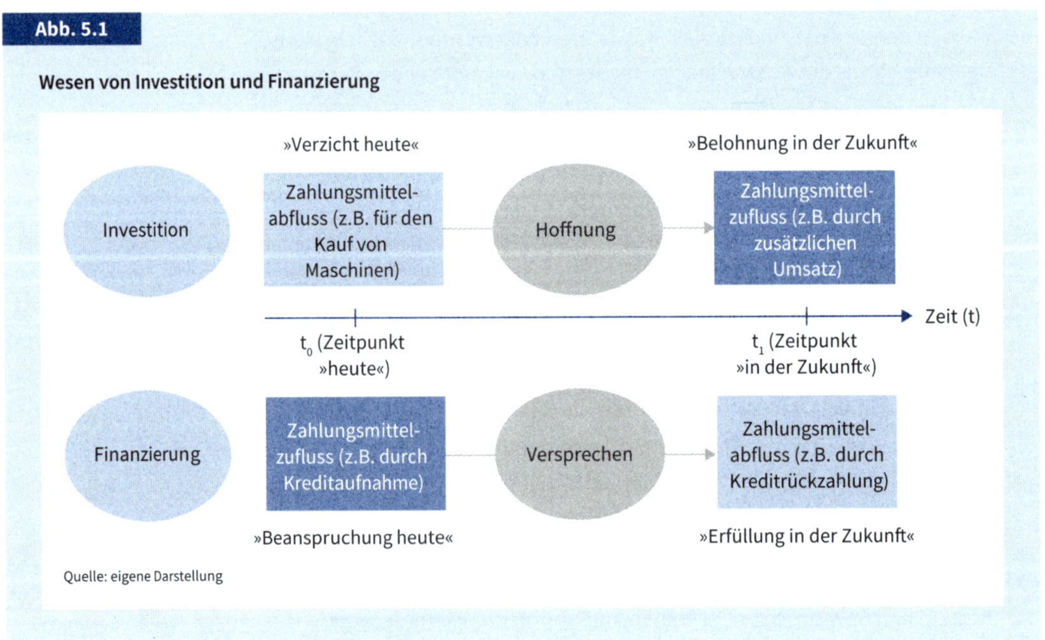

Quelle: eigene Darstellung

Die Zahlungsströme einer Investition bzw. einer Finanzierung sind riskant, da sie in der Zukunft liegen und vielen Einflussgrößen ausgesetzt sind. Mögliche Risiken, denen die Zahlungsströme ausgesetzt sind, sind z. B. Marktrisiken durch Änderungen des Käuferverhaltens oder der Konkurrenzsituation, rechtliche Risiken durch Änderungen in der Gesetzgebung oder politische Risiken im Umfeld des Unternehmens.

Obwohl die engen Zusammenhänge zwischen Finanzierungen und Investitionen es nahelegen, hierüber gemeinsam und simultan zu entscheiden, ist die Komplexität hierfür i. d. R. zu groß. Stattdessen werden beide Entscheidungsbereiche aufgetrennt und einzeln im Rahmen der Kapitalbeschaffung und der Kapitalverwendung analysiert.

Finanzwirtschaft und Rechnungswesen

Die Finanzwirtschaft eines Unternehmens ist eng mit seinem Rechnungswesen verknüpft, da viele benötigte Daten und Informationen für die Finanz- und Investitionsplanung dem Rechnungswesen entstammen. Da die Finanzwirtschaft und das Rechnungswesen jedoch Informationen für jeweils unterschiedliche Aufgaben und Adressaten bereitstellen, unterscheiden sich ihre Rechnungsgrößen. Die Finanz- und Investitionsplanung rechnet mit stichtagsgenauen Einzahlungen und Auszahlungen, während im Rechnungswesen i. d. R. periodenbezogene Durchschnittswerte verarbeitet werden (vgl. Abb. 5.2).

Abb. 5.2

Rechnungsgrößen der Finanzwirtschaft und des Rechnungswesens

Verwendungszweck	Zeitbezug	Bezeichnung der Bewegungsgröße		Bezeichnung der Differenz	Bezeichnung der Bestandsgröße
		(1)	(2)	(3) = (1) – (2)	**Anfangsbestand + (1) – (2) = Endbestand**
Finanz- und Investitionsrechnung	Stichtagsbezug (i. d. R. zum Periodenende)	Einzahlung	Auszahlung	Cashflow	Zahlungsmittelbestand (= Kasse + kurzfristige Geldkonten)
Kapitalflussrechnung		Einnahme	Ausgabe	Geldvermögensänderung	Geldvermögen (= Zahlungsmittelbestand + Forderungen – Verbindlichkeiten)
Externes Rechnungswesen	Periodenbezug (als Durchschnitt pro Periode)	Ertrag	Aufwand	Jahresüberschuss	Änderung des Eigenkapitals der Periode
Internes Rechnungswesen		Leistung	Kosten	Betriebsergebnis	

Quelle: modifiziert aus Jung, 2016; S. 1029

5.2 Kapitalbedarf

Zahlungsströme

Ausgehend vom Grundmodell der Wertschöpfung bezieht das Unternehmen vom Beschaffungsmarkt Werkstoffe, wie z. B. Material, verarbeitet diese und verkauft die produzierten Güter und Dienstleistungen am Absatzmarkt. Die verkauften Güter und Dienstleistungen werden den Kunden in Rechnung gestellt und bezahlt. Analog stellen die Lieferanten für gelieferte Werkstoffe an das Unternehmen Rechnungen, die zu bezahlen sind. Zu bezahlen sind selbstverständlich auch Löhne und Gehälter der Mitarbeiter, und ebenso erwarten die Eigentümer des Unternehmens für die Zurverfügungstellung des Eigenkapitals Ausschüttungen, d.h. Dividenden. Der Ausgleich aller Finanzströme obliegt der Finanzwirtschaft des Unternehmens (vgl. Abb. 5.3).

Zusätzlich zu den Auszahlungen an die Lieferanten für die Lieferung von Werkstoffen, die in die Gütererstellung eingehen, benötigt das Unternehmen für die Produktion seiner Güter Betriebsmittel, wie zum Beispiel Maschinen und Gebäude, die gekauft oder angemietet werden müssen. Auch diese Ressourcen und die zu ihrem Betrieb notwendigen Betriebsstoffe werden dem Unternehmen in Rechnung gestellt und müssen bezahlt werden. Ein Unternehmen benötigt somit Zahlungsmittel (d.h. Geld), damit es die eingegangenen Zahlungsverpflichtungen erfüllen kann.

Abb. 5.3

Ausgleich der Finanzströme als Aufgabe der Finanzwirtschaft des Unternehmens

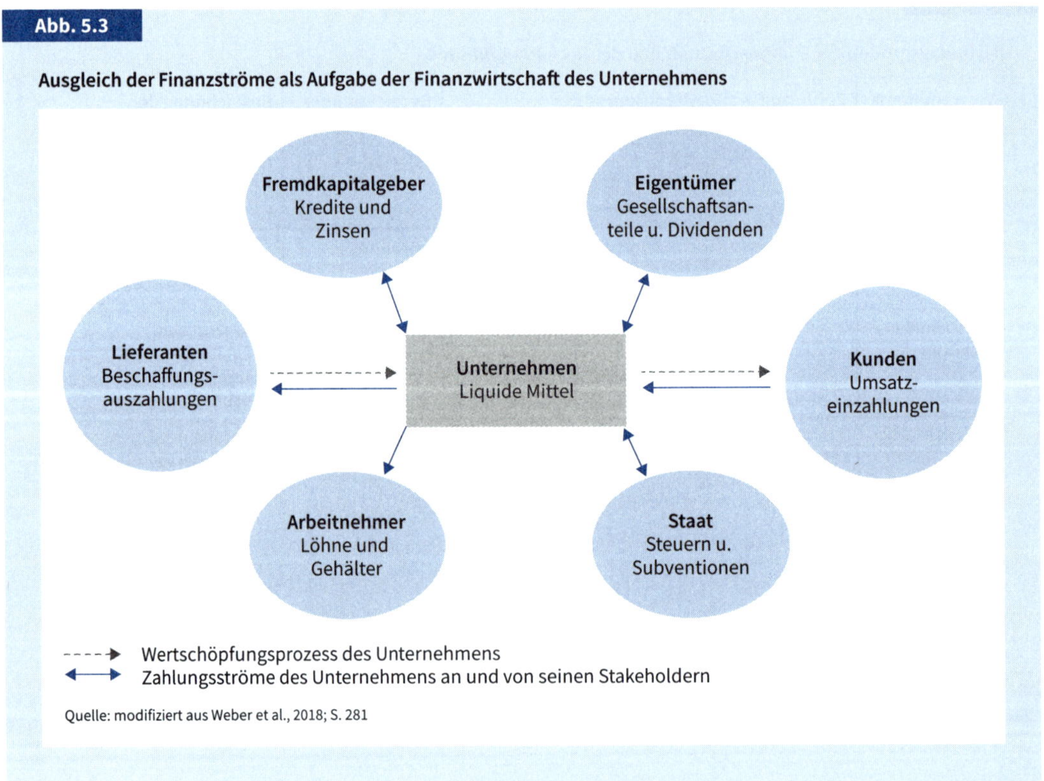

Quelle: modifiziert aus Weber et al., 2018; S. 281

Zur Berechnung des Cashflows müssen die zukünftigen Ein- und Auszahlungen geplant werden. Unterstellt man ein laufendes Geschäft (d. h. keine zusätzlichen Investitionen zur Kapazitätserweiterung), ergibt sich der Cashflow-Bedarf bzw. -Überschuss aus der Differenz der kumulierten Einzahlungen abzüglich der kumulierten Auszahlungen (vgl. Abb. 5.4).

Cashflow

Die Differenz zwischen den Zahlungsmittelzuflüssen (Einzahlungen) und den Zahlungsmittelabflüssen (Auszahlungen) wird als »*Cashflow*«, d. h. als *Zahlungsmittelüberschuss* oder im negativen Falle als »Zahlungsmittelunterschuss«, bezeichnet. Der Cashflow bezieht sich immer auf einen Zeitpunkt (ein Kalenderdatum) im Zeitverlauf. Aus Vereinfachungsgründen werden aber häufig alle Zahlungen, die in eine Periode (z. B. in einen Monat oder in ein Jahr) fallen, zusammengefasst und dem jeweiligen Periodenende zugeordnet.

In Abhängigkeit vom Wertschöpfungsprozess des Unternehmens fallen die Zahlungsströme sowohl zeitlich als auch in ihrer Höhe auseinander. Häufig hat das Unternehmen seinen Kunden zur Bezahlung der Rechnungen ein Zahlungsziel von mehreren Monaten eingeräumt, das Unternehmen hat somit eine »Forderung« gegen den Kunden. Analog können Lieferanten dem Unternehmen ein Zahlungsziel zur Bezahlung ihrer Rechnungen einräumen. Das Unternehmen hat dann eine »Verbindlichkeit« gegenüber dem Lieferanten.

Die Summe aus Einzahlungen und Forderungen bezeichnet man als »Einnahmen«, die Summe aus Auszahlungen und Verbindlichkeiten als »Ausgaben« des Unternehmens zum jeweiligen Periodenende. Einnahmen und Ausgaben zusammen bilden das »Geldvermögen« des Unternehmens. Ein negatives Geldvermögen bedingt einen »Kapitalbedarf«, ein positives Geldvermögen zeigt entsprechend einen »Kapitalüberschuss« an. Ein Kapitalbedarf (d. h. ein negatives Geldvermögen) muss im Rahmen der Finanzierung gedeckt werden, einen Kapitalüberschuss kann das Unternehmen z. B. bei einer Bank anlegen oder für die vorzeitige Tilgung von Lieferantenverbindlichkeiten nutzen.

Die Höhe des Cashflow und damit die Höhe des Kapitalbedarfs bzw. -überschusses aus dem laufenden Geschäft des Unternehmens unterliegen ständigen Schwankungen. Wichtige Einflussgrößen sind nicht nur das Zahlungsverhalten der Vertragspartner und die Zeitpunkte, zu denen die Zahlungen fällig sind (Zahlungsziele), sondern auch die zeitliche Länge des Produktionsprozesses. Verlängert sich z. B. der Produktionsprozess, weil bei der Maschinenbelegungsplanung Engpässe nicht angemessen berücksichtigt wurden oder bei Produktionsbeginn nicht alle Rohmaterialien vorrätig waren, verschiebt sich die Fertigstellung und Auslieferung der Güter und damit der Zufluss der Einzahlungen. Gleiches gilt, wenn die produzierten Güter von den Kunden nicht mehr in der erwarteten Höhe nachgefragt werden oder wenn sie länger im Fertigwarenlager auf den Verkauf warten müssen. Alle Prozessdauerverlängerungen führen zu einer erhöhten Kapitalbindung, während Maßnahmen zur Prozessverkürzung oder zur Zahlungszielverkürzung bei den Verkäufen die Kapitalbindung und damit den Kapitalbedarf reduzieren (vgl. Abb. 5.5).

Kapitalbindung

Die Höhe der *Kapitalbindung* errechnet sich aus der Höhe der Finanzabflüsse z. B. für Lieferantenrechnungen, Löhne oder Mieten etc. und der Zeitdauer, bis Kundeneinzahlungen dem Unternehmen zufließen. Unterstellt man im nachstehenden

Abb. 5.4

Beispiel zum Cashflow und zum Kapitalbedarf bzw. -überschuss einer Periode

Laufende Ein- und Auszahlungen des ersten Halbjahres:

Nr.	Monat	Einzahlungen	Auszahlungen	Cashflow	kum. Einzahlungen	kum. Auszahlungen	Cashflow-Bedarf bzw. -Überschuss
		(1)	(2)	(3)=(1)–(2)	(4)=kum. (1)	(5)=kum. (2)	(6)=(3)–(4)
1	Januar	0 €	11.000 €	–11.000 €	0 €	11.000 €	–11.000 €
2	Februar	0 €	16.000 €	–16.000 €	0 €	27.000 €	–27.000 €
3	März	21.000 €	14.000 €	7.000 €	21.000 €	41.000 €	–20.000 €
4	April	25.000 €	13.000 €	12.000 €	46.000 €	54.000 €	–8.000 €
5	Mai	22.000 €	12.000 €	10.000 €	68.000 €	66.000 €	2.000 €
6	Juni	20.000 €	16.000 €	4.000 €	88.000 €	82.000 €	6.000 €

Grafische Darstellung:

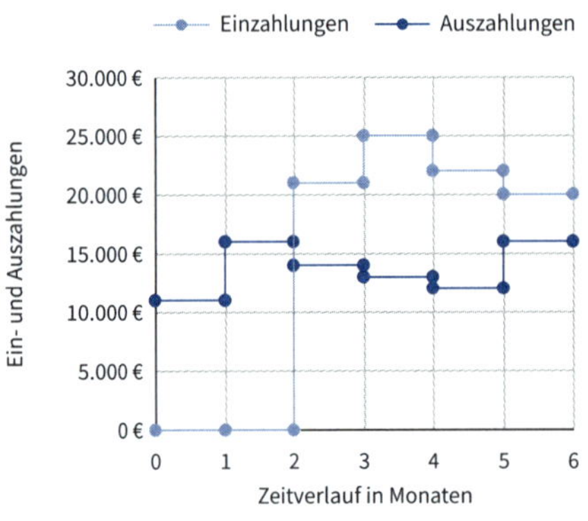

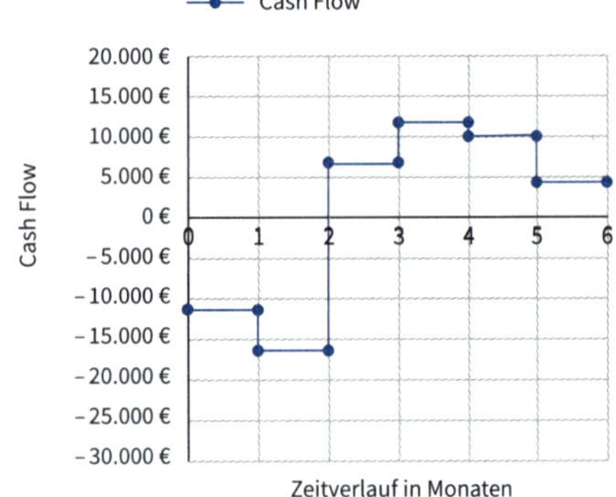

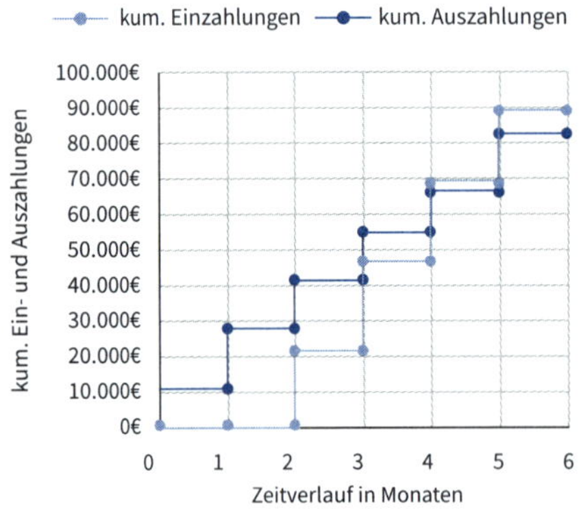

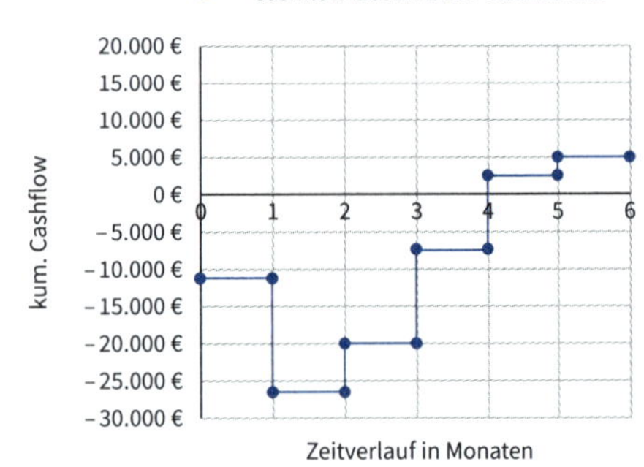

Quelle: eigene Darstellung

Abb. 5.5

Komponenten der Kapitalbindungsdauer

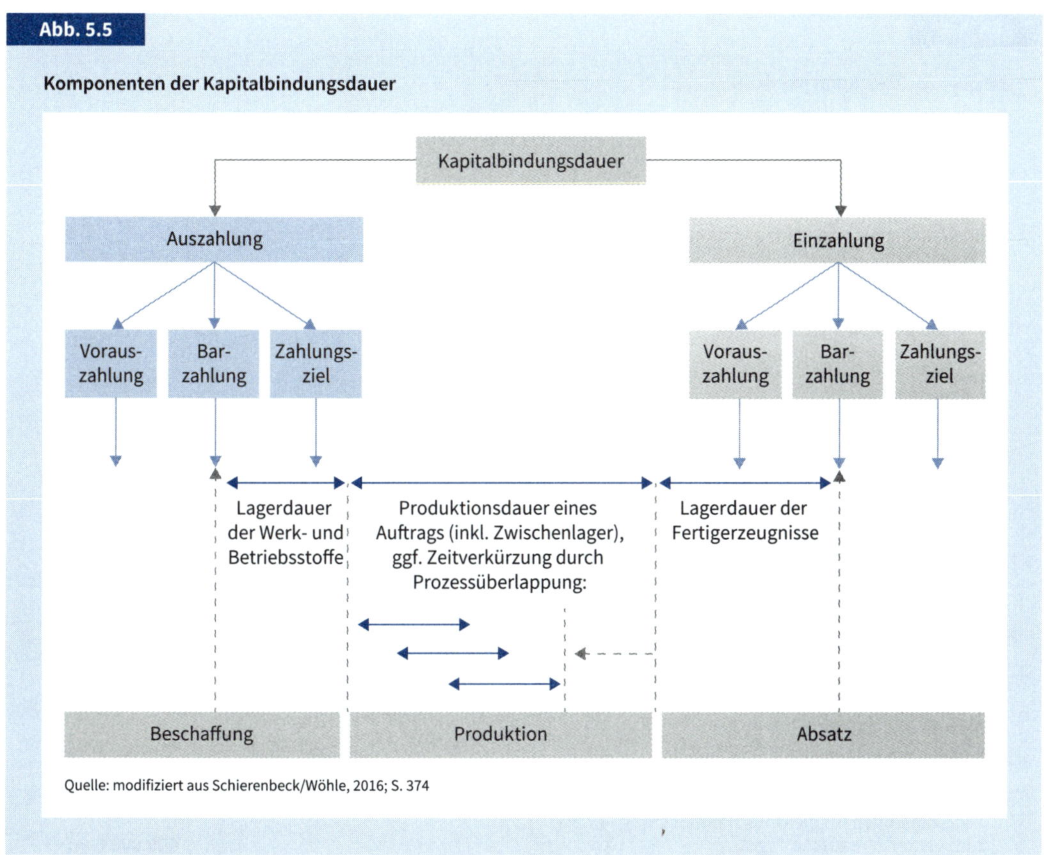

Quelle: modifiziert aus Schierenbeck/Wöhle, 2016; S. 374

Beispiel (vgl. Abb. 5.4) für ein Unternehmen mit Auftragsfertigung eine durchschnittliche Lagerzeit der Werk- und Betriebsstoffe von 20 Tagen, eine Produktionszeit von 10 Tagen und eine durchschnittliche Liegezeit im Fertigwarenlager von 20 Tagen, dann dauert der Gesamtprozess, bis die Kundenrechnung gestellt und bezahlt wird, durchschnittlich 50 Tage. Allerdings ist die Kapitalbindung nicht für alle Unternehmensprozesse gleich lang.

Geht man davon aus, dass die Lieferanten ein durchschnittliches Zahlungsziel von 10 Tagen einräumen, ergibt sich für das Material eine Kapitalbindung von 40 Tagen. Unterstellt man für die Produktion, dass nur die Löhne zu Auszahlungen führen, ergibt sich für die Produktion eine Kapitalbindung von zusammen 30 Tagen (10 Tage Produktionszeit plus 20 Tage Lagerzeit). Parallel zum Wertschöpfungsprozess ergeben sich natürlich auch Gehaltszahlungen für die kaufmännische Verwaltung, die den gesamten Prozess begleiten, für 50 Tage. Unterstellt man zusätzlich zum laufenden Geschäft, dass für die Produktion einmalig eine Maschine zum Zeitpunkt 0 gekauft und bezahlt werden musste, erhöht sich die Kapitalbindung nochmals. Der Verkauf der Güter nach 50 Tagen führt zu Einzahlungen, sodass die Kapitalbindung nach 50 Tagen langsam zurückgefahren werden kann (vgl. Abb. 5.6).

Abb. 5.6

Beispiel zur Berechnung des Kapitalbedarfs

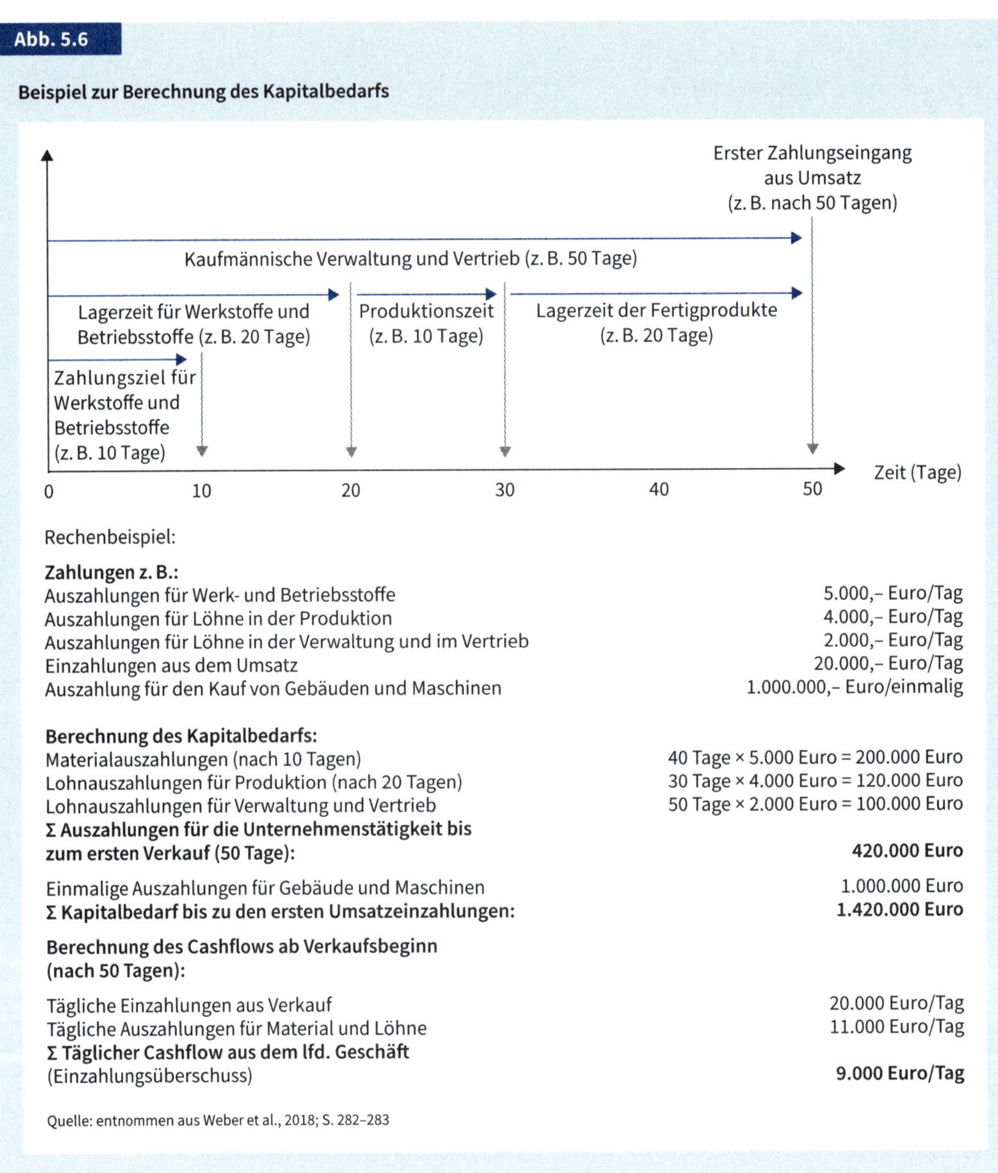

Rechenbeispiel:

Zahlungen z. B.:	
Auszahlungen für Werk- und Betriebsstoffe	5.000,– Euro/Tag
Auszahlungen für Löhne in der Produktion	4.000,– Euro/Tag
Auszahlungen für Löhne in der Verwaltung und im Vertrieb	2.000,– Euro/Tag
Einzahlungen aus dem Umsatz	20.000,– Euro/Tag
Auszahlung für den Kauf von Gebäuden und Maschinen	1.000.000,– Euro/einmalig

Berechnung des Kapitalbedarfs:	
Materialauszahlungen (nach 10 Tagen)	40 Tage × 5.000 Euro = 200.000 Euro
Lohnauszahlungen für Produktion (nach 20 Tagen)	30 Tage × 4.000 Euro = 120.000 Euro
Lohnauszahlungen für Verwaltung und Vertrieb	50 Tage × 2.000 Euro = 100.000 Euro
Σ Auszahlungen für die Unternehmenstätigkeit bis zum ersten Verkauf (50 Tage):	**420.000 Euro**
Einmalige Auszahlungen für Gebäude und Maschinen	1.000.000 Euro
Σ Kapitalbedarf bis zu den ersten Umsatzeinzahlungen:	**1.420.000 Euro**

Berechnung des Cashflows ab Verkaufsbeginn (nach 50 Tagen):	
Tägliche Einzahlungen aus Verkauf	20.000 Euro/Tag
Tägliche Auszahlungen für Material und Löhne	11.000 Euro/Tag
Σ Täglicher Cashflow aus dem lfd. Geschäft (Einzahlungsüberschuss)	**9.000 Euro/Tag**

Quelle: entnommen aus Weber et al., 2018; S. 282–283

Finanzplanung: Grundschema

Die Berechnung des Kapitalbedarfs eines Unternehmens muss zur Einhaltung des finanziellen Gleichgewichts um eine *Finanzplanung* ergänzt werden, die kurzfristige und langfristige Aspekte beinhaltet. Zum Ausgleich der Unsicherheit bei der Schätzung der zukünftigen Zahlungsströme ist eine Liquiditätsreserve einzuplanen (vgl. Abb. 5.7).

Abb. 5.7

Grundschema einer Finanzplanung

Nr.		Finanzprognose/Finanzplanung (pro Monat)	Jan.	Feb.	(...)	Dez.
(1)		Anfangsbestand an sofort verfügbaren Zahlungsmitteln (Kasse, Girokonto)				
(2)	+	Erwartete Einzahlungen aus dem Verkauf von Gütern und Dienstleistungen				
(3)	+	Erwartete Einzahlungen aus dem Verkauf von nicht mehr benötigten Lagerbeständen und Zwischenprodukten				
(4)	+	Erwartete Einzahlungen aus dem Verkauf von nicht mehr benötigten Maschinen und Werkzeugen sowie Gebäuden und Grundstücken				
(5)	+	Sonstige erwartete Einzahlungen				
(6)	=	Zwischensumme der erwarteten Einzahlungen (∑ (1) bis (5))				
(7)	–	Erwartete Auszahlungen für den Einkauf von Werkstoffen sowie Hilfs- und Betriebsstoffen				
(8)	–	Erwartete Auszahlungen für Mieten und Leasing				
(9)	–	Erwartete Auszahlungen für Löhne und Gehälter				
(10)	–	Erwartete Auszahlungen für Reparaturen und Dienstleistungen				
(11)	–	Erwartete Auszahlungen für den Kauf von Maschinen und Dienstleistungen sowie von Gebäuden und Grundstücken				
(12)	–	Sonstige erwartete Auszahlungen				
(13)	=	Zwischensumme der erwarteten Auszahlungen (∑ (7) bis (12))				
(14)	=	Erwartete Zahlungsüber- oder -unterdeckung ((14) = (6)–(13))				
(15)	+	Ggf. Liquiditätsreserve				

Quelle: eigene Darstellung

Zum Ausgleich von Zahlungsunterdeckungen können in unterschiedlichem Maße alle Stakeholder des Unternehmens beitragen:

- Kunden durch Voraus- oder Anzahlungen,
- Lieferanten durch das Einräumen von Zahlungszielen,
- Mitarbeiter durch (Teil-)Umwandlungen von Löhnen und Gehältern in Pensionszusagen,
- Staat durch Subventionen und das Einräumen von Zahlungszielen bei Steuerzahlungen,
- Fremdkapitalgeber durch Kredite sowie Zins- und Tilgungsstundungen,
- Eigenkapitalgeber durch Kapitalerhöhungen und den (temporären) Verzicht auf Ausschüttungen.

Zahlungsüberschüsse können vom Unternehmen z. B. für Geldanlagen genutzt werden, um spätere Zahlungsverpflichtungen auszugleichen. Oder sie werden genutzt, um Kredite vorzeitig zu tilgen.

5.3 Kapitalbeschaffung

Ein Unternehmen verfügt über verschiedene Möglichkeiten, um seinen Kapitalbedarf durch Finanzierungsmaßnahmen zu decken. Zu unterscheiden sind Finanzmittel, die dem Unternehmen von außen, d. h. von den Eigentümern oder von Kreditgebern zugeführt werden, und Finanzmittel, die das Unternehmen aus der laufenden Geschäftstätigkeit selbst erwirtschaftet bzw. nicht ausschüttet (vgl. Abb. 5.8).

Abb. 5.8

Finanzierungsmöglichkeiten

Herkunft des Kapitals / Rechtliche Qualität	Außenfinanzierung	Innenfinanzierung
Eigenfinanzierung	Beteiligungsfinanzierung	Selbstfinanzierung • Finanzierung aus Abschreibungsgegenwerten • Finanzierung über Rückstellungen • Finanzierung aus Vermögensumschichtung
Fremdfinanzierung	Kreditfinanzierung • kurz- und mittelfristig • langfristig	

Quelle: entnommen aus Jung, 2016; S. 730

5.3.1 Außenfinanzierung

Einzelunternehmen und Personengesellschaft

Im Rahmen der *Außenfinanzierung* hängen die Möglichkeiten der *Beteiligungsfinanzierung* von der Rechtsform des Unternehmens ab (siehe Kap. 3.2). Bei *Einzelunternehmen* und *Personengesellschaften* können Inhaber oder Gesellschafter das Eigenkapital durch zusätzliche Einlagen erhöhen. Die Möglichkeiten der Beteiligungsfinanzierung sind somit nur durch das Privatvermögen der Eigentümer beschränkt. Im Gegensatz zum Einzelunternehmen besteht bei Personengesellschaften zudem die Möglichkeit, zusätzliche Gesellschafter in das Unternehmen aufzunehmen. Allerdings ist die Hürde für die Gewinnung neuer Gesellschafter hoch, denn das Risiko der persönlichen Haftung als Gesellschafter in einer Offenen Handelsgesellschaft (OHG) oder als Komplementär in einer Kommanditgesellschaft (KG) schreckt häufig ab. Kommanditgesellschaften haben jedoch die Möglichkeit, weitere Kommanditisten zur Erhöhung des Gesellschaftskapitals in den Gesellschafterkreis aufzunehmen. Da Kommanditisten nur in der Höhe ihrer Einlage am Unternehmensrisiko beteiligt sind, dürfte dieses eingeschränkte Risiko eine Beteiligungsfinanzierung begünstigen.

Kapitalgesellschaft

Kapitalgesellschaften sind als juristische Personen bei ihrer Gründung mit einem Mindestkapital ausgestattet. Die Gesellschafter einer Gesellschaft mit beschränkter Haftung (GmbH) können ihre Einlage erhöhen und dem Unternehmen dadurch Kapital zuführen. Auch besteht die Möglichkeit, neue Gesellschafter zur Erhöhung des Stammkapitals in den Gesellschafterkreis aufzunehmen. Allerdings ist jeder Gesellschafter anteilig am Gesellschaftsvermögen beteiligt, sodass ein Kaufpreis für zusätzliche GmbH-Anteile nur über eine Unternehmensbewertung ermittelt werden kann und neue Gesellschafter zudem den Einfluss der Alt-Gesellschafter schmälern.

Aktiengesellschaft

Für eine Aktiengesellschaft (AG) ist es dagegen leichter, eine Erhöhung des Grundkapitals zu erreichen. Die AG kann durch Beschluss der Hauptversammlung neue Aktien ausgeben (emittieren) und verkaufen. Das Grundkapital erhöht sich dabei um den Nennwert der neuen Aktien, der relevante Mittelzufluss richtet sich nach dem Verkaufspreis der Aktien bei der Aktienausgabe. Durch die Ausgabe neuer Aktien sinkt der Einfluss der Alt-Aktionäre in der Hauptversammlung. Zum Ausgleich hierfür gewährt ihnen die AG i. d. R. ein Bezugsrecht zum Kauf neuer Aktien, damit sie ihren Einfluss in der alten Höhe wahren können. Die Alt-Aktionäre können das Bezugsrecht ausüben oder an Neu-Aktionäre verkaufen.Der weitere Handel der Aktien durch die Aktionäre an einer Börse dagegen ist keine Finanzierungsquelle für die AG, da es sich beim Kauf oder Verkauf von Aktien an der Börse um Privatgeschäfte der Aktionäre handelt.

Kommanditgesellschaft auf Aktien

Kommanditgesellschaften auf Aktien (KGaA) haben ebenfalls die Möglichkeit, ihr Eigenkapital durch die Ausgabe neuer Aktien zu erhöhen. Auch haben sie die Möglichkeit, zusätzliche Komplementäre aufzunehmen, die mit ihrem Privatvermögen für das Risiko der Gesellschaft haften.

Stille Gesellschaft

Sowohl dem Einzelunternehmer als auch den Personen- und Kapitalgesellschaften ist gemeinsam, dass sie durch die Aufnahme von stillen Gesellschaftern ihre Kapitalbasis vergrößern können. *Stille Gesellschafter* erhöhen zwar die Kapitalausstattung des Unternehmens und sind an seinem Gewinn beteiligt, da aber kein gemeinsames Gesellschaftskapital gebildet wird, haften sie nicht für die Risiken des Unternehmens und sind somit Fremdkapitalgebern gleichgestellt.

Fremdfinanzierung

Die zweite wichtige Basis der Außenfinanzierung ist der Mittelzufluss durch eine *Fremdfinanzierung.* Im Gegensatz zur Beteiligungsfinanzierung handelt es sich bei einer Fremdfinanzierung um einen schuldrechtlichen Vertrag zwischen dem Kapitalgeber (Gläubiger) und dem Kapitalnehmer, d. h. dem Unternehmen (Schuldner). Da die Gläubiger durch die Kreditvergabe keine Eigentumsrechte am Unternehmen erwerben, haben sie auch keine Leitungs- oder Kontrollbefugnisse im Unternehmen. Dies schließt allerdings eine gründliche Bonitätsprüfung vor einer Kreditvergabe nicht aus, auch lassen sich im Kreditvertrag erweiterte Informationsrechte für Kreditgeber festlegen.

Kurzfristige Finanzierung

Kredite mit einer Laufzeit von bis zu zwölf Monaten werden als *»kurzfristige Finanzierung«* bezeichnet. Typische Formen sind z. B. »Handelskredite« wie Kundenanzahlungen oder Lieferantenkredite. *Lieferantenkredite* werden i. d. R. zinslos gewährt, wobei die Lieferanten in ihren Geschäftsbedingungen durch das Einräumen eines Skontoabzugs vom Rechnungsbetrag auf eine schnellere Bezahlung der offenen Rechnung hinwirken möchten. Als Sicherheit behalten sich Lieferanten häufig einen Eigentumsvorbehalt vor, nach dem das Eigentum an den gelieferten Beschaffungsgütern erst nach deren vollständiger Bezahlung auf das kaufende Unternehmen übergeht.

Aus der Skontofrist, der Skontohöhe und dem Zahlungsziel errechnen sich die Kosten des Lieferantenkredits. Beispielhafte Zahlungskonditionen, wie »Zahlung in 10 Tagen mit 2 % Skonto oder in 30 Tagen netto«, führen zu stolzen 36,7 % Skontokosten (Kreditzinsen) für den Lieferantenkredit im Jahresvergleich [per annum; p. a.] (vgl. Abb. 5.9).

Kontokorrentkredit

Neben den Handelspartnern bieten auch Banken kurzfristige Finanzierungen an. Eine typische kurzfristige Finanzierungsform ist der *Kontokorrentkredit,* bei dem eine Bank dem Unternehmen einen Kredit einräumt, der zeitlich flexibel bis zur Obergrenze, d. h. bis zur Kreditlinie, ohne weitere Kreditverhandlungen ausgeschöpft werden kann. Für nicht ausgeschöpfte Kreditlinien verlangt die Bank häufig Bereitstellungsprovisionen. Die Laufzeit eines Kontokorrentkredits ist i. d. R. auf ein halbes Jahr beschränkt, kann aber regelmäßig verlängert (prolongiert) werden. Die Abwicklung des Kontokorrentkredits erfolgt über das Girokonto des Unternehmens, seine Kosten ergeben sich aus den Kontoführungsgebühren und aus der tatsächlichen Inanspruchnahme. Da der Kontokorrentkredit mit seiner Kreditlinie sehr flexibel ist, eignet er sich gut für die Abdeckung der Liquiditätsreserve zum Ausgleich von Planungsunsicherheiten.

Wechselkredit

Andere Formen der kurzfristigen Finanzierung sind Wechselkredite sowie Diskont- und Akzeptkredite, die aber in der heutigen Zeit an Bedeutung verloren haben.

Factoring

Eine Sonderform der kurzfristigen Finanzierung ist das sogenannte *Factoring.* Beim Factoring werden die bestehenden Forderungen des Unternehmens gegenüber seinen Kunden aus dem Verkauf von Gütern und Dienstleistungen an einen sogenannten Factor verkauft. Ein typisches Beispiel für Factor-Unternehmen sind z. B. Kreditkartenunternehmen. Hier bezahlen die Kunden mit ihrer Kreditkarte z. B. den Kauf von Waren bei einem Händler. Der Händler tritt seine Forderung gegenüber dem Kunden an das Kreditkartenunternehmen ab, und dieses übernimmt den Einzug des Forderungsbetrages vom Girokonto des Kreditkarteninhabers.

Abb. 5.9

Beispiel zur Berechnung der Kosten eines Lieferantenkredits

$$i = \left(\frac{\text{Skontosatz}}{100 - \text{Skontosatz}}\right) \times \left(\frac{360 \text{ Tage}}{\text{Zahlungsziel (in Tagen)} - \text{Skontofrist (in Tagen)}}\right) \times 100$$

Beispiel:	Skontokosten:	i [in Prozent pro Jahr (p. a.)]
	Skontosatz:	2 %
	Zahlungsziel:	30 Tage
	Skontofrist:	10 Tage

$$i = \left(\frac{2}{100 - 2}\right) \times \left(\frac{360}{30 - 10}\right) \times 100 = 36{,}7\,\%$$

Quelle: eigene Darstellung

Der Verkauf der Forderungen ist häufig mit weiteren Dienstleistungen des Factor-Unternehmens verbunden. So kann das Factor-Unternehmen das Ausfallrisiko der offenen Forderungen übernehmen und zusätzlich das Mahnwesen und die Debitorenbuchhaltung abwickeln. Werden Forderungen als Gesamtpaket verkauft, bezeichnet man dies als *»Forfaitierung«*.

Obwohl einige der kurzfristigen Finanzierungsinstrumente durch ihre laufende zeitliche Verlängerung (Prolongierung) langfristige Züge aufweisen, ist es für Unternehmen i. d. R. kostengünstiger, einen langfristigen Kapitalbedarf durch eine langfristige Finanzierung zu decken.

Langfristige Fremdfinanzierung

Langfristige Fremdfinanzierungen erfolgen i. d. R. durch *Bankdarlehen.* Im Darlehensvertrag werden die Kredithöhe, die Auszahlungsmodalitäten, die Rückzahlungsfristen und die Darlehenszinsen festgelegt. Häufig schließen Banken zur Absicherung ihrer Darlehensforderung einen Vertrag zur Sicherungsübereignung von z. B. Maschinen oder Warenlager ab. Ist das Vermögen des Kreditnehmers aus Sicht der Kreditgeber nicht ausreichend hoch, erwarten diese zudem zusätzlich Bürgschaften, z. B. von den Gesellschaftern einer GmbH oder den Kommanditisten einer KG. Wird zur Kreditsicherung eine Hypothek auf ein Grundstück des Unternehmens eingetragen, spricht man von einem »Hypothekendarlehen«.

Gesellschafterdarlehen

Neben Banken können die Gesellschafter eines Unternehmens ebenfalls Darlehen an ihre Gesellschaft vergeben. Es handelt sich hierbei um eine Fremdfinanzierung, da das Eigenkapital der Gesellschaft nicht erhöht wird. Für die Gesellschafter einer Kapitalgesellschaft kann diese Art der Finanzierung vorteilhaft sein, da sie zusätzlich zur Kreditrückzahlung einen Anspruch auf Zinsen haben, die im Gegensatz zu Ausschüttungen auch im Verlustfalle gezahlt werden.

Großunternehmen mit Zugang zum Finanzmarkt können sich zusätzlich durch die Ausgabe von Schuldscheinen oder Anleihen bzw. Obligationen Fremdkapital beschaffen.

Leasing

Eine Sonderform der langfristigen Finanzierung stellen Leasing-Geschäfte dar. Beim *Leasing* überlässt (vermietet) der Leasing-Geber dem Unternehmen (Leasing-Nehmer) Maschinen, Fahrzeuge oder Gebäude zur Nutzung und verlangt dafür ein monatliches oder jährliches Nutzungsentgelt, die sogenannte Leasing-Rate. Im Gegensatz zur Miete einer Maschine oder eines Gebäudes, bei der der Vermieter für die Instandhaltung und Verwaltung der Mietgegenstände verantwortlich ist, übernimmt das Unternehmen als Leasing-Nehmer zusätzliche Pflichten z. B. zur Instandhaltung und zur Versicherung der Leasing-Güter oder schließt hierüber zusätzliche Verträge mit dem Leasing-Geber ab.

Möchte ein Unternehmen zukünftig eine bestimmte Maschine nutzen und plant anstelle einer Kreditfinanzierung des Kaufpreises der Maschine ein Leasing-Geschäft, arbeitet es i. d. R. schon bei der Vorplanung der Maschinennutzung eng mit dem Leasing-Geber und dem Hersteller/Verkäufer der Maschine zusammen. Je spezieller die Vorgaben des Unternehmens für die Spezifikationen der zu leasenden Maschine sind, desto höher wird das Investitionsrisiko für den Leasing-Geber, da eine »Individualmaschine« nach Ablauf der Leasing-Zeit oder bei kurzfristiger Kündigung des Leasing-Vertrags schwierig an andere Nutzer zu vermitteln ist. Der Leasing-Geber wird darauf achten, dass bei »Individualgütern« die Leasing-Zeit und

Abb. 5.10

Arten von Leasing-Verträgen

Leasing	
Financial Leasing	**Operate Leasing**
• Universal- oder Individualgüter • Unkündbar während der Grundmietzeit • Meist Vollamortisationsvertrag • Investitionsrisiko trägt i. d. R. der Leasing-Nehmer	• Universalgüter • Kurzfristig kündbar • Teilamortisationsvertrag • Investitionsrisiko trägt der Leasing-Geber

Quelle: entnommen aus Wöhe et al., 2016; S. 559

die Leasing-Raten so bemessen sind, dass sie seine Finanzierungskosten abdecken (amortisieren). Auch wird er mit dem leasenden Unternehmen eine günstige Kauf- oder Verlängerungsoption am Schluss der Leasing-Zeit vereinbaren. Diese Art der Vertragsgestaltung entspricht nahezu einem Ratenkaufvertrag und wird als »Financial Leasing« bezeichnet. Im Gegensatz hierzu spricht man von »Operate Leasing«, wenn der Leasing-Gegenstand auch für andere Unternehmen nutzbar ist und der Leasing-Geber somit bei vorzeitiger Vertragskündigung nur ein geringes Investitionsrisiko trägt. Typische Gegenstände des Operate Leasing sind z. B. Fahrzeuge für den Außendienst oder für Speditionen (vgl. Abb. 5.10).

5.3.2 Innenfinanzierung

Während bei der Außenfinanzierung Eigentümer oder Handelspartner und Banken zur Deckung des Kapitalbedarfs des Unternehmens beitragen, versucht das Unternehmen bei der *Innenfinanzierung,* seinen Kapitalbedarf durch unternehmensinterne Maßnahmen zu decken. Hierzu stehen dem Unternehmen verschiedene Möglichkeiten zur Verfügung.

Wichtige Quelle der Innenfinanzierung sind die Einzahlungen aus dem Verkauf von Gütern und Dienstleistungen (Umsatzeinzahlungen) und die Möglichkeit der Unternehmensleitung, durch Vermögensumschichtungen Einzahlungen zu generieren.

Selbstfinanzierung

Eine Form der Innenfinanzierung ist die sogenannte *Selbstfinanzierung* durch die Nichtausschüttung von erwirtschafteten Gewinnen. Üblicherweise erwarten die Eigentümer eines wirtschaftlich erfolgreichen Unternehmens, dass sie die Unternehmensgewinne entnehmen bzw. bei Kapitalgesellschaften als Dividenden beziehen können. Werden mögliche Dividenden nicht ausgeschüttet, sondern den Rücklagen für eine spätere Ausschüttung zugeführt, werden aktuell Auszahlungen vermieden und auf später verschoben. Eine spätere Ausschüttung erhöht den aktuellen Cashflow und vermindert die Kapitalbindung des Unternehmens.

Abschreibungsgegenwert

Eine andere Form der Innenfinanzierung ist eine Finanzierung aus *Abschreibungsgegenwerten.* Ein Unternehmen nutzt für die Produktion seiner Güter Maschinen und Anlagen, die sogenannten Potenzialfaktoren. Durch die Nutzung der

Maschinen werden diese abgenutzt und verlieren an Wert. Dieser Wertverlust, die sogenannten Abschreibungen, müssen über die Verkaufspreise der Produkte von den Kunden bezahlt werden, denn nur wenn die Kunden nicht nur die laufenden Auszahlungen z. B. für den Materialverbrauch, die Löhne und Gehälter etc., sondern auch alle Wertminderungen (Abschreibungen) der Maschinen bezahlen, arbeitet das Unternehmen wirtschaftlich und erzielt Gewinne. Da aber die Maschinen bereits bei ihrem Kauf bezahlt wurden (Ausnahme: Leasing), stehen den Umsatzeinzahlungen der Kunden in Höhe der anteiligen Abschreibungen keine Auszahlungen des Unternehmens gegenüber. Der hierdurch erzielte Cashflow erhöht das Innenfinanzierungsvolumen und mindert die Kapitalbindung im Unternehmen.

Rückstellungsgegenwert

Eine analoge Form der Innenfinanzierung ist die Finanzierung aus *Rückstellungsgegenwerten.* Rückstellungen werden vom Unternehmen gebildet, wenn es zukünftige Zahlungsverpflichtungen aus dem Wertschöpfungsprozess eingeht. Solche Zahlungsverpflichtungen entstehen z. B., wenn das Unternehmen seinen Beschäftigten neben den Gehaltszahlungen Pensionszusagen macht und sich damit verpflichtet, seinen Beschäftigten später nach ihrer Pensionierung eine Rente zu zahlen. Pensionszusagen sind Teil der Personalpolitik des Unternehmens und stellen einen Anreiz bei der Gehaltsfindung dar. Häufig mindern sie die aktuellen Gehälter der Beschäftigten zu Gunsten einer späteren Auszahlung als Rente. Die jährlichen Zuführungen zu den Pensionsrückstellungen mindern zugleich den Gewinn des Unternehmens und begrenzen damit die Entnahmemöglichkeiten der Eigentümer. Natürlich müssen zugesagte Pensionsverpflichtungen als Teil der Mitarbeiterentlohnung in den Verkaufspreisen berücksichtigt und von den Kunden bezahlt werden, da das Unternehmen ansonsten unwirtschaftlich arbeiten würde. Da den aktuellen Pensionszusagen aber erst später nach der Pensionierung der Mitarbeiter Rentenzahlungen gegenüberstehen, ergibt sich aktuell ein positiver Cashflow, der die Kapitalbindung im Unternehmen vermindert.

Vermögensumschichtung

Eine weitere Form der Innenfinanzierung schließlich ist die Finanzierung durch *Vermögensumschichtungen* im Unternehmen außerhalb des Wertschöpfungsprozesses. Werden z. B. nicht mehr benötigte Maschinen oder Grundstücke und Gebäude verkauft, mindert sich das Sachvermögen des Unternehmens und sein Finanzvermögen steigt. Eine Sonderform der Vermögensumschichtung ist das »Sale-and-lease-back-Verfahren«. Hierzu verkauft das Unternehmen Vermögensgegenstände, wie z. B. Maschinen und Gebäude, an ein Leasing-Unternehmen und least sie anschließend zurück. Als Folge dieses Financial Leasing erhält das Unternehmen einmalig eine Verkaufseinzahlung, der allerdings regelmäßige Leasing-Auszahlungen gegenüberstehen. Am Ende der Laufzeit des Leasing-Vertrages kann das Unternehmen i. d. R. die geleasten Maschinen und Gebäude zum Restwert zurückkaufen und die ursprünglichen Eigentumsverhältnisse wieder herstellen.

5.4 Kapitalverwendung und dynamische Verfahren der Investitionsrechnung

Investition

Unternehmen zeichnen sich dadurch aus, dass sie zur Herstellung von Gütern und Dienstleistungen Produktionsfaktoren (Produktionsgüter und menschliche Arbeit) miteinander kombinieren. Für die Investitionsrechnung sind insbesondere die Potenzialfaktoren als Teil der Produktionsgüter relevant (vgl. Abb. 1.2). Die Verwendung finanzieller Mittel für den Kauf von Potenzialfaktoren wird als *»Investition«* bezeichnet. Potenzialfaktoren (d. h. Investitionsgüter) können nicht nur Maschinen und Anlagen sowie Gebäude, sondern auch Rechte und Patente sein.

Investitionsentscheidungen sind schwierig zu treffen, da sie sich häufig auf den gesamten Wertschöpfungsprozess des Unternehmens auswirken. Risiken ergeben sich insbesondere durch

- den langen Zeithorizont und die Bindungswirkung der Entscheidung,
- die Komplexität und die Informationsvielfalt der Entscheidung,
- die Höhe der Kapitalbindung und die Knappheit der finanziellen Mittel.

Investitionsgüter sollen längerfristig, d. h. länger als ein Jahr, im Unternehmen verbleiben und ihr Nutzungspotenzial schrittweise im Rahmen der Wertschöpfung abgeben. Der lange Zeithorizont von i. d. R. 5 bis 10 Jahren bei Maschinen oder von über 25 Jahren bei Gebäuden führt zu Problemen bei der Vorhersage (Prognose) der wirtschaftlichen Auswirkungen. Je individueller Maschinen und Gebäude auf ein bestimmtes Produkt oder eine bestimmte Problemlösung zugeschnitten sind, desto weniger flexibel können sie bei Änderungen der Umwelt eingesetzt werden.

Investitionsportfolio und Investitionsbudget

Alle Investitionen, die in einer Periode, z. B. in einem Jahr, durchgeführt werden sollen, werden als *»Investitionsportfolio«* bezeichnet. Die Summe der finanziellen Mittel, die zur Umsetzung der Investitionen in einer Periode bereitstehen, beschreibt das *»Investitionsbudget«* des Unternehmens.

Selbst wenn nur eine einzige Investition im Investitionsportfolio zur Entscheidung ansteht, handelt es sich um ein Auswahlproblem, bei dem zwischen zwei Alternativen zu wählen ist:

- Führe die Investition durch (Entscheidungsalternative) oder
- führe die Investition nicht durch (Unterlassungsalternative).

Opportunitätsbetrachtung

Ebenso wie die Durchführung kann auch die Unterlassung einer Investition wirtschaftliche Vorteile bieten. Es erfolgt z. B. keine Kapitalbindung, die finanziert werden muss, oder ein vorhandener Cashflow kann anders genutzt werden. Zur Abwägung zwischen den beiden Alternativen dient die sogenannte *»Opportunitätsbetrachtung«*. Die Vorteile der Unterlassungsalternative dienen als Maßstab für die Beurteilung der Entscheidungsalternative. Nur wenn der Nutzen, d. h. das Ergebnis, der Entscheidungsalternative größer ist als der Nutzen der Unterlassungsalternative, wird die Entscheidungsalternative gewählt. Die Opportunität ist der Nutzen, der durch die nicht gewählte Alternative entstehen würde.

Die Höhe der Opportunität ist abhängig von der jeweiligen Unternehmenssituation. Beispielhaft sollen zwei Situationen mit jeweils unterschiedlichen Finanzierungsmöglichkeiten gegenübergestellt werden:

Opportunität und Unternehmenssituation

- »Fremdfinanzierung«: Steht in einem Unternehmen kein Kapital für eine Investition zur Verfügung, muss es den Kaufpreis durch die Aufnahme von Fremdkapital finanzieren. Damit die Investition wirtschaftlich ist, müssen die aus der Investition resultierenden Cashflows zusätzlich mindestens die Zinszahlungen für das Fremdkapital abdecken.
- »Eigenfinanzierung«: Weist das Unternehmen umgekehrt einen Kapitalüberschuss aus und kann der Kaufpreis der Investition aus dem Cashflow des Unternehmens gedeckt werden, entgehen dem Unternehmen Zinseinzahlungen für eine alternative Geldanlage des Kapitalüberschusses. Damit die Investition im Vergleich zur alternativen Geldanlage wirtschaftlich ist, müssen die aus der Investition resultierenden Cashflows höher sein als die entgangenen Zinseinzahlungen der Geldanlage.

Vorteilhaftigkeit der Investitionen

Die Messlatte für die Vorteilhaftigkeit der Investitionen schwankt bei den obigen Alternativen also zwischen der Abdeckung der Kreditzinsen für das Fremdkapital einerseits und der Kompensation der entgangenen Habenzinsen einer Geldanlage andererseits.

Für Unternehmen in Deutschland ist es typisch, dass sie für eine Investition eine sogenannte Mischfinanzierung aus Eigenkapital und Fremdkapital vornehmen. Die Verzinsung des Gesamtkapitals aus Eigen- und Fremdkapital errechnet sich aus der Zinserwartung der Eigentümer für ihr Eigenkapital in Form von Ausschüttungen einerseits und den Zinsen für das aufgenommene Fremdkapital andererseits.

Kalkulationszinssatz nach dem WACC-Modell

Dieser gewichtete Zinssatz ist der sogenannte Investitionszinssatz (i_G) für eine Investition, er wird auch »Kalkulationszinssatz« genannt. Da er als gewichteter Durchschnitt über das Gesamtkapital berechnet wurde, wird er als *»Weighted Average Cost of Capital« (WACC)* bezeichnet (vgl. Abb. 5.11).

Statische Investitionsrechnung

Ausgehend von der Finanzierungssituation (Fremd- oder Eigenfinanzierung) lässt sich die Vorteilhaftigkeit von Investitionen auf verschiedene Weise berechnen. Zum einen können Methoden und Entscheidungsmodelle aus dem internen Rechnungswesen herangezogen werden. In diesen Modellen werden die durchschnittlichen Kosten und Erlöse für die verschiedenen Investitionen berechnet und verglichen. Die im internen Rechnungswesen benutzten Modelle werden als *statische Investitionsrechnung* bezeichnet und in Kap. 6.2.5 vorgestellt. Zum anderen können die nachstehend vorgestellten Modelle und Verfahren der dynamischen Investitionsrechnung herangezogen werden.

Abb. 5.11

Ermittlung des Investitionszinssatzes nach dem »Weighted Average Cost of Capital (WACC)«-Modell

$$i_G = i_E \times \frac{\text{Eigenkapital}}{\text{Gesamtkapital}} + i_F \times \frac{\text{Fremdkapital}}{\text{Gesamtkapital}}$$

Legende:

i_G	=	Gesamtkapitalkostensatz des Unternehmens (Investitionszinssatz bzw. Kalkulationszinssatz)
i_E	=	Eigenkapitalkostensatz des Unternehmens (z. B. 10 %)
i_F	=	Fremdkapitalkostensatz des Unternehmens (z. B. 15 %)
EK/GK	=	Eigenkapitalquote (z. B. ¼)
FK/GK	=	Fremdkapitalquote (z. B. ¾)

Beispiel:

$$i_G = 10\,\% \times \frac{1}{4} + 15\,\% \times \frac{3}{4} = 13{,}75\,\%$$

Quelle: ergänzt aus Wöhe et al., 2016; S. 518

Abb. 5.12

Klassische Methoden der dynamischen Investitionsrechnung

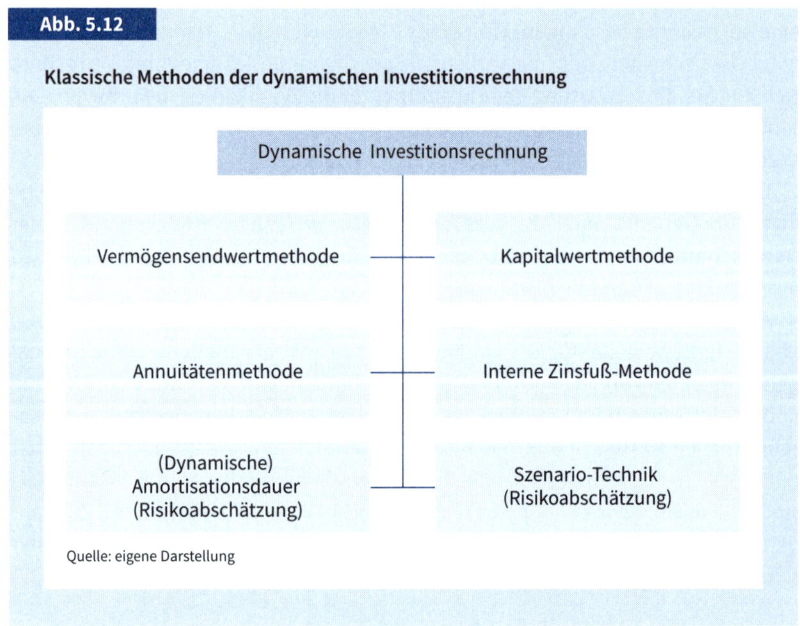

Quelle: eigene Darstellung

Dynamische Investitionsrechnung

Bei den klassischen Modellen der *dynamischen Investitionsrechnung* werden für jede Investition die Zahlungsströme in ihrem zeitlichen Verlauf ermittelt und bewertet. Für die Anwendung der Modelle sind verschiedene Voraussetzungen (Prämissen) zu beachten, mit deren Hilfe sich die Komplexität des Entscheidungsproblems vereinfachen lässt (vgl. Abb. 5.12 und Abb. 5.13).

So wird gemäß der Prämissen nicht zwischen Eigen- und Fremdkapital unterschieden und für die Investitionsbewertung ein einheitlicher Investitionszinssatz (Zinsfuß) unterstellt, der nach dem WACC-Modell berechnet wird. Dieser Zinssatz gilt sowohl für »fremdfinanzierte« als auch für »eigenfinanzierte« Investitionen.

Für die »Unterlassungsalternative«, d. h. für die Nichtdurchführung einer Investition, wird unterstellt, dass das Geld zu einem einheitlichen Investitionszinssatz am Finanzmarkt investiert werden kann.

Zur Anwendung der dynamischen Investitionsrechnung werden für jede Investition die durch sie verursachten zukünftigen Ein- und Auszahlungen geschätzt. Die

Abb. 5.13

Prämissen der klassischen Methoden der dynamischen Investitionsrechnung

Prämissen der klassischen Methoden der dynamischen Investitionsrechnung

- Zur Finanzierung steht »homogenes« Kapital bereit, d. h. es wird nicht zwischen Eigen- und Fremdkapital unterschieden.
- Das Kapital steht in »unbeschränkter« Menge zur Verfügung, d. h. es gibt keine Finanzierungsrestriktionen.
- Der Finanzmarkt ist transparent, d. h. es wird nicht zwischen einem Habenzinssatz und einem Kreditzinssatz unterschieden, auch bleibt der Zinssatz während der Investitionsdauer konstant.
- Es gibt keine Transaktionskosten, d. h. Kosten für die Kapitalbeschaffung oder Steuern auf den Investitionsgewinn.
- Es gibt keine Informationskosten, d. h. die Zukunft ist transparent, und alle zukünftigen Zahlungen lassen sich sicher prognostizieren.

Quelle: eigene Darstellung

Differenz der Ein- und Auszahlungen, d. h. der Cashflow der Investition, wird vereinfachend auf das Ende einer jeden Planperiode (t), z. B. auf das jeweilige Jahresende, terminiert. Bezogen auf den Zeitverlauf beginnt die Investition mit der Periode t_0 und endet nach der Nutzungszeit (n) mit der Periode t_n.

Auf- und Abzinsung von Cashflows

Der einheitliche Investitionszinssatz (i) erlaubt es, die Cashflows (cf) zwischen den Perioden wertmäßig umzurechnen. Ein Cashflow der Periode t (cf_t) hat in der Folgeperiode t+1 den »aufgezinsten« Wert cf_{t+1}:

$$cf_{t+1} = cf_t \times (1+i)$$

Umgekehrt hat ein Cashflow der Periode t (cf_t) in der Vorperiode t-1 den »abgezinsten« Wert cf_{t-1}:

$$cf_{t-1} = \frac{cf_t}{1+i} \text{ bzw. } cf_{t-1} = cf_t \times (1+i)^{-1}$$

Die »Umbewertung« der Cashflows einer Periode durch Auf- oder Abzinsen ermöglicht es, alle Zahlungen einer Investition auf den Start der Investition in t=0 oder auf das Ende der Investition in t=n, d. h. auf das Ende der Nutzungszeit (n), zu beziehen.

Zur Erklärung der in Abb. 5.12 aufgeführten fünf Methoden der dynamischen Investitionsrechnung seien folgende Symbole verwendet:

- Anschaffungsauszahlung (i. d. R. der Kaufpreis) in t_0: a_0
- Einzahlungen zum jeweiligen Periodenende in t: e_t
- Auszahlungen zum jeweiligen Periodenende in t: a_t
- Anzahl der Nutzungsperioden (Nutzungsdauer): n
- Liquidationserlös (Verkaufspreis) am Ende der Nutzungsdauer t_n: l_n
- Investitionszinssatz (bzw. Kalkulationszinssatz): i

Die Ein- und Auszahlungen pro Periode werden zum Cashflow zusammengefasst: $cf_t = e_t - a_t$.

Entscheidungsalternative

Ein einheitliches Zahlenbeispiel zur *Entscheidungsalternative* soll die Anwendung der fünf Methoden erläutern, wobei für die Berechnung des Investitionszinssatzes nach dem WACC-Modell auf Abb. 5.11 verwiesen wird (vgl. Abb. 5.14).

Um zu berechnen, ob die Investition mit den Beispielzahlen aus Abb. 5.14 als Entscheidungsalternative vorteilhaft gegenüber der Unterlassungsalternative ist, müssen die Cashflows, die in verschiedenen Perioden anfallen, wertmäßig vergleichbar gemacht und der Unterlassungsalternative gegenübergestellt werden.

Unterlassungsalternative

Als *Unterlassungsalternative* wird standardmäßig unterstellt, dass die Investitionssumme a_0 (entsprechend der Anfangsauszahlung a_0 der Entscheidungsalternative) in t_0 am Finanzmarkt über die Laufzeit von n Perioden (entsprechend der Nutzungsdauer n der Entscheidungsalternative) bis t_n investiert und zum einheitlichen Investitionszinssatz i verzinst wird. Für die Unterlassungsalternative errechnet sich das Vermögen (V) je Periode (t) wie folgt:

$$V_t = a_0 \times (1+i)^t$$

Analog zur Entscheidungsalternative muss die Unterlassungsalternative am Finanzmarkt finanziert werden. Da sowohl für die Vermögensentwicklung der Un-

Abb. 5.14

Zeit- und Zahlungsstruktur eines Beispiels zur dynamischen Investitionsrechnung

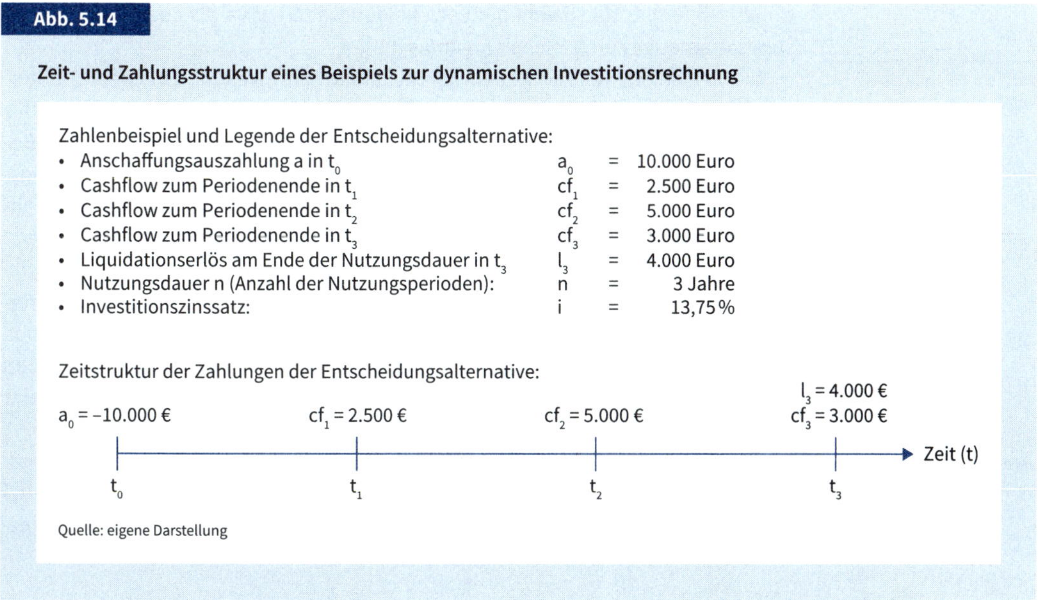

Quelle: eigene Darstellung

terlassungsinvestition als auch für ihre Finanzierung der gleiche einheitliche Investitionszinssatz angesetzt wird, zeigt sich, dass die Unterlassungsalternative bei den gegebenen Prämissen zu keiner Vermögensänderung für das Unternehmen führt (vgl. Abb. 5.15).

Da die Unterlassungsinvestition zu keiner Vermögensänderung führt, ergibt sich für das Beispiel in Abb. 5.14 als grundsätzliche Entscheidungsregel: Die Entscheidungsalternative ist zu realisieren, wenn sie zu einer Vermögenserhöhung führt (positive Vermögensänderung). Weist dagegen die Entscheidungsalternative einen Vermögensverlust aus (negative Vermögensänderung), ist sie zu unterlassen. Führt die Entscheidungsalternative zu keiner Vermögensänderung, ist der Investor entschei-

Grundsätzliche Entscheidungsregel

Abb. 5.15

Zeit- und Zahlungsstruktur des Beispiels zur Unterlassungsalternative

i = 13,75 %

Zeitachse:	t_0	t_1	t_2	t_3
Vermögensentwicklung der Unterlassungsalternative pro Periode als Finanzmarktinvestition	10.000 €	11.375 €	12.939 €	14.718 €
Finanzierung der Unterlassungsalternative pro Periode durch einen Finanzmarktkredit	–10.000 €	–11.375 €	–12.939 €	–14.718 €
Vermögensänderung pro Periode	0 €	0 €	0 €	0 €

Quelle: eigene Darstellung

dungsindifferent, da sowohl die Entscheidungsalternative als auch die Unterlassungsalternative zum gleichen Ergebnis führen.

Wirtschaftlichkeit bzw. Risiko einer Investition

Die verschiedenen Methoden der dynamischen Investitionsrechnung unterscheiden sich darin, welche Rechengrößen des Zahlungsstromes als Kriterium für die Beurteilung der *Wirtschaftlichkeit* einer Investition herangezogen werden. Berechnet man die Vermögensänderung der Investition zum Ende ihrer Nutzungsdauer, bezeichnet man dies als *Vermögensendwertmethode*, bezieht man alle Zahlungen auf ihren Beginn, bezeichnet man diese Berechnung als *Kapitalwertmethode*. Werden Vermögensendwert und Kapitalwert in eine äquivalente jährliche Zahlung umgerechnet, bezeichnet man dies als Annuitätenmethode. Wird die Verzinsung des in der Investition gebundenen Kapitals berechnet, wird diese Methode als Interne Zinsfuß-Methode bezeichnet. Steht hingegen das *Risiko* der Investition im Mittelpunkt der Betrachtung, wendet man die Methode der Amortisationsdauer oder die Methode der Szenario-Technik an.

Vermögensendwertmethode

Bei der *Vermögensendwertmethode* zur Bewertung der Entscheidungsalternative werden alle Zahlungen der Investition auf das Ende der Nutzungsdauer (t_n) umgerechnet. Eine Investition ist dann vorteilhaft, wenn sie zu einer Vermögens-

Abb. 5.16

Beispiel zur Vermögensendwertmethode

Das Endvermögen (Vermögensendwert V_n) einer Investition berechnet sich gemäß:

$$V_n = \sum_{t=0}^{n} cf_t \times (1+i)^{n-t}$$

Bzw. ausführlich:

$$V_n = -a_0 \times (1+i)^n + \sum_{t=1}^{n} cf_t \times (1+i)^{n-t} + l_n$$

In Zahlen:

$$\begin{aligned} V_3 = & -10.000\,€ \times (1+0.1375)^3 \\ & + 2.500\,€ \times (1+0.1375)^{3-1} \\ & + 5.000\,€ \times (1+0.1375)^{3-2} \\ & + 3.000\,€ \times (1+0.1375)^{3-3} \\ & + 4.000\,€ \end{aligned}$$

t_0 ↓ Aufzinsung ↓ t_3

V_3 =	− 10.000 €	× 1,4718	=	− 14.718,18 €	←	Anfangsauszahlung in t_0
	+ 2.500 €	× 1,2939	=	3.234,77 €	}	Endwert der Cashflows und des Liquidationserlöses von t_1 bis t_3 (= 15.922,27 €)
	+ 5.000 €	× 1,1375	=	5.687,50 €	}	
	+ 3.000 €	× 1,0000	=	3.000,00 €	}	
	+ 4.000 €		=	4.000,00 €	}	
V_3 =			=	1.204,08 €		[Rundungsdifferenz: 0,01 €]

Quelle: eigene Darstellung

mehrung führt, d. h. einen positiven Vermögensendwert (V_n) aufweist. Ist der Vermögensendwert negativ, sollte die Investition unterbleiben, da im Vergleich zur Unterlassungsalternative das Unternehmensvermögen geschmälert wird. Stehen mehrere Investitionen alternativ zur Auswahl, ist die Investition mit dem höchsten Endvermögen zu wählen (vgl. Abb. 5.16).

Kapitalwertmethode

Bei der *Kapitalwertmethode* zur Bewertung der Entscheidungsalternative werden alle Zahlungen der Investition auf den Anfang des Nutzungszeitraums (t_0) diskontiert. Eine Investition ist dann vorteilhaft, wenn der Gegenwartswert (Barwert) der Cashflows größer ist als die Anschaffungsauszahlung, sie also einen positiven Kapitalwert (K_0) aufweist. Ist der Kapitalwert negativ, sollte die Investition unterbleiben, da sie im Vergleich zur Unterlassungsalternative das Unternehmensvermögen schmälert. Stehen mehrere Investitionen alternativ zur Auswahl, ist die Investition mit dem höchsten Kapitalwert zu wählen (vgl. Abb. 5.17).

Abb. 5.17

Beispiel zur Kapitalwertmethode

Der Kapitalwert (K_0) einer Investition berechnet sich gemäß:

$$K_0 = \sum_{t=0}^{n} cf_t \times (1+i)^{-t}$$

Bzw. ausführlich:

$$K_0 = -a_0 + \sum_{t=1}^{n} cf_t \times (1+i)^{-t} + l_n \times (1+i)^{-n}$$

In Zahlen:

$$\begin{aligned} K_0 = & -10.000\,€ \\ & + 2.500\,€ \times (1+0.1375)^{-1} \\ & + 5.000\,€ \times (1+0.1375)^{-2} \\ & + 3.000\,€ \times (1+0.1375)^{-3} \\ & + 4.000\,€ \times (1+0.1375)^{-3} \end{aligned}$$

↑ t_0 … Abzinsung (Diskontierung) … t_3

K_0 =	−10.000 €		=	−10.000,00 €	← Anfangsauszahlung in t_0
	+ 2.500 €	/ 1,1375	=	2.197,80 €	Barwert der Cashflows und des Liquidationserlöses von t_1 bis t_3 (= 10.818,09 €)
	+ 5.000 €	/ 1,2939	=	3.864,27 €	
	+ 3.000 €	/ 1,4718	=	2.038,29 €	
	+ 4.000 €	/ 1,4718	=	2.717,73 €	
K_0 =			=	818,09 €	

Quelle: eigene Darstellung

Vermögensendwert und Kapitalwert lassen sich ineinander überführen:

$V_n = K_0 \times (1+i)^n$ bzw. $K_0 = V_n \times (1+i)^{-n}$

Mit den Zahlen des Beispiels aus Abb. 5.16 und 5.17 ergibt sich:

$V_n = 818{,}09\ € \times (1+0{,}1375)^3 = 1.204{,}08\ €$ bzw.
$K_0 = 1.204{,}08 \times (1+0{,}1375)^{-3} = 818{,}09\ €$.

Annuitätenmethode

Finanzmathematisch lassen sich Vermögensendwert und Kapitalwert in eine Annuität, d. h. in eine periodisch (i. d. R. jährlich) gleichbleibende Zahlung (Rente), umrechnen. Bei der *Annuitätenmethode* zur Bewertung der Entscheidungsalternative wird der Vermögensendwert oder äquivalent der Kapitalwert der Investition in eine Annuität umgerechnet, die sich aus einer Vermögensänderung und aus Zinsen zusammensetzt (vgl. Abb. 5.18).

Abb. 5.18

Beispiel zur Annuitätenmethode

Die Annuität einer Investition mit dem Kapitalwert K_0 berechnet sich gemäß:

$$\text{Annuität} = K_0 \times \left(\frac{i \times (1+i)^n}{(1+i)^n - 1}\right)$$

In Zahlen:

$K_0 = 818{,}09\ €$
$i = 13{,}75\,\%$

$$\text{Annuität} = 818{,}09\ € \times \left(\frac{0{,}1375 \times (1+0{,}1375)^3}{(1+0{,}1375)^3 - 1}\right)$$

$$\text{Annuität} = 818{,}09\ € \times 0{,}4289 = 350{,}90\ €$$

Quelle: eigene Darstellung

Annuität

Die Annuität sagt aus, wie viel Kapital das Unternehmen in gleichen Periodenbeträgen der Investition maximal entnehmen kann, ohne dass der Vermögenswert negativ wird. Wird die Annuität mit dem Kalkulationszinssatz aufgezinst, errechnet sich der Vermögensendwert; wird die Annuität mit dem Kalkulationszinssatz abgezinst (diskontiert), errechnet sich der Kapitalwert der Zahlungsreihe. Bezogen auf die Beispielzahlungsreihe aus Abb. 5.14 beträgt die jährliche Annuität 350,90 Euro, d. h. eine Investition mit einer Anfangsauszahlung von 0,- Euro, einem jährlichen Cashflow über drei Jahre in Höhe von je 350,90 Euro/Jahr und einem Liquidationserlös von 0,- Euro erzielt den gleichen Kapitalwert bzw. Vermögensendwert wie die Investition mit den Zahlungen gemäß Abb. 5.14 (vgl. Abb. 5.19).

Abb. 5.19

Vergleich der Zahlungsreihe einer Investition mit der zugehörigen Annuität

Zinssatz i = 13,75 % **Nutzungsdauer n = 3**	K_0	a_0	cf_1	cf_2	$cf_3 + l_3$	V_3
Zahlungsreihe der Entscheidungsinvestition mit Kapitalwert und Vermögensendwert:	818,09 €	−10.000,00 €	2.500,00 €	5.000,00 €	3.000,00 € + 4.000.00 €	1.204,08 €
Zahlungsreihe der äquivalenten Annuität mit Kapitalwert und Vermögensendwert:	818,09 €	0,00 €	350,90 €	350,90 €	350,90 €	1.204,08 €

Quelle: eigene Darstellung

Interne Zinsfuß-Methode

Bei der Vermögensendwert- und der Kapitalwert-Methode wird eine Investition anhand ihrer Vermögenswirkung beurteilt. Ist der Vermögensendwert bzw. Kapitalwert gleich Null, führt eine Investition weder zu einer Vermögensmehrung noch zu einer Vermögensminderung. Das Unternehmen ist entscheidungsindifferent, ob es die Investition durchführen oder unterlassen soll. Eine solche entscheidungsindifferente Investition deckt mit dem Barwert ihres Cashflows gerade die Anschaffungsauszahlung und die Zinszahlungen ihrer Finanzierung ab. Diese Überlegung greift die *Interne Zinsfuß-Methode* zur Investitionsbewertung auf.

Interner Zinsfuß

Der interne Zinsfuß ist derjenige Zinssatz, der den Kapitalwert einer Investition genau Null werden lässt. Er dient im Vergleich zum Kalkulationssatz als Maßstab für die Bewertung der Investition. Ist der interne Zinsfuß der Investition genau gleich dem Kalkulationszinssatz, führt die Investition zu keiner Vermögensänderung und das Unternehmen ist entscheidungsindifferent, ob es alternativ zur Investition die Unterlassungsalternative durchführen soll. Ist der interne Zinsfuß der Investition jedoch größer als der Kalkulationszinssatz, führt die Durchführung der Investition zu einer Vermögensmehrung gegenüber der Unterlassungsalternative. Ist der interne Zinsfuß kleiner als der Kalkulationszinssatz, tritt eine Vermögensminderung im Vergleich zur Unterlassungsalternative ein und die Investition sollte unterbleiben. Zur Entscheidung für die Durchführung einer Investition ist somit nicht die absolute Höhe des internen Zinsfußes relevant, sondern die Differenz des internen Zinsfußes im Vergleich zum Kalkulationszinssatz.

Zur Berechnung des internen Zinsfußes wird der Kapitalwert der Investition gleich Null gesetzt und die Formel nach dem Zinssatz i aufgelöst. Berechnet man für eine Investition den Kapitalwert mit jeweils unterschiedlichen Kalkulationszinssätzen, stellt man fest, dass mit steigendem Kalkulationszinssatz der Kapitalwert sinkt. Stellt man die berechneten Kapitalwerte in Abhängigkeit vom Kalkulationszinssatz grafisch dar, erhält man die sogenannte Kapitalwertfunktion (vgl. Abb. 5.20).

Abb. 5.20

Beispiel zur internen Zinsfuß-Methode

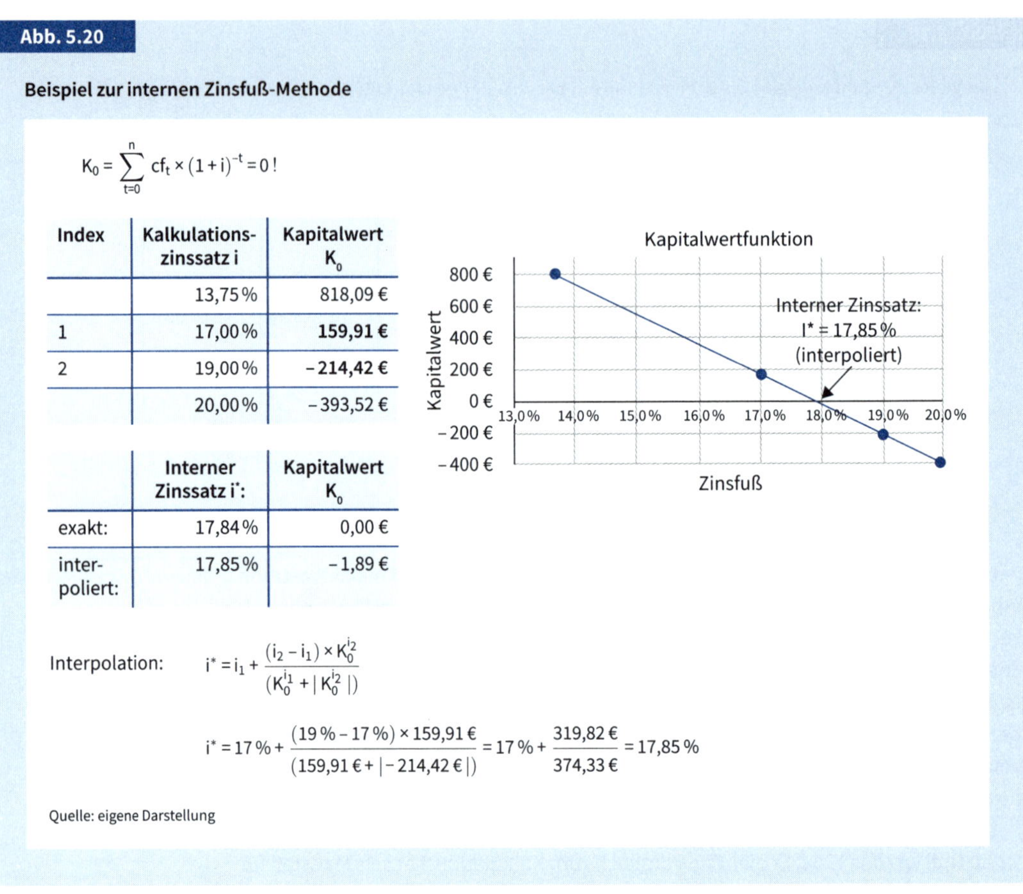

$$K_0 = \sum_{t=0}^{n} cf_t \times (1+i)^{-t} = 0\,!$$

Index	Kalkulations-zinssatz i	Kapitalwert K_0
	13,75 %	818,09 €
1	17,00 %	**159,91 €**
2	19,00 %	**-214,42 €**
	20,00 %	-393,52 €

	Interner Zinssatz i^*:	Kapitalwert K_0
exakt:	17,84 %	0,00 €
inter-poliert:	17,85 %	-1,89 €

Interpolation: $$i^* = i_1 + \frac{(i_2 - i_1) \times K_0^{i_2}}{(K_0^{i_1} + |K_0^{i_2}|)}$$

$$i^* = 17\,\% + \frac{(19\,\% - 17\,\%) \times 159{,}91\,€}{(159{,}91\,€ + |-214{,}42\,€|)} = 17\,\% + \frac{319{,}82\,€}{374{,}33\,€} = 17{,}85\,\%$$

Quelle: eigene Darstellung

Eine einfache Lösung zur Errechnung des internen Zinssatzes, bei dem der Kapitalwert näherungsweise gleich Null ist, stellt die Interpolation zwischen einem positiven Kapitalwert und einem negativen Kapitalwert der Kapitalwertfunktion dar. Bezogen auf den Zahlungsstrom des Beispiels aus Abb. 5.14 ist der interne Zinssatz mit 17,84 % größer als der Kalkulationszinssatz mit 13,75 %; die Durchführung der Investition ist somit vorteilhaft und führt zu einer Vermögensmehrung.

Investitionsrisiko: Amortisationsdauer

Ein besonderes Problem der dynamischen Investitionsbewertung liegt in der zeitgenauen und sicheren Prognose der zukünftigen Zahlungsströme. Im Rahmen der zugrunde gelegten Prämissen (vgl. Abb. 5.14) stellt dies kein Problem dar, da vollkommene Sicherheit bei der Prognose unterstellt wird. Das Risiko von zukünftigen Umwelt- und Marktänderungen wird nicht berücksichtigt. Ein einfaches Maß für die *Einschätzung des Risikos* einer Investition ist Berechnung der *Amortisationsdauer* der Investition. Je kürzer die Zeit ist, in der die kumulierten Cashflows einer Investition ihre Anfangsauszahlung überdecken, d. h. je kürzer die Amortisationsdauer ist, desto geringer ist das Risiko des Unternehmens, Teile der Anfangsauszahlung zu verlieren, wenn sich die Marktsituation in der Zukunft ändert. Im Falle der

Beispiel-Investition aus Abb. 5.14 wird die Anfangsauszahlung erst mit den kumulierten Zahlungen am Ende der Nutzungsdauer ausgeglichen. Eine solche Investition ist riskanter als eine Investition, bei der schon in den Anfangsperioden hohe Rückflüsse auftreten und ihr kumulierter Wert schon in früheren Perioden größer als die Anfangsauszahlung ist. Cashflows der Investition, die nach Erreichen ihrer Amortisationsdauer anfallen, werden nicht weiter berücksichtigt. Die Amortisationsdauer trifft somit keine Aussage über die Wirtschaftlichkeit einer Investition, sondern dient nur zur Einschätzung des Verlustrisikos der Anfangsauszahlung.

Investitionsrisiko: Scenario-Technik

Ein anderer Versuch, das Risiko einer Investition einzuschätzen, ist die Anwendung der sogenannten *Scenario-Technik*. Für die Prognose der zukünftigen Zahlungsströme einer Investition werden unterschiedliche Annahmen über die Zukunft getroffen und entsprechend die Einzahlungen und/oder die Auszahlungen und der Liquidationserlös entweder vorsichtig niedriger oder mutig höher geschätzt. Auch die Auswirkungen unterschiedlicher Nutzungsdauern oder unterschiedlicher Finanzierungen (Kalkulationszinssätze) lassen sich durch Szenarien abbilden und für eine Entscheidungsfindung quantifizieren.

Natürlich werden zur Beurteilung von Investitionen nicht nur wirtschaftliche Berechnungen durchgeführt, sondern es werden zusätzlich die technischen Anforderungen der Investition in Form von Machbarkeitsstudien überprüft und die Investitionen bezüglich ihrer sozialen Auswirkungen beurteilt. Investitionen, insbesondere Rationalisierungsinvestitionen, unterliegen i. d. R. der betrieblichen Mitbestimmung, da sie Arbeitsplätze verändern und Auswirkungen auf die Belegschaft und das Arbeitsklima haben. Auch kann es durch Lärm, Staub und andere Emissionen zu Auswirkungen auf die Umwelt kommen, wobei gesetzliche Vorgaben natürlich einzuhalten sind. Schließlich können Investitionen Auswirkungen auf das Image des Unternehmens haben, da sie z. B. das Vertrauen in den Unternehmensstandort dokumentieren oder durch Wachstum und die Schaffung zusätzlicher Arbeitsplätze das Prestige des Unternehmens in der Öffentlichkeit erhöhen.

ANWENDUNGSFRAGEN/LERNZIELE

Sie haben sich im 5. Kapitel dieses Buches mit Fragen der Finanzierung eines Unternehmens beschäftigt. Nach dem Lesen des Kapitels sollen Sie:

1. ... die Begrifflichkeiten *Investition* und *Finanzierung* erläutern können.
2. ... die zentrale Aufgabe der *Finanzwirtschaft* eines Unternehmens bestimmen können.
3. ... den Begriff *Cashflow* erklären können.
4. ... das Entstehen eines *Kapitalbedarfs* erläutern und anhand eines Beispiel darstellen können.
5. ... das *Grundschema einer Finanzplanung* beschreiben können.
6. ... *Finanzierungsmöglichkeiten* nach den Aspekten *Herkunft des Kapitals* und *Rechtliche Qualität* unterscheiden sowie zentrale Finanzierungsinstrumente aus den jeweiligen Bereichen darstellen können.

7. … den Begriff der *Opportunität* im Rahmen der Entscheidungsfindung anwenden können.
8. … die Bedeutung der *Entscheidungsalternative* im Vergleich zur *Unterlassungsalternative* im Entscheidungsprozess erklären können.
9. ... den *Gesamtkapitalkostensatz* (*Weighted Average Cost of Capital*) eines Unternehmens berechnen können.
10. ... die Prämissen der klassischen Methoden *der dynamischen Investitionsrechnung* kennen.
11. ... die Vorteilhaftigkeit von Investitionen mit den folgenden *dynamischen Investitionsrechnungsmethoden* berechnen können:
    - Vermögenswertmethode,
    - Kapitalwertmethode,
    - Annuitätenmethode und
    - Interne Zinsfuß-Methode.

ANWENDUNGSBEISPIEL/STORY

5 Investition und Finanzierung für Ihre Geschäftsidee des *E-runners*

In den ersten vier Kapiteln Ihrer Story haben Sie Ihre Geschäftsidee gründlich und detailliert analysiert. Ihre Idee ist gewachsen und greifbar geworden. Jetzt, im fünften Kapitel Ihrer Story, ist die Frage der Finanzierung zu klären.

Zunächst sollen Sie den *Cashflow* Ihres Start-ups berechnen. Tragen Sie hierzu alle Informationen zu den Ein- und Auszahlungen Ihres Unternehmens stichtagsbezogen zusammen. Zur Vereinfachung können Sie alle Zahlungen auf das Monatsende oder das Jahresende beziehen:

- Im Absatzplan haben Sie sich Gedanken über Ihre Verkaufspreise und Verkaufsmengen gemacht.
- Im Beschaffungsplan haben Sie den Kaufpreis für Ihre Maschinen und Anlagen geplant und hoffentlich die laufenden Auszahlungen für die Betriebsmittel zum Antrieb Ihrer Maschinen nicht vergessen.
- Aus dem Beschaffungsplan können Sie die Auszahlungen für den Kauf Ihrer Werkstoffe, wie die Batterien für Ihre E-Bikes, die Rohre für den Rahmen oder die Speichenräder und Reifen etc. ableiten.
- Je nach Vertriebsweg und Produktionsumfang haben Sie sich bei der Standortfrage für ein Ladenlokal und für einen Produktionsstandort entschieden – mit entsprechenden laufenden Mietzahlungen.
- Sie haben sich mit der Einstellung von Personal beschäftigt und können jetzt die Auszahlungen für die Entlohnung und die Personalnebenkosten abschätzen.

Wie entwickelt sich der Cashflow Ihres Unternehmens? Für welche Rechtsform haben Sie sich entschieden und wie viel Kapital bringen Sie und ggf. Ihre Freunde

in das Unternehmen ein? Haben Sie im Falle einer Kapitalgesellschaft an die Bezahlung der Geschäftsführung gedacht?
Jetzt müssten Sie ein erstes wichtiges Zwischenergebnis kennen: Weist Ihre Planung einen Kapitalüberschuss oder einen Kapitalbedarf aus?
Wenn Sie einen *Kapitalbedarf* haben – wie möchten Sie ihn decken?

- Können Sie mit Ihren Planungen eine Bank überzeugen und einen Kredit beantragen oder finden Sie zusätzliche Freunde und Partner, die sich an Ihrem Unternehmen beteiligen möchten?
- Die Nutzung Ihrer Maschinen zur Produktion der E-Bikes führt zu einer Wertminderung der Maschinen, die Sie durch die Berechnung von Abschreibungen quantifizieren. Erklären Sie Ihren Freunden, wie eine Innenfinanzierung durch Abschreibungsgegenwerte funktioniert.

Nun müssen Sie sich noch Gedanken zur Vorteilhaftigkeit Ihrer *Kapitalverwendung* machen.

- Wie hoch ist Ihre Renditeerwartung für das Kapital, das Sie für Ihr Unternehmen bereitstellen möchten?
- Wenn Sie eine GmbH gründen möchten – welche Dividenden erwarten die Gesellschafter?
- Wenn Sie zur Deckung Ihres Kapitalbedarfs Kredite eingeplant haben, berechnen Sie die gewogenen Kapitalkosten (WACC).

Auf wie viele Perioden (Monate oder Jahre) haben Sie Ihre Planung ausgelegt?

- Stellen Sie den Kaufpreis Ihrer Maschinen als »Anfangsauszahlung« und den laufenden Cashflow aus Ihrer Geschäftstätigkeit (vor einer Außenfinanzierung) stichtagsbezogen auf einem Zeitstrahl dar und berechnen Sie den Vermögensendwert und den Kapitalwert des Zahlungsstroms.
- Sie können alternativ auch den internen Zinssatz ausrechnen und mit dem WACC vergleichen. Wie ist das Ergebnis zu interpretieren?

ZITIERTE LITERATUR

Hutzschenreuter, T. (2015): Allgemeine Betriebswirtschaftslehre, 6. Aufl., Wiesbaden: Springer Gabler.

Jung, H. (2016): Allgemeine Betriebswirtschaftslehre, 13. Aufl., Berlin: De Gruyter Oldenbourg.

Schierenbeck, H./Wöhle, C. (2016): Grundzüge der Betriebswirtschaftslehre, 19. Aufl., Berlin: De Gruyter Oldenbourg.

Weber, W./Kabst, R./Baum, M. (2018): Einführung in die Betriebswirtschaftslehre, 10. Aufl., Wiesbaden: Springer Gabler.

Wöhe, G./Döring, U./Brösel, G. (2016): Einführung in die Allgemeine Betriebswirtschaftslehre, 26. Aufl., München: Vahlen.

Weiterführende Literatur

Becker, H. P. (2016): Investition und Finanzierung, 7. Aufl., Wiesbaden: Springer Gabler.

Binder, U. (2017): Die 5 wichtigsten Steuerungsinstrumente für kleine Unternehmen, Freiburg: Haufe.

Blohm, H./Lüder, K./Schaefer, C. (2012): Investition, 10. Aufl., München: Vahlen.

Eisenführ, F./Foit, K./Kastner, M. (2009): Investitionsrechnung, 14. Aufl., Aachen: Mainz.

Drukarczyk, J./Lobe, S. (2015): Finanzierung, 11. Aufl., Stuttgart: Lucius.

Kruschwitz, L. (2014): Investitionsrechnung, 14. Aufl., Berlin: De Gruyter Oldenbourg.

Perridon, L./Steiner, M./Rathgeber, A. W. (2017): Finanzwirtschaft der Unternehmung, 17. Aufl., München: Vahlen.

ter Horst, K. W. (2009): Investition, 2. Aufl., Stuttgart: Kohlhammer.

6 Rechnungswesen

ÜBERSICHT

- **6.1 Grundlagen:** Das Rechnungswesen erfasst und dokumentiert alle quantitativen wirtschaftlichen Vorgänge des Unternehmens. Für unternehmensinterne Zwecke unterstützen die hier erfassten Daten die Entscheidungsfindung und die Optimierung der Geschäftsprozesse. Für unternehmensexterne Zwecke dient es der Rechenschaftslegung über das abgelaufene Geschäftsjahr.
- **6.2 Internes Rechnungswesen:** Das interne Rechnungswesen, auch als Kosten- und Leistungsrechnung bezeichnet, stellt den Wert der verbrauchten Produktionsfaktoren den erstellten Leistungen gegenüber. Es wird der Kostenverlauf in Abhängigkeit von der Beschäftigung des Unternehmens analysiert, die Gemeinkosten werden zuerst den Kostenstellen zugeordnet und dann zusammen mit den Einzelkosten im Rahmen der Kalkulation auf die Produkte verteilt. Bezogen auf eine Periode werden das Betriebsergebnis und die Gewinnschwelle (Break-even-Point) des Unternehmens bestimmt. Für die Berechnung der Wirtschaftlichkeit von Investitionen stellt das interne Rechnungswesen Methoden der statischen Investitionsrechnung bereit.
- **Hinweis:** Neben den statischen Methoden zur Beurteilung von Investitionen auf der Basis von Erlösen und Kosten werden im Rahmen der Finanzierungsplanung Investitionen auf der Basis von Ein- und Auszahlungen bewertet. Zu den Modellen der sogenannten dynamischen Investitionsrechnung (Vermögensendwert, Kapitalwert, Annuität und interner Zinsfuß) vgl. Kap. 5.4.
- **6.3 Externes Rechnungswesen:** Das externe Rechnungswesen dient mit dem *Jahresabschluss* der Rechenschaftslegung des Unternehmens über das abgelaufene Geschäftsjahr. Das Vermögen des Unternehmens wird in seiner Bilanz ausgewiesen, die Gewinn- und Verlustrechnung dokumentiert den Erfolg oder Misserfolg des Geschäftsjahres. Neben dem deutschen Handelsrecht unterliegen viele Unternehmen den internationalen Rechnungslegungsvorschriften des IFRS. Zudem muss das Unternehmen steuerliche Regeln zur Ermittlung des zu versteuernden Einkommens beachten.

6.1 Grundlagen

Das Unternehmen ist eingebettet in ein Umfeld von Stakeholdern, die mit dem Unternehmen zusammenarbeiten und die deshalb Informationen über das Unternehmen und aus dem Unternehmen benötigen. Aber auch die Unternehmensführung selbst ist für die Vorbereitung ihrer Entscheidungen auf eine Vielzahl von Informationen angewiesen. Hierfür müssen die Geschäftsvorfälle dokumentiert und archiviert sowie Daten gesammelt und aufbereitet werden.

Internes und externes Rechnungswesen

Ausgerichtet auf die jeweiligen Adressaten der vom Unternehmen bereitgestellten Informationen, wird zwischen dem internen und dem externen Rechnungswesen unterschieden. Das *interne Rechnungswesen* ist ausgerichtet auf die Unternehmensführung und die ihr nachgeordneten Entscheidungsträger wie z. B. die Bereichs- oder Abteilungsleiter, die im Organigramm des Unternehmens ausgewiesen sind. Die Entscheidungsträger müssen die ihnen zugeordneten Geschäftsprozesse

Abb. 6.1

Grundfunktionen des Rechnungswesens

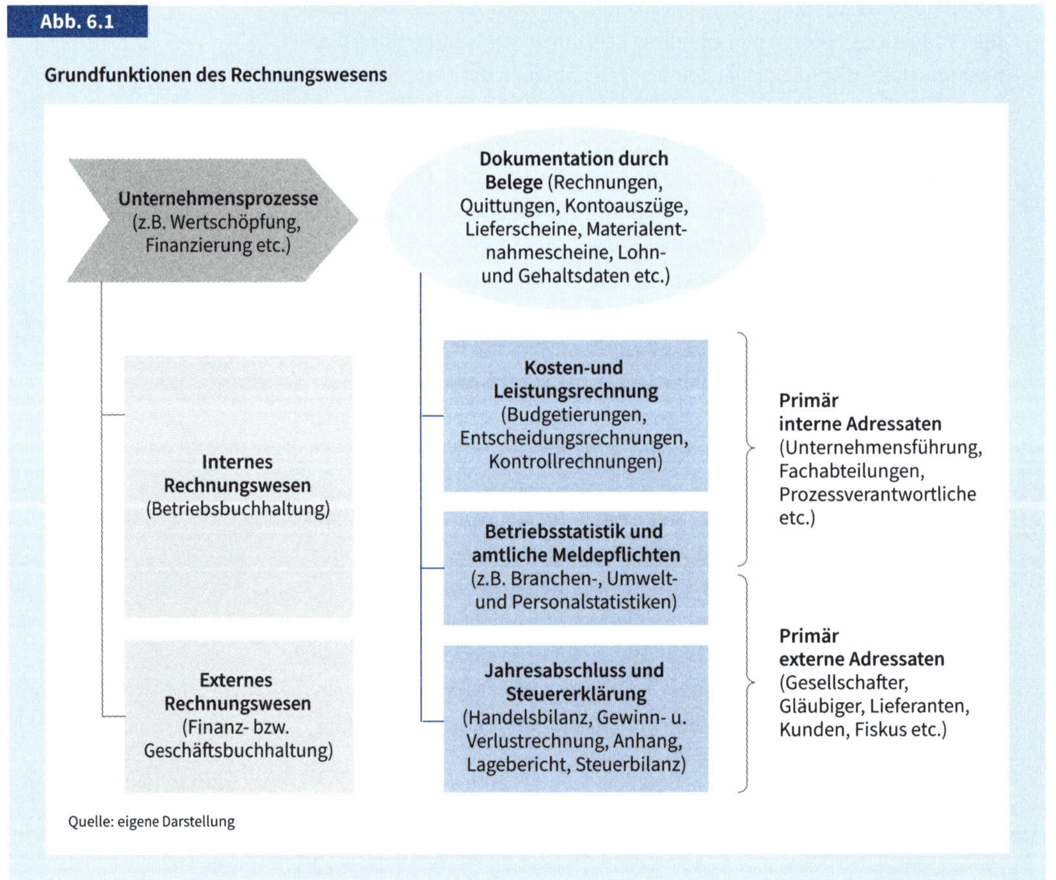

Quelle: eigene Darstellung

planen und kontrollieren. Dazu benötigen sie zum einen Daten, die die vergangenen Geschäftsprozesse genau beschreiben, und zum anderen Informationen, die sich auf zukünftige Entwicklungen beziehen. Das *externe Rechnungswesen* hingegen stellt auf Adressaten ab, die keinen Zugriff auf Unternehmensinterna haben. Hierzu zählen neben der allgemeinen Öffentlichkeit insbesondere die Gesellschafter bzw. Aktionäre von Kapitalgesellschaften, die qua Rechtsform zwar Kontrollrechte besitzen, die aber nicht leitungsbefugt sind (vgl. Abb. 6.1).

Damit die Unternehmensleitung im externen Rechnungswesen ihren Informationspflichten gegenüber dem Fiskus zur Besteuerung und gegenüber der Öffentlichkeit und den Anteilseignern zur Offenlegung der Wirtschaftsdaten gerecht wird, sieht das Handelsrecht eine Vielzahl von Regeln vor, die den Informationsumfang, die Informationsaufbereitung und den Informationsrhythmus normieren (vgl. Abb. 6.2).

Durch die unterschiedlichen Ziele und Adressaten des externen und des internen Rechnungswesens ergeben sich deutliche Unterschiede für die Aufbereitung der Unternehmensdaten. Hierbei zeigt sich zudem die enge Verbindung des Rechnungswesens zur Finanzwirtschaft des Unternehmens und zu den dort gewählten Abgrenzungen der Rechnungsgrößen (vgl. Kap. 5.1, Abb. 5.2).

Jahresüberschuss

Das *externe Rechnungswesen* bezieht sich auf das Gesamtunternehmen in seiner Rechtsform als Einzelkaufmann bzw. als Personen- oder Kapitalgesellschaft. Es ermittelt das Unternehmensvermögen sowie die jährliche Vermögensänderung als Differenz zwischen Ertrag und Aufwand. Eine positive Differenz wird als *Jahres-*

Abb. 6.2

Struktur des Rechnungswesens

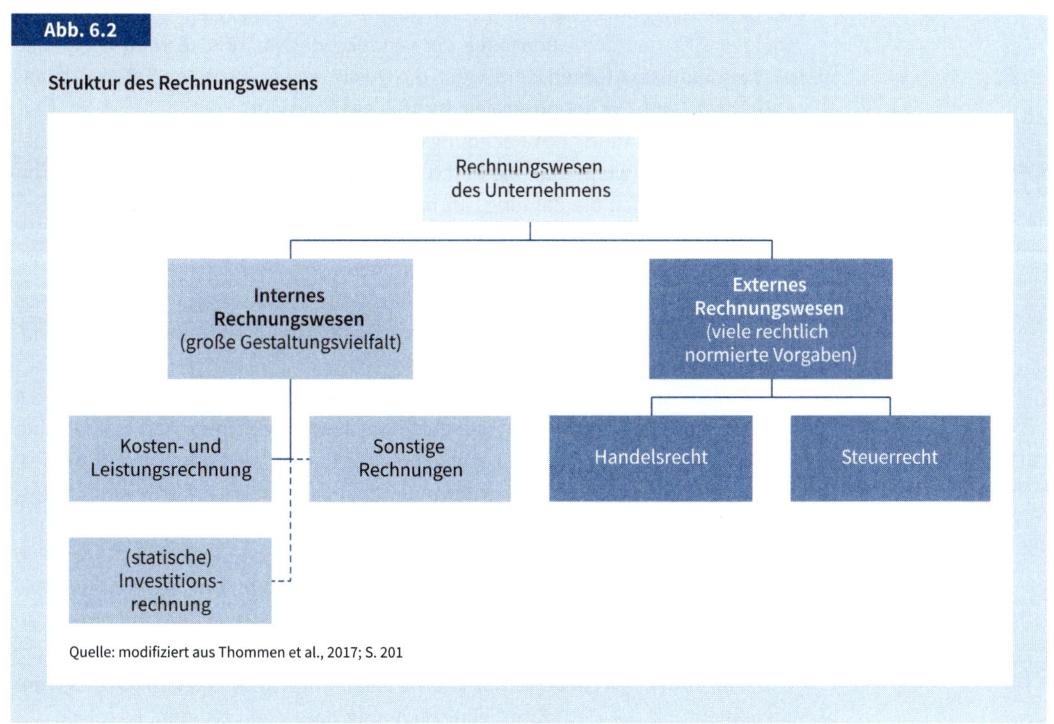

Quelle: modifiziert aus Thommen et al., 2017; S. 201

überschuss bezeichnet und zeichnet ein wirtschaftlich erfolgreiches Unternehmen aus, andernfalls weist das Unternehmensergebnis einen Jahresfehlbetrag (Verlust) aus.

Betriebsergebnis

Das *interne Rechnungswesen* dient der Unternehmensführung zur Entscheidungsvorbereitung und zur Kontrolle der Unternehmensprozesse, es bezieht sich somit auf die Abbildung der Kernprozesse des Unternehmens. Es soll nicht durch außerordentliche Geschäftsvorfälle oder durch sonstige Aktivitäten des Unternehmens wie z. B. spekulative Geldanlagen beeinflusst werden. Im Mittelpunkt stehen die Leistungen und die Kosten der gewöhnlichen Geschäftstätigkeit. Die Differenz zwischen Leistungen und Kosten wird als *Betriebsergebnis* bezeichnet und vielfach nicht nur auf Jahresbasis, sondern häufig auch unterjährig, z. B. monatlich, errechnet. Das Betriebsergebnis eines Geschäftsjahres kann in den handelsrechtlichen Jahresüberschuss übergeleitet werden. Addiert man das Betriebsergebnis und das sogenannte »neutrale Ergebnis«, d. h. das Ergebnis der sonstigen, nicht betriebsbedingten Geschäftsvorfälle des Unternehmens und die gesetzlich bedingten handelsrechtlichen Korrekturen zur Ergebnisermittlung des internen Rechnungswesens, erhält man als Resultat den handelsrechtlichen Jahresüberschuss bzw. -verlust des Geschäftsjahres.

Gewinn

Der Begriff *Gewinn* wird sowohl im externen als auch im internen Rechnungswesen verwendet. Bezogen auf das externe Rechnungswesen bezeichnet er i. d. R. den handelsrechtlichen Jahresüberschuss. Im internen Rechnungswesen hingegen bezieht sich der Gewinn auf das Betriebsergebnis der Periode. Jahresüberschuss und Betriebsergebnis eines Jahres sind aber nicht deckungsgleich, sondern unterscheiden sich deutlich, sodass die Verwendung des Begriffs »Gewinn« leicht zu Missverständnissen führen kann, wenn die Quelle der verwendeten Daten, d. h. das zugrunde gelegte Rechnungswesen, nicht angegeben wird.

Einzahlungen und Auszahlungen

Einnahmen und Ausgaben

Die enge Verbindung des Rechnungswesens zur Finanzwirtschaft zeigt sich besonders deutlich, wenn man die Daten des Rechnungswesens in Kontenform darstellt und zusätzlich die Zahlungsströme auf Finanzkonten abbildet. Werden *Einzahlungen* und *Auszahlungen*, d. h. der *Cashflow* des Unternehmens, um Forderungen erhöht oder um Verbindlichkeiten vermindert, ergeben sich die *Einnahmen* und *Ausgaben* des Unternehmens. Der Periodensaldo aus Zahlungsmittelbestand plus Forderungen abzüglich Verbindlichkeiten wird als »Liquiditätssaldo« oder als *Geldvermögen* des Unternehmens bezeichnet.

Liquiditäts- versus Erfolgssaldo

In Abbildung 6.3 sind die drei Kontengruppen des Rechnungswesens, d. h. die Finanzkonten, die Bilanzkonten und die Erfolgskonten, zusammengefasst, um ihre Verzahnung durch den Liquiditätssaldo und den Erfolgssaldo darzustellen. Keinesfalls ist die Abbildung 6.3 so zu interpretieren, dass sich Liquiditäts- und Erfolgssaldo in ihrer Höhe entsprechen oder inhaltlich gleichzusetzen sind.

In der Buchhaltung werden die Konten der Finanzrechnung und die Konten der Bilanz zusammengefasst und ggf. in einer Kapitalflussrechnung ausgewiesen. Die Planung des Kapitalbedarfs und die Maßnahmen zu ihrer Deckung sind Teil der eigenständigen Finanzplanung des Unternehmens (vgl. Kap. 5).

Im Folgenden soll zunächst das interne Rechnungswesen mit den Aufgaben der Kalkulation und der Betriebsergebnisrechnung dargestellt werden. Es folgen das

Abb. 6.3

Dreiteiliges Rechnungswesen

<table>
<tr><th colspan="2">Salden der Finanzkonten</th><th colspan="2">Salden der Bilanzkonten</th><th colspan="2">Salden der Erfolgskonten</th></tr>
<tr><td colspan="2">Finanzrechnung</td><td colspan="2">Bilanz</td><td colspan="2">Erfolgsrechnung</td></tr>
<tr><td>(Perioden-) Einnahmen</td><td>(Perioden-) Ausgaben</td><td>Vermögen (ohne Zahlungsmittel)</td><td>Kapital/ Schulden</td><td>(Perioden-) Aufwand/Kosten</td><td>(Perioden-) Ertrag/Leistung</td></tr>
<tr><td>Zahlungsmittel-anfangsbestand</td><td colspan="2">Liquiditätssaldo = Zahlungsmittelbestand</td><td colspan="2">Erfolgssaldo = Gewinn</td><td></td></tr>
</table>

Quelle: entnommen aus Schierenbeck/Wöhle, 2016; S. 607

externe Rechnungswesen mit der Aufstellung des handelsrechtlichen Jahresabschlusses für das Geschäftsjahr des Unternehmens und ein Verweis auf die zu zahlenden Gewinnsteuern auf der Unternehmensebene und auf der Ebene der Eigentümer des Unternehmens.

6.2 Internes Rechnungswesen

6.2.1 Grundlagen der Kosten- und Leistungsrechnung

Leistungen und Erlöse

Die Begriffswelt des internen Rechnungswesens ist gesetzlich nicht normiert, sodass unterschiedliche Bezeichnungen für gleiche Sachverhalte existieren. Häufig wird das interne Rechnungswesen als *»Kosten- und Leistungsrechnung (KLR)«* oder als »Kosten- und Erlösrechnung« bezeichnet. Zwar werden die Begriffe »Leistung« und »Erlös« zunehmend vereinfachend synonym verwendet, dennoch besteht ein wichtiger Unterschied: Die *Leistung* eines Unternehmens bezeichnet den Gesamtwert der hergestellten Güter und Dienstleistungen einer Periode, während die *Erlöse* den Wert der *verkauften* Güter und Dienstleistungen, d. h. den Umsatz einer Periode, beziffern. Leistungen und Erlöse unterscheiden sich somit um den Wert der Lagerbestandsveränderungen einer Periode. Auch wenn ein Unternehmen nur Dienstleistungen produziert, sind die produzierten Leistungen nicht mit den erzielten Erlösen identisch. Zwar sind Dienstleistungen nicht lagerfähig, doch kann sich die Erstellung einer Dienstleistung über einen längeren Zeitraum erstrecken und Periodengrenzen überschreiten, ohne dass die Dienstleistung periodengerecht dem Kunden in Rechnung gestellt wurde.

Kosten

Kosten bezeichnen den periodengerechten Wert der verbrauchten Produktionsfaktoren für die Leistungserstellung des Unternehmens. Zu den Produktionsfaktoren zählt die Arbeit der Belegschaft ebenso wie die Nutzung der Potenzialgüter (z. B. Maschinen und Anlagen oder Gebäude) und der Verbrauch an Repetiergütern

(z. B. Werk- und Betriebsstoffe) und Dienstleistungen (z. B. für die Instandhaltung der Maschinen). Kosten beinhalten auch den Wert von Lagerbestandsminderungen, wenn in einer Periode mehr Güter verkauft als produziert wurden.

Beschäftigung (i. S. d. Kapazitätsauslastung)

Die Höhe der Kosten eines Unternehmens ist von zahlreichen Einflussgrößen abhängig. Eine bedeutende Einflussgröße ist die Auslastung des Unternehmens, sie wird als *»Beschäftigung«* bezeichnet und bezieht sich im einfachen Falle auf die produzierte Menge (Stückzahl) der hergestellten Güter. Ein Unternehmen ist voll ausgelastet (vollbeschäftigt), wenn die vorhandene Kapazität, d. h. das Leistungsvermögen des Unternehmens, zu 100 % ausgelastet ist.

$$\text{Beschäftigungsgrad (in Prozent)} = \frac{\text{Ist-Beschäftigung}}{\text{Voll-Beschäftigung}} \times 100$$

Ist die Kapazität nicht ausgelastet, spricht man von »Unterbeschäftigung«. Ein Unternehmen kann umgekehrt »überbeschäftigt« sein, wenn die normale Kapazität z. B. durch Überstunden ausgeweitet wird. Da die Vollauslastung der Kapazität ein theoretischer Wert ist, wird in der Unternehmenspraxis häufig bereits bei einem Beschäftigungsgrad von 80 % von Vollbeschäftigung gesprochen.

Variable und fixe Kosten

In Abhängigkeit von der Beschäftigung lassen sich unterschiedliche Kostenverläufe beobachten. Steigen die Kosten mit steigender Beschäftigung, spricht man von *»variablen Kosten«*. Ein typisches Beispiel hierfür sind Materialkosten, da mit zunehmender Anzahl von produzierten Gütern der Materialverbrauch zunimmt. Vereinfachend wird bei den variablen Kosten häufig ein linearer Zusammenhang unterstellt, obwohl z. B. bei Betriebsstoffen der Verbrauch auch überproportional steigen kann. Sind dagegen die Kosten nicht von der Beschäftigung abhängig, spricht man von *»fixen Kosten«*. Ein Beispiel hierfür sind Mieten für Gebäude, die unabhängig von der Auslastung des Unternehmens anfallen. Fixe und variable Kosten zusammen bilden die Gesamtkosten des Unternehmens. Werden die Kosten durch die Beschäftigungseinheiten, wie z. B. die Stückzahlen, dividiert, erhält man die variablen und fixen Stückkosten. Kosten und Stückkosten lassen sich als Funktion der Beschäftigung, z. B. der Produktionsmenge (X), darstellen (vgl. Abb. 6.4).

Einzel- und Gemeinkosten

Unabhängig von den Kostenverläufen ist die Zurechnung der Kosten zu untersuchen. Lassen sich die Kosten einzelnen Produktionsaufträgen zurechnen, bezeichnet man sie als »Einzelkosten«. Typische Einzelkosten sind z. B. Materialkosten oder Fertigungslöhne, wenn bei der Materialausgabe auf den Materialentnahmescheinen und bei den Arbeitsgangpapieren festgehalten wird, für welchen Auftrag und damit für welches Produkt das Material verbraucht und die Mitarbeiter eingesetzt wurden. Kosten, die sich nicht eindeutig den Aufträgen zuordnen lassen, werden als »Gemeinkosten« bezeichnet. Sie fallen für das Unternehmen allgemein an, wie z. B. Gehälter in der Verwaltung oder Mieten für die Produktionsgebäude. Gemeinkosten werden dem Ort ihrer Entstehung zugerechnet.

Die Kosten- und Leistungsrechnung bereitet ihre Daten in drei Stufen auf:

- Welche Kosten sind angefallen (Kostenartenrechnung)?
- Wo sind die Kosten angefallen (Kostenstellenrechnung)?
- Wofür sind die Kosten angefallen (Kostenträgerrechnung)?

Abb. 6.4

Gesamt- und Stückkostenverläufe in Abhängigkeit von der Beschäftigung

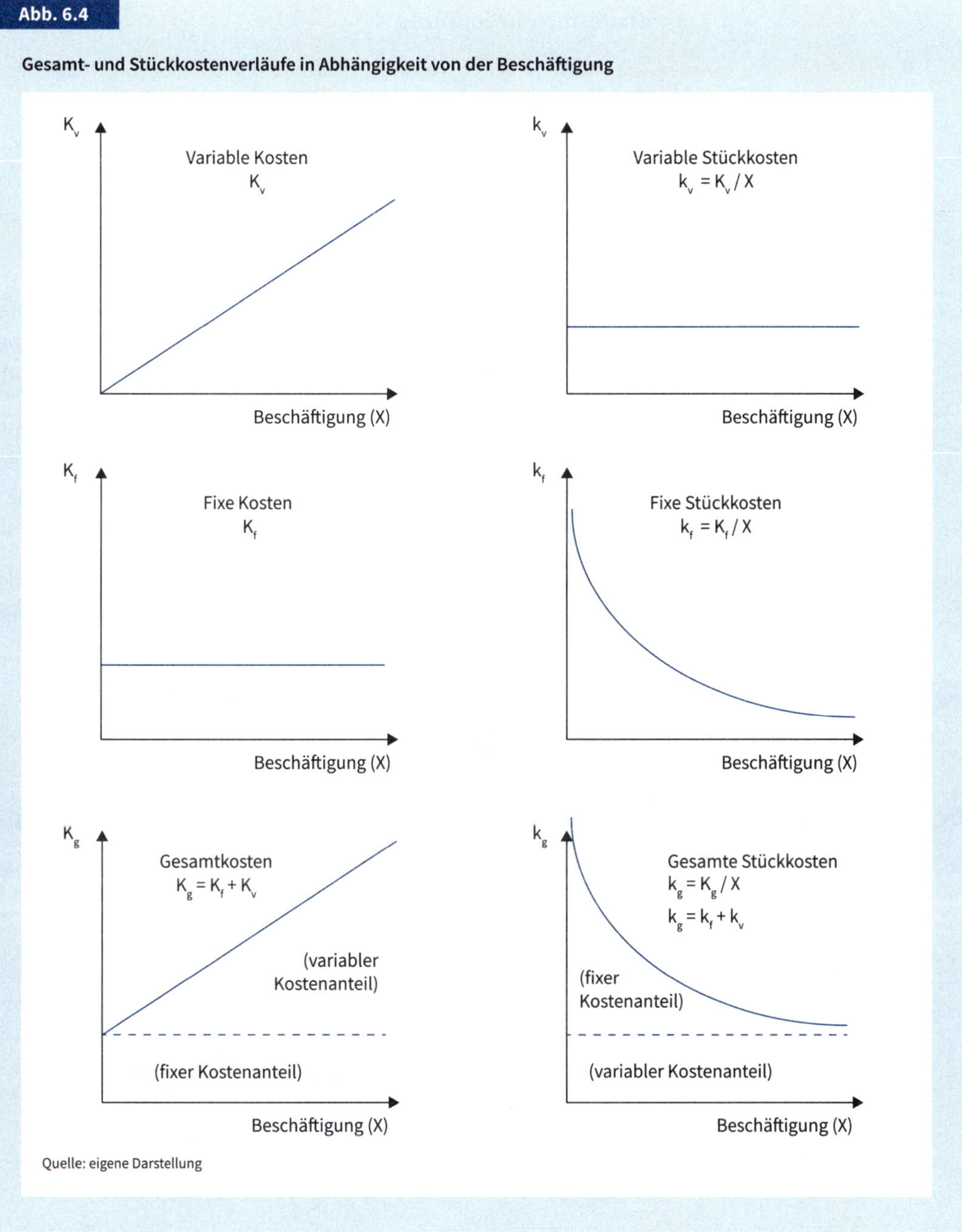

Quelle: eigene Darstellung

6.2.2 Kostenartenrechnung

Von den vielen Kosten eines Unternehmens, die in der Betriebsbuchhaltung erfasst werden, sollen die folgenden Kostenarten näher beleuchtet werden:

1. Materialkosten,
2. Personalkosten und kalkulatorischer Unternehmerlohn,
3. Kosten der Maschinennutzung (kalkulatorische Abschreibungen und Mieten),
4. Kapitalkosten (kalkulatorische Zinsen),
5. kalkulatorische Wagnisse.

Kalkulatorische Kosten

Die Kennzeichnung einiger Kostenarten als »kalkulatorische Kostenarten« (z. B. »kalkulatorische Zinsen«) bedeutet, dass im externen Rechnungswesen eine namensgleiche Aufwandsart (hier »Zinsen«) existiert, die dort anders definiert ist und entsprechend unterschiedlich abgegrenzt und berechnet wird (vgl. Kap. 6.3.3).

Materialkosten

Die *Materialkosten* errechnen sich aus dem Produkt aus Materialverbrauch und Materialpreis. Der Materialpreis ergibt sich im Wesentlichen aus den Lieferantenrechnungen. Schwanken die Materialpreise im Beschaffungszeitraum, werden i. d. R. Durchschnittswerte errechnet. Zur Ermittlung der Materialverbrauchsmenge stehen verschiedene Ansätze zur Auswahl (vgl. Abb. 6.5).

Berechnung der Materialverbrauchsmenge

Die *Zugangsmethode* ist bei nicht lagerfähigen Betriebsstoffen, wie z. B. Gas oder Strom, verbreitet. Die *Inventurmethode* ist die Standardmethode des externen

Abb. 6.5

Methoden zur Berechnung der Materialverbrauchsmenge

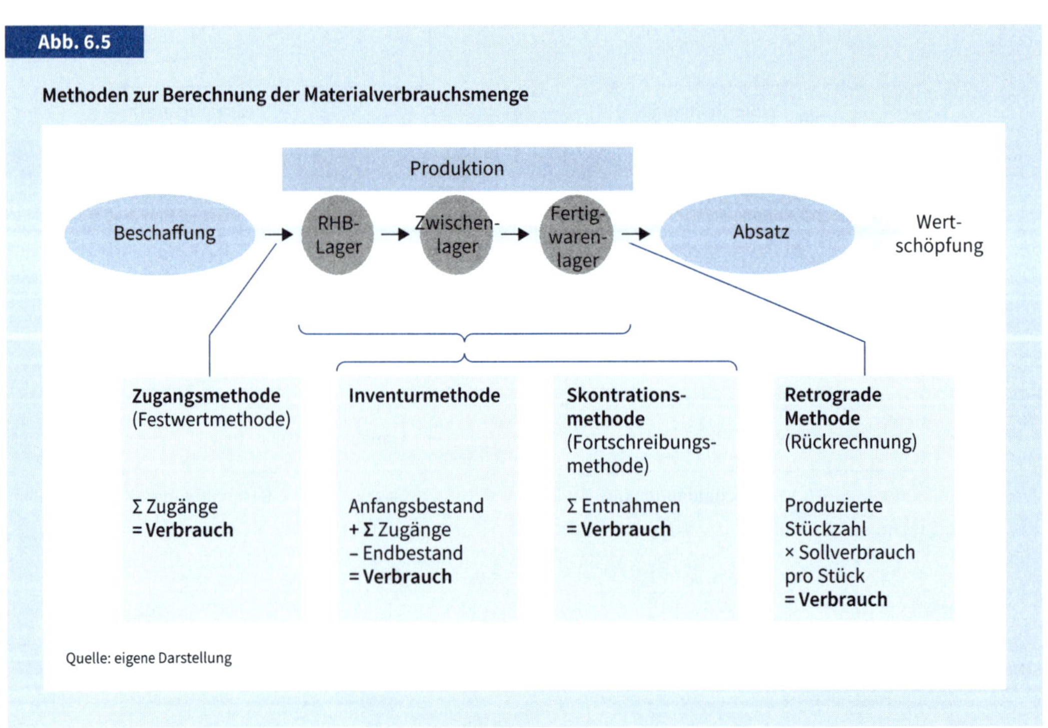

Quelle: eigene Darstellung

Rechnungswesens zur Verbrauchsmessung. Anfangs- und Endbestände der Lager werden gezählt, die Zugänge werden über die Lieferscheine addiert. Eine Inventur zur Zählung der Endbestände wird i. d. R. jährlich durchgeführt. Die Anwendung der Inventurmethode hat den Nachteil, dass keine Zuordnung der Lagerabgänge zu den verbrauchenden Produktionsaufträgen erfolgt. Auch lässt sich nicht zwischen Produktionsverbrauch und Schwund oder Diebstahl differenzieren. Die *Skontrationsmethode* wiederum führt keine Lagerbestände, sondern sie ermittelt den Materialverbrauch mit Hilfe der Materialentnahmescheine. Obwohl eine gleichzeitige Durchführung von Inventur- und Skontrationsmethode aufwendig ist, führt ihre Anwendung im Verbund zu einer Lagerbuchführung mit dem größten Informationsgehalt. Die *retrograde Methode* wählt für die Verbrauchsermittlung den Weg der Rückrechnung. Ihre Anwendung setzt voraus, dass der Sollverbrauch je Produkt in Stücklisten hinterlegt ist und deshalb über die Produktionsmenge ermittelt werden kann. Ihr Genauigkeitsgrad ist nicht sehr hoch, da ein Materialverbrauch durch Ausschuss oder durch Diebstahl und Schwund nicht erfasst wird. Materialkosten, die nach der Skontrationsmethode oder per Rückrechnung bestimmt wurden, werden als Einzelkosten den Produktionsaufträgen und Produkten zugerechnet.

Lohn- und Gehaltskosten

Die *Lohnkosten* des Unternehmens errechnen sich als Summe der Bruttolöhne und der Bruttogehälter der Mitarbeiter, die in der jeweiligen Periode an der Leistungserstellung und -verwertung beteiligt sind (vgl. Kap. 4.5). Hinzu kommen die gesetzlichen und alle freiwilligen Sozialleistungen des Unternehmens. Zu den Lohnkosten zählen ebenfalls die Beiträge des Unternehmens zur Unfallversicherung (Berufsgenossenschaft). Löhne, die per Betriebsdatenerfassung einzelnen Aufträgen oder Produkten zugeordnet werden können, sind Einzelkosten, alle anderen Löhne und Gehälter sind Gemeinkosten.

Kalkulatorischer Unternehmerlohn

Eine Sonderstellung der Entlohnung nimmt der sogenannte *kalkulatorische Unternehmerlohn* bei Einzelunternehmen oder Personengesellschaften ein. Er kann nicht der Lohn- und Gehaltsbuchhaltung entnommen werden, da bei Einzelunternehmen und Personengesellschaften die Eigentümer nicht Angestellte ihres Unternehmens sind (vgl. Kap. 3.2). Damit ihre Arbeitsleistung bei den Berechnungen z. B. zur Verkaufspreiskontrolle (Kalkulation) der Produkte berücksichtigt werden kann, wird ein fiktiver Lohn mit Lohnnebenkosten in Höhe eines vergleichbaren Gehalts z. B. des Geschäftsführers einer Kapitalgesellschaft in die Kosten eingerechnet. Arbeitet das Unternehmen kostendeckend, wird es einen Gewinn erzielen, der von den Eigentümern der Personengesellschaft im Sinne einer »Lohnzahlung« entnommen werden kann. Der kalkulatorische Unternehmerlohn zählt zu den Gemeinkosten.

Kalkulatorische Abschreibungen

Das Unternehmen nutzt zur Leistungserstellung Maschinen und Anlagen sowie Gebäude, die durch den Gebrauch abgenutzt werden und an Wert verlieren. Diese Abnutzung ist ein »Werteverzehr«, der in der Kostenrechnung als sogenannte *kalkulatorische Abschreibung* bezeichnet wird. Zu ihrer Berechnung wird der Werteverzehr gleichmäßig auf die Nutzungsdauer der Abschreibungsgüter verteilt.

Der Wiederbeschaffungswert der Maschinen und Anlagen ist häufig höher als ihr ursprünglicher Anschaffungswert oder Kaufpreis. Sein Ansatz folgt der Überlegung, dass Unternehmen auch in der Zukunft wirtschaftlich arbeiten müssen und deshalb ihren Maschinenpark ständig anpassen und modernisieren müssen. Werden die Maschinen und Anlagen am Ende ihrer Nutzungsdauer verkauft, wird ein Liquidationserlös erzielt. Entstehen am Ende der Nutzungsdauer Abbruch- oder Entsorgungskosten, werden diese i. d. R. nicht als negativer Liquidationserlös berücksichtigt, sondern erst in der Abbruchperiode verrechnet. Die Nutzungsdauer einer Maschine muss geschätzt werden. Sie hängt von ihrer Wartung und Instandhaltung ab und wird stark durch die Nutzungsintensität beeinflusst.

Die kalkulatorischen Abschreibungen sind fast immer Gemeinkosten des Unternehmens, es sei denn, dass einzelne Maschinen und Anlagen nur für bestimmte Produkte eingesetzt werden und damit diesen Produkten als Einzelkosten zugerechnet werden können.

$$\text{Kalkulatorische Abschreibungen} = \frac{\text{Wiederbeschaffungswert} - \text{Liquidationserlös}}{\text{Nutzungsdauer}}$$

Kalkulatorische Zinsen

Alle Maschinen und Anlagen sowie Vorräte, die ein Unternehmen betriebsbedingt benötigt, binden Kapital, das finanziert werden muss. Die Finanzierung kann sowohl durch die Eigentümer als auch durch Fremdkapital erfolgen. Die Kapitalbindung kostet Geld, entweder für Zinszahlungen an die Fremdkapitalgeber oder als Entnahmeerwartung der Eigentümer. Diese Kosten der Kapitalbindung werden als *kalkulatorische Zinsen* bezeichnet. Zur Berechnung der kalkulatorischen Zinsen wird zunächst das für den Unternehmenszweck notwendige durchschnittliche Vermögen auf der Basis von Wiederbeschaffungswerten bestimmt und um zinslose Darlehen (z. B. Lieferantenkredite, Kundenanzahlungen und Rückstellungen) reduziert.

$$\text{Kalkulatorische Zinsen} = \frac{\text{betriebsnotwendiges Vermögen}}{2} \times \text{WACC}$$

Die Höhe des kalkulatorischen Zinssatzes berechnet sich gemäß dem WACC-Modell als gewogener Mischzinssatz aus dem Fremdkapitalzinssatz und der Renditeerwartung der Eigentümer (vgl. Kap. 5.4, Abb. 5.11). Die kalkulatorischen Zinsen sind Gemeinkosten.

Kalkulatorische Miete

Nutzt ein Einzelunternehmer oder eine Personengesellschaft Gebäude und Grundstücke aus dem Privatvermögen der Eigentümer, können hierüber mit den Eigentümern keine Miet- oder Pachtverträge abgeschlossen werden. Andererseits arbeitet das Unternehmen nur dann wirtschaftlich, wenn sein Gewinn die hierfür eigentlich notwendigen Miet- und Pachtzahlungen abdeckt. Um dies zu berücksichtigen, werden sogenannte *kalkulatorische Mieten* in Höhe vergleichbarer Mieten angesetzt. Kalkulatorische Mieten sind Gemeinkosten, da für sie i. d. R. kein Produktbezug besteht.

Kalkulatorische Wagnisse

Die unternehmerische Tätigkeit ist grundsätzlich risikobehaftet, d. h. mit Wagnissen verbunden. Dies ist zum einen das allgemeine Unternehmerwagnis, welches nicht versicherbar ist und von den Eigentümern bzw. Gesellschaftern und Aktionären zu tragen ist. Die Eigentümer erwarten deshalb vom Unternehmen als Risikoprämie einen angemessenen Gewinn, den sie entnehmen bzw. den das Unternehmen an sie ausschütten kann. Dieses Risiko geht nicht in die Kostenrechnung ein.

Allerdings geht das Unternehmen zum anderen spezielle Einzelrisiken ein. Lagerbestände können verderben und Maschinen und Anlagen können ausfallen. Produkte können beim Kunden zu Schäden führen, für die das Unternehmen haften muss, und Kunden können zahlungsunfähig werden und daher ihre Rechnungen nicht bezahlen. Versichert sich das Unternehmen gegen diese Risiken, gehen die gezahlten Versicherungsprämien als Gemeinkosten in die Kostenrechnung ein. Entscheidet sich das Unternehmen gegen den Abschluss einer Versicherung, muss es trotzdem vorsorgen und sogenannte *kalkulatorische Wagniskosten* ansetzen. Hierzu orientiert es sich an der Schadenshäufigkeit in der Vergangenheit und an alternativen Versicherungsprämien und erhöht die Gemeinkosten entsprechend. Arbeitet das Unternehmen wirtschaftlich, decken die Gewinne die jeweiligen Wagnisprämien ab.

Kalkulatorische Kosten als Anderskosten und als Zusatzkosten

Tritt ein konkreter Schadensfall ein, weil z. B. ein Fabrikgebäude abbrennt, handelt es sich um ein außerordentliches Ereignis, dessen wirtschaftliche Folgen die Kostenstrukturen des Unternehmens nicht verzerren sollen. Der Schaden und ebenso eventuelle Ausgleichszahlungen der Versicherung werden in der Kosten- und Leistungsrechnung nicht erfasst. Sie müssen allerdings im externen Rechnungswesen als außerordentliche Aufwendungen oder Erträge periodengerecht berücksichtigt werden.

Terminologisch werden als Abgrenzung zum externen Rechnungswesen die kalkulatorischen Abschreibungen sowie die kalkulatorischen Zinsen als »Anderskosten«, der kalkulatorische Unternehmerlohn, die kalkulatorischen Mieten und die kalkulatorischen Wagnisse als »Zusatzkosten« bezeichnet, da sie in dieser Form nur im internen Rechnungswesen angesetzt werden dürfen (vgl. Kap.6.3.3).

6.2.3 Kostenstellenrechnung

Die in der Kostenartenrechnung ausgewiesenen Gemeinkosten werden in der Kostenstellenrechnung den Orten der Kostenentstehung zugeordnet. Eine Kostenstelle ist die kleinste Unternehmenseinheit, in der Kosten erfasst und budgetiert werden. Die Kostenstellenbildung folgt vier grundlegenden Prinzipien (vgl. Abb. 6.6).

Kostenstellenstruktur

Die Kostenstellenstruktur folgt der Aufbauorganisation des Unternehmens (vgl. Kap. 3.3.2). Für jede Kostenstelle muss eine verantwortliche Leitung definiert wer-

Abb. 6.6

Grundprinzipien der Kostenstellenbildung

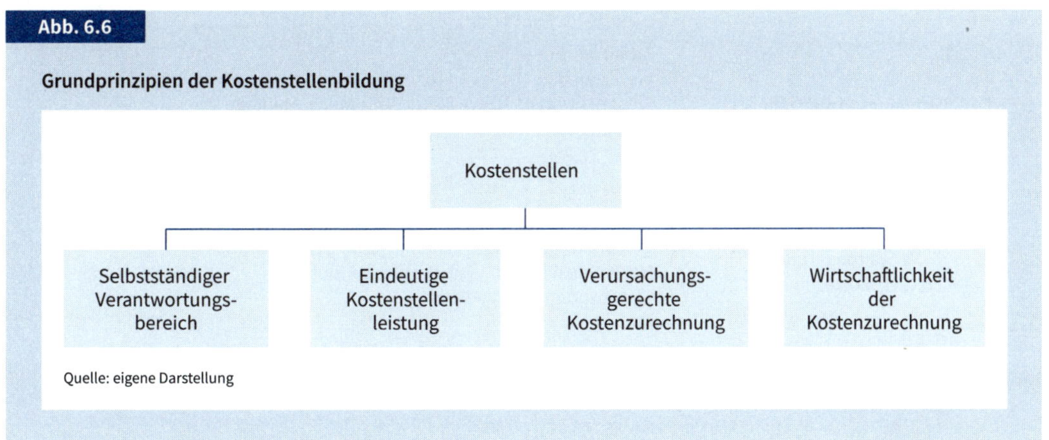

Quelle: eigene Darstellung

den, die für die Kostenverursachung einsteht. Die Kostenstellen sind untereinander so abzugrenzen, dass sie einerseits das ganze Unternehmen abdecken und andererseits sich nicht gegenseitig überlappen. Maßgeblich ist das Prinzip der eindeutigen Kostenstellenleistung. Hierunter versteht man, dass jede Kostenstelle im Unternehmen eine ganz bestimmte Aufgabe übernimmt und hierzu eine genau beschreibbare Leistung erbringt, deren Erstellung Kosten verursacht. Die Zuordnung der Kosten zu den Kostenstellen muss dementsprechend verursachungsgerecht erfolgen, d. h. eine Kostenstelle darf nur mit denjenigen Kosten belastet werden, die bei ihrer Leistungserstellung entstehen (»Kostenstelleneinzelkosten«). Gemeinkosten, die für mehrere Kostenstellen gemeinsam anfallen (»Kostenstellengemeinkosten«), werden anteilig aufgeteilt. Das Prinzip der Wirtschaftlichkeit fordert eine Abwägung zwischen dem Detaillierungsgrad und dem Informationsnutzen der Kostenzurechnung einerseits und den Kosten der Erfassung und Verrechnung andererseits.

Hauptkostenstellen

Kostenstellen, in denen Leistungen für das Produkt erbracht werden, werden als *Hauptkostenstellen* bezeichnet.

In Abhängigkeit vom Organigramm des Unternehmens werden Kostenstellen zusammengefasst, wobei sich für die Kostenrechnung eine Unterteilung in die drei Bereiche »Material«, »Fertigung« sowie »Verwaltung und Vertrieb« weitgehend durchgesetzt hat (vgl. Abb. 6.7).

Betriebsabrechnungsbogen

Zur Durchführung der Kostenstellenrechnung nutzen Unternehmen das Instrument des sogenannten *Betriebsabrechnungsbogens (BAB)*. Ein Betriebsabrech-

Abb. 6.7

Typische Kostenstellenbereiche eines Unternehmens

Kostenstellenbereich	Beispiele
Materialkostenstellen	• Bestellwesen • Materialdisposition • Wareneingang • RHB-Lager • etc.
Fertigungskostenstellen	• Arbeitsvorbereitung • Werkzeugbau • Fräsen, Bohren, Schweißen, Vormontage, Montage • Qualitätssicherung • etc.
Verwaltungs- und Vertiebskostenstellen	• Geschäftsführung, Rechnungs- und Finanzwesen • Personalwesen, Organisation, Planung und Controlling • Marketing, Vertrieb, Auftragsbearbeitung • Fertigwarenlager, Versand • etc.

Quelle: eigene Darstellung

nungsbogen ist eine Tabelle (Matrix), in der zeilenweise die Kostenarten und spaltenweise die Kostenstellen gegenübergestellt werden. Bezüglich der Kostenarten werden primär die Gemeinkosten ausgeführt, die Nennung der Einzelkosten erfolgt nur nachrichtlich zur Berechnung der Zuschlagssätze für die spätere Zuschlagskalkulation (vgl. Kap. 6.2.4.1 sowie Abb. 6.8 und 6.9).

Abb. 6.8

Struktur eines Betriebsabrechnungsbogens (BAB)

Kostenarten	**Kostenstellen**									
Gemeinkosten		**Material**			**Fertigung**			**Verwaltung und Vertrieb**		
Bezeichnung	Σ Kostenart je Kostenstelle	Hilfskostenstellen, z.B. Wareneingangskontrolle (…)	Hauptkostenstellen, z.B. Warenlager (…)	Σ Materialkostenstellen	Hilfskostenstellen, z.B. Arbeitsvorbereitung (…)	Hauptkostenstellen, z.B. Fräsen, Stanzen (…)	Σ Fertigungskostenstellen	Kostenstellen der Verwaltung, z.B. Geschäftsführung (…)	Kostenstellen des Vertriebs, z.B. Versand (…)	Σ Verwaltungs- und Vertriebskostenstellen
Gehälter	Σ	…	…	(Σ)	…	…	(Σ)	…	…	(Σ)
Mieten	Σ	…	…	(Σ)	…	…	(Σ)	…	…	(Σ)
Kalkulatorische Abschreibungen	Σ	…	…	(Σ)	…	…	(Σ)	…	…	(Σ)
Sonstige Gemeinkosten	Σ	…	…	(Σ)	…	…	(Σ)	…	…	(Σ)
Σ Gemeinkosten je Kostenstelle (Primärkostenrechnung)	ΣΣ	Σ	Σ	(Σ)	Σ	Σ	(Σ)	Σ	Σ	(Σ)
Innerbetriebliche Leistungsverrechnung (Sekundärkostenrechnung)	ΣΣ=0	(-)	(+)	(Σ=0)	(-)	(+)	(Σ=0)			
	ΣΣ	Σ=0	Σ	(Σ)	Σ=0	Σ	(Σ)	Σ	Σ	(Σ)
Nachrichtlich:										
Materialeinzelkosten				X						
Fertigungseinzelkosten (Fertigungslöhne)							X			
Herstellkosten (Σ Gemeinkosten und Σ Einzelkosten für Material und Fertigung										X
Zuschlagssätze (in Prozent)				(Σ)/X			(Σ)/X			(Σ)/X

Quelle: eigene Darstellung

Kostenstellen, wie z. B. die Arbeitsvorbereitung, die nur Leistungen für andere Kostenstellen erbringen (hier für die Kostenstelle Fräsen), werden als *Hilfskostenstellen* bezeichnet und auf die Hauptkostenstellen verrechnet.

Betriebsabrechnungsbogen als Matrix interpretiert

Wird der Betriebsabrechnungsbogen zeilenweise gelesen, kann die Summe der jeweiligen Gemeinkostenart mit den Daten des externen Rechnungswesens abgeglichen werden. Spaltenweise gelesen ergeben die jeweiligen Summen das Periodenbudget einer Kostenstelle. Die Summe der Gemeinkosten und die Summe aller Kostenstellenbudgets müssen übereinstimmen, da der Betriebsabrechnungsbogen eine reine Verteilungsrechnung beinhaltet, bei der weder Kosten verschwinden noch zusätzlich Kosten entstehen können.

Innerhalb der Kostenstellen können die fixen und die variablen Gemeinkosten getrennt ausgewiesen werden. Dies erleichtert die Kostenbudgetierung bei Beschäftigungsänderungen, da bei einer Änderung des Beschäftigungsgrades sich nur die variablen Kosten der Kostenstellen ändern, die Fixkosten der Kostenstelle aber konstant bleiben.

Zuschlagssätze

Der Betriebsabrechnungsbogen ist eine Vorstufe der Kostenträgerrechnung. Hierzu kann der BAB bezüglich der Hauptkostenstelle »Material« um die Materialeinzelkosten und bezüglich der Hauptkostenstelle »Fertigung« um die Fertigungseinzelkosten ergänzt werden. Dividiert man die Material- bzw. Fertigungsendkosten durch die entsprechenden Material- bzw. Fertigungseinzelkosten und multipliziert den Quotient mit 100, ergeben sich die Material- bzw. Fertigungszuschlagssätze für die spätere Kalkulation (vgl. Kap. 6.2.4.1).

Materialgemeinkosten und Materialeinzelkosten addieren sich zu den Materialkosten, Fertigungsgemeinkosten und Fertigungseinzelkosten addieren sich zu den Fertigungskosten. Fertigungskosten und Materialkosten zusammen bilden die Herstellkosten. Die Herstellkosten sind die Bezugsbasis für die Verwaltungs- und Vertriebskosten zur Berechnung des Verwaltungs- und Vertriebskostenzuschlagssatzes.

6.2.4 Kostenträgerrechnung

Die Kostenträgerrechnung beantwortet die Frage: Wofür sind die Kosten angefallen? Bezieht man die Frage auf die produzierten und verkauften Güter und Dienstleistungen des Unternehmens, spricht man von der »Kostenträgerstückrechnung« oder »Kalkulation«. Bezieht man die Frage auf eine Periode, z. B. auf einen Monat, spricht man von der »Kostenträgerzeitrechnung« oder der »kurzfristigen Erfolgsrechnung«.

6.2.4.1 Kostenträgerstückrechnung

Kalkulation

Bei der Kostenträgerstückrechnung, auch *Kalkulation* genannt, stehen die Produkte des Unternehmens im Mittelpunkt der Betrachtung. Für sie werden die Kosten kalkuliert, d. h. errechnet. Für die Kalkulation stehen verschiedene Verfahren zur Verfügung, deren Anwendung maßgeblich durch die Art der Produktion bzw. durch das Produktprogramm bestimmt wird (vgl. Kap. 2.2.2). Erstellt das Unternehmen kundenbezogene Einzelprodukte, die sich von Auftrag zu Auftrag stark unterscheiden, wird es seine Kosten wertmäßig mittels der »Zuschlagskalkulation« verteilen und an die im Betriebsab-

Abb. 6.9

Ausrichtung des Kalkulationsverfahrens am Produktprogramm des Unternehmens

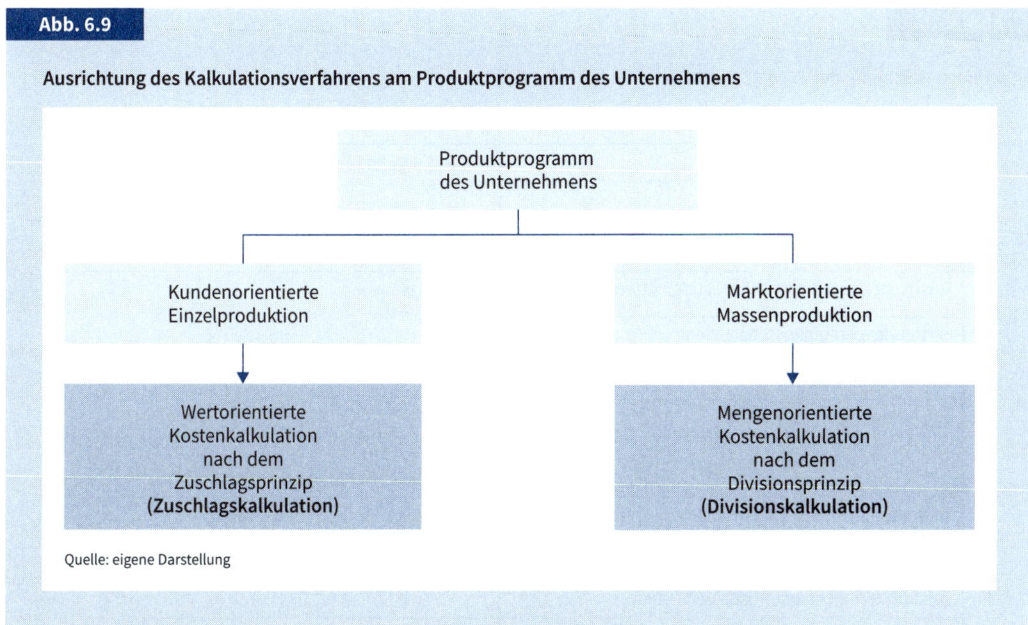

Quelle: eigene Darstellung

rechnungsbogen ermittelten Zuschlagssätze anknüpfen (vgl. Abb. 6.8). Stellt das Unternehmen hingegen überwiegend homogene Produkte in großer Stückzahl her (Massenproduktion), bietet es sich an, die Kosten mittels einer »Divisionskalkulation« auf der Basis von Mengengrößen, wie z. B. Stückzahlen, zu verrechnen (vgl. Abb. 6.9).

Zuschlagskalkulation zur Kalkulation von Einzelprodukten

Bei der kundenorientierten *Einzelproduktion* besteht das Produktprogramm aus der Summe der Kundenaufträge, da jeder einzelne Auftrag ein Produkt des Unternehmens beschreibt. Für die Berechnung der Kosten eines Auftrags, d. h. eines Produkts, wird im Rahmen der *Zuschlagskalkulation* ein einheitliches Kalkulationsschema zur Addition der Einzel- und Gemeinkosten verwendet. Hierbei werden für die Zurechnung der Gemeinkosten die Zuschlagssätze aus dem Betriebsabrechnungsbogen entnommen und auf die Einzelkosten aufgeschlagen. Die Addition der Material- und Fertigungskosten ergibt die Herstellkosten des Auftrags bzw. Produkts. Die Herstellkosten der verkauften Produkte wiederum dienen als Bezugsbasis für die Zurechnung der Verwaltungs- und Vertriebskosten. Zusammengefasst mit den Herstellkosten ergeben sich die Selbstkosten des Auftrags bzw. des Produkts (vgl. Abb. 6.10).

Die Materialeinzelkosten (Zeile 1) werden auf der Basis der Materialentnahmescheine zusammengestellt und mit dem Materialgemeinkostenzuschlag multipliziert (Zeile 2). Materialeinzel- und Materialgemeinkosten addieren sich zu den Materialkosten.

Fertigungseinzelkosten

Bei den Fertigungseinzelkosten (Zeile 3) handelt es um die Fertigungseinzellöhne, die bei der Erfassung der Bearbeitungsgänge den einzelnen Produktionsaufträgen direkt zugerechnet werden konnten. Sie werden mit dem Fertigungsgemeinkostenzuschlag multipliziert (Zeile 4) und sind Teil der Fertigungskosten. Fallen für einen einzelnen Produktionsauftrag zusätzliche besondere Einzelkosten,

Abb. 6.10

Einfaches Schema der Zuschlagskalkulation

	Anteilige Einzel- und Gemeinkosten eines Auftrags	Kosten eines Auftrags
(1)	Materialeinzelkosten	Materialkosten = (1) + (2)
(2)	Materialgemeinkostenzuschlag (Zuschlagssatz wird aus den Material-Einzel- und Gemeinkosten im BAB berechnet)	
(3)	Fertigungseinzelkosten (Fertigungslöhne)	Fertigungskosten = (3) + (4) + (5)
(4)	Fertigungsgemeinkostenzuschlag (Zuschlagssatz wird aus den Fertigungs-Einzel- und Gemeinkosten im BAB berechnet)	
(5)	ggf. Fertigungseinzelkosten	
(6)		**Herstellkosten** (= Material- + Fertigungskosten)
(7)	Verwaltungs- und Vertriebskostenzuschlag (Zuschlagssatz wird aus den Herstellkosten und den Verw.- und Vertriebs-Gemeinkosten im BAB berechnet)	Verwaltungs- und Vertriebskosten = (6) + (7)
(8)	ggf. Sondereinzelkosten des Vertriebs	
(9)		**Selbstkosten** (= Herstellkosten + Verwaltungs- und Vertriebskosten)

Quelle: modifiziert aus Wöhe et al., 2016; S. 895

z. B. für eine Sonderlackierung, an, gehen diese als Sondereinzelkosten der Fertigung (Zeile 5) in die Fertigungskosten ein.

Fertigungskosten und Materialkosten

Fertigungskosten und Materialkosten zusammen ergeben die Herstellkosten des Auftrags (Zeile 6).

Zur Berechnung der Selbstkosten eines Auftrags (Zeile 9) werden zu den Herstellkosten (Zeile 6) die anteiligen Verwaltungs- und Vertriebskosten addiert. Der Verwaltungs- und Vertriebskostenzuschlagssatz errechnet sich, indem die Gemeinkosten des Verwaltungs- und Vertriebsbereiches aus dem Betriebsabrechnungsbogen durch die Herstellkosten der Periode dividiert werden. Fallen für einen Auftrag besondere Einzelkosten im Vertrieb an, z. B. durch eine singuläre Werbemaßnahme oder durch eine besondere Verpackung, werden diese als Sondereinzelkosten des Vertriebs (Zeile 8) den Verwaltungs- und Vertriebskosten des Auftrags hinzugerechnet.

Sondereinzelkosten

Durch die Verrechnung der Sondereinzelkosten als Einzelposition im Kalkulationsschema der Zuschlagskalkulation wird erreicht, dass diese nicht in die Zuschlagssätze des Betriebsabrechnungsbogens eingehen und die Kalkulation für alle Aufträge der Periode verzerren.

Stellt ein Unternehmen überwiegend homogene Produkte in *Massenproduktion* her, bietet es sich an, die Kosten von Mengengrößen wie der produzierten Stückzahlen zu verrechnen. Diese Kalkulationsform wird als »*Divisionskalkulation*« bezeichnet, sie kommt ohne die Aufteilung der Kosten in Einzel- und Gemeinkosten aus.

Divisionskalkulation zur Kalkulation von Massenproduktion

Unterstellt man im einfachen Falle einen zweistufigen Unternehmensaufbau mit einem Herstell- und einem Verwaltungs- und Vertriebsbereich, errechnen sich die Stückkosten eines Produktes wie folgt:

$$\text{Stückkosten} = \frac{\text{Herstellkosten}}{\text{produzierte Menge}} + \frac{\text{Verwaltungskosten und Vertriebskosten}}{\text{verkaufte Menge}}$$

Für die Berechnung der Herstellkosten werden die Materialkosten und die Fertigungskosten addiert. Die produzierte und die verkaufte Menge unterscheiden sich durch Bestandsänderungen im Fertigwarenlager.

Die zweistufige Divisionskalkulation kann verfeinert werden, wenn der Fertigungsbereich in mehrere Prozessstufen untergliedert wird. Die Stückherstellkosten errechnen sich bei mehreren Fertigungsstufen wie folgt:

$$\text{Stückherstellkosten} = \text{Materialkosten} + \sum_{i=1}^{n} \frac{\text{Fertigungskosten der Fertigungsstufe}_i}{\text{produzierte Menge der Fertigungsstufe}_i}$$

mit

n = Anzahl der Fertigungsstufen i und i = 1, …, n

Mengenänderungen zwischen den Fertigungsstufen werden durch Bestandsveränderungen in den Zwischenlagern ausgeglichen. Zur Berechnung der Stückkosten eines Produktes sind seine Stückherstellkosten um die Stück-(Verwaltungs- und Vertriebs-)kosten zu erhöhen.

6.2.4.2 Kostenträgerzeitrechnung

Kurzfristige Erfolgsrechnung

Die Kostenträgerzeitrechnung, auch *kurzfristige Erfolgsrechnung* genannt, dient zur Berechnung des Betriebsergebnisses einer Periode. Hierzu werden die Leistungen oder die Umsatzerlöse den entsprechenden Kosten der Periode gegenübergestellt. Die Umsatzerlöse der verkauften Produkte werden um Erlösschmälerungen wie z. B. Rabatte oder Bonuszahlungen gekürzt. Eine Differenzierung nach der Art des Produktprogramms in Einzelfertigung oder Massenfertigung wie bei der Kostenträgerstückrechnung ist nicht erforderlich, da bei der kurzfristigen Erfolgsrechnung das Betriebsergebnis zeitbezogen, d. h. pro Monat, pro Jahr oder allgemein pro Periode, errechnet wird. Wichtig für die Ergebnisberechnung ist jedoch die Berücksichtigung von Bestandsveränderungen im Fertigwarenlager. Bestandsveränderungen treten auf, wenn sich die produzierte und die verkaufte Menge einer Periode unterscheiden (vgl. Abb. 6.11).

Entspricht die produzierte Menge der verkauften Menge, d. h. treten keine Bestandsveränderungen im Fertigwarenlager auf, errechnet sich das Betriebsergebnis wie folgt:

Produktionsmenge = Verkaufsmenge

Leistung bzw. Umsatzerlöse der Periode
– Erlösschmälerungen der verkauften Produkte
– Kosten der Periode
= Betriebsergebnis der Periode

Abb. 6.11

Gestaltungsmöglichkeiten der kurzfristigen Erfolgsrechnung

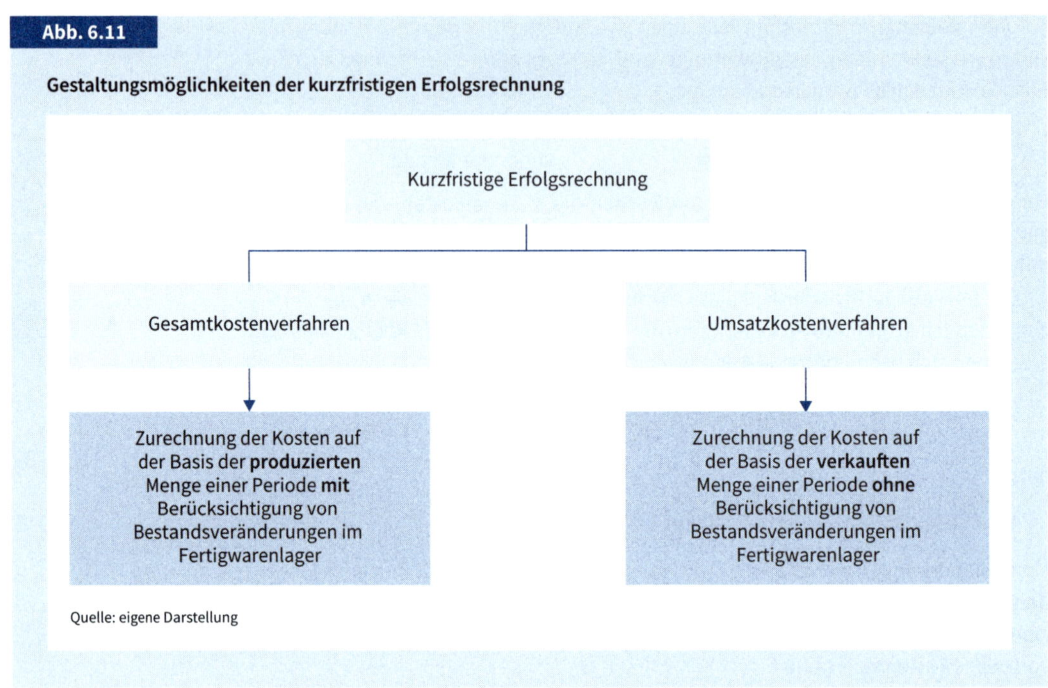

Quelle: eigene Darstellung

Kosten der Periode

Die Kosten der Periode enthalten alle Einzel- und Gemeinkosten sowie alle Sondereinzelkosten, die im Berechnungszeitraum angefallen sind. Die Situation, dass keine Bestandsveränderungen in der Periode auftreten, stellt jedoch eher die Ausnahme dar. In der Regel müssen die Kosten in Abhängigkeit von der Bezugsmenge differenziert berücksichtigt werden, wobei es entscheidend darauf ankommt, welche Kosten auf die Bestandsveränderungen entfallen.

Kosten pro Produkt

Die Kosten pro Produkt werden in der Kostenträgerstückrechnung berechnet. Sowohl die Zuschlagskalkulation als auch die (zweistufige) Divisionskalkulation (vgl. Abb. 6.9) ermittelt die Selbstkosten eines Produktes und unterteilt sie in die Herstellkosten für die Produktion der Produkte einerseits und in die Verwaltungs- und Vertriebskosten für den Verkauf der Produkte andererseits. Die Herstellkosten fallen somit für die produzierten Produktmengen, die Verwaltungs- und Vertriebskosten für die verkauften Produktmengen an.

Lagerbestandserhöhungen

Werden mehr Produkte hergestellt als verkauft (Produktionsmenge > Verkaufsmenge), kommt es zu *Lagerbestandserhöhungen* im Fertigwarenlager. Zur Bewertung der Bestandserhöhungen werden diese jedoch nicht mit ihren Selbstkosten, sondern nur mit ihren Herstellkosten bewertet, da für die Bestandserhöhungen keine Verwaltungs- und Vertriebskosten angefallen sind. Die Kosten der Periode mindern sich somit um die Herstellkosten der Bestandserhöhungen. Diese werden, bildlich gesprochen, im Fertigwarenlager »zwischengespeichert«.

Produktionsmenge > Verkaufsmenge

Herstellkosten der produzierten Produkte
– Herstellkosten der Bestandserhöhungen
= Herstellkosten der verkauften Produkte
+ Verwaltungs- und Vertriebskosten
= Selbstkosten der verkauften Produkte

Lagerbestandsminderung

Werden in einer Periode weniger Produkte hergestellt als verkauft (Produktionsmenge < Verkaufsmenge), ist dies nur möglich, wenn in den Vorperioden »auf Lager« produziert wurde und die damaligen Bestandserhöhungen jetzt in der aktuellen Periode durch *Lagerentnahmen* (Bestandsminderungen) »rückgängig« gemacht werden. Der Wert der Lagerentnahmen erhöht die Herstellkosten der aktuellen Periode. Es gilt:

Produktionsmenge < Verkaufsmenge

Herstellkosten der produzierten Produkte
+ Herstellkosten der Bestandsminderungen
= Herstellkosten der verkauften Produkte
+ Verwaltungs- und Vertriebskosten
= Selbstkosten der verkauften Produkte

Durch die Bewertung der Bestandsveränderungen mit ihren Herstellkosten lassen sich somit die Kostenunterschiede zwischen produzierter und verkaufter Menge ausgleichen. Zur Berechnung des Betriebsergebnisses einer Periode können die Kosten und Erlöse entweder auf die produzierte Menge bezogen werden (Gesamtkostenverfahren), oder aber als Bezugsbasis der Kosten und Erlöse dient die verkauften Menge (Umsatzkostenverfahren) einer Periode. Bei beiden Verfahren werden die Umsatzerlöse einer Periode um Erlösschmälerungen wie z. B. Rabatte gekürzt.

Gesamtkostenverfahren

Bei der Betriebsergebnisrechnung nach dem Gesamtkostenverfahren werden die Kosten der Periode an die Periodenleistung des Unternehmens angepasst.

Für die Betriebsergebnisberechnung bei einem *Lageraufbau* gilt:

Umsatzerlöse der verkauften Produkte der Periode
– Erlösschmälerungen der Periode
+ Herstellkosten der nicht verkauften Produkte (Wert der Bestandserhöhungen)
= Leistung der Periode
– Kosten der produzierten Produkte der Periode
= Betriebsergebnis der Periode

Werden in einer Periode mehr Güter verkauft als produziert, muss das Unternehmen auf Lagererhöhungen aus den Vorperioden zurückgreifen. Das Betriebsergebnis bei *Lagerabbau* berechnet sich wie folgt:

Umsatzerlöse der verkauften Produkte der Periode
– Erlösschmälerungen der Periode
– Bestandsminderungen (anteilige Herstellkosten der Vorperioden)
= Leistung der Periode
– Kosten der produzierten Produkte der Periode
= Betriebsergebnis der Periode

Charakteristisch für die Berechnung des Betriebsergebnisses nach dem Gesamtkostenverfahren ist, dass bei einem Auseinanderfallen von verkaufter und produzierter Menge einer Periode die Kosten der produzierten Menge als Maßstab benutzt werden und die Leistung der Periode durch die Berücksichtigung der Bestandsveränderungen an diesen Maßstab angepasst wird.

Umsatzkostenverfahren

Werden zur Betriebsergebnisrechnung die Kosten der Periode an die Verkaufsmengen der Produkte angepasst, wird dies als *»Umsatzkostenverfahren«* bezeichnet. Werden in einer Periode weniger Güter produziert, kommt es zu Lagerentnahmen aus dem Fertigwarenlager, d. h. zu Bestandsminderungen, umgekehrt bei einer »Überproduktion« zu Bestandserhöhungen. Hierbei führt die Bewertung der Bestandsveränderungen mit ihren Herstellkosten dazu, dass die Kosten der Periode an die Verkaufsmengen angepasst werden und sich das Betriebsergebnis somit periodengerecht darstellen lässt.

Das Betriebsergebnis nach dem Umsatzkostenverfahren errechnet sich wie folgt:

Umsatzerlöse der verkauften Produkte der Periode
− Erlösschmälerungen der Periode
− Herstellkosten der verkauften Produkte der Periode
− Verwaltungskosten und Vertriebskosten der Periode
= Betriebsergebnis der Periode

Zur Steigerung der Aussagekraft der kurzfristigen Erfolgsrechnung lässt sich das Rechenschema nach unterschiedlichen Produkten differenzieren, wobei zur Vereinfachung der Darstellung die Erlösschmälerungen schon von den Umsatzerlösen abgezogen wurden. Für zwei Produkte A und B einer Periode errechnet sich das Betriebsergebnis wie folgt:

Umsatzerlöse der verkauften Produkte A
− Herstellkosten der verkauften Produkte A
= Bruttoergebnis vom Produkt A

Umsatzerlöse der verkauften Produkte B
− Herstellkosten der verkauften Produkte B
= Bruttoergebnis vom Produkt B

Bruttoergebnis von Produkt A der Periode
+ Bruttoergebnis von Produkt B der Periode
− Verwaltungskosten und Vertriebskosten der Produkte A und B der Periode
= Betriebsergebnis der Periode

Kurzfristige Erfolgsrechnung auf Vollkostenbasis

Umsatzkostenverfahren und Gesamtkostenverfahren der kurzfristigen Erfolgsrechnung führen zum selben Betriebsergebnis einer Periode. Dabei wird vorausgesetzt, dass bei der Ermittlung der Herstellkosten nicht nur die variablen Kosten berücksichtigt wurden, sondern dass die Herstellkosten alle fixen und die variablen Kostenbestandteile beinhalten. Es handelt sich dann um eine sogenannte Betriebsergebnisrechnung auf *Vollkostenbasis*.

Da bei der Vollkostenrechnung nicht zwischen fixen und variablen Kosten unterschieden wird, bedeutet dies, dass bei der Zurechnung der Gemeinkosten auf die Produkte alle Kosten einheitlich proportionalisiert werden. Ändert sich der Beschäftigungsgrad des Unternehmens z. B. durch eine bessere Produktionsauslastung, steigen aber nur die variablen Kosten, die Fixkosten bleiben konstant. Bei einer Überbeschäftigung würden somit zu hohe Kosten verrechnet und das Betriebsergebnis wäre zu niedrig, bei einer Unterbeschäftigung würden zu geringe Kosten verrechnet und das Betriebsergebnis wäre zu hoch.

Kurzfristige Erfolgsrechnung auf Teilkostenbasis

Diese Verzerrungen durch die Proportionalisierung der Fixkosten bei Beschäftigungsänderungen lassen sich vermeiden, wenn die Kosten nicht als sogenannte Vollkosten verrechnet werden, sondern wenn man die Kostenverrechnung auf »*Teilkostenbasis*« durchführt und variable und fixe (Teil-)Kosten unterschiedlich behandelt.

Deckungsbeitragsrechnung

Ein Lösungsansatz hierzu ist die sogenannte *Deckungsbeitragsrechnung* auf der Basis linearer variabler Kostenverläufe (vgl. Abb. 6.4).

Der Deckungsbeitrag einer Periode ist definiert als:

Deckungsbeitrag (DB) = Umsatzerlöse (E) – variable Kosten (K_v)

Dividiert man die Periodengrößen durch die Verkaufsmengen (X), erhält man:

Stückdeckungsbeitrag (db) = Verkaufspreis (p) – variable Stückkosten (k_v)

$$\text{mit } db = \frac{DB}{X} \text{ bzw. } p = \frac{E}{X} \text{ bzw. } k_v = \frac{K_v}{X}$$

Das Periodenergebnis errechnet sich gemäß:

Deckungsbeitrag der Periode
– Fixe Kosten der Periode
= Betriebsergebnis der Periode

Bei mehreren Produkten (z. B. Produkt A und Produkt B) steigt die Aussagekraft durch eine differenzierte Darstellung pro Produkt und Periode. Werden die Fixkosten des Unternehmens in einer Summe zusammengefasst, spricht man von einer »einstufigen« Deckungsbeitragsrechnung (vgl. Abb. 6.12).

Abb. 6.12

Einstufige Deckungsbeitragsrechnung

Produkt A	Produkt B	Gesamtunternehmen
Umsatzerlöse A	Umsatzerlöse B	
– variable Kosten A	– variable Kosten B	
= Deckungsbeitrag A	= Deckungsbeitrag B	Σ Deckungsbeiträge der Produkte A und B
		– Fixkosten der Periode
		Betriebsergebnis der Periode

Quelle: eigene Darstellung

Break-even-Point

Die Deckungsbeitragsrechnung lässt sich nutzen, um die Gewinnschwelle, d. h. den Kostendeckungspunkt eines Unternehmens, zu analysieren. Die Gewinnschwelle bzw. der *Break-even-Point* sagt aus, ab welcher Beschäftigung (X) die Umsatzerlöse der Periode die Gesamtkosten, d. h. die fixen und die variablen Kosten der Periode, überdecken.

Zur Berechnung des Break-even-Points werden die Erlös- und die Kostenfunktion gleichgesetzt und nach der Beschäftigungsmenge (X) aufgelöst:

Erlös (E) = Kosten (K_g)
Erlös (E) = Preis (p) × Menge (X)
Kosten (K_g) = Fixkosten (K_f) + variable Stückkosten (k_v) × Menge (X)
Preis (p) × Menge (X) = Fixkosten (K_f) + variable Stückkosten (k_v) × Menge (X)
Menge (X) × [Preis (p) − variable Stückkosten (k_v)] = Fixkosten (K_f)
Menge (X) × Stückdeckungsbeitrag (db) = Fixkosten (K_f)

$$\text{Menge}(X) = \frac{\text{Fixkosten } (K_f)}{\text{Stückdeckungsbeitrag (db)}}$$

Grafisch lassen sich die Berechnungen als Deckungsbeitrags-Fixkosten-Diagramm und als Erlös-Kosten-Diagramm darstellen (vgl. Abb. 6.13).

Abb. 6.13

Diagramm zum Break-even-Point

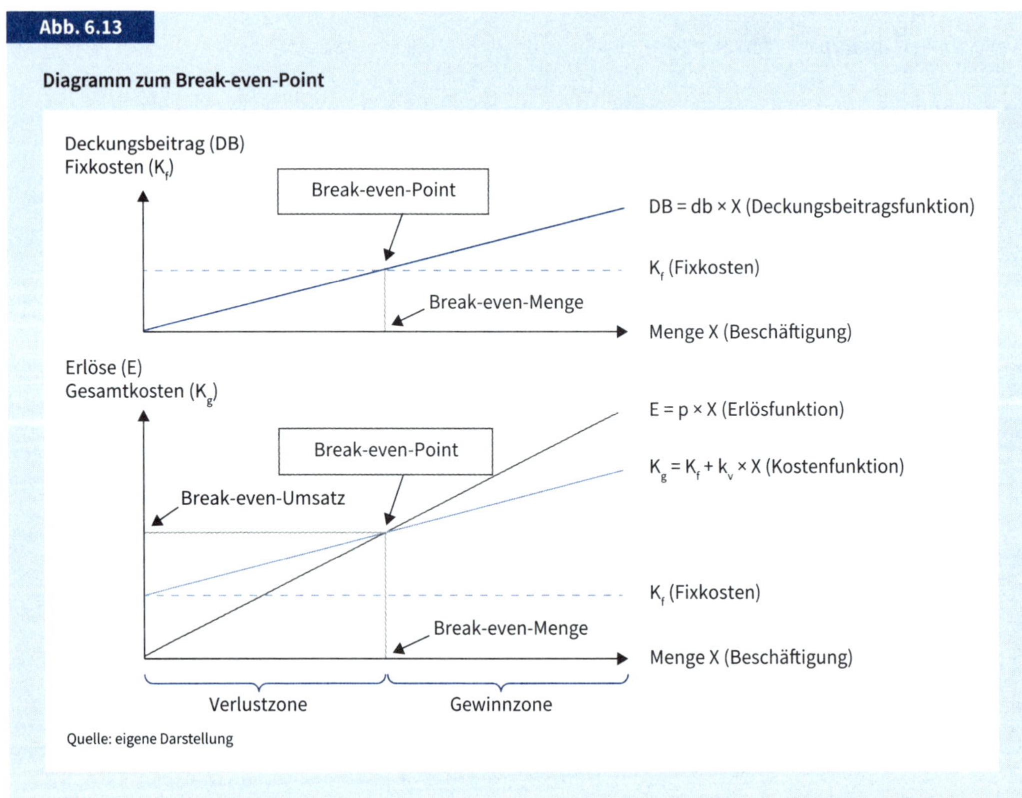

Quelle: eigene Darstellung

Vollkostenrechnung versus Teilkostenrechnung

Da bei der Teilkostenrechnung zur Kalkulation der Produkte die Herstellkosten nur auf Basis der variablen Kosten berechnet werden, führt dies bei Bestandserhöhungen dazu, dass die Fertigwarenbestände niedriger bewertet werden, weil die Fixkostenbestandteile der Herstellkosten in der aktuellen Periode verbleiben und das Betriebsergebnis der aktuellen Periode mindern. Bei Lagerentnahmen von Fertigwaren, die nur mit ihren variablen Herstellkosten bewertet wurden, fällt das Betriebsergebnis der aktuellen Periode entsprechend der »fehlenden« Fixkostenbestandteile der Lagerentnahmen im Vergleich zur Vollkostenrechnung höher aus. Die Anwendung des Teilkostenverfahrens zur Bestandsbewertung führt also im Vergleich zum Vollkostenverfahren zu einem unterschiedlichen Betriebsergebnis der Periode.

6.2.5 Statische Verfahren der Investitionsrechnung

In der Kostenträgerrechnung wurden die Kosten und Erlöse den Produkten bzw. einer Periode zugerechnet und z. B. das Betriebsergebnis oder der Deckungsbeitrag ermittelt. Kosten und Erlöse lassen sich ebenfalls nutzen, um die Vorteilhaftigkeit von Investitionen zu berechnen. Da Investitionen zukunftsgerichtet sind, tritt analog zur dynamischen Investitionsrechnung (vgl. Kap. 5.4) ein Prognoseproblem auf, da die zukünftige Entwicklung derjenigen Kosten und Erlöse prognostiziert werden muss, die der Investition zugerechnet werden können. Dem Vorsichtsprinzip folgend, wird das Unternehmen die zukünftigen Erlöse eher zurückhaltend und die zukünftigen Kosten eher großzügig schätzen. Im Gegensatz zur dynamischen Investitionsrechnung vernachlässigt die statische Investitionsrechnung, dass sich der Zeitwert der Kosten und Erlöse während der Laufzeit der Investition verändern kann.

Vergleichbarkeit der Investitionsalternativen

Für die Anwendung der Methoden der statischen Investitionsrechnung muss gewährleistet sein, dass die zur Auswahl stehenden Investitionen bezüglich der Nutzungsdauer und der Kapitalbindung vergleichbar sind, da die Kostenrechnung keine Finanzierungsrechnung zum Ausgleich unterschiedlicher Kapitalbindungen enthält. Da die Kostenrechnung zudem keine Inflationsrate berücksichtigt und den inflationsbedingten Werteverzehr über die Zeit nicht, wie bei der dynamischen Investitionsrechnung, durch eine Verzinsung ausgleicht, ist es beliebig, ob bei einer Investitionsbewertung die Kosten und Erlöse über die Laufzeit der Investition kumuliert oder ob Durchschnittswerte je Periode angesetzt werden. Wegen dieser Vereinfachung der Berechnung, die sich durch die Anwendung des Nominalwertprinzips in der Kostenrechnung ergibt, spricht man von »statischen« Verfahren der Investitionsrechnung (vgl. Abb. 6.14).

Kostenvergleichsrechnung

Bei der *Kostenvergleichsrechnung* werden für jede Investitionsalternative die ihr zurechenbaren fixen und variablen Kosten einer Periode addiert und bezüglich der geplanten Beschäftigung (Auslastung) der Periode verglichen. Die Investition mit den geringsten Gesamtkosten bei der geplanten Beschäftigung wird ausgewählt. Die Aussagekraft der Kostenvergleichsrechnung lässt sich erhöhen, wenn zusätzlich der Schnittpunkt der Kostenfunktionen der zu vergleichenden Investitionen berechnet wird. Der Schnittpunkt der Kostenfunktionen sagt aus, bei welcher Beschäftigung die Kosten der alternativen Investitionen gleich sind. Dieser Schnittpunkt, der als kritische Kostenstelle bezeichnet wird, vereinfacht die Entscheidung. Liegt

Abb. 6.14

Statische Methoden der Investitionsrechnung

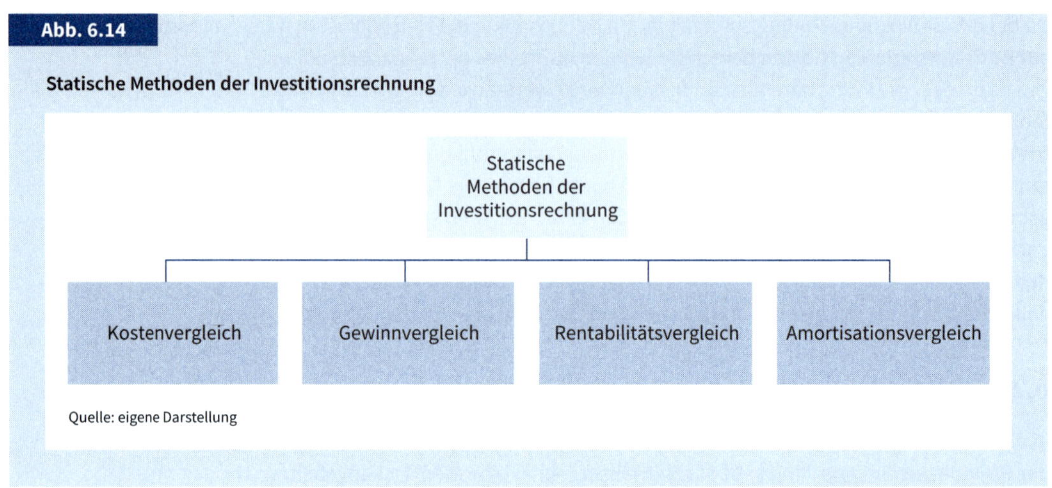

Quelle: eigene Darstellung

die geplante Beschäftigung unterhalb der kritischen Beschäftigung, wähle die Investition 1, andernfalls die Investition 2. Ein Beispiel mit grafischer Lösung soll dies verdeutlichen (vgl. Abb. 6.15).

Gewinnvergleichsrechnung

Bei einer *Gewinnvergleichsrechnung* werden die Kosten einer Investition von den Erlösen, die mit ihr erwirtschaftet werden, abgezogen. Die kritische Beschäftigung ergibt sich bei der Beschäftigung, bei der die Gewinne der beiden Investitionen gleich sind und das Unternehmen somit zwischen den beiden Investitionen entscheidungsindifferent ist. Analog zur Kostenvergleichsrechnung gilt für zwei alternative Investitionen: Liegt die geplante Beschäftigung unterhalb der kritischen Beschäftigung, wähle die Investitionsalternative, die in diesem Bereich den höheren Gewinn ausweist, andernfalls wähle die andere Investitionsalternative.

Rentabilitätsvergleichsrechnung

Bei einer *Rentabilitätsvergleichsrechnung* wird der Gewinn der Investition auf das durchschnittlich gebundene Kapital der Investition bezogen:

$$\text{Investitionsrentabilität} = \frac{\text{Periodengewinn der Investition}}{\text{Durchschnittliche Kapitalbindung}}$$

Die durchschnittliche Kapitalbindung der Investition errechnet sich aus der Summe von Anschaffungswert und Liquidationserlös dividiert durch zwei. Eine Investition ist vorteilhaft, wenn die Investitionsrentabilität größer ist als der kalkulatorische Zinssatz des Unternehmens.

Amortisationsrechnung

Die *Amortisationsrechnung* (Kapitalrückflussrechnung) verlässt den Rahmen der Kosten- und Erlösrechnung. Die Amortisation stellt als Risikomaß auf die Zahlungsströme der Investition ab, die aus den Kosten und Erlösen der Investition abgeleitet werden. Da kalkulatorische Abschreibungen nicht zu Auszahlungen führen, wird der Einzahlungsüberschuss, d. h. der Cashflow einer Investition, näherungsweise pro Periode, wie folgt ermittelt:

$$\begin{aligned}\text{Cashflow der Investition} &= \text{Gewinn der Investition}\\ &\quad + \text{Abschreibungen der Investition}\end{aligned}$$

Abb. 6.15

Diagramm zur Kostenvergleichsrechnung

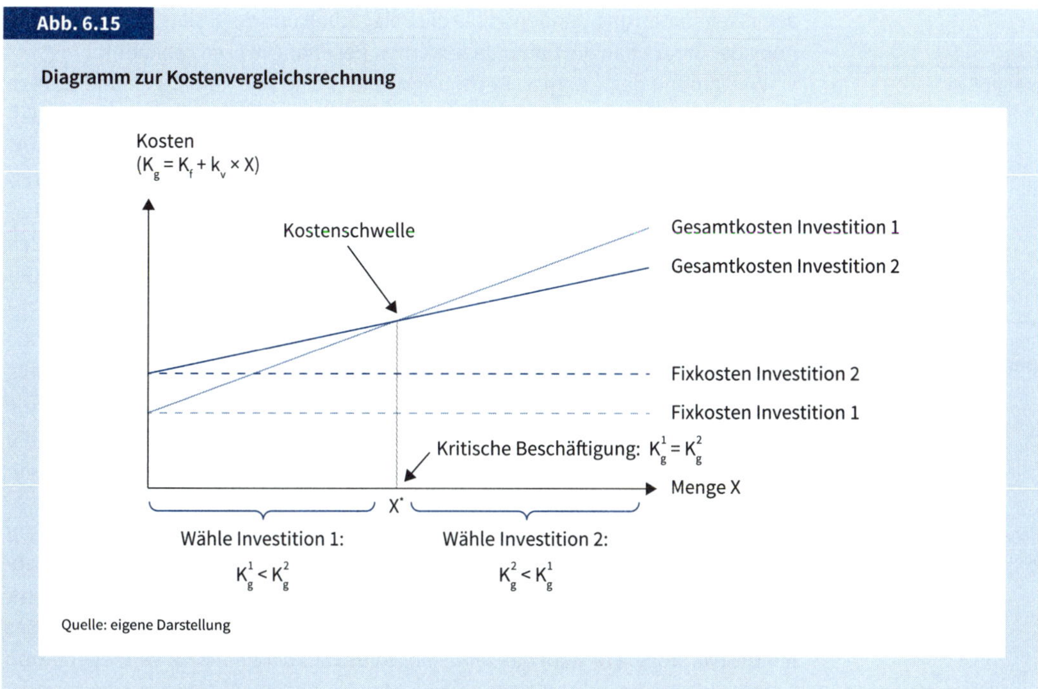

Quelle: eigene Darstellung

Zur Berechnung der Amortisationsdauer wird der Cashflow der Investition pro Periode kumuliert. Die Investition amortisiert sich in der Periode, in der der kumulierte Cashflow erstmalig den Kaufpreis der Investition übersteigt. Bei mehreren wirtschaftlich sinnvollen Investitionsalternativen wird unter Risikogesichtspunkten die Investition mit der kürzesten Amortisationsdauer gewählt.

Anstelle einer Kumulationsrechnung kann zur Berechnung der Amortisationszeit auch die Durchschnittsmethode angewandt werden:

$$\text{Amortisationsdauer} = \frac{\text{Kaufpreis der Investition}}{\text{Durchschnittlicher Cashflow der Investition pro Periode}}$$

6.3 Externes Rechnungswesen

6.3.1 Grundlagen des Jahresabschlusses

Informationen an Stakeholder

Das externe Rechnungswesen des Unternehmens richtet sich mit seinen Informationen zum Jahresabschluss an die Stakeholder des Unternehmens (vgl. Kap. 1, Abb. 1.4). Es sind dies vornehmlich die Eigentümer (Shareholder), insbesondere dann, wenn sie qua Rechtsform nicht voll haften und damit nur Kontrollrechte gegenüber der Geschäftsführung haben, sowie die Fremdkapitalgeber wie z. B. Banken, aber auch Lieferanten und Kunden sowie die Belegschaft und der Fiskus, der zur Berechnung der Steuern an die Daten des externen Rechnungswesens anknüpft.

Wertgrößen

Wertgrößen des externen Rechnungswesens sind Aufwendungen und Erträge einerseits sowie Vermögen und Kapital andererseits. Hierbei dürfen die Aufwendungen und Erträge nicht mit den Kosten und Leistungen des internen Rechnungswesens gleichgesetzt werden. Die Abgrenzungen ergeben sich aus den unterschiedlichen Rechnungszwecken. Das interne Rechnungswesen dient der Unternehmensleitung zur Entscheidungsvorbereitung, das externe Rechnungswesen der Unternehmensleitung zur Rechenschaftslegung über das vergangene Geschäftsjahr.

Grundsätze ordnungsgemäßer Buchführung

Damit das externe Rechnungswesen dieser Aufgabe der Rechenschaftslegung gerecht werden kann, müssen alle Geschäftsvorfälle des Unternehmens planmäßig vollständig und sachgerecht in der Finanzbuchhaltung dokumentiert werden. Die Finanzbuchhaltung folgt hierzu den *Grundsätzen ordnungsgemäßer Buchführung (GoB)*, die sich seit Jahrhunderten im Wirtschaftsleben etabliert haben und ins Handelsrecht eingeflossen sind (vgl. Abb. 6.16).

Handelsrechtlicher Jahresabschluss

Aus den Daten der Finanzbuchhaltung wird zum Ende des Geschäftsjahres der handelsrechtliche *Jahresabschluss* erstellt. Umfang und Detaillierungsgrad sind abhängig von der Unternehmensgröße und von der Rechtsform des Unternehmens. Überschreitet das Unternehmen einen gewissen Mindestumsatz und ein gewisses Mindestvermögen, besteht der Jahresabschluss aus der *Bilanz* zur Vermögens- und

Abb. 6.16

Wichtige Grundsätze ordnungsgemäßer Buchführung (GoB)

Grundsatz	Inhalt
Klarheit und Übersichtlichkeit	• Die Buchführung muss durch »sachverständige Dritte« nachvollziehbar sein. • Aufwendungen und Erträge dürfen nicht saldiert, Vermögensgegenstände müssen einzeln erfasst und bewertet werden.
Richtigkeit und Willkürfreiheit	• Alle Geschäftsvorfälle müssen tatsächlich stattgefunden haben. • Alle Geschäftsvorfälle müssen objektiv aus den Büchern herleitbar sein.
Vollständigkeit und Periodengerechtigkeit	• Alle Geschäftsvorfälle müssen vollständig und lückenlos erfasst werden. • Alle Geschäftsvorfälle müssen dem Geschäftsjahr zugerechnet werden, in dem sie entstanden sind.
Ordnungsmäßigkeit und Belegbarkeit	• Alle Geschäftsvorfälle sind zeitnah und chronologisch zu erfassen. • Alle Geschäftsvorfälle müssen belegbar sein.
Sicherheit und Archivierung	• Die Unterlagen dürfen nachträglich nicht verändert werden. • Alle Unterlagen sind ordnungsgemäß zu archivieren.

Quelle: eigene Darstellung

Kapitaldarstellung sowie der *Gewinn- und Verlustrechnung (GuV)* zur Ermittlung des Jahresüberschusses. Für Kapitalgesellschaften und Personengesellschaften ohne persönlich haftenden Gesellschafter (z. B. GmbH & Co. KG) ist der Jahresabschluss um einen *Anhang* und ab einer bestimmten Größe um einen *Lagebericht* zu erweitern. Grundsätzlich gilt: Je größer das Unternehmen gemessen am Umsatz und am Vermögen ist, desto umfangreicher und detaillierter ist der Jahresabschluss zu erstellen (vgl. Abb. 6.17).

Abb. 6.17

Elemente des Jahresabschlusses für Kapitalgesellschaften

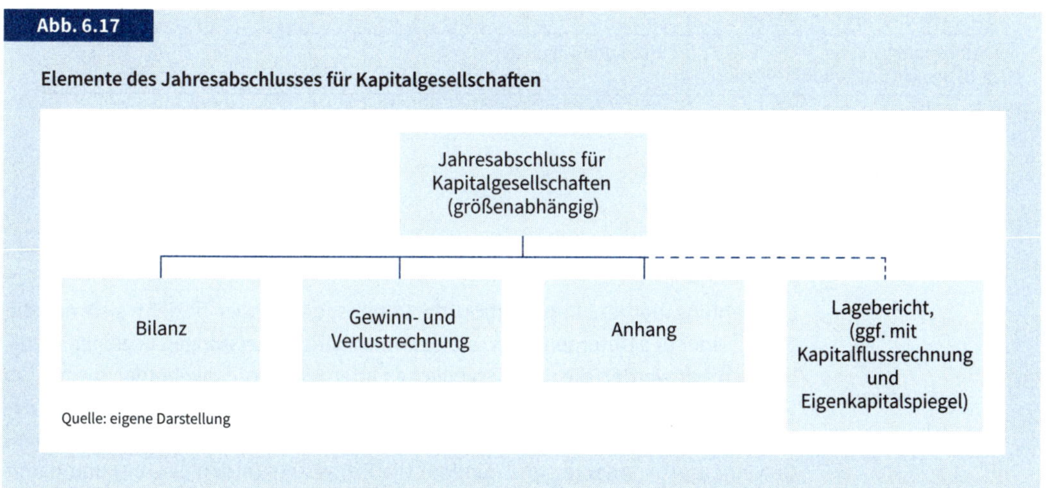

Quelle: eigene Darstellung

Jahresabschluss: Funktionen

Die Aufstellung des Jahresabschlusses obliegt der Unternehmensleitung. Für Kapitalgesellschaften muss der Jahresabschluss innerhalb von drei Monaten nach Abschluss des Geschäftsjahres erstellt werden. Da die Interessen der Unternehmensführung und der Adressaten des Jahresabschlusses divergieren können, sieht das Handelsrecht vielfältige Schutzvorschriften zur Gewinnermittlung vor, die aus den Funktionen des Jahresabschlusses folgen (vgl. Abb. 6.18).

Abb. 6.18

Funktionen des Jahresabschlusses

Gesetzlicher Schutz der Bilanzadressaten		
Dokumentationsfunktion	**Zahlungsbemessungsfunktion**	**Informationsfunktion**
Aufzeichnungen aller Geschäftsvorfälle im Rahmen der gesetzlichen Buchführungspflicht nach § 238 HGB	Ermittlung des Jahresgewinns zur Bemessung von • Dividendenzahlungen • Steuerzahlungen • Mitarbeiterbeteiligungen	Information der Bilanzadressaten über die • Vermögenslage • Finanzlage • Ertragslage

Quelle: entnommen aus Wöhe et al., 2016; S. 656

Abb. 6.19

Zahlungsansprüche der Bilanzadressaten

Ansprüche / Stakeholder als Bilanzadressaten	Vertraglich fixierte Zahlungsansprüche	Gewinnabhängige Zahlungsansprüche
Kunden und Lieferanten	Rechnungsbeträge	
Eigenkapitalgeber (z. B. Gesellschafter, Aktionäre)		Ausschüttungen/Dividenden
Fremdkapitalgeber (z. B. Banken und Kreditinstitute)	Zinsen und Tilgungen	
Arbeitnehmer	Löhne und Gehälter	ggf. Gewinnbeteiligungen
Finanzverwaltung (Fiskus)		Ertragsteuern

Quelle: modfiziert aus Wöhe et al., 2016; S. 656

Die Zahlungsbemessungsfunktion des Jahresabschlusses bezieht sich auf die Stakeholder des Unternehmens, die gewinnabhängige Leistungen beziehen. Deutlich sichtbar werden die unterschiedlichen Interessen der Stakeholder, die auf die Unternehmensführung bei der Aufstellung des Jahresabschlusses einwirken. Einerseits besteuert der Fiskus den Gewinn des Unternehmens und erwartet einen hohen Gewinnausweis, andererseits mindern die Ertragsteuern den Gewinn und damit mögliche Ausschüttungen (Dividenden) an die Eigentümer (vgl. Abb. 6.19).

6.3.2 Bilanz

Struktur der Bilanz

Die Bilanz ist die Gegenüberstellung von Vermögen (Aktiva) und Kapital (Passiva) eines Unternehmens. Sie wird zum Ende eines Geschäftsjahres in Kontenform erstellt, der Detaillierungsgrad von Aktiv- und Passivseite ist im *Handelsgesetzbuch (HGB)* vorgegeben (§ 266 HGB) und rechtsform- sowie unternehmensgrößenabhängig. Die Bilanz enthält grundsätzlich die Positionen *»Anlagevermögen«* und *»Umlaufvermögen«* auf der Aktivseite sowie *»Eigenkapital«* und *»Fremdkapital«* auf der Passivseite, wobei sich die Position Fremdkapital in *»Rückstellungen«* und *»Verbindlichkeiten«* untergliedert (vgl. Abb. 6.20).

Rechnungsabgrenzung

Da die Bilanz periodengerecht zu erstellen ist, sind *Rechnungsabgrenzungen* erforderlich, wenn Ausgaben, die vor dem Bilanzstichtag anfallen, aber erst später zu Aufwand führen, oder wenn Erträge, die vor dem Bilanzstichtag anfallen, aber erst nach dem Bilanzstichtag zu Einnahmen führen, periodengerecht zugerechnet werden sollen. Ein Beispiel für eine aktive Rechnungsabgrenzung sind Lohn- und Gehaltszahlungen für den Monat Januar, die als Vorauszahlung im Dezember, d. h. vor dem Bilanzstichtag, an die Mitarbeiter überwiesen wurden, die aber erst im Januar des Folgejahres zu Aufwand führen. Ein Beispiel für eine passive Rechnungsabgrenzung sind Vorauszahlungen von Kunden für Leistungen, die die Kunden erst nach dem Bilanzstichtag beziehen werden.

Abb. 6.20

Aufbau der Bilanz

Aktiva	Passiva
A. Anlagevermögen (AV)	A. Eigenkapital (EK)
1. Immaterielle Vermögensgegenstände 2. Sachanlagen 3. Finanzanlagen	1. Gezeichnetes Kapital 2. Kapitalrücklage 3. Gewinnrücklage 4. Gewinn- / Verlustvortrag 5. Jahresüberschuss / -fehlbetrag
B. Umlaufvermögen (UV)	
1. Vorräte 2. Forderungen und sonstige Vermögensgegenstände 4. Wertpapiere 5. Schecks, Kassenbestand, Guthaben bei Kreditinstituten	B. Rückstellungen
	1. Rückstellungen auf Pensionen und ähnliche Verpflichtungen 2. Steuerrückstellungen 3. Sonstige Rückstellungen
B. Rechnungsabgrenzungsposten	C. Verbindlichkeiten
D. Bilanzverlust	1. Anleihen, davon konvertibel 2. Verbindlichkeiten gegenüber Kreditinstituten 3. Verbindlichkeiten aus Lieferungen und Leistungen
	D-Rechnungsabgrenzungsposten
Bilanzsumme	Bilanzsumme

Quelle: entnommen aus Thommen et al., 2017; S. 211

Mittelverwendung und Mittelherkunft

Abstrakt betrachtet ist die Bilanz eine Gegenüberstellung von Mittelverwendung durch Investitionen und Mittelherkunft durch Finanzierungen. Beide Seiten einer Bilanz müssen saldenmäßig übereinstimmen (vgl. Abb. 6.21).

Inventar und Inventur

Der Aufstellung der Bilanz geht die Zusammenstellung des Inventars des Unternehmens durch eine *Inventur* voraus. Das *Inventar* ist ein Bestandsverzeichnis aller Vermögensgegenstände und aller Schulden (Fremdkapital und Rückstellungen) des Unternehmens und muss zum Schluss eines jeden Geschäftsjahres erstellt werden. Vermögensgegenstände, die sich durch Zählen, Messen, Wiegen oder Schätzen erfassen lassen, werden im Rahmen der körperlichen Inventur aufgenommen, alle anderen Vermögensgegenstände wie z. B. Wertpapiere oder Rechte sowie Fremdkapital und Rückstellungen werden mit den Daten der Buchführung fortgeschrieben.

Vorsichtsprinzip

Für die Bewertung der einzelnen Positionen des Inventars ist nach deutschem Handelsrecht das *Vorsichtsprinzip* maßgeblich. Es besagt, dass Wertsteigerungen bei Vermögensgegenständen erst dann erfasst werden dürfen, wenn sie z. B. durch den Verkauf des Gegenstandes als Umsatz realisiert wurden. Damit scheidet ein Ansatz eventuell geplanter Liquidationserlöse, wie dies im internen Rechnungswesen bei Maschinen und Anlagen üblich ist, durch die Vorgabe des »Realisationsprinzips« aus. Weiterhin beinhaltet das Vorsichtsprinzip, dass Vermögensgegenstände (Aktiva) eher niedrig und Schulden (Passiva) eher hoch zu bewerten sind. Durch die Ungleichheit der Bewertung, die als »Imparitätsprinzip« bezeichnet wird, wird er-

Abb. 6.21

Struktur der Bilanz

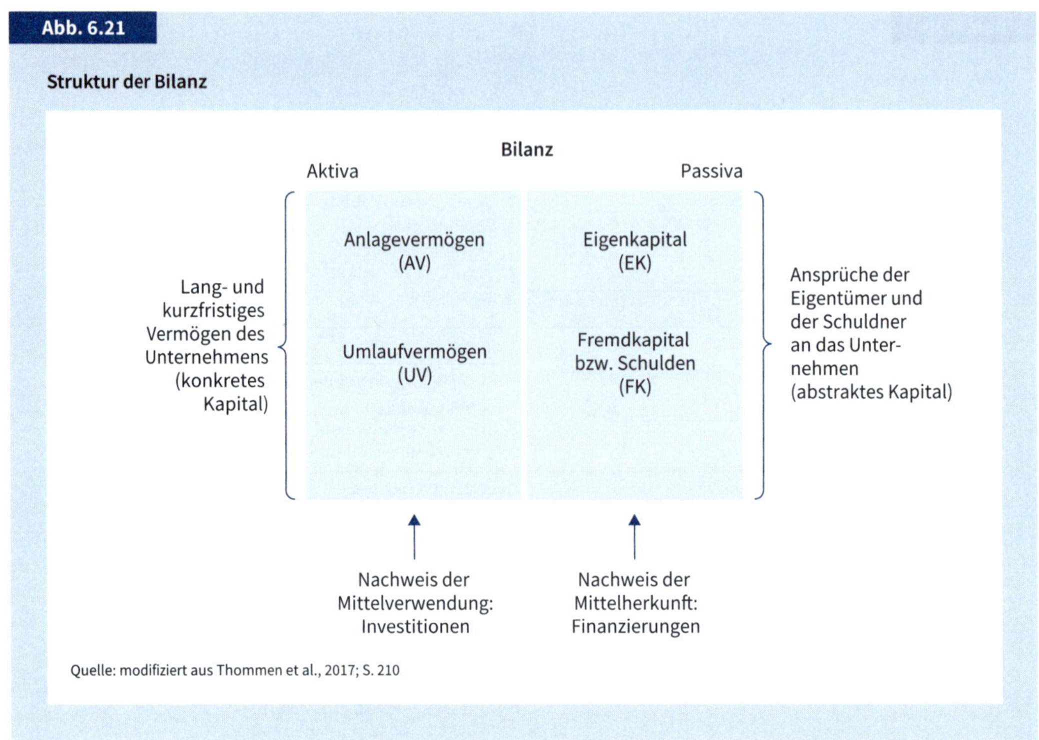

Quelle: modifiziert aus Thommen et al., 2017; S. 210

reicht, dass das Vermögen tendenziell unterbewertet wird und Schulden tendenziell überbewertet werden (vgl. Abb. 6.22).

Das Vorsichtsprinzip führt zu einer Kürzung des Eigenkapitals, da folgende Bilanzgleichungen gelten:

Aktiva (Vermögen) = Passiva (Kapital)
Passiva (Kapital) = Eigenkapital + Fremdkapital (Schulden)
Eigenkapital = Aktiva (Vermögen) − Fremdkapital (Schulden)

Prinzip der Liquidierbarkeit

Der Aufbau der Bilanz folgt auf der Aktivseite dem *Prinzip der Liquidierbarkeit* der Vermögensgegenstände. Das Anlagevermögen weist häufig unternehmensspezifische Besonderheiten auf und ist deshalb schwieriger zu verkaufen als das Umlaufvermögen. Innerhalb des Umlaufvermögens folgt die Untergliederung dem Prozessprinzip der Wertschöpfungskette. Unter die Position »Vorräte« fallen entsprechend dem Produktionsfortschritt die RHB-Lager für Roh-, Hilfs- und Betriebsstoffe, die Zwischenlager für Baugruppen und Halberzeugnisse und das Fertigwarenlager.

Prinzip der zeitlichen Fixierung

Die Passivseite folgt in der Abfolge seiner Positionen dem *Prinzip der zeitlichen Fixierung* und der Fälligkeit von langfristig bis kurzfristig. Hierzu wird unterstellt, dass das Eigenkapital als Risikokapital dem Unternehmen zeitlich unbegrenzt zur Verfügung steht, während die Rückstellungen zwar zeitlich begrenzt sind, aber kei-

Abb. 6.22

Realisations- und Imparitätsprinzip als Konkretisierung des Vorsichtsprinzips

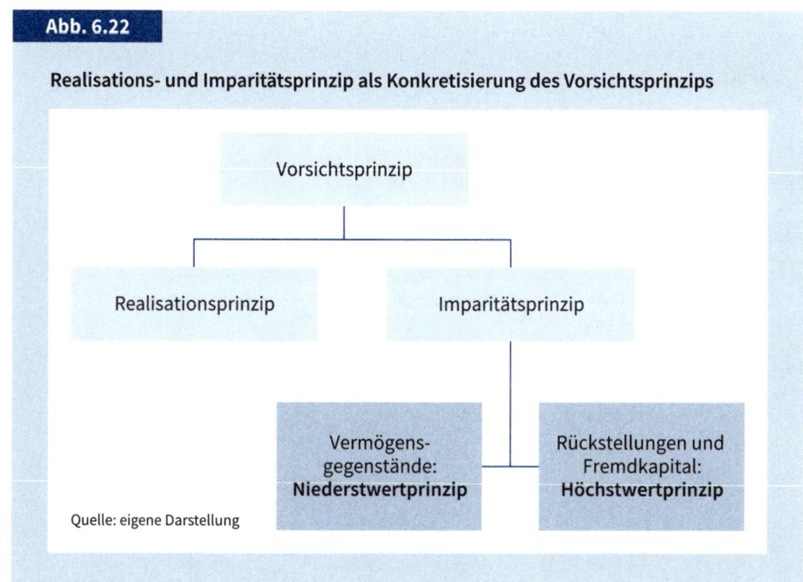

Quelle: eigene Darstellung

nen fixierten Zahlungstermin aufweisen, und die Laufzeiten der Verbindlichkeiten zeitlich genau terminiert sind.

Bilanzgewinn

I.d.R. wird die Bilanz zum Ende des Geschäftsjahres vor der Gewinnverwendung aufgestellt. In diesem Falle wird der in der Bilanz ausgewiesene *Jahresüberschuss (*bzw. *-fehlbetrag)* der Gewinn- und Verlustrechnung (siehe Kap. 6.3.3) entnommen. Wird der Jahresüberschuss um den Gewinnvortrag erhöht (oder um den Verlustvortrag gemindert) und um die Einstellung in die Rücklagen vermindert (oder um die Entnahme aus Rücklagen erhöht), ergibt sich der *Bilanzgewinn (bzw. Bilanzverlust).* Im Sinne des Vorsichtsprinzips bei der Gewinnverwendung kann bei Kapitalgesellschaften maximal der Bilanzgewinn als Dividende an die Gesellschafter bzw. Aktionäre ausgeschüttet werden.

6.3.3 Gewinn- und Verlustrechnung

Periodenrechnung

Die *Gewinn- und Verlustrechnung (GuV)* ist eine Periodenrechnung, in der die Erfolgskosten der Finanzbuchhaltung abgeschlossen werden. Die Gliederung der Gewinn- und Verlustrechnung erfolgt i. d. R. in Staffelform (§ 275 HGB), als Saldo wird der Jahresüberschuss (bzw. Jahresfehlbetrag) des Geschäftsjahres ausgewiesen, der sich mit dem Jahresüberschuss (bzw. Jahresfehlbetrag) der Bilanz deckt (vgl. Abb. 6.23).

Jahresüberschuss

Der Jahresüberschuss zeigt die Veränderung des Eigenkapitals im Geschäftsjahr auf. Er ist der handelsrechtliche Gewinn und kann über die verkauften Güter und Dienstleistungen oder über die hergestellten Güter und Dienstleistungen (unter Berücksichtigung der Bestandsveränderungen) berechnet werden. Analog zur Unterscheidung im internen Rechnungswesen nach Gesamt- und Umsatzkostenverfahren (vgl. Kap. 6.2.4.2) kann die Gewinn- und Verlustrechnung unterschiedlich geglie-

Abb. 6.23

Schematische Darstellung der Finanzbuchhaltung

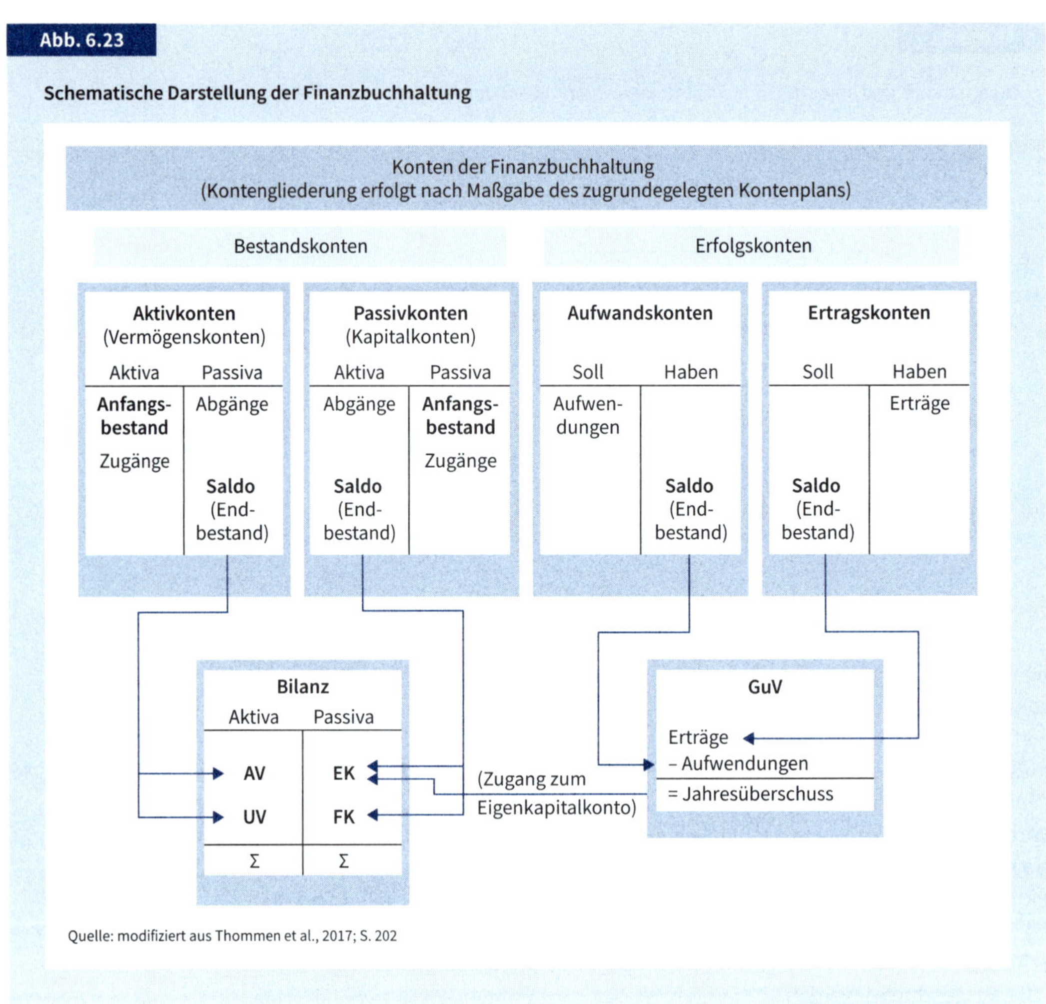

Quelle: modifiziert aus Thommen et al., 2017; S. 202

dert werden. Zur Erhöhung der Aussagekraft lassen sich zudem Zwischenergebnisse errechnen, wie z. B. das (handelsrechtliche) Betriebsergebnis und das Finanzergebnis (vgl. Abb. 6.24).

Gewöhnliches und außergewöhnliches Jahresergebnis

Die Trennung des Ergebnisausweises in ein gewöhnliches und in ein außergewöhnliches Ergebnis dient dem Zweck, das nachhaltige und typische Geschäft von zufälligen und betriebsfremden Einflüssen zu trennen. In das außerordentliche Ergebnis eines Geschäftsjahres gehen Unglücksfälle wie z. B. Feuerschäden als außerordentlicher Aufwand und die späteren Regulierungen durch die Versicherung als außerordentlicher Ertrag ein.

Betriebsergebnis der GuV versus kalkulatorisches Betriebsergebnis

Zu beachten ist, dass das Betriebsergebnis der Gewinn- und Verlustrechnung i. d. R. nicht mit dem Betriebsergebnis des internen Rechnungswesens übereinstimmt. Dies folgt z. B. aus dem Vorsichtsprinzip des externen Rechnungswesens, nach dem nur realisierte Geschäftsvorfälle handelsrechtlich erfasst werden dür-

Abb. 6.24

Erfolgsspaltung in der Gewinn- und Verlustrechnung

Gliederung der Gewinn- und Verlustrechnung	
Gesamtkostenverfahren	**Umsatzkostenverfahren**
Umsatzerlöse	Umsatzerlöse
± Bestandsveränderungen an Halb- und Fertigprodukten (bewertet zu Herstellungskosten)	– Herstellungskosten der verkauften Güter und Dienstleistungen
+ Sonstige betriebliche Erträge und Eigenleistungen	= Bruttoergebnis vom Umsatz
– Materialaufwand	
= Rohergebnis nach dem Gesamtkostenverfahren	
– Personalaufwand	– Vertriebsaufwand
– Abschreibungen auf Sachanlagen	– allgemeiner Verwaltungsaufwand
– Sonstige betriebliche Aufwendungen	+ Sonstige betriebliche Erträge
= Betriebsergebnis	= Betriebsergebnis
+ Erträge aus Beteiligungen, Wertpapieren und sonstige Finanzanlagen	
+ Zinsen und ähnliche Erträge	
– Abschreibungen auf Finanzanlagen und Wertpapiere des Umlaufvermögens	
– Zinsen und ähnliche Aufwendungen	
= Finanzergebnis	
= Ergebnis der gewöhnlichen Geschäftstätigkeit (Betriebsergebnis + Finanzergebnis)	
+ außerordentliche Erträge	
– außerordentliche Aufwendungen	
= außerordentliches Ergebnis	
– Steuern vom Einkommen und vom Ertrag	
– Sonstige Steuern (alle anderen erfolgswirksamen Steuern)	
= Jahresüberschuss (Jahresfehlbetrag)	

Quelle: eigene Darstellung in Anlehnung an § 275 HGB

fen. Auswirkungen des Vorsichtsprinzips im externen gegenüber dem internen Rechnungswesen zeigen sich ebenfalls bei den Abgrenzungen von Aufwand und Kosten.

Anderskosten

Ein Beispiel zur Abgrenzung von Aufwand und Kosten sind die sogenannten *Anderskosten* in Form der Abschreibungen und der Zinsen.

Die Wertminderungen des Anlagevermögens werden als »Abschreibungen« bezeichnet. Im internen Rechnungswesen mindern i. d. R. prognostizierte Liquidationserlöse den Abschreibungsbetrag, auch gibt die Unternehmensplanung die Nutzungs- und damit die Abschreibungsdauer für die Berechnung der kalkulatorischen Abschreibungen vor. Im externen Rechnungswesen dagegen werden die Abschreibungen vom Anschaffungswert der Anlagegüter berechnet, mögliche Liquidationserlöse führen erst beim Verkauf der Anlagegüter zu einem außerordentlichen Ertrag. Zur Bestimmung der Nutzungsdauer werden im externen Rechnungswesen häufig steuerliche Regelnutzungsdauern aus den sogenannten Abschreibungstabellen der Finanzverwaltung herangezogen, die von der wirklichen Nutzungsdauer stark abweichen können. Diese Unterschiede führen dazu, dass die im externen Rechnungswesen angesetzten Abschreibungen deutlich von den kalkulatorischen Abschreibungen des internen Rechnungswesens abweichen.

Ein analoger Unterschied im Sinne der Anderskosten ergibt sich auch bei den Zinsaufwendungen. Während im internen Rechnungswesen die kalkulatorischen Zinsen auf das durchschnittlich gebundene betriebsnotwendige Vermögen mit einem Mischzinssatz aus den Ausschüttungserwartungen der Eigentümer und den gezahlten Zinsen an die Fremdkapitalgeber errechnet werden, dürfen im externen Rechnungswesen nach dem Realisationsprinzip nur die gezahlten Zinsen als Zinsaufwand berücksichtigt werden. Die kalkulatorischen Zinsen im internen Rechnungswesen sind somit um die »kalkulatorischen Eigenkapitalzinsen« höher als der Zinsaufwand des externen Rechnungswesens.

Zusatzkosten

Ein weiterer Unterschied zur Abgrenzung von Aufwand und Kosten ergibt sich aus den sogenannten *Zusatzkosten,* die im internen Rechnungswesen als Opportunitätskosten bei Einzelunternehmen und Personengesellschaften eingeführt wurden. Kalkulatorische Unternehmerlöhne, kalkulatorische Mieten und kalkulatorische Wagnisse dürfen im externen Rechnungswesen nicht angesetzt werden, da sie nicht vertraglich fixiert werden können und somit nicht realisierbar sind.

Herstellkosten versus Herstellungskosten

Schließlich zeigt sich der Unterschied zwischen dem internen und dem externen Rechnungswesen auch bei der Definition der »Herstellkosten« gegenüber den »Herstellungskosten«. Die Herstellkosten des internen Rechnungswesens errechnen sich in der Kostenträgerstückrechnung auf Basis der Einzel- und der Gemeinkosten der Produkte. Im externen Rechnungswesen sind die Herstellungskosten handelsrechtlich normiert. Es handelt sich definitionsgemäß um Herstellungsaufwand, und damit basiert ihre Berechnung auf handelsrechtlich definierten Aufwandsgrößen, die kalkulatorische Zusatzkosten ausschließen und bei denen kalkulatorische Anderskosten durch die entsprechenden Abschreibungs- und Zinsaufwendungen zu ersetzen sind. Zudem lässt das Handelsrecht zur Errechnung der Herstellungskosten ein Wahlrecht zu, nach dem Material- und Fertigungskosten (im Sinne von Material- und Fertigungsaufwand) anzusetzen sind, Verwaltungsgemeinkosten (im Sinne von Verwaltungsgemeinaufwand) wahlweise angesetzt werden können und Vertriebskosten (im Sinne von Vertriebsaufwand) nicht berücksichtigt werden dürfen. Durch die Ausübung des Wahlrechts beim Ansatz der Verwaltungskosten im Rahmen der Berechnung der Herstellungskosten erwächst eine legale Möglichkeit für die Unternehmensleitung, das Jahresergebnis durch die Bewertung der Halb- und Fertigprodukte höher oder niedriger auszuweisen zu können. Die Änderung einer einmal gewählten Bewertungsmethode ist jedoch nur aus triftigem Grund möglich und muss ggf. im Anhang zum Jahresabschluss dokumentiert werden.

6.3.4 Anhang und Lagebericht

Publizitätspflicht

Der Jahresabschluss von Einzelunternehmen und Personengesellschaften besteht aus der Bilanz sowie der Gewinn- und Verlustrechnung. Kapitalgesellschaften (außer »Kleinstgesellschaften«) müssen dem Jahresabschluss außerdem einen *Anhang* beifügen, der die Positionen der Bilanz sowie der Gewinn- und Verlustrechnung näher erläutert. Große und mittelgroße Kapitalgesellschaften müssen zusätzlich einen Lagebericht aufstellen. Die besondere Pflicht für große und mittelgroße Kapitalgesellschaften sowie für Personengesellschaften ohne natürliche Person als persönlich haftendem Gesellschafter ergibt sich aus dem erweiterten Informationsbedürfnis der nicht zur Geschäftsführung befugten Gesellschafter und Aktionäre. Aus diesem besonderen Informationsbedürfnis folgt auch die Verpflichtung der betroffenen Gesellschaften, ihren Jahresabschluss durch Wirtschaftsprüfer prüfen zu lassen und ihn im *Bundesanzeiger* (www.bundesanzeiger.de) innerhalb einer Frist von 12 Monaten zu veröffentlichen (Publizitätspflicht).

Anhang

Der *Anhang* dient zur Erläuterung der Bilanz und der Gewinn- und Verlustrechnung. Er soll die Vermögens-, Finanz- und Ertragslage des Unternehmens erläutern und die Vergleichbarkeit der Jahresabschlüsse des Unternehmens im Zeitablauf darstellen.

So sind z. B. die benutzten Wahlrechte zur Bewertung der Bestände an Halb- und Fertigprodukten auszuweisen und die Abschreibungsmethoden zu erläutern. Auch sind Angaben zur Fristigkeit des langfristigen Fremdkapitals und zu seiner Besicherung zu machen sowie die Aufwendungen für Forschung und Entwicklung zu erläutern. Besteht die Gefahr, dass Bilanz und Gewinn- und Verlustrechnung eines Unternehmens durch besondere Umstände ein verzerrtes Bild der wirtschaftlichen Lage des Unternehmens aufzeigen, ist dies im Anhang durch zusätzliche Informationen zu korrigieren. Finanzmarktorientierte Kapitalgesellschaften haben zudem den Jahresabschluss um eine Kapitalflussrechnung zur Darstellung der Zahlungsmittelströme und um einen Eigenkapitalspiegel zur Entwicklung des Eigenkapitals im Geschäftsjahr zu ergänzen.

Lagebericht

Der *Lagebericht* ist nicht eine Fortschreibung des Anhangs, sondern ein eigenständiges Instrument der handelsrechtlichen Rechnungslegung von großen und mittelgroßen Kapitalgesellschaften zum Abschluss eines Geschäftsjahres. Entsprechend der handelsrechtlichen Vorgabe »sind der Geschäftsverlauf einschließlich des Geschäftsergebnisses und die Lage der Kapitalgesellschaft so darzustellen, dass ein den tatsächlichen Verhältnissen entsprechendes Bild vermittelt wird. Er hat eine ausgewogene und umfassende, dem Umfang und der Komplexität der Geschäftstätigkeit entsprechende Analyse des Geschäftsverlaufs und der Lage der Gesellschaft zu enthalten. In die Analyse sind die für die Geschäftstätigkeit bedeutsamsten finanziellen Leistungsindikatoren einzubeziehen und unter Bezugnahme auf die im Jahresabschluss ausgewiesenen Beträge und Angaben zu erläutern.« (§ 289 Abs. 1 HGB)

Dementsprechend stellt der Lagebericht einen Wirtschaftsbericht z. B. mit Angaben zur Marktsituation und zu den Mitbewerbern auf den Märkten (Konkurrenzsituation) dar. Auch ist über voraussichtliche Entwicklungen im Personalbereich sowie über geplante Maßnahmen im Produktions- und Investitionsbereich zu berichten.

Im Prognoseteil des Lageberichts ist auf die voraussichtliche Geschäftsentwicklung und auf mögliche zukünftige Risiken und Chancen einzugehen. Darzustellen sind finanzwirtschaftliche Risiken und das Risikomanagementsystem des Unternehmens sowie Informationen zur Forschung und Entwicklung, zu ggf. bestehenden Zweigniederlassungen, zum Vergütungssystem und vor allem zur Vorstandsvergütung. Zu informieren ist auch über die Aktionärsstruktur und über eine mögliche Unternehmensübernahme.

6.3.5 Internationale Rechnungslegung

Unternehmen stehen mit ihren Gütern und Dienstleistungen nicht nur im nationalen, sondern zunehmend auch im internationalen Wettbewerb. Dies gilt ebenfalls für den Wettbewerb um Finanzierungsmöglichkeiten sowohl durch Eigenkapital als auch durch Fremdkapital. Möchten sich internationale Kunden und Lieferanten, aber auch internationale Kapitalgeber, über die wirtschaftliche und finanzielle Lage des Unternehmens informieren, greifen sie als eine wichtige Informationsquelle auf den Jahresabschluss des Unternehmens zurück. Hieraus erwächst für das Handelsrecht die Aufgabe, Jahresabschlüsse international vergleichbar zu gestalten und nationale Rechtsnormen des Handelsrechts für internationale Gepflogenheiten des Wirtschaftslebens zu öffnen.

Internationale Vorgaben: US-GAAP und IFRS

Insbesondere die Bedeutung der US-amerikanischen Börsen zur Kapitalbeschaffung führt dazu, dass die Vorgaben der amerikanischen Börsenaufsichtsbehörde »Securities and Exchange Commission« (SEC) starken Einfluss auf das externe Rechnungswesen nehmen. US-amerikanische Aktiengesellschaften, die z. B. an der New York Stock Exchange für den Handel ihrer Aktien gelistet werden möchten, müssen den Vorgaben der *United States Generally Accepted Accounting Principles (US-GAAP)*, d. h. den US-amerikanischen Rechnungslegungsnormen für den Jahresabschluss von Unternehmen in den USA, folgen. Ausländische Aktiengesellschaften, die an US-amerikanischen Börsen gelistet werden möchten, müssen ebenfalls den US-amerikanischen Rechnungslegungsvorschriften folgen oder ihren Jahresabschluss gemäß den Vorgaben des *International Financial Reporting Standards* (IFRS) gestalten. Die International Financial Reporting Standards werden vom *»International Accounting Standards Board (IASB)«* herausgegeben. Das IASB ist ein international besetztes privatwirtschaftliches Gremium von Rechnungslegungsexperten und Berufsverbänden, das die IFRS fortschreibt, evaluiert und an die aktuellen wirtschaftlichen Entwicklungen anpasst. Die Vorschläge des IASB zur Weiterentwicklung der IFRS werden in der *Europäischen Union (EU)* von der *Europäischen Kommission* geprüft und nach ihrer Anerkennung den Mitgliedstaaten zur Überführung ins nationale Handelsrecht vorgegeben.

Obwohl nationale wie internationale Jahresabschlüsse gleichermaßen das Ziel verfolgen, einen Einblick in die Vermögens-, Finanz- und Ertragslage von Unternehmen zu ermöglichen, weisen sie in ihren Normen spezifische Besonderheiten entsprechend ihrer kulturellen Herkunft aus (vgl. Abb. 6.25).

Jahresabschluss nach IFRS

Der Jahresabschluss nach IFRS umfasst neben der Bilanz (»statement of financial position«) und der Gewinn- und Verlustrechnung (»statement of comprehensive

Abb. 6.25

Kontinentaleuropäische und anglo-amerikanische Rechnungslegung im Vergleich

	Kontinentaleuropäische Rechnungslegung (HGB)	**Anglo-amerikanische Rechnungslegung (IFRS)**
(1) Rahmenbedingungen		
• Kultur	Etatistisch (Staat als Regulativ)	Individualistisch
• Dominierende Finanzierungsform	Hausbankfinanzierung	Kapitalmarktfinanzierung
• Rechtssystem	»Code Law«, Gesetzgebung zum Bilanzrecht, Handels- und Steuerrecht eng verbunden	»Case Law«, Bilanzrecht wird von Berufsverbänden entwickelt, Trennung von Handels- und Steuerrecht
(2) Rechnungslegungsfunktionen		
(2a) Informationsfunktion		
• Adressaten	Stakeholder	Shareholder
• Dominierendes Ziel	Gläubigerschutz	Anlegerinformation
• Dominierendes Bewertungsprinzip	Vorsichtsprinzip	Zeitwertprinzip
• Bilanzpolitik	Bilanzierungs- und Bewertungswahlrechte	Weitgehender Verzicht auf Wahlrechte
• Offenlegung	Tendenziell niedrig	Tendenziell hoch
(2b) Zahlungsbemessungsfunktion		
• Ausschüttung an die Eigner	Vorsichtige Ausschüttungsbemessung: • Vorsichtsprinzip • Ausschüttungssperren • Tendenziell höhere stille Reserven	Ausschüttungsbemessung ist Ausfluss der Informationsfunktion: • »True and Fair View/ Fair Presentation« • Keine Ausschüttungssperren • Tendenziell geringere stille Reserven
• Steuerzahlungen an den Fiskus	Maßgeblichkeit der Handels- für die Steuerbilanz	Trennung von Handels- und Steuerbilanz

Quelle: entnommen aus Schierenbeck/Wöhle, 2016; S. 658

income«) eine Kapitalflussrechnung (»statement of cash flows«) und einen Eigenkapitalspiegel (»statement of changes in equity«) sowie einen Anhang (»notes«) (vgl. Abb. 6.26).

Deutlich wird, dass die Anwendung der IFRS-Normen die Vergleichbarkeit der Jahresabschlüsse finanzmarktorientierter Unternehmen weltweit erleichtert und die Unternehmen damit leichteren Zugang zu den internationalen Börsen und Finanzmärkten haben. Auch Personengesellschaften oder kleine Kapitalgesellschaften können ihren handelsrechtlichen Jahresabschluss freiwillig um einen IFRS-Jahresabschluss ergänzen und diesen im Bundesanzeiger veröffentlichen. Da der IFRS-Abschluss keine Verbindung zum Steuerrecht hat, folgt für deutsche Unternehmen, wenn sie ihren Jahresabschluss nach IFRS-Normen gestalten, dass

Abb. 6.26

Struktur und Inhalte der Rechenwerke nach IFRS

Bilanz	• Gliederung grundsätzlich nach Fristigkeit, es sei denn, eine Gliederung nach Liquiditätsgesichtspunkten gibt relevante Informationen • Vorgaben zur Fristigkeitseinteilung für Vermögenswerte und Schulden • Vorgabe einer Mindestgliederung • Angaben zum Eigenkapital (oder im Anhang)
Gewinn- und Verlustrechnung	• Gliederung entweder nach Aufwandsarten (Gesamtkostenverfahren) oder nach Funktionskosten (Umsatzkostenverfahren) • Vorgabe einer Mindestgliederung, außerordentliche Posten sind nicht zulässig • Angaben zu Dividenden (oder im Anhang)
Eigenkapitalveränderungsrechnung (Eigenkapitalspiegel)	• Vorgabe der darzustellenden Spalten und Zeilen • Angabe zu bestimmten Posten wahlweise auch im Anhang
Kapitalflussrechnung	Angabe zu Vermögens- und Finanzströmen
Anhang	• Angaben zur Übereinstimmung mit IFRS • Wesentliche Bilanzierungs- und Bewertungsmethoden • Von anderen Standards verlangte zusätzliche Anhangsangaben zu den Abschlussposten • Von anderen Standards verlangte weitere Anhangsangaben • Angaben zum Kapital

Quelle: entnommen aus Thommen et al., 2017; S. 232

sie für die Einkommens- und Ertragsbesteuerung eine gesonderte Steuerbilanz zu erstellen haben.

6.3.6 Steuerrechtliche Rechnungslegung

Steuern

Steuern sind Geldleistungen ohne Anspruch auf individuelle Gegenleistungen. Der Staat erhebt sie zur Deckung seines Finanzbedarfs und legt sie allen Steuerpflichtigen auf, die den Tatbestand der Steuerpflicht erfüllen. Rechtsgrundlage zur Erhebung von Steuern in Deutschland ist die *Abgabenordnung (AO)*. Die zahlreichen verschiedenen Steuerarten werden volkswirtschaftlich in die drei Gruppen der Besitz-, Verkehrs- und Verbrauchssteuern unterteilt (vgl. Abb. 6.27).

Verbrauchsteuern

Verbrauchsteuern (auch als Kostensteuern bezeichnet) werden auf den Verbrauch von Gütern erhoben. Im Rechnungswesen werden sie automatisch berücksichtigt, da sie in den Beschaffungspreisen der Lieferanten enthalten sind.

Verkehrssteuern am Beispiel der Mehrwertsteuer

Verkehrsteuern werden für die Teilnahme am Wirtschaftsverkehr erhoben. Hierbei weist die *Umsatzsteuer (USt)* in der Erhebungsform der *Mehrwertsteuer (MwSt)* eine Besonderheit auf. Sie ist eine indirekte Steuer, denn Steuerschuldner und wirtschaftlich Belasteter sind nicht identisch. Besteuert werden Lieferungen und Leistungen, die ein Unternehmen im Inland verkauft. Zahlungspflichtiger Steuerschuldner ist das Unternehmen, während die wirtschaftlich Belasteten die Endverbraucher sind. Das Unternehmen führt die bei seinen Verkäufen erhobene Mehrwertsteuer an

Abb. 6.27

Volkswirtschaftliche Einteilung der Steuerarten mit Beispielen

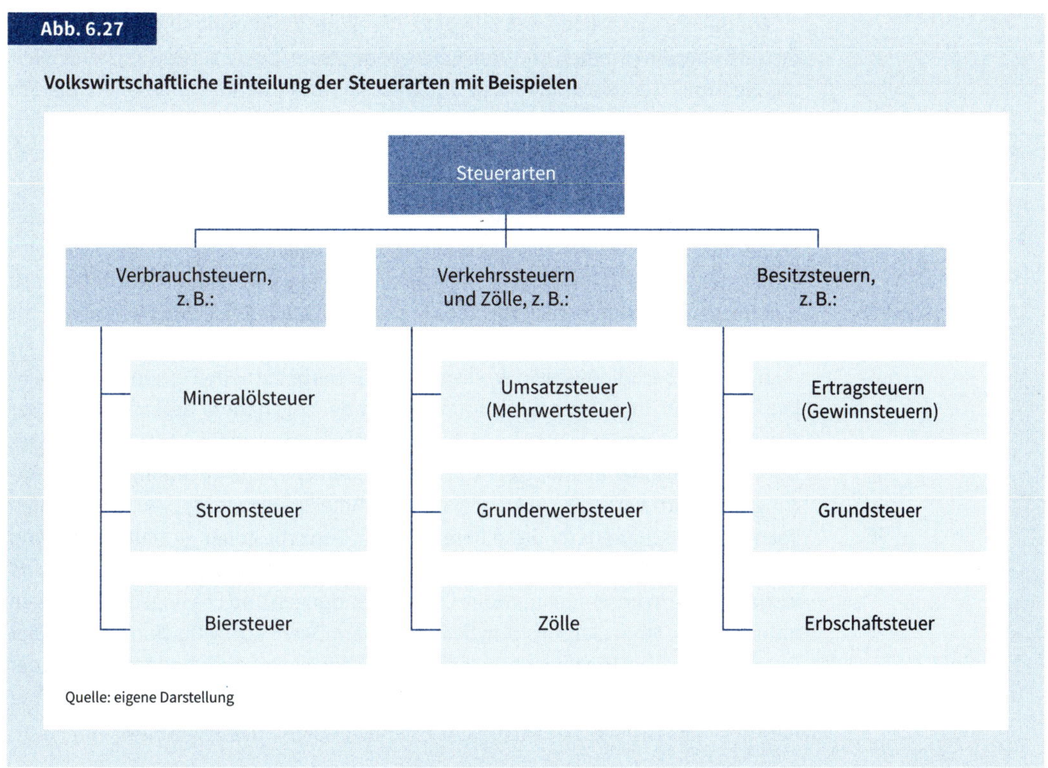

Quelle: eigene Darstellung

den Fiskus ab, umgekehrt wird ihm die in den Beschaffungspreisen enthaltene Umsatzsteuer als Vorsteuer vom Fiskus erstattet. Ausgenommen von der Umsatzsteuerpflicht sind Kleinstunternehmen. Sie dürfen auf ihren Rechnungen keine Umsatzsteuer ausweisen und sind dementsprechend nicht vorsteuerabzugsberechtigt.

Umsatzsteuern sind für Unternehmen durchlaufende Posten, die im Rahmen der Buchhaltung auf getrennten Bestandskonten verbucht werden. Sie erhöhen das Eigenkapital des Unternehmens nicht, da ihre Einnahme durch eine Verbindlichkeit an das Finanzamt neutralisiert wird. Auch erhöhen sie weder den Beschaffungsaufwand noch die Umsatzerlöse und dürfen somit natürlich nicht in der Gewinn- und Verlustrechnung berücksichtigt werden. Allerdings führen die Umsatzsteuerzahlungen an das Finanzamt zu einer Minderung des Cashflows, der in der Finanzplanung zu berücksichtigen ist. Dies gilt insbesondere dann, wenn die Zahlung der Umsatzsteuer fällig wird, bevor die Kunden ihre Rechnungen bezahlt haben.

Besitzsteuern

Als *Besitzsteuern* werden die Steuern bezeichnet, die an Einkommen und Ertrag oder an das Vermögen des Steuerpflichtigen anknüpfen. Als Einkommen bezeichnet man üblicherweise regelmäßige Einnahmen des Steuerpflichtigen, während der Ertrag das Ergebnis seiner wirtschaftlichen Tätigkeit ist. Das Vermögen des Steuerpflichtigen berechnet sich aus dem Wert seiner Wirtschaftsgüter und seiner geldwerten Rechte.

Für das wirtschaftliche Handeln der Unternehmensführung sind besonders die Steuern vom Einkommen und vom Ertrag bedeutsam, da sie als Gewinnsteuern auf das Ergebnis der wirtschaftlichen Tätigkeit des Unternehmens erhoben werden (vgl. Abb. 6.28).

Gewerbesteuer

Unternehmen, die gewerblich tätig sind, unterliegen der Gewerbesteuerpflicht. Nicht zur gewerblichen Tätigkeit gehören z. B. land- und forstwirtschaftliche Tätigkeiten, Vermögensverwaltungen oder reine freiberufliche Tätigkeiten von Einzelunternehmen oder Personengesellschaften. Diese Tätigkeiten sind nicht gewerbesteuerpflichtig, während Kapitalgesellschaften unabhängig von ihrem Geschäftszweck qua Rechtsform immer gewerblich tätig sind und somit der Gewerbesteuerpflicht unterliegen.

Die *Gewerbesteuer (GewSt)* wird von allen Gewerbebetrieben erhoben, die im Inland tätig sind. Ihre Bemessungsgrundlage ist der sogenannte Gewerbeertrag. Der Gewerbeertrag ist der einkommen- bzw. körperschaftsteuerpflichtige Gewinn eines Unternehmens, der allerdings um gewerbesteuerliche Hinzurechnungen oder Kürzungen zu korrigieren ist. Zu kürzen sind z. B. Beteiligungserträge von inländischen Tochtergesellschaften, da diese bereits selbst Gewerbesteuer gezahlt haben, und Beteiligungserträge von ausländischen Tochtergesellschaften. Hinzuzurechnen sind insbesondere in beschränkter Höhe Zinsaufwendungen und Leasingaufwendungen als besondere Finanzierungsform des Anlagevermögens sowie Gewinnanteile stiller Gesellschafter. Die Hinzurechnungen folgen überwiegend der Überlegung, dass der Gewerbeertrag die »objektive« Ertragskraft des Unternehmens ohne Einfluss seiner Finanzierungsstruktur aus Eigen- und Fremdkapital widerspiegeln soll.

Abb. 6.28

Steuern vom Einkommen und vom Ertrag

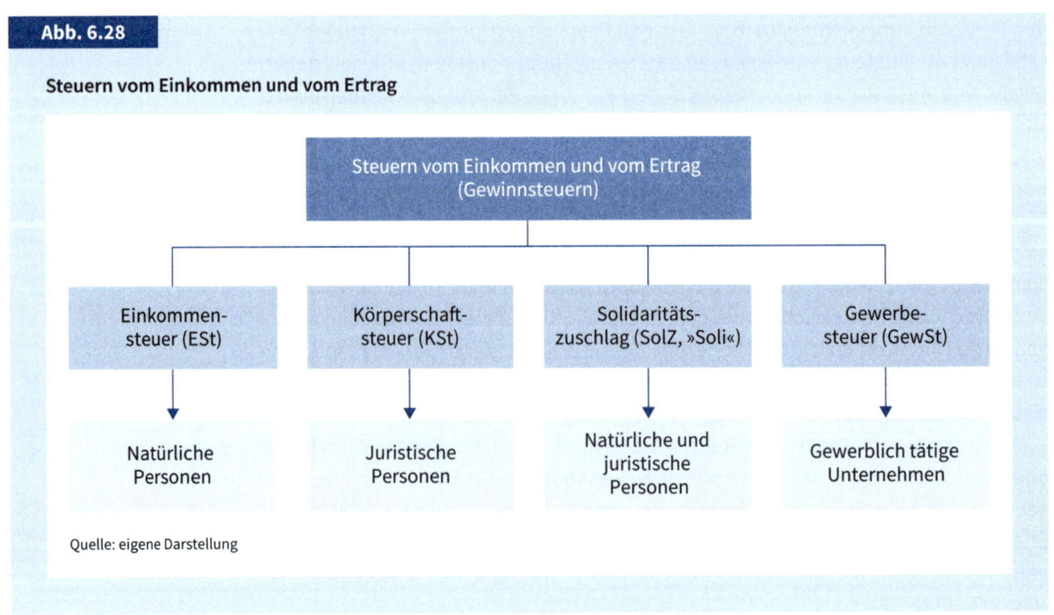

Quelle: eigene Darstellung

Zur Berechnung der Gewerbesteuer wird der Gewerbeertrag mit der Steuermesszahl und mit dem Hebesatz der Gemeinde multipliziert, in dem das Unternehmen seinen Sitz hat. Für das Jahr 2018 beträgt die Steuermesszahl 3,5 % (§ 11 Gew StG) und der Hebesatz z. B. von Köln 475 % (vgl. Kap. 4.1); daraus errechnet sich für die Stadt Köln ein Gewerbesteuersatz von 16,625 %.

Einkommensteuer

Die *Einkommensteuer (ESt)* wird auf das Einkommen natürlicher Personen als Steuersubjekte erhoben. Im Gegensatz zur Umsatzsteuer (Mehrwertsteuer) ist die Einkommensteuer eine direkte Steuer, da Steuerschuldner und Steuerträger identisch sind. Bei Einzelunternehmen ist dies der Eigentümer des Unternehmens. Personengesellschaften sind nicht Besteuerungssubjekt der Einkommensteuer, jedoch sind die Gesellschafter einer Personengesellschaft mit ihrem jeweiligen Gewinnanteil einkommensteuerpflichtig.

Die Bemessungsgrundlage der Einkommensteuer ist das zu versteuernde Einkommen des Steuerpflichtigen pro Jahr. Es kann sich aus verschiedenen Einkommensarten zusammensetzen, wenn ein Steuerpflichtiger z. B. neben seinen Einkünften als Gesellschafter einer Personengesellschaft andere Einkünfte z. B. aus Kapitalvermögen oder aus Vermietung und Verpachtung bezieht.

Einkommensteuertarif

Zur Berechnung der Einkommensteuer wird das zu versteuernde Einkommen mit dem relevanten Einkommensteuersatz multipliziert. Der Steuersatz leitet sich aus dem Einkommensteuertarif ab. 2018 beginnt er gem. § 32a EStG in der Grundtabelle ab dem Grundfreibetrag von 9.000 € mit 14 %, dann folgt ein progressiver Anstieg bis 54.949 €. Zu versteuernde Einkommen von 54.950 € bis 260.532 € werden linear mit 42 % besteuert, ab 260.533 € erreicht der Einkommensteuertarif seinen Höchstwert mit 45 % (https://www.bmf-steuerrechner.de/ekst [Aufruf am: 31.01.2018]).

Gewerbesteuer-anrechnung

Zahlt ein Unternehmen Gewerbesteuer, kann diese bei der Einkommensteuerveranlagung des Eigentümers und der Gesellschafter von Personengesellschaften angerechnet werden. Die pauschale Ermäßigung der Einkommensteuer ist beschränkt auf die tatsächlich gezahlte Gewerbesteuer des Jahres und darf das 3,8 fache des Gewerbesteuermessbetrages nicht überschreiten.

Lohnsteuer und Kapitalertragsteuer

Besondere Erhebungsformen der Einkommensteuer sind die *Lohnsteuer (LSt),* die das Unternehmen für seine Mitarbeiter als Steuervorauszahlung an den Fiskus abführt, und die *Kapitalertragsteuer (KapESt),* die die Bank bei der Auszahlung von Kapitalerträgen einbehält und für den Steuerpflichtigen an den Fiskus abführt. Bezieht eine natürliche Person Dividenden von Kapitalgesellschaften, ist für sie die Einkommensteuer durch die Kapitalertragsteuer abgegolten. Die Kapitalertragsteuer ist somit eine *Abgeltungssteuer (AbgSt)*, wenn der persönliche Einkommensteuersatz größer als 25 % ist.

Körperschaftsteuer

Als juristische Personen unterliegen inländische Kapitalgesellschaften nicht der Einkommensteuer, sondern der *Körperschaftsteuer (KSt).* Der Körperschaftsteuertarif verläuft im Gegensatz zum Einkommensteuertarif linear und beträgt im Jahre 2018 gem. § 23 KStG 15 % des zu versteuernden Einkommens. Das zu versteuernde Einkommen als Bemessungsgrundlage der Körperschaftsteuer wird aus dem Gewinn der Steuerbilanz abgeleitet, wobei einige Aufwendungen, wie z. B. die Hälfte der Vergütungen des Aufsichtsrats, die den Steuerbilanzgewinn gekürzt haben, wieder hinzuzurechnen sind.

Abb. 6.29

Schematischer Steuerbelastungsvergleich

Besteuerungsebene	Kapitalgesellschaften	Einzelunternehmen / Personengesellschaften
(A) Gesellschaft	Gewinn vor Steuern – (1) GewSt – (2) KSt – (3) SolZ	Gewinn vor Steuern – (1) GewSt
Belastung bei Thesaurierung	Σ Steuern (1) bis (3)	Σ Steuern (1)
(B) Gesellschafter	Ausschüttungsbetrag – (4) ESt/AbgSt – (5) SolZ Σ Steuern (4) und (5)	Entnahmebetrag – (2) ESt (nach Anrechnung der GewSt) – (3) SolZ Σ Steuern (2) und (3)
Belastung bei Ausschüttung	Σ Steuern (1) bis (5)	Σ Steuern (1) bis (3)

Quelle: modifiziert aus Wöhe et al., 2016; S. 230

Die Steuerbilanz einer Kapitalgesellschaft unterscheidet sich von seiner Handelsbilanz i.d.R. durch unterschiedliche Wertansätze im Anlage- und Umlaufvermögen, da steuerlich nicht alle handelsrechtlichen Wahlrechte zulässig sind.

Solidaritätszuschlag

Der *Solidaritätszuschlag (SolZ)* schließlich ist eine zusätzliche Gewinnsteuer, die als Ergänzungsabgabe zur Einkommensteuer bzw. zur Körperschaftsteuer an den Fiskus abgeführt wird. Seit 1995 beträgt der Solidaritätszuschlag 5,5 % der Einkommen- bzw. Körperschaftsteuer des Steuerpflichtigen (§ 4 SolzG).

Zum Vergleich der unterschiedlichen Gewinnsteuerbelastungen auf der Unternehmens- bzw. Gesellschaftsebene und der Gesellschafterebene sei ein rechtsformabhängiger Steuerbelastungsvergleich dargestellt (vgl. Abb. 6.29).

ANWENDUNGSFRAGEN/LERNZIELE

Sie haben sich im 6. Kapitel dieses Buches mit dem internen und externen Rechnungswesen eines Unternehmens beschäftigt. Nach dem Lesen des Kapitels sollen Sie:

1. … Aufgaben und Ziele des *externen* und *internen Rechnungswesens* erläutern können.

2. … die zentralen *Begrifflichkeiten* des *Rechnungswesens* erklären können.

3. … den Aufbau der *Kosten- und Leistungsrechnung* kennen und zwischen

- Einzelkosten und Gemeinkosten sowie
- fixen und variablen Kosten

unterscheiden können.

4. … die Aufgaben und Vorgehensweisen von *Kostenartenrechnung*, *Kostenstellenrechnung* und *Kostenträgerrechnung* erläutern und die Zusammenhänge zwischen diesen Teilschritten der Kostenrechnung verdeutlichen können.

5. … Methoden zur Ermittlung des *Materialverbrauchs* beurteilen können.

6. … *kalkulatorische Abschreibungen* und *kalkulatorische Zinsen* berechnen können.

7. … *kalkulatorische Wagnisse* beurteilen können.

8. … den Aufbau und die Aufgaben eines *Betriebsabrechnungsbogens* beschreiben können.

9. … eine *Zuschlagskalkulation* von einer *Divisionskalkulation* unterscheiden können.

10. … die Bestandteile der *Herstellkosten* eines Produktes aufzählen können.

11. … die Aufgaben der *kurzfristigen Erfolgsrechnung* von denen einer *Kalkulation* unterscheiden können.

12. … die Bedeutung der *Zuordnung von Kosten* auf die *produzierte Menge* im Vergleich zur *verkauften Menge* erklären können.

13. … die Begriffe *Teilkosten* und *Deckungsbeitrag* erklären können.

14. … eine *Deckungsbeitragsrechnung* durchführen und den *Break-even-Point* rechnerisch und grafisch darstellen können.

15. … das Vorgehen der *statischen Methoden der Investitionsrechnung*:

- Kostenvergleich,
- Gewinnvergleich,
- Rentabilitätsvergleich und
- Amortisationsvergleich

beschreiben können.

16. … zentrale Grundsätze *ordnungsgemäßer Buchführung (GoB)* kennen.

17. … die Funktionen und Elemente des *Jahresabschlusses* eines Unternehmens darlegen können.

18. … den grundsätzlichen Aufbau einer *Bilanz* erläutern und die Gegenüberstellung

- Mittelherkunft und
- Mittelverwendung

erklären können.

19. … das im deutschen Handelsrecht verankerte *Vorsichtsprinzip* erläutern können.

20. ... das grundsätzliche Ziel und den Aufbau einer *Gewinn- und Verlustrechnung* aufzeigen können.

21. ... den Zweck von *Anhang* und *Lagebericht* einer Kapitalgesellschaft erörtern können.

22. ... die grundsätzlichen Unterschiede zwischen den Grundsätzen der *kontinentaleuropäischen Rechnungslegung* (wie z. B. nach *HGB*) und denen der *anglo-amerikanischen Rechnungslegung* (IFRS) aufzeigen können.

23. ... einen Überblick der relevanten *Steuern vom Einkommen und vom Ertrag* eines Unternehmens geben können.

ANWENDUNGSBEISPIEL/STORY

6 Rechnungswesen für Ihre Geschäftsidee des *E-runners*

Im sechsten Kapital Ihrer Story analysieren Sie Ihre Geschäftsidee in zwei Richtungen: Zum einen soll das interne Rechnungswesen Sie bei Ihrer Entscheidungsfindung unterstützen, zum anderen soll das externe Rechnungswesen die Geschäftsvorfälle Ihres Unternehmens dokumentieren und mit der Feststellung des Jahresüberschusses eine Entscheidung über Gewinnausschüttungen ermöglichen.

Das *interne Rechnungswesen* folgt der Einteilung Kostenartenrechnung – Kostenstellenrechnung – Kostenträgerrechnung.

- Analysieren Sie wichtige Kostenarten Ihres Start-ups.
- Untergliedern Sie hierzu die Kostenarten in fixe und in variable Kosten.
- Welchen Aufgaben kommt der Kostenstellenrechnung in Ihrem Start-up zu?
- Unterlegen Sie das Organigramm Ihres Unternehmens mit einer Kostenstellengliederung und versuchen Sie eine Budgetierung der Kostenstellen im Betriebsabrechnungsbogen.

Für welchen Produktionstyp zur Fertigung des *E-runners* haben Sie sich entschieden, und hat diese Entscheidung Auswirkungen auf die Art der Kostenträgerrechnung?

- Vereinfachen Sie für diesen Teil Ihrer Story Ihr Produktprogramm auf ein *einziges* Produkt und kalkulieren Sie Ihre Selbstkosten für dieses Produkt.
- Welches Betriebsergebnis errechnen Sie für Ihr Start-up?

Greifen Sie Ihre Unterteilung in fixe und in variable Kosten auf und unterstellen Sie weiterhin nur ein einziges Produkt:

- Zeichnen Sie die Kostenfunktion für dieses Produkt.
- Stellen Sie der Kostenfunktion die Erlösfunktion Ihres Start-ups – vereinfacht bezogen auf nur ein Produkt – gegenüber.
- Interpretieren Sie den Schnittpunkt der beiden Funktionen, den Break-even-Point, im Vergleich zu Ihrem errechneten Betriebsergebnis.

Wenden Sie sich nun dem *externen Rechnungswesen* zu:

- Erstellen Sie eine erste Bilanz, nachdem Sie gedanklich Ihr Unternehmen gegründet und erste Maschinen und RHB-Stoffe eingekauft haben.
- Gehen Sie gedanklich die Geschäftsvorfälle des ersten Jahres durch und erstellen Sie für die erfolgswirksamen Geschäftsvorfälle eine Gewinn- und Verlustrechnung sowie die Bilanz am Ende des Geschäftsjahres.
- Stimmen die Salden der Aktiv- und der Passivseite der von Ihnen aufgestellten Bilanz überein?

ZITIERTE LITERATUR

Binder, U. (2017): Die 5 wichtigsten Steuerungsinstrumente für kleine Unternehmen: Erfolgsfaktoren für die Zeit nach der Existenzgründung, Freiburg: Haufe.

Schierenbeck, H./Wöhle, C. (2016): Grundzüge der Betriebswirtschaftslehre, 19. Aufl., Berlin: De Gruyter Oldenbourg.

Thommen, J.-P./Achleitner, A.-K./Gilbert, D. U./Hachmeister, D./Kaiser, G. (2017): Allgemeine Betriebswirtschaftslehre, 8. Aufl., Wiesbaden: Springer Gabler.

Wöhe, G./Döring, U./Brösel, G. (2016): Einführung in die Allgemeine Betriebswirtschaftslehre, 26. Aufl., München: Vahlen.

Weiterführende Literatur

Binder, U. (2017): Schnelleinstieg Controlling, 6. Aufl., Freiburg: Haufe.

Breithecker, V. (2016): Einführung in die Betriebswirtschaftliche Steuerlehre, 17. Aufl., Berlin: ESV.

Coenenberg, A. G./Fischer, T. M./Günther, T. W. (2016): Kostenrechnung und Kostenanalyse, 9. Aufl., Stuttgart: Schäffer-Poeschel.

Coenenberg, A. G./Haller, A./Mattner, G./Schultze, W. (2016): Einführung in das Rechnungswesen, 6. Aufl., Stuttgart: Schäffer-Poeschel.

Coenenberg, A. G./Haller, A./Schultze, W. (2016): Jahresabschluss und Jahresabschlussanalyse, 24. Aufl., Stuttgart: Schäffer-Poeschel.

Eisele, W./Knobloch, A. P. (2011): Technik des betrieblichen Rechnungswesens, 8. Aufl., München: Vahlen.

Götze, U. (2010): Kostenrechnung und Kostenmanagement, 5. Aufl., Berlin: Springer.

Kirsch, H. (2016): Einführung in die internationale Rechnungslegung nach IFRS, 10. Aufl., Herne: NWB.

Schildbach, T./Homburg C. (2008): Kosten- und Leistungsrechnung, 10. Aufl., Stuttgart: Lucius.

Schweitzer, M./Küpper, H.-U./Friedl, G./Hofmann, C./Pedell, B. (2016): Systeme der Kosten- und Erlösrechnung, München: Vahlen.

7 Unternehmensplanung und -steuerung

ÜBERSICHT

- **7.1 Grundlagen:** Die Unternehmensplanung und -steuerung folgt dem allgemeinen Managementprozess von der Zielbildung über die Strategieauswahl bis zur Zielerreichung. Dieser Regelkreislauf ist eingebunden in ein Planungssystem mit unterschiedlichen Abstufungen hinsichtlich der Fristigkeit und des Detaillierungsgrades der Teilplanungen.
- **7.2 Instrumente der Strategischen Planung:** Basis der Strategischen Planung ist eine Analyse der Stärken und Schwächen des Unternehmens sowie der Chancen und Gefahren, denen es im Wettbewerb ausgesetzt ist (SWOT-Analyse). Hinweise zur Stellung des Unternehmens im Wettbewerb ergeben sich aus dem Lebenszyklus seiner Produkte und aus der Erfahrungskurve für mögliche Kosteneinsparungen. Die Stellung der Produkte oder ganzer Geschäftsfelder des Unternehmens spiegelt sich in Portfolio-Analysen wider, aus denen sich Strategien zur Stärkung des Unternehmens im Wettbewerb ableiten lassen.
- **7.3 Unternehmenssteuerung und wertorientierte Unternehmensführung:** Hat sich ein Unternehmen zur Umsetzung einer bestimmten Strategie entschieden, muss sich diese Strategie im Markt bewähren und sich ihr Erfolg messen lassen. Dies erfordert die Definition von operationalen Kriterien, anhand derer sich die Zielwirkung der Strategie nachvollziehen lässt. Häufig verfolgen Strategien unterschiedliche wirtschaftliche und nicht-wirtschaftliche Ziele, die gemäß der Balanced Scorecard in einem ausgewogenen Verhältnis zueinander stehen sollen. Zur Beurteilung der wirtschaftlichen Zielerreichung wird auf Kennzahlensysteme zurückgegriffen, die periodenorientiert die Rentabilität des Unternehmens aufzeigen. Doch greift eine Periodenbetrachtung i. d. R. zu kurz, denn eine Strategie soll langfristig wirken und die Stellung des Unternehmens im Wettbewerb festigen. Steigt der Wert des Unternehmens, ist dies im Sinne aller Stakeholder des Unternehmens, wobei sich durchaus Zielkonflikte mit den Shareholdern als Eigentümern des Unternehmens ergeben können.

7.1 Grundlagen

Entscheidungs- bzw. Managementprozess

Basis der Unternehmensplanung und -steuerung sind die grundlegenden Zielvorstellungen der Eigentümer und das daraus abgeleitete Leitbild des Unternehmens (vgl. Abb. 1.6). Während das Leitbild die normative Ausrichtung des Unternehmens beschreibt, werden im Rahmen der Unternehmensplanung und -steuerung die Handlungsziele des Unternehmens bestimmt und Maßnahmen zu ihrer Umsetzung erarbeitet. Die Konkretisierung der Handlungsziele geschieht in mehreren Schritten und folgt dem allgemeinen (rationalen) *Entscheidungs*- bzw. *Managementprozess* (vgl. Abb. 7.1).

Abb. 7.1

Allgemeiner (rationaler) Managementprozess

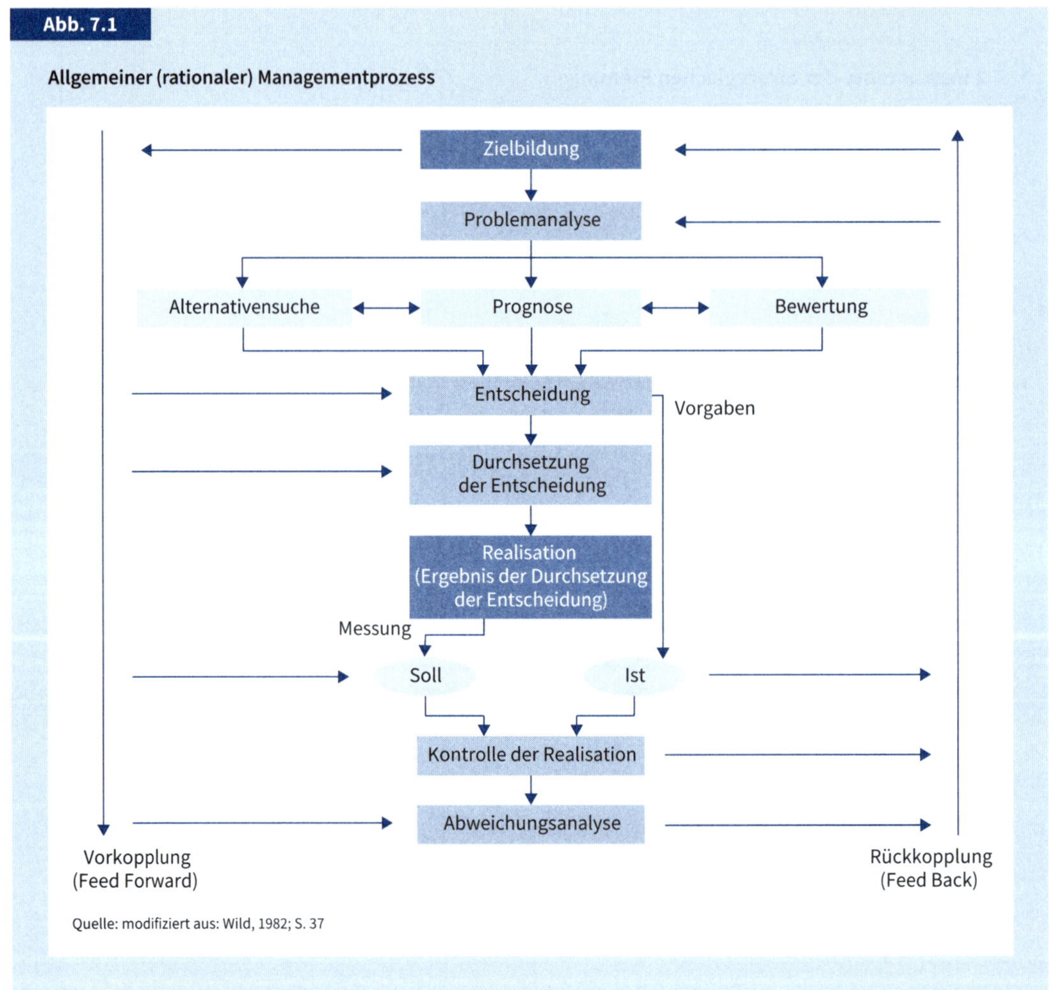

Quelle: modifiziert aus: Wild, 1982; S. 37

Ausgehend von der Zielbildung mit der Formulierung des »Soll-Zustandes« kommt es zur Problemanalyse, indem zunächst der »Ist-Zustand« festgestellt und die weitere Entwicklung prognostiziert wird. Zusätzlich werden verschiedene Alternativen erarbeitet, um den Soll-Zustand zu erreichen. Die einzelnen Alternativen werden bezüglich ihrer Zielerreichung bewertet, und die beste Alternative wird zur Umsetzung ausgewählt und realisiert.

Vom Ist-Zustand zum Soll-Zustand

Ist beispielsweise der Umsatz eines Produktes zu niedrig (Ist-Zustand), werden verschiedene Maßnahmen (Alternativen) erarbeitet, die eine Umsatzsteigerung erwarten lassen. Dies können z. B. unterschiedliche Werbekampagnen oder Produktveränderungen sein. Die Auswirkungen einer jeden Maßnahme bzw. einer jeden Kombination von Maßnahmen werden geschätzt und diejenige Alternative, für die die höchste Umsatzsteigerung prognostiziert wird, wird ausgewählt und umgesetzt.

Soll-Ist-Abweichungen

Während der Realisierung erfolgt eine ständige Messung der erreichten Ist-Werte (im Beispiel der erreichten Ist-Umsätze), die im Zuge der Kontrolle mit den Soll-Werten der Zielvorgabe (den Prognosewerten der ausgewählten Alternative zur Umsatzsteigerung) verglichen werden. Regelmäßig werden sich hierbei Abweichungen zeigen, die zu analysieren sind und die im Zuge der Rückkopplung zu neuen Zielvorgaben und zu geänderten Maßnahmen führen.

Regelkreislauf

Der allgemeine Planungs- und Managementprozess entspricht somit einem *Regelkreislauf,* der periodisch durchlaufen wird. Der Planungsprozess bezieht sich auf unterschiedliche Planungsebenen, die sich insbesondere hinsichtlich ihrer Fristigkeit und ihrem Detaillierungsgrad unterscheiden. Allgemein werden drei Planungsebenen unterschieden, die aufeinander aufbauen, wobei die längerfristigen Planungen den Rahmen für die nachgelagerten Planungen liefern (vgl. Abb. 7.2).

Generelle Zielplanung

Der zeitliche Horizont der Planungsebenen hängt stark von der Dynamik *(Volatilität)* der Branche ab, in der das Unternehmen tätig ist. Häufig bezieht sich die *Generelle Zielplanung* auf die kommenden 5 bis 10 Jahre und ist als Grundsatzplanung eher qualitativ ausgerichtet. Im Sinne des Unternehmensleitbildes (vgl. Kap. 1.3) be-

Abb. 7.2

Planungssystem eines Unternehmens

Quelle: modifiziert aus Hahn/Hungenberg, 2001; S. 103

schreibt die Generelle Zielplanung das öffentliche Auftreten des Unternehmens sowie die wesentlichen Tätigkeitsfelder des Unternehmens in seiner Branche oder seine Wachstumsziele in andere Branchen hinein. Zur generellen Zielplanung zählen auch die grundlegenden Entscheidungen zum Unternehmensstandort (vgl. Kap. 3.1) oder zur Unternehmensorganisation (vgl. Kap. 3.3). Auch die Festlegung der langfristigen Finanzierungsstrategie im Sinne einer eher eigen- oder einer eher fremdkapitalorientierten Kapitalbeschaffung (vgl. Kap. 5.3) sowie ggf. zum Wechsel der Rechtsform z. B. von einer Personengesellschaft in eine Kapitalgesellschaft (vgl. Kap. 3.2) sind Entscheidungsfelder der Generellen Zielplanung.

Strategische Planung

Die *Strategische Planung* zur Umsetzung der Vorgaben der Generellen Zielplanung bezieht sich auf den zeitlichen Rahmen der kommenden 2 bis 5 Jahre. In ihr werden im Wesentlichen die Produktions- und Personalkapazitäten sowie das Produktprogramm des Unternehmens geplant. Der Unsicherheitsgrad der Prognosen ist hoch. Die eingesetzten Instrumente umfassen sowohl qualitative als auch quantitative Verfahren. Typische quantitative Verfahren zur Unterstützung der Strategischen Planungen sind dynamische sowie statische Investitionsrechnungen zur Vorteilhaftigkeit von Kapazitätsänderungen (vgl. Kap. 5.4 und Kap. 6.2.5), typische qualitative Instrumente werden nachstehend in Kap. 7.2 vorgestellt.

Operative Planung

Die *Operative Planung* wiederum ist eine kurzfristige Planung mit einem Planungshorizont von 1 bis 2 Jahren, mit der im Rahmen der vorhandenen Kapazitäten die strategischen Ziele umgesetzt werden sollen. Sie wird i. d. R. funktionsbereichsbezogen ausgerichtet und beinhaltet z. B. die monatlichen Produktionsprogrammplanungen und die Personaleinsatzplanungen im Produktionsbereich (vgl. Kap. 2.2) oder die Maßnahmenplanungen zum Marketing-Mix im Absatzbereich (vgl. Kap. 2.1.3).

Gesamtunternehmensbezogene Ergebnis- und Finanzplanung

Die Ergebnisse der Planungen und deren Umsetzung fließen in der *Gesamtunternehmensbezogenen Ergebnis- und Finanzplanung* zusammen. Mit ihrer Hilfe werden die zukünftigen Ein- und Auszahlungen (Cashflows) und die zu erwartenden Erlöse und Kosten für die Investitionsrechnungen prognostiziert sowie die zu erwartenden Kapitalbedarfe und Betriebsergebnisse für die Entscheidungsalternativen errechnet, die dann den Ist-Ergebnissen gegenübergestellt werden.

Rollierende Planung

Für die zeitliche Koordination der Pläne bietet sich die sogenannte *rollierende Planung* an. Charakteristisch für die rollierende Planung ist ein systematischer Prozess für die Fortschreibung und Detaillierung der Teilpläne im Zeitablauf von Periode zu Periode (vgl. Abb. 7.3).

Für die Planung T_1 des Beispiels wird der Planungshorizont der Strategischen Planung gegenüber dem Zeitpunkt t_7 um eine Periode auf t_8 ausgedehnt. Zugleich werden die strategischen Vorgaben der Periode t_2 konkretisiert und in die Operative Planung übernommen. Die Planung T_2 wiederum erweitert den Planungshorizont von t_8 auf t_9 und konkretisiert die strategischen Vorgaben für die Periode t_3.

Ausgleichsgesetz der Planung

Deutlich zeigt sich bei der rollierenden Planung die Dominanz der strategischen Vorgaben für die Operative Planung, da die operative Umsetzung in den Funktionsbereichen immer im Rahmen der vorgegebenen Kapazitäten erfolgt. Hierbei gilt, dass die vorgegebenen Kapazitäten häufig restriktiv wirken und dass es zu Engpässen in einzelnen Funktionsbereichen kommen kann. Für die Operative Planung be-

Abb. 7.3

Prinzip der rollierenden Planung

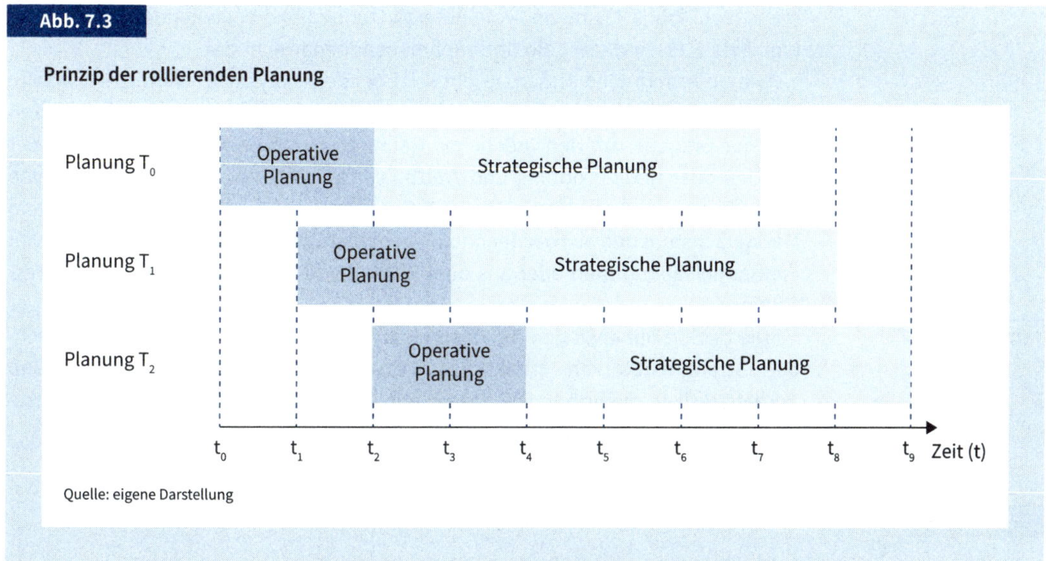

Quelle: eigene Darstellung

deutet dies, dass die einzelnen Teilplanungen in den Funktionsbereichen auf die jeweiligen Engpässe abgestimmt werden müssen, da es einige Zeit dauert, bis im Zuge der Überarbeitung der Strategischen Planung die Engpässe z. B. durch Investitionen ausgeglichen werden können. Die Anpassung der operativen Teilpläne an kurzfristige Engpässe wird von Gutenberg (1958; S. 48) als *Ausgleichsgesetz der Planung* bezeichnet. Das Ausgleichsgesetz der Planung führt dazu, dass die kurzfristige Planung immer durch Auslastung des jeweiligen Engpasssektors dominiert wird. Dadurch wiederum sind andere Unternehmenssektoren unterausgelastet und weisen freie Kapazitäten aus.

Im Folgenden werden zunächst eher qualitativ orientierte Planungsinstrumente der Strategischen Planung vorgestellt, die dann im Sinne der Unternehmenssteuerung um Kennzahlen und Kennzahlensysteme der wertorientierten Unternehmensführung ergänzt werden.

7.2 Instrumente der strategischen Planung

7.2.1 SWOT-Analyse

Stärken und Schwächen versus Chancen und Risiken

Ausgangspunkt der Strategischen Planung ist eine zielorientierte Unternehmens- und Umweltanalyse, in der die Stärken und Schwächen der Unternehmensprozesse den Chancen und Risiken des wirtschaftlichen Umfelds gegenübergestellt werden. Die Unternehmensanalyse knüpft an den Wertschöpfungsprozess des Unternehmens (vgl. Abb. 1.4) und an seine unterstützenden und begleitenden Prozesse an (vgl. Abb. 1.11) und stellt die Unternehmens-Innenansicht dar.

Die Unternehmens-Außenansicht setzt bei der Analyse der Wettbewerbskräfte des Marktumfeldes an (vgl. Abb. 1.9). Sie bezieht sich auf das Konkurrenzverhalten in einer Branche mit den möglichen Gefahren durch Bedürfnisänderungen der Kunden oder neue Produkte und Wettbewerber oder zusätzliche regulatorische Eingriffe des Gesetzgebers. Mögliche Chancen können sich ergeben aus dem Marktwachstum und aus der Technologieentwicklung oder aus dem Abschluss von Freihandelsabkommen oder aus dem Wegfall von Zollschranken und Exportrestriktionen.

SWOT-Analyse als Vier-Felder-Matrix

Die beiden Dimensionen der Analyse, im Englischen als *SWOT-Analyse* bezeichnet (Strengths/Stärken, Weaknesses/Schwächen, Opportunities/Chancen und Threats/Risiken, Bedrohungen), lassen sich in einer Vier-Felder-Matrix mit entsprechenden »Normstrategien« einander gegenüberstellen (vgl. Abb. 7.4).

Abb. 7.4

SWOT-Analyse

SWOT-Analyse		**Interne Analyse**	
		Stärken (**S**trengths)	**Schwächen** (**W**eaknesses)
Externe Analyse	**Chancen** (**O**pportunities)	*Strategische Zielsetzung* Verfolgen von neuen Chancen, die gut zu den Stärken des Unternehmens passen (Matching-Strategie).	*Strategische Zielsetzung* Schwächen eliminieren, um neue Chancen zu nutzen, also Risiken in Chancen umzuwandeln (Umwandlungsstrategie).
	Gefahren (**T**hreats)	*Strategische Zielsetzung* Stärken nutzen, um Risiken bzw. Bedrohungen abzuwehren (Neutralisierungsstrategie).	*Strategische Zielsetzung* Vorhandene Schwächen ausgleichen, damit sie nicht zum Ziel von Bedrohungen werden. (Verteidigungsstrategie).

Quelle: modifiziert aus Homburg/Krohmer, 2009; S. 480

Die Qualität einer SWOT-Analyse mit den abgeleiteten möglichen Handlungsalternativen setzt eine kritische Analyse der Unternehmensstärken und -schwächen voraus. Durch den subjektiven Ansatz der »Selbstanalyse« besteht die Gefahr, dass das Selbstbild des Unternehmens nicht mit dem Fremdbild der Stakeholder des Unternehmens übereinstimmt. Die Sensibilität für die eigene Produktentwicklung und den eigenen Marktauftritt kann durch ein systematisches und kontinuierliches Benchmarking mit den wichtigsten Konkurrenten gestärkt werden. Vergleiche der eigenen Unternehmensprozesse mit analogen Prozessen in anderen Branchen wirken zusätzlich einer verengten Sichtweise entgegen.

7.2.2 Produktlebenszyklus und Erfahrungskurve

Lebenszyklus-Konzept

Ein anschauliches Instrument zur Analyse des Produktprogramms eines Unternehmens ist das *Lebenszyklus-Konzept* für den zu erwartenden Umsatzverlauf der einzelnen Produkte. Der Produktlebenszyklus stellt die idealtypische Entwicklung des Umsatzverlaufes eines Produktes von der Produkteinführung über das Produktwachstum und die Produktreife bis zur Sättigungsphase dar (vgl. Abb. 7.5).

Phasen

In der Einführungsphase steigt der Umsatz an, der Cashflow ist jedoch negativ, da die Produktionskapazitäten erst aufgebaut und an die Verkaufsmengen angepasst werden müssen. In der Wachstumsphase steigt der Umsatz überproportional an und die Umsatzeinzahlungen überdecken die laufenden Auszahlungen deutlich. In der Reifephase erreicht der Umsatz sein Maximum, und die Cashflows beginnen zu sinken, da das Produkt z. B. durch zusätzliche Auszahlungen für Marketingmaßnahmen gestützt werden muss. In der Sättigungsphase schließlich geht der Umsatz deutlich zurück und es muss über eine Produktanpassung (Relaunch) oder sogar über eine Produkteinstellung entschieden werden.

Die einzelnen Phasen sind empirisch schwer zeitlich einzugrenzen. Als idealtypisches Konzept verdeutlicht der Produktlebenszyklus, dass Produkte i. d. R. nur zeitlich begrenzt von Kunden nachgefragt werden und dass somit lineare Hochrechnungen zur Umsatzprognose sehr problematisch sind. Im Sinne einer Wettbewerbs-

Abb. 7.5

Schematische Darstellung des Produktlebenszyklus-Konzepts

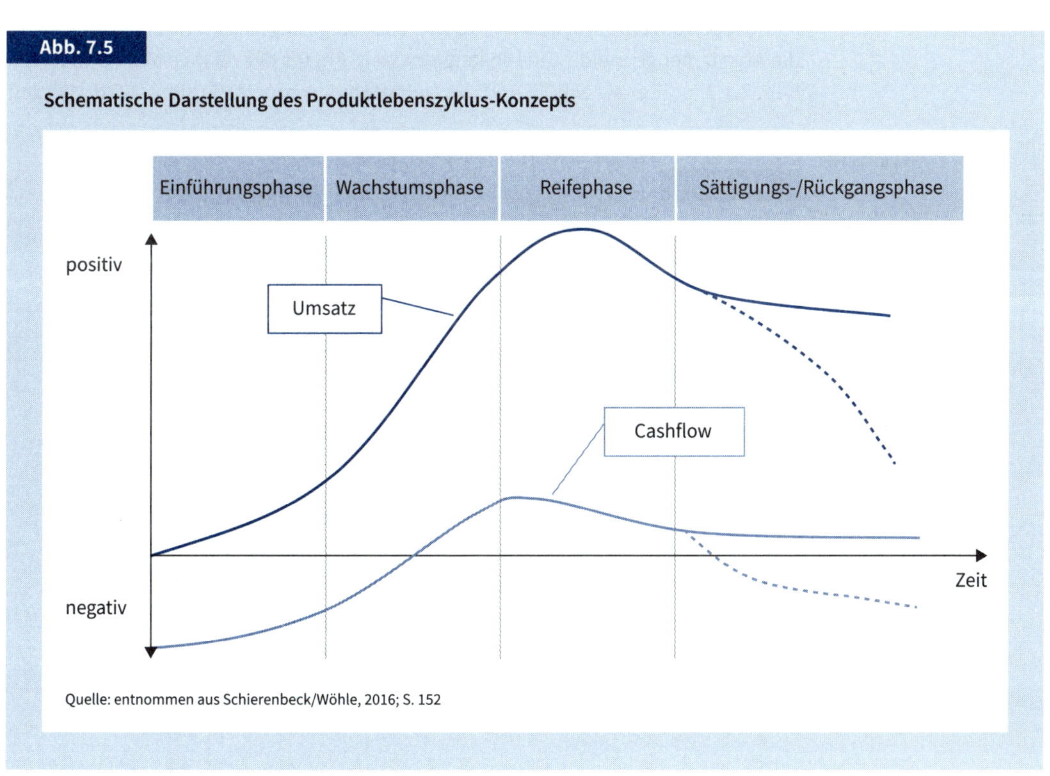

Quelle: entnommen aus Schierenbeck/Wöhle, 2016; S. 152

strategie ist es für Unternehmen wichtig, die Altersstruktur ihres Produktprogramms ständig zu beobachten und das Produktprogramm regelmäßig durch Produktweiterentwicklungen und durch Neuprodukte zu verjüngen.

Erfahrungskurve

Während bei dem Lebenszyklus-Konzept die Umsatzentwicklung im Zeitablauf im Mittelpunkt der Betrachtung steht, untersucht der Ansatz der *Boston-Consulting-Group (BCG)* die Entwicklung der Stückkosten eines Produktes in Abhängigkeit von der kumulierten Produktionsmenge. Die Untersuchungen der BCG zeigen, dass die inflationsbereinigten Stückkosten mit jeder Verdoppelung der kumulierten Produktionsmenge im Zeitablauf potenziell um 20 bis 30 % zurückgehen (vgl. Henderson 1984, S. 21). Dieser Effekt wird als *Erfahrungskurve* dargestellt und häufig als »Boston-Effekt« bezeichnet (vgl. Abb. 7.6).

Kostensenkungspotenzial

Das *Kostensenkungspotenzial*, das sich durch eine zunehmende Produktionsmenge, d. h. durch die zunehmende Erfahrung, ergibt, wird auf Lerneffekte zurückgeführt, die sich durch effizienteren Personaleinsatz, geringeren Produktionsausschuss und durch eine an der Massenproduktion orientierte Produktionsorganisation (vgl. Kap. 2.2.3.2) ergeben. Hinzu kommen die Effekte der Fixkostendegression durch die Verteilung der Fixkosten auf größere Produktionsmengen und die i. d. R. verbesserten Einkaufskonditionen für Werk- und Betriebsstoffe.

Die Realisierung der Kosteneinsparung setzt jedoch voraus, dass die möglichen Lerneffekte vom Unternehmen systematisch umgesetzt werden und dass das Unternehmen ständig in effiziente Produktionstechniken investiert.

Bezogen auf eine mögliche Wettbewerbsstrategie legt die Erfahrungskurve nahe, die Absatzmenge mindestens so lange zu steigern, bis der relative Marktanteil (vgl. Kap. 2.1.2) größer als eins ist und das Unternehmen zum Marktführer wird. Wurden

Abb. 7.6

Erfahrungskurve (Boston-Effekt)

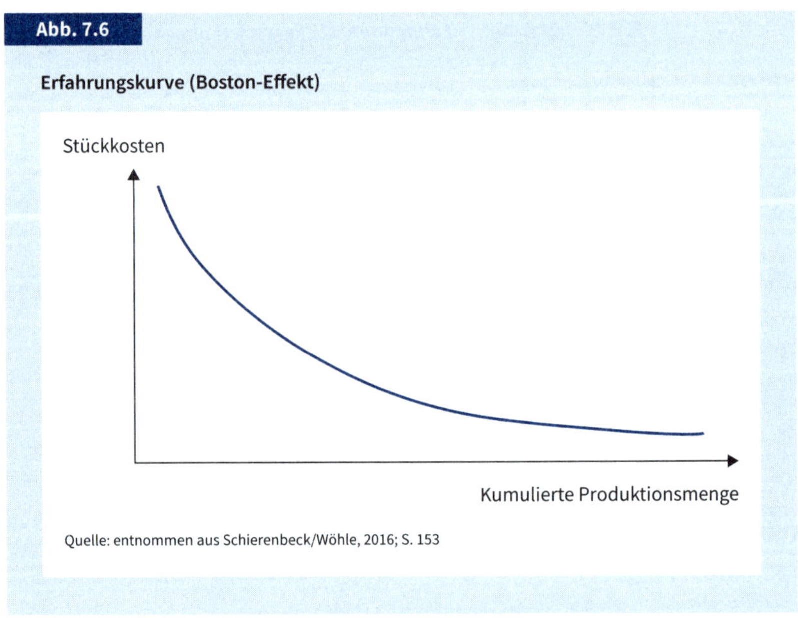

Quelle: entnommen aus Schierenbeck/Wöhle, 2016; S. 153

zudem mit der Steigerung der Absatzmenge alle Kostenpotenziale der Erfahrungskurve ausgeschöpft, dürften die Stückkosten des Unternehmens unterhalb denen der Konkurrenz liegen, da die Konkurrenz auf der Erfahrungskurve noch nicht so weit »fortgeschritten« ist. Marktführerschaft und Kostenführerschaft fallen also zusammen, wenn das Kostensenkungspotenzial der Erfahrungskurve realisiert wurde.

7.2.3 Marktwachstums-/Marktanteils-Portfolio (BCG-Matrix)

Aus der Zusammenführung des Lebenszyklus-Konzepts und des Erfahrungskurven-Konzepts lassen sich Empfehlungen für das *Marktwachstums-/Marktanteils-Portfolio* ableiten. Ein solches Portfolio, auch als *»BCG-Matrix«* bzw. *»Boston-Portfolio«* bezeichnet, wurde von der *Boston-Consulting-Group* entwickelt und stellt den externen Faktor des Marktwachstums dem internen Faktor des vom Unternehmen erreichten Marktanteils in einer einfachen Vier-Felder-Matrix gegenüber (vgl. Abb. 7.7).

Relativer Marktanteil

Der *relative Marktanteil* eines Produktes bestimmt sich als Quotient aus der Produktabsatzmenge des Unternehmens und der Produktabsatzmenge des größten Konkurrenten im relevanten Markt (vgl. Kap. 2.1.2). Der relative Marktanteil beträgt 100 % (bzw. 1,0), wenn die zu dividierenden Absatzmengen gleich hoch sind.

Da mit zunehmendem relativen Marktanteil die Absatzmenge des Unternehmens im Vergleich zur Konkurrenz wächst, müssten gemäß der Erfahrungskurve die Stückkosten des Unternehmens sinken. Der relative Marktanteil ist somit ein Indikator für die Kostensituation des Unternehmens.

Marktwachstum

Das *Marktwachstum* ergibt sich aus dem Durchschnittswachstum aller Produkte der Branche im Vergleich zur Vorperiode. Beispielsweise wächst der Gesamtmarkt der Telekommunikation deutlich, innerhalb des Marktes ist das Wachstum für kabelgebundene Produkte (z. B. klassisches Festnetz-Telefon) jedoch deutlich geringer, während der Markt für funkgesteuerte Produkte (z. B. Smartphone) überproportional zunimmt.

Günstig ist es, wenn der relevante Markt für das betrachtete Produkt schneller wächst als der Gesamtmarkt, so dass der »Verdrängungseffekt« zu vergleichbaren Produkten der Konkurrenz gering ist. Es bietet sich daher an, Neuprodukte bevorzugt für wachsende Märkte zu entwickeln und einzuführen. Diese Produkte werden dem Quadranten der »Question-Marks« zugeordnet.

Question-Marks

Zu den *»Question-Marks«* zählen all jene Produkte eines Unternehmens, die sich im wachsenden Marktumfeld bewegen, deren Marktanteil aber noch relativ klein ist. Entsprechend des Lebenszyklus-Konzepts wachsen Absatzmenge und Umsatz. Das Produktergebnis dürfte anfangs negativ sein, da die Stückkosten hoch sind. Insbesondere ist der Cashflow dieser Produkte deutlich negativ. Bedingt durch den Aufbau der Produktionskapazitäten und vielfältiger Marketingaktivitäten haben diese Produkte einen hohen Kapitalbedarf, der finanziert werden muss.

Stars

Hält das Umsatzwachstum an und sinken durch die steigende Absatzmenge die Stückkosten, werden aus den Question-Marks im Zeitablauf *»Stars«*. Star-Produkte sind durch ein deutliches Umsatzwachstum gekennzeichnet, so dass die Produkt-

Abb. 7.7

Marktwachstums-/Marktanteils-Portfolio (BCG-Matrix)

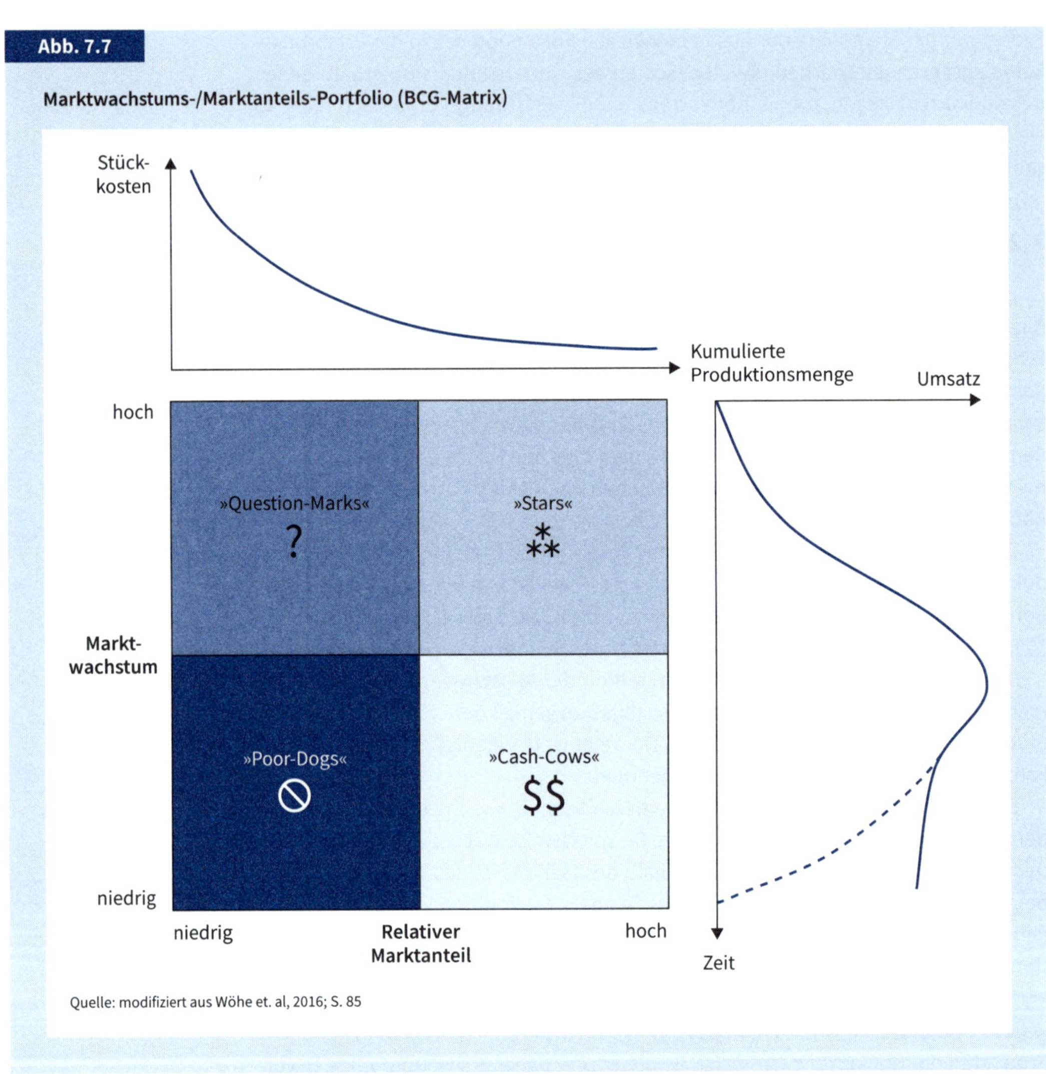

Quelle: modifiziert aus Wöhe et. al, 2016; S. 85

Produktauszahlungen

einzahlungen die -auszahlungen überdecken und der Produkt-Cashflow positiv wird (vgl. Abb. 7.5). Da sich die Fixkosten auf eine größere Absatzmenge verteilen, wird auch das Produktergebnis positiv und trägt zur Steigerung des Betriebsergebnisses bei. Allerdings ist zu erwarten, dass Marktsättigungstendenzen auftreten, da wachsende Märkte zusätzliche Konkurrenten anziehen und die Gefahr von Substitutionsprodukten besteht.

Cash-Cows

Ist absehbar, dass die Star-Produkte ihr Umsatzmaximum erreichen, werden sie zu *»Cash-Cows«*. Sie weisen einen hohen Cashflow auf, da die Produktionskapazitäten abgeschrieben sind und keine Erweiterungsinvestitionen anstehen. Stattdessen wird das Unternehmen den Cashflow nutzen, um im Sinne der Innenfinanzierung (vgl. Kap. 5.3.2) den Kapitalbedarf der »Nachwuchsprodukte« (Question-Marks) abzudecken.

Poor-Dogs

Als *»Poor-Dogs«* schließlich werden diejenigen Produkte bezeichnet, die sich in einem Markt befinden, der gesättigt ist. Der relative Marktanteil geht zurück, da die Produkte sich in der Rückgangsphase befinden und der Marketing-Aufwand entsprechend zurückgefahren wird. Da die Stückkosten im Vergleich zur höheren Absatzmenge der Konkurrenz zu hoch sein dürften, wird das Unternehmen seine Poor-Dog-Produkte vom Markt nehmen.

Die BCG-Matrix ist ein sehr anschauliches Instrument zur Strategieformulierung, da die zur Aufstellung der Matrix notwendigen Informationen vom Unternehmen relativ einfach zu beschaffen sind. Auch die dem Konzept zugrunde liegende »Normstrategie«, das Innenfinanzierungsvolumen der Cash-Cows zu nutzen, um die Nachwuchsprodukte zu stärken, ist unmittelbar einleuchtend.

BCG-Matrix: Kritik

Allerdings reduziert die BCG-Matrix die Strategieformulierung auf nur zwei Einflussgrößen, nämlich auf den relativen Marktanteil und auf das Marktwachstum. Da sich der relative Marktanteil definitionsgemäß nur auf die aktuellen Wettbewerber bezieht, besteht leicht die Gefahr, dass potenzielle Wettbewerber oder Substitutionsprodukte aus anderen Branchen nicht rechtzeitig erkannt werden. Auch werden zusätzliche Erfolgsfaktoren und Alleinstellungsmerkmale, wie z. B. die Produktqualität oder besondere Formen der Kundenbindung, nicht berücksichtigt. Schließlich bezieht sich die BCG-Matrix stark auf die Gültigkeit des Erfahrungskurven-Konzepts zur Prognose der Stückkostenentwicklung. Die Stückkosten sind jedoch nicht nur eine Funktion der Absatzmenge, da z. B. Verbundwirkungen zwischen den Produkten ausgeblendet werden. Zudem erhöhen die Aktivitäten des Unternehmens zur Steigerung der Absatzmenge und zur Weiterentwicklung des Produktes ebenfalls die Produktstückkosten.

Strategische Geschäftsfelder

Das Konzept der BCG-Matrix ist nicht auf einzelne Produkte beschränkt. Die Anwendung der Matrix ist auch zur Analyse und Positionierung von strategischen Geschäftsfeldern oder strategischen Geschäftseinheiten geeignet, die anhand der Kriterien Marktwachstum und relativer Marktanteil klassifiziert werden können. *Strategische Geschäftsfelder* (SGF) sind unterschiedliche Teilmärkte, in denen das Unternehmen mit seinen Produkten vertreten ist. Werden diese Produkt-Markt-Kombinationen organisatorisch in Form von Unternehmenssparten oder von Unternehmensdivisionen abgegrenzt (vgl. Kap. 3.3.2), spricht man von *strategischen Geschäftseinheiten (SGE).* Bezüglich der BCG-Matrix bleibt die Definition des Marktwachstums konstant, während der relative Marktanteil einer SGE als Quotient aus dem SGE-Umsatz und dem Umsatz des stärksten Konkurrenten in diesem Geschäftsfeld bestimmt wird.

Strategische Geschäftseinheiten

Gemäß der BCG-Matrix sollten strategische Geschäftseinheiten möglichst in Märkten positioniert werden, die ein überdurchschnittliches Wachstum aufweisen. Erreicht das Umsatzwachstum eines Geschäftsfeldes sein Maximum (Star-Geschäftsfeld), wird das Investitionsvolumen in diesem SGE zurückgenommen und der überschüssige Cashflow, entsprechend der Normstrategie der BCG-Matrix für Cash-Cows, zur Finanzierung der Nachwuchs-Geschäftsfelder eingesetzt. Geschäftsfelder in wachstumsschwachen Märkten, in denen ein Geschäftsfeld zudem nur einen kleinen relativen Marktanteil aufweist, sind nach der BCG-Normstrategie zu eliminieren.

Wettbewerbsorientierte Strategiebildung nach Porter

Ziel einer *wettbewerbsorientierten Strategiebildung* ist es nach Porter (2013), den strategischen Vorteil eines Unternehmens herauszuarbeiten. Der Vorteil kann in einem »Kostenvorsprung« gegenüber der Konkurrenz bestehen oder in der »Singularität« seiner Produkte aus der Sicht der Kunden. Zudem muss das Unternehmen entscheiden, welche Marktbreite es im Sinne eines »strategischen Zielobjektes« bearbeiten möchte. Porter unterscheidet zwischen einem branchenweiten Marktauftritt und der Konzentration des Unternehmens auf einzelne Marktsegmente. Kombiniert man die Sichtweise des »branchenweiten« oder »segmentorientierten« Vorgehens des Unternehmens mit seinem strategischen Vorteil, ergeben sich nach Porter die drei Strategietypen »Differenzierung«, »Kostenführerschaft« und »Konzentration auf Schwerpunkte« (vgl. Abb. 7.8).

Differenzierung

Die *Differenzierungsstrategie* zielt darauf ab, ein Produkt aus der Sicht des Käufers so einzigartig zu gestalten, dass es branchenweit Alleinstellungsmerkmale aufweist. Im Rahmen der Produktpolitik (vgl. Abb. 2.8) ergeben sich verschiedene Elemente des Produkts, die vom Unternehmen genutzt werden können, um sich von der Konkurrenz abzuheben. Die Differenzierung bezieht sich auf alle Elemente des Marketing-Mix (vgl. Kap. 2.1.3), mit denen die Bedürfnisse der Kunden angesprochen und befriedigt werden.

Kostenführerschaft

Die Strategie der *Kostenführerschaft* geht über das Ausschöpfen des Kosteneinsparungspotenzials der Erfahrungskurve hinaus. Unternehmensweit soll nicht nur die Wertschöpfungskette unter Kostengesichtspunkten optimiert werden, sondern insbesondere sind die Gemeinkosten (vgl. Kap. 6.2.1 und 6.2.2) zu reduzieren. Die Strategie der Kostenführerschaft ermöglicht dem Unternehmen, sich Spielräume für Preissenkungen zu verschaffen, um durch einen offensiven Einsatz der Preispolitik den Umsatz zu steigern. Ein steigender Umsatz wiederum führt trotz sinkender Preise i. d. R. zu erhöhten Absatzmengen, die wiederum durch effiziente Technologien der Massenfertigung in der Produktion (vgl. Kap. 2.2.3.2) zu Kostenvorteilen führen.

Konzentration auf Schwerpunkte

Ist ein Unternehmen nur in Teilmärkten aktiv, empfiehlt Porter die *Konzentration auf Schwerpunkte*. Es handelt sich um Nischenstrategien beispielsweise für be-

Abb. 7.8

Strategietypen nach Porter

		Strategischer Vorteil	
		Singularität aus Sicht des Käufers	Kostenvorsprung
Strategisches Zielobjekt	Branchenweit	Differenzierung	Umfassende Kostenführerschaft
	Beschränkung auf ein Segment	Konzentration auf Schwerpunkte	

Quelle: entnommen aus Porter, 2013; S. 79

stimmte Kundengruppen oder für abgegrenzte Teilmärkte. *Nischenstrategien* setzen voraus, dass durch die Spezialisierung Kostenvorteile oder Vorteile in der Kundenbindung erreicht werden, die Unternehmen, die branchenweit agieren, nicht realisieren können. Allerdings können Nischenstrategien riskant sein, wenn das Marktsegment z. B. starken Modetrends unterliegt oder wenn Markteintrittsschranken, die den Nischenmarkt bisher geschützt haben, entfallen. Solche Markteintrittsschranken können z. B. Zollschranken sein oder Patente und Nutzungsrechte, die nur zeitlich begrenzt gewährt werden.

7.3 Unternehmenssteuerung und wertorientierte Unternehmensführung

7.3.1 Balanced Scorecard

Hat sich ein Unternehmen für eine bestimmte Strategie entschieden, muss diese implementiert und umgesetzt werden. Im Sinne des allgemeinen rationalen Entscheidungsprozesses (vgl. Abb. 7.1) gibt die Strategie die zu erreichenden Soll-Werte vor, die mittels einer Fortschrittskontrolle zu messen sind. Auftretende Abweichungen sind zu analysieren und führen als »Feedback« zu einer Überarbeitung und zu einer Anpassung der strategischen Vorgaben. Unternehmensplanung und Unternehmenssteuerung ergänzen sich somit in Form einer Rückkopplung.

Teilhabe aller Stakeholder

Das von Kaplan und Norton (1997) entwickelte Konzept der *Balanced Scorecard (BSC)* orientiert sich bei der Unternehmenssteuerung an einer »ausgewogenen« Teilhabe aller Stakeholder des Unternehmens (vgl. Abb. 1.4) an der Unternehmensstrategie. Kaplan und Norton unterscheiden vier Perspektiven: die »Kundenperspektive« (Betrachtung von außen, d. h. aus der Sicht des Absatzmarktes) und die »Potenzial- oder Mitarbeiterperspektive« (Betrachtung von innen) sowie die »Perspektive der internen Geschäftsprozesse« (Betrachtung aus der Sicht der Ablauforganisation) und die »Finanzperspektive« (Betrachtung von außen, d. h. aus Sicht des Finanzmarktes). Für jede dieser Perspektiven ergeben sich die Ziele, die das Unternehmen in dieser Dimension erreichen möchte, aus den Vorgaben der strategischen Planung. Jedes Ziel ist so weit zu konkretisieren, dass es durch eine Kennzahl gemessen werden kann. Ebenfalls sind für jedes Ziel konkrete Vorgaben zu formulieren, z. B. bis wann es erreicht werden soll oder welche Ober- und Untergrenzen die Messkennzahl nicht über- oder unterschreiten darf. Schließlich führt die Balanced Scorecard in jeder der vier Dimensionen konkrete Maßnahmen zur Zielerreichung auf (vgl. Abb. 7.9).

Kundenperspektive

In der *Kundenperspektive* der BSC werden die Ziele und operativen Maßnahmen zusammengefasst, die sich auf Marktsegmente und auf Kundenbedürfnisse beziehen. Mögliche Ziele sind z. B. die Erhöhung der Marktmacht und die Erhöhung der Kundenzufriedenheit in einer vorgegebenen Zeit. Als konkrete operative Maßnahmen bieten sich z. B. Werbekampagnen für Neukunden und gezielte Qualitätsver-

Abb. 7.9

Balanced Scorecard nach Kaplan und Norton

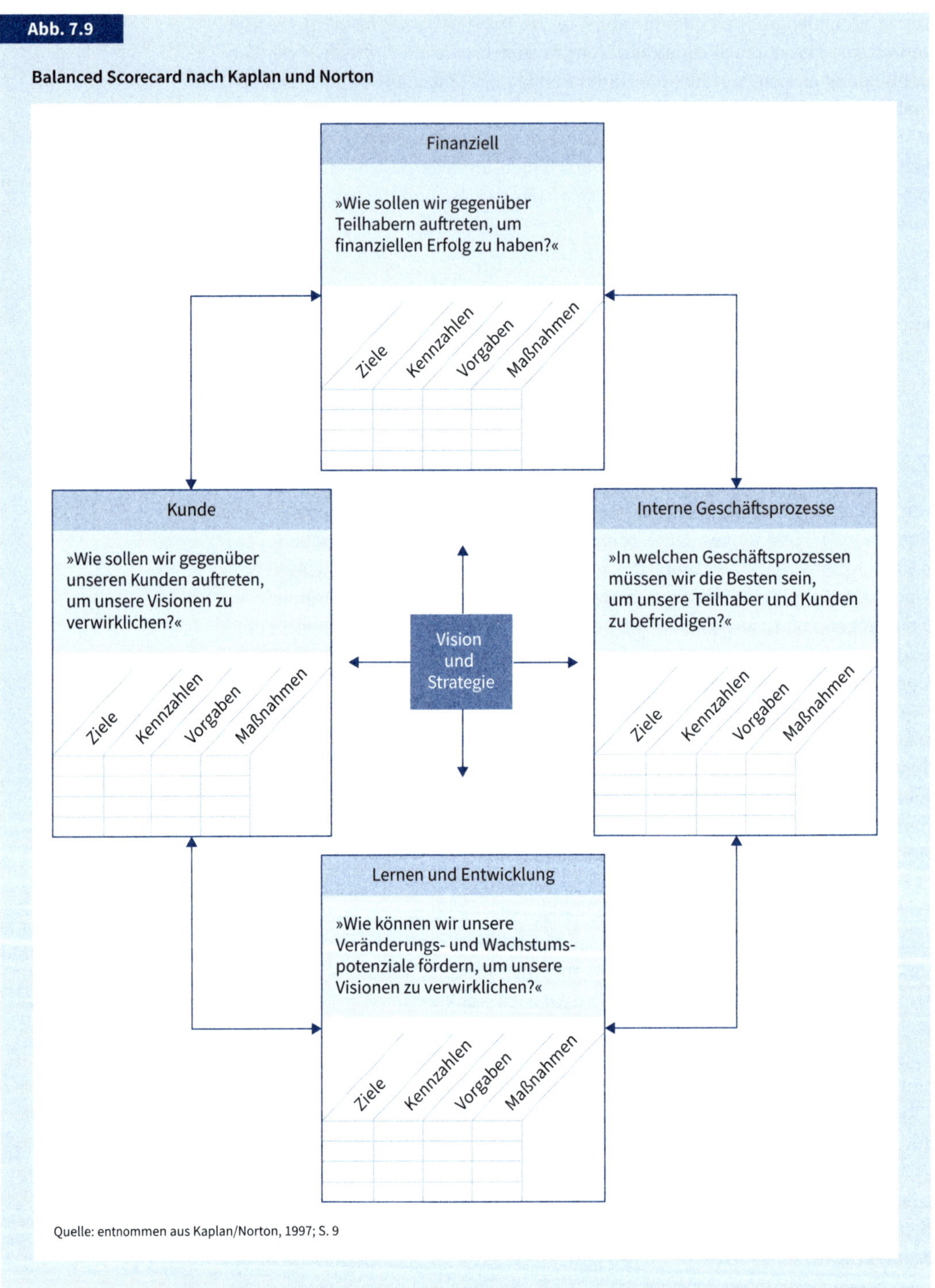

Quelle: entnommen aus Kaplan/Norton, 1997; S. 9

besserungsmaßnahmen in der Produktion an, die innerhalb der nächsten sechs Monate umzusetzen sind. Als Kennzahl für die Abbildung der Marktmacht bietet sich der relative Marktanteil an, während die Kundenzufriedenheit z. B. durch die Reklamationsquote oder durch die Anzahl der Rücksendung fehlerhafter Produkte im Online-Handel gemessen werden kann.

Prozessperspektive

Die *Prozessperspektive* der BSC bezieht sich auf die Optimierung des Wertschöpfungsprozesses und seiner Begleitprozesse im Unternehmen. Strategiebezogene Ziele könnten z. B. die Erhöhung der Flexibilität in der Produktion und die Steigerung der Produktqualität sein. Die Flexibilität der Produktion müsste steigen, wenn im Rahmen der Digitalisierung als Maßnahme eine automatische Betriebsdatenerfassung eingeführt würde, die die Produktionssteuerung verbessert. Als Kennzahl zur Messung der Produktionsflexibilität könnte z. B. die Liefertreue herangezogen werden. Die Produktqualität müsste steigen, wenn als Maßnahme die Qualitätskontrolle verbessert würde. Kennzahl zur Messung der Produktqualität könnte die Ausschussrate sein.

Lern- und Entwicklungsperspektive

Bei der *Lern- und Entwicklungsperspektive* der BSC stehen die Mitarbeiter als Stakeholder und die Infrastruktur des Unternehmens im Mittelpunkt. Mögliche Ziele sind beispielsweise die Erhöhung der Mitarbeiterzufriedenheit und Effizienzsteigerungen des Personaleinsatzes. Maßnahmen zur Erreichung dieser Ziele könnten Schulungsprogramme zur Arbeitssicherheit und zur Stressvermeidung sein, aber auch Maßnahmen zur Flexibilisierung der Arbeitszeit. Als Kennzahl zur Messung der Mitarbeiterzufriedenheit bietet sich z. B. der Krankenstand oder die Mitarbeiterfluktuation an; als Kennzahl zur Effizienzmessung des Personaleinsatzes könnte die Arbeitsproduktivität berechnet werden. Die Entwicklung der Kennzahlen im Zeitverlauf ist ein Indikator des Zielerreichungsgrads.

Finanzielle Perspektive

Die *finanzielle Perspektive* der BSC nimmt eine Sonderstellung ein, denn sie charakterisiert die Sichtweise der Eigentümer des Unternehmens (Shareholder) und bezieht sich auf das wirtschaftliche und das finanzielle Ergebnis der umzusetzenden Strategie. Ihre Zielgrößen sind z. B. der Gewinn, die Rentabilität oder der Wert des Unternehmens sowie seine Liquidität und sein finanzielles Gleichgewicht, die durch die Kennzahlen des Rechnungswesens abgebildet werden. In der finanziellen Dimension laufen alle Maßnahmen der Strategieumsetzung zusammen.

Strategy Map

Das Konzept der Balanced Scorecard ist ein offenes Konzept, das nicht auf die dargestellten vier Dimensionen beschränkt ist. Unternehmensindividuell lassen sich weitere Perspektiven ergänzen oder Perspektiven austauschen. Die Abfolge der Perspektiven baut auf hypothetischen Ursache-Wirkungs-Ketten auf, die einer sogenannten *Strategy Map* folgen. Definiert ein Unternehmen beispielsweise als oberstes Ziel die Steigerung der Rentabilität (finanzielle Perspektive), gelingt dies nur, wenn das Unternehmen am Markt erfolgreich ist, seinen Marktanteil steigert und Kunden für seine Produkte begeistert (Kundenperspektive). Kunden erwarten Produkte, die individuell auf ihre Bedürfnisse zugeschnitten und qualitativ hochwertig sind. Unternehmen müssen hierfür ihre Produktionsabläufe flexibel, verlässlich und fehlerfrei ausgestalten (Prozessperspektive). Unternehmensprozesse lassen sich einfacher optimieren und effizienter gestalten, wenn die Mitarbeiter des Unternehmens geschult und motiviert sind und das Unternehmen ihnen die notwendigen

Abb. 7.10

Beispielhafte Strategy Map für eine Balanced Scorecard

Strategy Map mit Ursache-Wirkungs-Ketten			
Perspektiven	**Ziele**	**Maßnahmen**	**Kennzahlen**
Finanziell	Steigerung von Gewinn und Rentabilität	Kundenbindungsprogramme, Prozessoptimierung	• Gewinn • Rentabilität
Kunde	Erhöhung der Marktmacht und der Kundenzufriedenheit	Werbemaßnahmen, Qualitätsverbesserung in der Produktion	• Relativer Marktanteil • Reklamationsrate • Rücksenderate
Interne Geschäftsprozesse	Erhöhung der Produktionsflexibilität und Steigerung der Produktqualität	Automatische Betriebsdatenerfassung, Verbesserung der Qualitätskontrolle	• Liefertreue • Ausschussrate
Lernen und Entwicklung	Steigerung der Mitarbeiterzufriedenheit und Erhöhung der Arbeitseffizienz	Schulungsprogramme, Arbeitszeitflexibilisierung	• Krankenstand • Mitarbeiterfluktuation • Arbeitsproduktivität

Quelle: eigene Darstellung

Freiheitsgrade und Ermessensspielräume einräumt (Lern- und Endwicklungsperspektive).
Bezogen auf die für die BSC beschriebenen Beispiele könnte sich die in Abbildung 7.10 exemplarisch dargestellte Strategy Map ergeben.

In der Balanced Scorecard spiegelt die finanzielle Perspektive die Sichtweise der Shareholder wider, deren Ziele von der Unternehmensführung aufgegriffen werden. Obwohl die im Leitbild des Unternehmens verankerten Ziele unterschiedliche Dimensionen aufweisen (vgl. Abb. 1.6), dominieren zur Steuerung des Unternehmens häufig ökonomische Zielvorgaben. Diese Zielvorgaben können sowohl absoluter als auch relativer Natur sein. Absolute Ziele sind z. B. die Vorgabe eines Mindestgewinns oder einer Mindestausschüttung, relative Ziele können Vorgaben bezüglich der zu erreichenden Wirtschaftlichkeit oder der Mindestrentabilität sein.

7.3.2 Gesamtkapital- und Eigenkapitalrentabilität

Insbesondere die Rentabilität des Unternehmens ist aus der Sicht der Unternehmensführung ein wichtiger Maßstab zur Erfolgsmessung einer Strategie und zur Steuerung ihrer Umsetzung. Die Unternehmensrentabilität lässt sich in Form einer Kennzahl oder eines Kennzahlensystems darstellen. Die notwendigen Daten zur Kennzahlenberechnung lassen sich leicht dem Rechnungswesen des Unternehmens entnehmen.

Rentabilitätsorientierte Kennzahlensysteme

Eines der bekanntesten rentabilitätsorientierten Kennzahlensysteme ist das 1919 von der Firma *E.I. DuPont de Nemours and Company* entwickelte »DuPont-Kennzahlensystem«, das auch als *Return on Investment (ROI)*-Kennzahlensystem bekannt ist. Im Unterschied zur statischen Investitionsrechnung (vgl. Kap. 6.2.5) mit dem Ausweis der Investitionsrentabilität wird im DuPont-Kennzahlensystem als Spitzenkennzahl die *»Gesamtkapitalrentabilität«* des Unternehmens berechnet:

$$\text{Gesamtkapitalrentabilität (in Prozent)} = \frac{\text{Gewinn} + \text{Fremdkapitalzinsen}}{\text{Gesamtkapital}} \times 100$$

Fremdkapitalzinsen

Eine besondere Bedeutung erfährt die Behandlung der Fremdkapitalzinsen. Ist ein Unternehmen bzw. eine Unternehmenssparte (wie bei den Berechnungen der Fa. DuPont) vollständig durch Eigenkapital finanziert, entfallen die Fremdkapitalzinsen und die Gesamtkapitalrentabilität nähert sich der ROI-Berechnung der Investitionsrechnung (siehe Abbildung 7.2) an.

Die Summe aus Gewinn + Fremdkapitalzinsen wird als »Kapitalgewinn« bezeichnet. Multipliziert man die Gesamtkapitalrentabilität im Zähler und im Nenner mit dem Umsatz des Unternehmens, lässt sich die Gesamtkapitalrentabilität als Produkt aus *»Umsatzrentabilität«* und *»Kapitalumschlag«* darstellen:

$$\text{Gesamtkapitalrentabilität (in Prozent)} = \frac{\text{Kapitalgewinn} \times \text{Umsatz}}{\text{Gesamtkapital} \times \text{Umsatz}} \times 100$$

$$\text{Gesamtkapitalrentabilität} = \text{Umsatzrentabilität} \times \text{Kapitalumschlag}$$

mit:

$$\text{Umsatzrentabilität (in Prozent)} = \frac{\text{Kapitalgewinn}}{\text{Umsatz}} \times 100$$

$$\text{Kapitalumschlag (in Prozent)} = \frac{\text{Umsatz}}{\text{Gesamtkapital}} \times 100$$

Eine Analyse des Kapitalumschlags gibt Aufschluss über den Einfluss des Anlage- und Umlaufvermögens auf die Gesamtkapitalrentabilität; eine Analyse der Umsatzrentabilität zeigt die Wirkung der verschiedenen Kosteneinflussfaktoren (vgl. Abb. 7.11).

EBIT

Kennzahlensysteme zur Analyse der Gesamtkapitalrentabilität unterliegen in der Unternehmenspraxis in Abhängigkeit von den Analyseschwerpunkten zahlreichen Modifikationen. Möchte man aus Sicht der Unternehmensführung die Rentabilität einzelner Unternehmenssparten oder Geschäftsfelder untersuchen, wird häufig zur Messung der operativen Leistung die Finanzierungsstruktur der Unternehmenssparte oder Geschäftsfeldes ausgeblendet und als Ergebnisgröße der »Gewinn vor Zinsen« angesetzt. Berücksichtigt man zudem, dass die Gewinnsteuern (vgl. 6.3.6) auf Unternehmensebene berechnet werden und nicht einer Unternehmenssparte oder einem Geschäftsfeld anzulasten sind, bietet sich als Ergebnisgröße der »Gewinn vor Zinsen und Steuern«, der sogenannte *EBIT* (**E**arnings **B**efore **I**nterest and **T**axes) an. Analog zur Modifizierung der Ergebnisgröße sollte für die Rentabilitätsberechnung zur Analyse einer Unternehmenssparte auch die Berechnung des Kapitals angepasst werden. Anstelle des Gesamtkapitals als Summe von Eigen- und Fremdkapital aus der Unternehmensbilanz bietet es sich an, das »investierte Kapi-

Abb. 7.11

DuPont - Kennzahlensystem

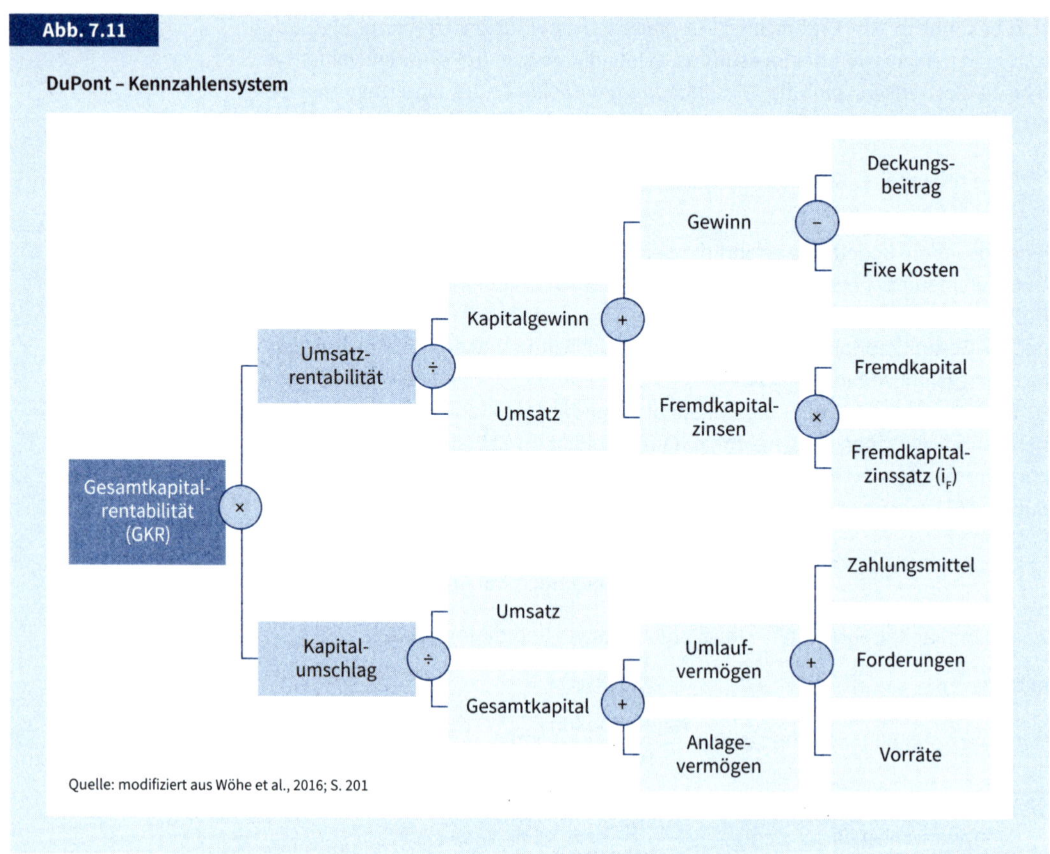

Quelle: modifiziert aus Wöhe et al., 2016; S. 201

tal« oder das »betriebsnotwendige Vermögen«, das zur Berechnung der kalkulatorischen Zinsen herangezogen wurde (vgl. Kap. 6.2.2), zu verwenden (vgl. Abb. 7.12).

Return on Capital Employed

Bezieht man das betriebsnotwendige Vermögen in Abb. 7.12 auf das »gebundene« betriebsnotwendige Vermögen, indem man es um liquide Mittel und um kurzfristiges Fremdkapital (z. B. Lieferantenkredite) reduziert, wandelt sich der ROI in die Kennzahl *»Return on Capital Employed (ROCE)«*.

Eigenkapitalrentabilität

Erweitert man das DuPont-Kennzahlensystem aus der Sicht der Eigenkapitalgeber um die Kapitalstruktur des Unternehmens, lässt sich die Gesamtkapitalrentabilität aus Abb. 7.11 in die *Eigenkapitalrentabilität* überführen (vgl. Abb. 7.13).

Arithmetisch errechnet sich die Eigenkapitalrentabilität wie folgt:

$$\text{Eigenkapitalrentabilität (in Prozent)} = GKR + (GKR - i_F) \times \frac{FK}{EK} \times 100$$

mit: EK = Eigenkapital
FK = Fremdkapital
GKR = Gesamtkapitalrentabilität (in %)
i_F = Fremdkapitalzinssatz (in %).

Abb. 7.12

Verkürztes Schema des Return on Investment (ROI)-Kennzahlensystems

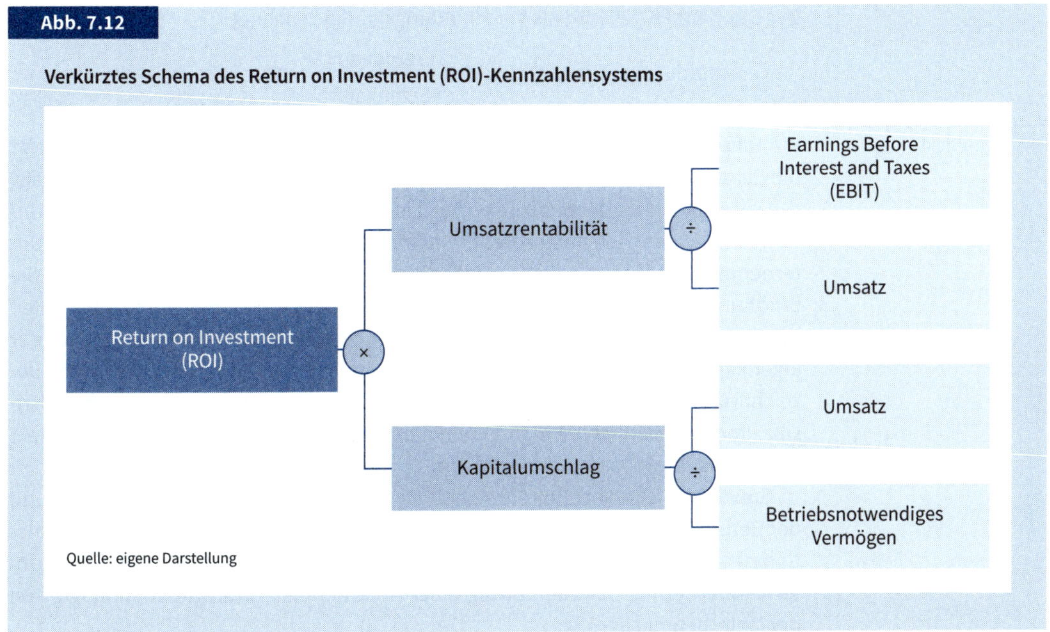

Quelle: eigene Darstellung

Abb. 7.13

Eigenkapitalrentabilität und Leverage-Effekt

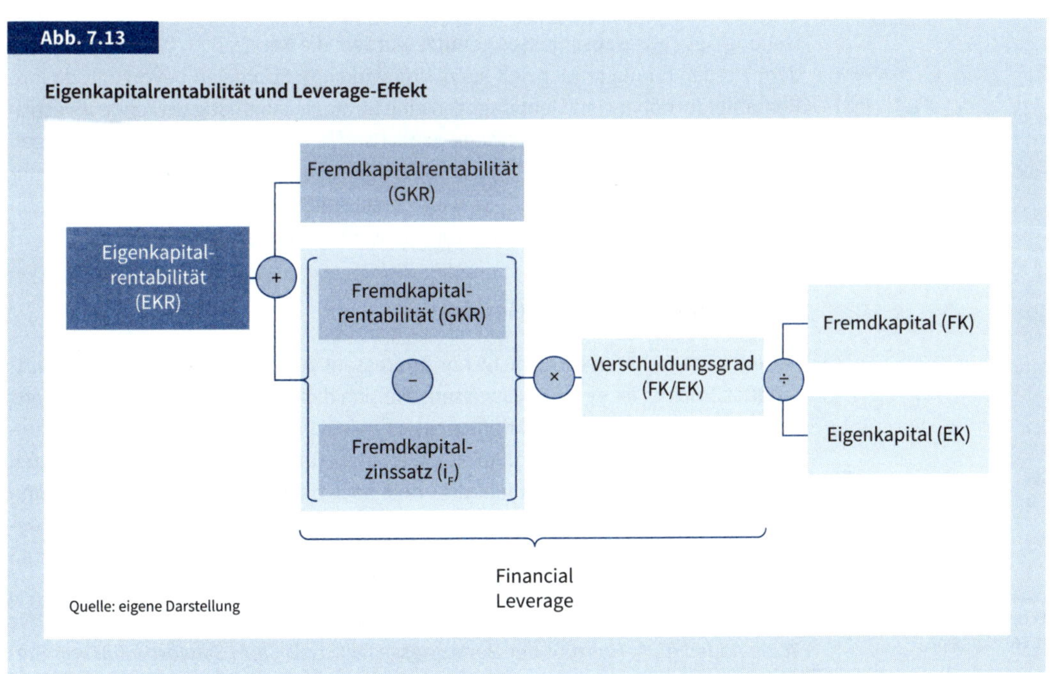

Quelle: eigene Darstellung

Der Quotient FK/EK wird als Verschuldungsgrad bezeichnet:

$$\text{Verschuldungsgrad (in Prozent)} = \frac{\text{Fremdkapital}}{\text{Eigenkapital}} \times 100$$

Leverage-Effekt

Die Differenz von Gesamtkapitalrentabilität abzüglich Fremdkapitalzinssatz zeigt die Rentabilität des Unternehmens im Vergleich zu den Kosten des Fremdkapitals, d. h. zu seinen Fremdkapitalzinsen, an. Liegt die Gesamtkapitalrentabilität des Unternehmens über den Kosten des Fremdkapitals, bietet es sich als Strategie an, Unternehmenswachstum durch Fremdkapital zu finanzieren. In diesem Fall führt die Erhöhung des Verschuldungsgrads des Unternehmens (bei unterstellter gleichbleibender Gesamtkapitalrentabilität) zu einer überproportionalen Steigerung der Eigenkapitalrentabilität; diese »Hebelwirkung« wird als *»Financial Leverage«* bezeichnet. Allerdings steigt mit zunehmender Verschuldung das Unternehmensrisiko, und damit steigt i. d. R. der Fremdkapitalzinssatz, so dass der Leverage-Effekt schnell ins Negative umschlagen kann.

Sowohl die Eigenkapitalrentabilität als auch die Gesamtkapitalrentabilität und der Return on Investment sind Kennzahlen, bei denen eine Ergebnisgröße in Relation zu einer Kapitalgröße gesetzt wird. Als relative Kennzahlen messen sie den Unternehmenserfolg bzw. den Erfolg einer Unternehmensstrategie unabhängig von der Unternehmensgröße.

Kurzfristige Betrachtung

Da die Daten zur Rentabilitätsberechnung aus dem Rechnungswesen abgeleitet werden, besteht die Gefahr, dass die Gestaltungsspielräume, die z. B. bei der Aufstellung des Jahresabschlusses genutzt wurden, die Kennzahlen beeinflussen. Zudem werden häufig tendenziell kurzfristig wirkende Strategien bevorzugt, da ihre Rentabilität »höher« ist. Sieht dagegen eine Strategie langfristig wirkende Investitionen vor, erhöhen die Investitionen zunächst das betriebsnotwendige Vermögen und senken damit den Kapitalumschlag, während die erwarteten Umsatzsteigerungen oder Rationalisierungsvorteile häufig erst zeitlich verzögert die Umsatzrentabilität erhöhen und den sinkenden Kapitalumschlag kompensieren.

7.3.3 Ökonomischer Gewinn

Für ein Unternehmen ist es nicht nur interessant zu wissen, wie rentabel es wirtschaftet. Wichtig ist es auch, zu wissen, wie sich das Vermögen des Unternehmens durch seine Tätigkeit im Markt entwickelt hat bzw. wie gut die Unternehmensführung das Kapital der Eigentümer zur Wertsteigerung des Unternehmens nutzen konnte. Es stellt sich hierbei nicht die Frage nach dem handelsrechtlichen Gewinn des Unternehmens, sondern es wird nach dem *»Ökonomischen Gewinn«* (*»Mehrgewinn«* bzw. *»Übergewinn«*) gefragt, den das Unternehmen über seine Kapitalkosten hinaus erwirtschaftet.

Economic Value Added (EVA)-Konzept

Ein Vorschlag zur Berechnung des Ökonomischen Gewinns ist das *Economic Value Added (EVA)-Konzept* der Beratungsgesellschaft *Stern Stewart & Co.* von Stewart (2013). Im Gegensatz zur ROI-Kennzahl werden zur Berechnung der EVA-Kennzahl das Ergebnis der operativen Tätigkeit (Ergebnis nach Gewinnsteuern und vor Abzug der Kapitalkosten) und das betriebsnotwendige Vermögen zur Berechnung der Kapitalkosten herangezogen. Das Ergebnis nach Gewinnsteuern und vor Abzug der Kapitalkosten wird als *NOPAT* (**N**et **O**perating **P**rofit **A**fter **T**ax) bezeichnet. Der Kapitalkostensatz ergibt sich nach dem WACC-Modell (Abb. 5.11) als gewogener Durchschnitt aus der Renditeerwartung der Eigentümer und den Kosten des Fremdkapitals. Allerdings ist der WACC um den gewinnsteuerlichen Vorteil zu korrigieren, da die Fremdkapitalzinsen bis zu einer bestimmten Höhe (Zinsschranke) die Bemessungsgrundlage für die Gewinnsteuern mindern (vgl. Kap. 6.3.6). Der um die eingesparten Gewinnsteuern korrigierte $WACC_s$ wird wie folgt ermittelt:

NOPAT

$$WACC_s = i_E \times \frac{\text{Eigenkapital}}{\text{Gesamtkapital}} + i_F \times (1 - s) \times \frac{\text{Fremdkapital}}{\text{Gesamtkapital}}$$

mit:

$WACC_s$ = Weighted Average Cost of Capital (steuerkorrigierter Gesamtkapitalkostensatz)
i_E = Eigenkapitalkostensatz des Unternehmens
i_F = Fremdkapitalkostensatz des Unternehmens
s = pauschalierter Gewinnsteuersatz

Der Economic Value Added errechnet sich als EBIT des Unternehmens abzüglich seiner Kapitalkosten (vgl. Abb. 7.14).

Economic Value Added

Das EVA-Konzept zur Ermittlung des Ökonomischen Gewinns ähnelt stark dem kalkulatorischen Betriebsergebnis des internen Rechnungswesens mit dem Ansatz der kalkulatorischen Zinsen als Kapitalkosten. Der Economic Value Added steht als

Abb. 7.14

Berechnung des Economic Value Added

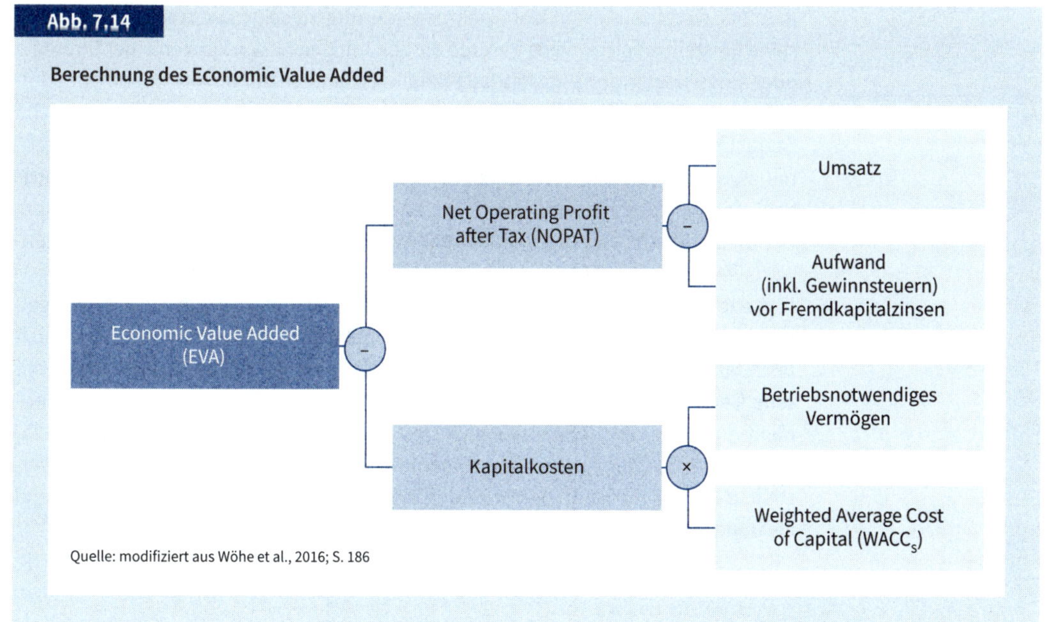

Quelle: modifiziert aus Wöhe et al., 2016; S. 186

Residualgewinn

»*Residualgewinn*« den Eigentümern als zusätzliches Residualeinkommen zu, denn er entsteht nur dann, wenn die Kontraktansprüche aller übrigen am Unternehmen partizipierenden Stakeholder erfüllt wurden (vgl. Abb. 1.4). Da bei der Berechnung des Kapitalkostensatzes nach dem WACC-Modell die erwartete Rendite der Eigentümer bereits eingeflossen ist, kennzeichnet die EVA-Kennzahl den zusätzlich erwirtschafteten Unternehmenswert einer Periode, z. B. eines Jahres.

Wettbewerbsstrategien nach Porter und EVA-Konzept

Kombiniert man die Wettbewerbsstrategien nach Porter (vgl. Abb. 7.8) mit dem EVA-Konzept, lassen sich die Strategien wie folgt zuordnen:

- Differenzierungsstrategien führen zu einer Erhöhung des Umsatzes und erhöhen den NOPAT,
- Kostenführerstrategien senken den Aufwand und erhöhen den NOPAT,
- Konzentrationsstrategien, die das betriebsnotwendige Vermögen verringern, senken die Kapitalkosten,
- Konzentrationsstrategien, die das Unternehmensrisiko senken, senken den $WACC_s$ und damit die Kapitalkosten.

Einschränkend ist sowohl gegen den ökonomischen Gewinn nach dem EVA-Konzept als auch gegen das kalkulatorische Betriebsergebnis einzuwenden, dass sie den Gestaltungsmöglichkeiten des Rechnungswesens unterliegen und dass es sich um periodenbezogene Größen handelt, die lediglich vergangenheitsorientiert ermittelt wurden.

7.3.4 Unternehmenswert

Der Einsatz des Ökonomischen Gewinns zur Unternehmenssteuerung stößt im Rahmen der wertorientierten Unternehmensführung an seine Grenzen, weil er durch seine Konzentration auf eine Periode die zukünftigen Auswirkungen einer Strategie oder eines steuernden Eingriffs bei Planabweichungen nur unzureichend abbildet.

Mehrperiodische Betrachtung

Deshalb ist die Ermittlung des Unternehmenswerts um eine mehrperiodische Betrachtung zu ergänzen, die nicht von den dokumentierten Werten des Rechnungswesens, sondern von Werten der Operativen und Strategischen Planung ausgeht. Die Planwerte zukünftiger Perioden sind analog zur Kapitalwertberechnung der dynamischen Investitionsrechnung (vgl. Kap. 5.4, Abb. 5.17) auf den Gegenwartswert zu diskontieren.

Geht man von einer 2-jährigen Operativen Planung und von einer 5-jährigen Strategischen Planung aus (vgl. Abb. 7.2), ergibt sich ein Planungshorizont von 4 bis 7 Jahren. Für jede Periode innerhalb des Planungshorizontes ist der ökonomische Gewinn im Sinne der EVA-Kennzahl zu prognostizieren. Zudem ist eine Annahme darüber zu treffen, wie sich der ökonomische Gewinn jenseits des Planungshorizonts der Strategischen Planung entwickelt. Häufig wird hierzu unterstellt, dass sich dieser ab dem Planungshorizont wie eine ewige Rente verhält und als periodisch gleichbleibender ökonomischer Gewinn erwirtschaftet wird.

Market Value Added (MVA)

Zur Diskontierung des Ökonomischen Gewinns je Periode wird der Kapitalkostensatz nach dem WACC-Modell (nach Gewinnsteuern) angesetzt; es ergibt sich als Ergebnis der *Market Value Added (MVA)*:

$$MVA_0 = \sum_{t=1}^{T} \frac{EVA_t}{(1+WACC_s)^t} + \frac{EVA_{T+1}}{WACC_s} \times \frac{1}{(1+WACC_s)^T}$$

mit:

MVA_0 = Market Value Added zum Zeitpunkt t = 0
EVA_t = Economic Value Added (ökonomischer Gewinn) der Periode t
$WACC_s$ = Weighted Average Cost of Capital (steuerkorrigierter Gesamtkapitalkostenzusatz)
T = Planungszeitraum bzw. Planungshorizont
t = Periodenindex t = 1, …, T

Der Quotient $EVA_{T+1}/WACC_s$ definiert den Wert der ewigen Rente, die für die Unternehmensentwicklung für die Zeit nach dem Planungshorizont (T) angesetzt und auf den Barwert in t_0 diskontiert wird.

Wert des Unternehmens

Der Market Value Added (MVA) ergibt zusammen mit dem Wert des betriebsnotwendigen Vermögens und dem Wert des nicht betriebsnotwendigen Vermögens den fundamentalen *Wert des Unternehmens.*

Free Cashflow (FCF)

Der fundamentale Wert des Unternehmens lässt sich alternativ errechnen, wenn nicht mit Ergebnisgrößen wie dem Ökonomischen Gewinns nach dem EVA-Konzept, sondern wenn mit der finanzwirtschaftlichen Kennzahl des *Free Cashflow (FCF)* je Periode gearbeitet wird. Der Free Cashflow einer Periode errechnet sich, indem vom Cashflow der Periode aus Lieferung und Leistung (vgl. Abb. 5.4) die Auszahlungen für Investitionen ins Anlage- und Umlaufvermögen abgezogen bzw. die Einzahlungen aus Desinvestitionen (Verkauf von Produktionsgütern) hinzugerechnet werden (vgl. Abb. 7.15). Bei dieser Berechnung wird zur Finanzierung des Unternehmens unterstellt, dass alle Investitionen aus dem Cashflow des Unternehmens finanziert werden können. Da bei einer solchen Konstellation keine Zins- und Tilgungszahlungen anfallen, steht der Free Cashflow den Eigentümern für Ausschüttungen zur Verfügung.

Allerdings sind bei einer in Deutschland vorherrschenden gemischten Finanzierung des Unternehmens aus Eigen- und Fremdkapital aus dem Free Cashflow zunächst die in den Kreditverträgen festgelegten Auszahlungen an die Fremdkapitalgeber für Tilgung und Fremdkapitalzinsen zu leisten, nur der danach verbleibende restliche Cashflow steht den Eigentümern des Unternehmens für Ausschüttungen zur Verfügung.

Discounted-Cashflow-Verfahren (DCF)

Der Wert des Unternehmens ermittelt sich nach dem *Discounted-Cashflow-Verfahren (DCF)* durch die Diskontierung des Free Cashflows mit dem steuerkorrigierten WACC-Zinssatz wie folgt:

$$UW_0 = \sum_{t=1}^{T} \frac{FCF_t}{(1+WACC_s)^t} + \frac{FCF_{T+1}}{WACC_s} \times \frac{1}{(1+WACC_s)^T}$$

Abb. 7.15

Vereinfachte Berechnung des Free Cashflow

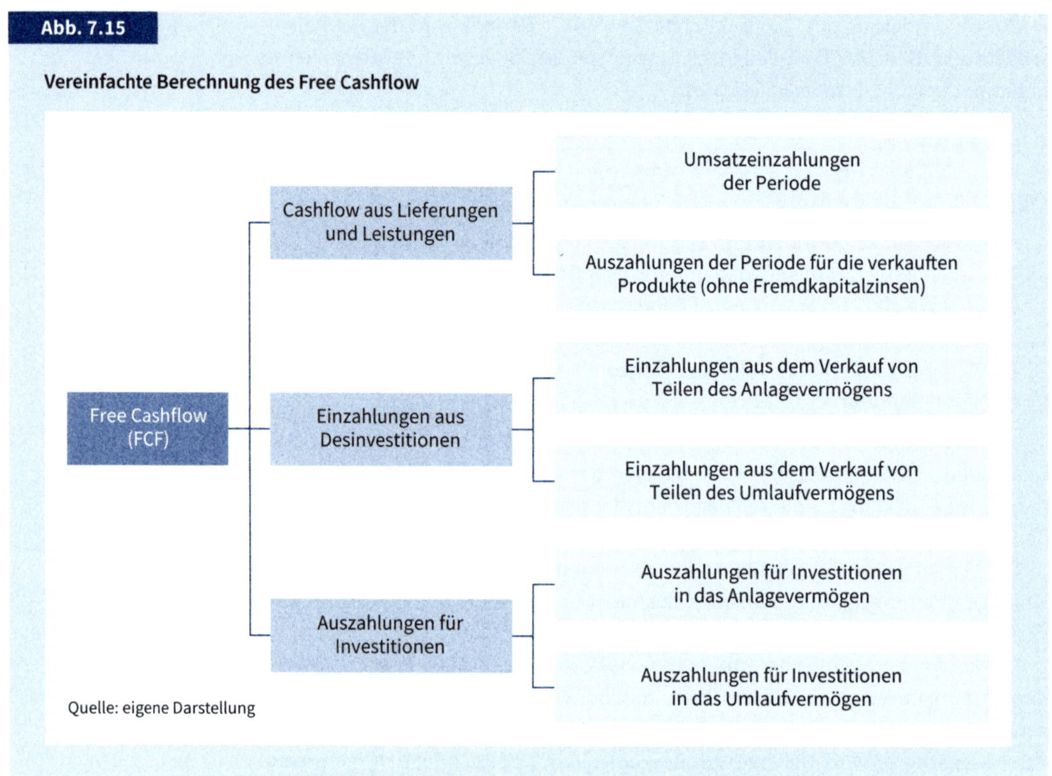

Quelle: eigene Darstellung

mit:

UW_0 = Marktwert des Unternehmens (**U**nternehmens**w**ert) zum Zeitpunkt $t = 0$
FCF_t = Free Cashflow der Periode t
$WACC_s$ = Weighted Average Cost of Capital (steuerkorrigierter Gesamtkapitalkostensatz)
T = Planungszeitraum bzw. Planungshorizont
t = Periodenindex $t = 1, \ldots, T$

Der Quotient $FCF_{T+1}/WACC_s$ definiert den Wert der ewigen Rente, die für die Unternehmensentwicklung für die Zeit nach dem Planungshorizont (T) angesetzt und auf den Barwert in t_0 diskontiert wird.

Wert des Fremdkapitals

Ist ein Unternehmen nicht nur eigen-, sondern sowohl eigen- als auch fremdfinanziert, umfasst der Wert des Unternehmens nach der DCF-Methode den Wert des Eigenkapitals und den Wert des Fremdkapitals. Der Wert des Fremdkapitals bestimmt sich als Barwert der Zins- und Tilgungszahlungen diskontiert mit dem Zinssatz i_F für Fremdkapital:

$$\text{Wert des Fremdkapitals} = \sum_{t=1}^{T} \frac{(\text{Tilgung} + \text{Fremdkapitalzinsen})_t}{(1 + i_F)^t}$$

mit:

i_F = Zinssatz für Fremdkapital
T = Planungszeitraum bzw. Planungshorizont
t = Periodenindex t = 1, …, T

Wie bei der dynamischen Investitionsrechnung zum Kapitalwert der Unterlassungsalternative erläutert (vgl. Kap. 5.4), stimmt der Wert des Fremdkapitals mit seinem Buchwert überein, wenn die Verzinsung des Fremdkapitals mit dem Diskontierungszinssatz für das Fremdkapital (i_F) übereinstimmt.

Lücke-Theorem

Die Konzepte des Discounted Cashflow und des Market Value Added zur Unternehmenswertbestimmung lassen sich zusammenführen. Der Unternehmenswert (UW) nach der DCF-Methode und dem MVA-Verfahren stimmen gemäß dem *Lücke-Theorem* (Lücke, 1955) überein, wenn, bezogen auf den Planungshorizont (T), die kumulierten Einzahlungen mit dem kumulierten Umsatz und die kumulierten Auszahlungen mit dem kumulierten Aufwand deckungsgleich sind (vgl. Abb. 7.16).

Fundamentaler Wert versus Marktwert des Eigenkapitals

Zieht man vom fundamentalen Wert des Unternehmens den Wert des Fremdkapitals ab, erhält man den *fundamentalen Wert des Eigenkapitals.* Vom fundamentalen Wert des Eigenkapitals ist der *Marktwert des Eigenkapitals* zu unterscheiden, der sich z. B. für börsennotierte Aktiengesellschaften (vgl. Kap. 3.2.3) aus der Multiplikation der gehandelten Aktien mit ihrem aktuellen Kurswert errechnet.

Shareholder Value

Dieser über den Börsenwert errechnete Marktwert des Eigenkapitals eines Unternehmens, im Konzept der wertorientierten Unternehmensführung von Rappaport (1999) als *Shareholder Value* bezeichnet, entspringt der in den angelsächsischen Ländern vorherrschenden Börsenkultur, nach der Unternehmen von ihren Eigentümern als Finanzanlagen betrachtet werden. Das Ziel der Eigentümer von Aktien ist zum einen darauf gerichtet, dass der Börsenwert ihrer Aktien steigt, damit andere Investoren ebenfalls Aktien dieses Unternehmens kaufen und auf diese Weise den Marktwert der eigenen Aktien wiederum erhöhen. Zum anderen ist es das Ziel von Aktionären, dass sie eine, dem Risiko ihres Investments entsprechende, angemessene Dividende erhalten.

Börsenwert und Free Cashflow

Der *Free Cashflow* stellt im Rahmen des Shareholder-Value-Konzepts eine wichtige Kennzahl für die Entwicklung des *Börsenwertes* einer Aktiengesellschaft dar, denn die Höhe des zukünftigen Free Cashflow wirkt sich nach der DCF-Methode maßgeblich auf die Höhe des Unternehmenswertes aus. Beobachten potenzielle Aktionäre ein Ansteigen des Free Cashflows einer Aktiengesellschaft, wird ihr Interesse geweckt, Aktien dieses Unternehmens zu kaufen. Die erhöhte Nachfrage nach Aktien lässt deren *Börsenkurs* steigen und erhöht damit den Marktwert des Eigenkapitals bzw. den Shareholder Value der AG. Unternehmensstrategien, die den Free Cashflow steigern, sind somit im Sinne der Eigentümer geeignet, den Shareholder Value zu steigern.

Dividendenzahlung

Zugleich wirkt sich der Free Cashflow auf potenzielle *Dividendenzahlungen* an die Aktionäre aus. Zwar wird bei Kapitalgesellschaften die maximale Höhe einer möglichen Ausschüttung durch den Bilanzgewinn (vgl. Kap. 6.3.2) begrenzt, doch bestimmt der Free Cashflow (nach Fremdkapitalzinsen und Fremdkapitaltilgung) die Liquidität des Unternehmens, die ohne Aufnahme zusätzlicher liquider Mittel

Abb. 7.16

Berechnung des fundamentalen Unternehmenswertes

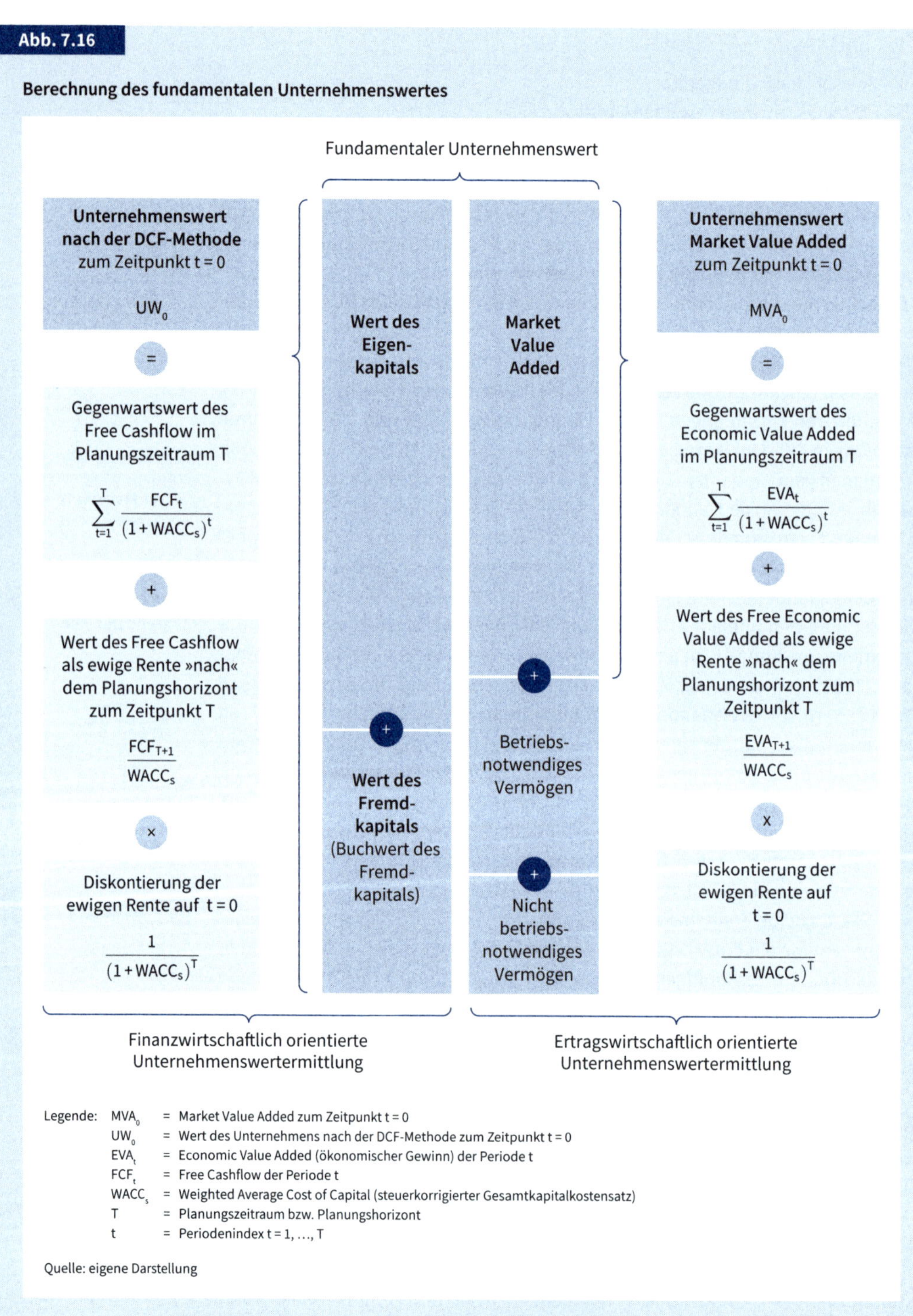

Legende:
MVA_0 = Market Value Added zum Zeitpunkt t = 0
UW_0 = Wert des Unternehmens nach der DCF-Methode zum Zeitpunkt t = 0
EVA_t = Economic Value Added (ökonomischer Gewinn) der Periode t
FCF_t = Free Cashflow der Periode t
$WACC_s$ = Weighted Average Cost of Capital (steuerkorrigierter Gesamtkapitalkostensatz)
T = Planungszeitraum bzw. Planungshorizont
t = Periodenindex t = 1, …, T

Quelle: eigene Darstellung

als Dividende an die Eigentümer abfließen kann. Reicht der Free Cashflow zur Auszahlung der Dividende nicht aus, muss das Unternehmen zusätzliche Liquidität z. B. durch die Aufnahme von kurzfristigen Krediten bereitstellen (vgl. Kap. 5.3.1). Eine Neuverschuldung mindert jedoch die Bonität des Unternehmens und erhöht i. d. R. seine Fremdkapitalkosten. Erhöhte Fremdkapitalkosten durch steigende Fremdkapitalzinssätze erhöhen den $WACC_S$ und senken hierdurch den Shareholder Value.

Shareholder Value versus fundamentaler Unternehmenswert

Shareholder Value und fundamentaler Unternehmenswert würden nur dann übereinstimmen, wenn vollkommende Transparenz über die zu erwartenden zukünftigen Free Cashflows und über die Kapitalkosten ($WACC_S$) herrschte. Da dies aber nicht der Fall ist, ist eine Unternehmenspolitik mit dem kurzfristigen Ziel der Maximierung des Börsenwertes einer Aktiengesellschaft bzw. allgemein mit der kurzfristigen Maximierung des Shareholder Value nicht mit dem langfristigen Ziel der Maximierung des fundamentalen Unternehmenswertes gleichzusetzen.

Die Steigerung des Shareholder Value ist vielmehr das Ergebnis der Strategien des Unternehmens zur Stärkung seiner Stellung im Wettbewerb (vgl. Abb. 7.17).

Nicht nur die Shareholder, sondern alle Stakeholder des Unternehmens (vgl. Abb. 1.4) sind an der Schaffung des Unternehmenswertes beteiligt. Trotzdem sind Zielkonflikte möglich. Da alle Stakeholder mit Ausnahme der Eigentümer (Shareholder) mit dem Unternehmen Verträge abgeschlossen haben und beispielsweise die

Abb. 7.17

Einflussmöglichkeiten der Stakeholder auf den Shareholder Value

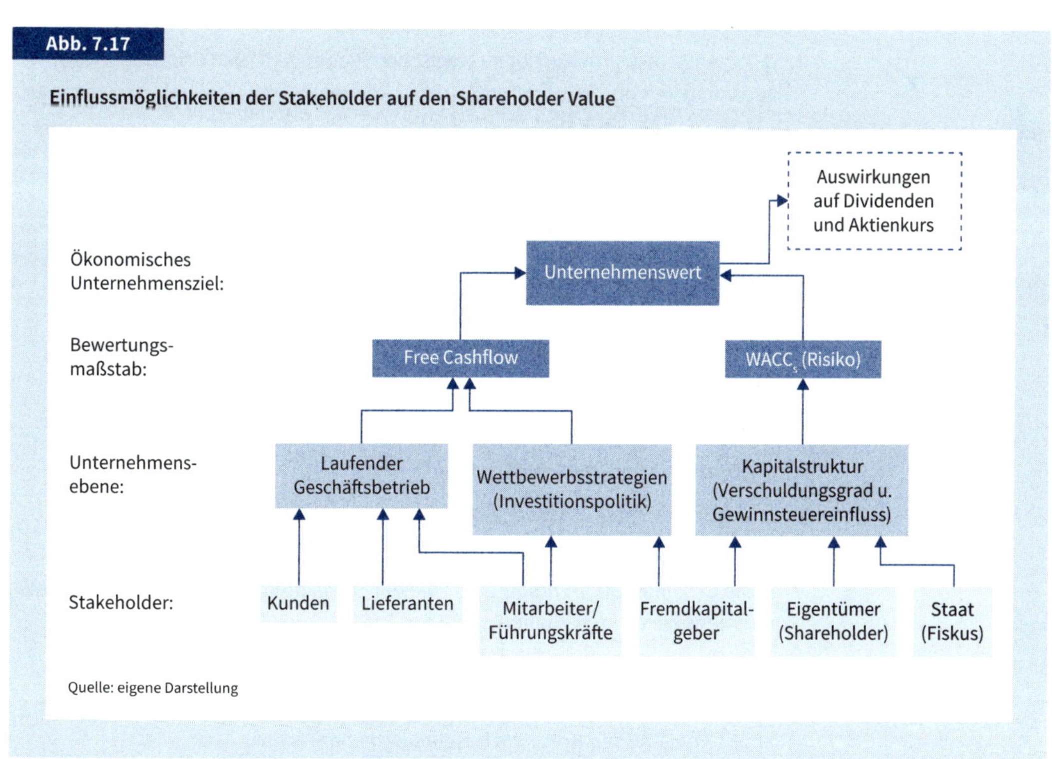

Quelle: eigene Darstellung

Mitarbeiter und Führungskräfte Kontrakteinkommen vom Unternehmen beziehen, kann das Ziel, den Unternehmenswert zu steigern, durchaus zu Zielkonflikten mit den Shareholdern führen, wenn diese eine Ausschüttung des Ökonomischen Gewinns fordern statt die Belegschaft über Lohn- und Gehaltserhöhungen stärker an der Entwicklung des Unternehmenswertes zu beteiligen. Die Balanced Scorecard (vgl. Abb. 7.9) zeigt als Konzept, wie die unterschiedlichen Interessen und Sichtweisen der Stakeholder in eine ausgewogene Strategiefindung und -beurteilung einfließen können. Im Rahmen der finanziellen Perspektive der Balanced Scorecard kann der ökonomische Gewinn des Economic Value Added verdeutlichen, wie sich der fundamentale Unternehmenswert bei unterschiedlichen Strategien entwickelt, und zu einem konsensorientierten Interessensausgleich unter den Stakeholdern beiträgt.

ANWENDUNGSFRAGEN/LERNZIELE

Sie haben sich im 7. Kapitel dieses Buches mit Fragen der Unternehmensplanung und -steuerung beschäftigt. Nach dem Lesen des Kapitels sollen Sie:

1. … das Schema eines allgemeinen rationalen Entscheidungs- bzw. Managementprozesses beschreiben können.
2. ... die verschiedenen Ziel- und Planungsebenen eines Unternehmens vorstellen können.
3. ... folgende Instrumente der strategischen Planung in ihren Grundüberlegungen vorstellen und kritisch hinterfragen können:
   - SWOT-Analyse,
   - Produktlebenszyklus und
   - Kostenerfahrungskurve.
4. … das Konzept des *Marktwachstums-/Marktanteils-Portfolios* (BCG-Matrix) erläutern können.
5. ... folgende Wettbewerbsstrategien voneinander abgrenzen können:
   - Differenzierung,
   - Kostenführerschaft,
   - Konzentration auf Schwerpunkte.
6. ... das Konzept der *Balanced Scorecard* (nach *Kaplan/Norton*) erläutern können.
7. ... die *Gesamtkapitalrentabilität* sowie die *Eigenkapitalrentabilität* eines Unternehmens berechnen können.
8. ... den Begriff *Financial Leverage* erklären können.
9. ... das Vorgehen zur Berechnung des *ökonomischen Gewinns* mit Hilfe des *Economic-Value-Added-Konzepts* beschreiben können.

10. ... das Vorgehen zur Berechnung des *Unternehmenswertes* mittels der Verfahren:

- Market Value Added und
- Discounted Cashflow

erklären können.

11. ... mögliche Zielkonflikte zwischen Shareholdern und Stakeholdern zur Steigerung des Unternehmenswertes diskutieren können.

ANWENDUNGSBEISPIEL/STORY

7 Unternehmensplanung und -steuerung für Ihre Geschäftsidee des *E-runners*

Nachdem Sie in den Kapiteln eins bis sechs Ihrer Story zum *E-runner* die wesentlichen Elemente Ihrer Geschäftsidee analysiert und beschrieben haben, verfeinern Sie jetzt im Kapitel sieben Ihrer Story die Steuerungsinstrumente für Ihr Start-up.

Überdenken Sie die zentralen Planungsinhalte Ihres Unternehmens – in strategischer und operativer Hinsicht. Berücksichtigen Sie dabei auch die bereits von Ihnen formulierten generellen Ziele für Ihr Unternehmen.

- Führen Sie eine SWOT-Analyse für Ihr Start-up durch.
- Wie wird sich der Umsatz des *E-runners* in den nächsten Perioden (Jahren) vermutlich entwickeln? Zeichnen Sie den Lebenszyklus des *E-runners* auf. Wann wird die Sättigungsphase eintreten?
- Lassen sich Kostensenkungspotenziale realisieren, wenn sich Ihre Verkaufszahlen verdoppeln?
- Wie könnte sich der *E-runner* in der BCG-Matrix entwickeln? Warum fällt im »Cash-Cow«-Segment ein Liquiditätsüberschuss an und wofür würden Sie diesen verwenden?
- Welche möglichen Wettbewerbsstrategien könnten Sie für Ihr Produkt umsetzen und für welche Vorgehensweise entscheiden Sie sich?

Sie streben die Implementierung und Umsetzung der von ihnen bestimmten Strategie an: Entwickeln Sie hierzu eine Balanced-Scorecard.

- Welche Sichtweisen nehmen Sie in Ihre Balanced Scorecard auf?
- Wie könnte Ihre Strategy Map für Ihre Balanced Scorecard aussehen?
- Berechnen Sie die Gesamtkapitalrentabilität sowie
- die Eigenkapitalrentabilität und
- den ROI Ihres Unternehmens.

Welche möglichen Zielkonflikte sehen Sie zwischen Ihnen als Shareholder und den übrigen Stakeholdern Ihres Unternehmens?

- Berechnen Sie den Ökonomischen Gewinn (EVA) Ihrer Geschäftsidee.
- Wie wird sich der Free Cashflow Ihres Unternehmens entwickeln?

ZITIERTE LITERATUR

Gutenberg, E. (1958): Einführung in die Betriebswirtschaftslehre, Wiesbaden: Gabler.

Hahn, D./Hungenberg, H. (2001): PuK – Wertorientierte Controllingkonzepte, 6. Aufl., Wiesbaden: Gabler.

Henderson, B. D. (1984): Die Erfahrungskurve in der Unternehmensstrategie, 2. Aufl., Frankfurt a. M.: Campus.

Homburg, C./Krohmer, H. (2009): Marketingmanagement, 3. Aufl., Wiesbaden: Springer Gabler 2009.

Kaplan, R. S./Norton, D. P. (1997): Balanced Scorecard, Stuttgart: Schäffer-Poeschel.

Lücke, W. (1955): Investitionsrechnung auf der Basis von Ausgaben oder Kosten? In: Zeitschrift für handelswissenschaftliche Forschung/N.F., 7, S. 310–324.

Porter, M. E. (2013): Wettbewerbsstrategien, 12. Aufl., Frankfurt a. M.: Campus.

Rappaport, A. (1999): Shareholder Value, 2. Aufl., Stuttgart: Schäffer-Poeschel.

Schierenbeck, H./Wöhle, C. (2016): Grundzüge der Betriebswirtschaftslehre, 19. Aufl., Berlin: De Gruyter Oldenbourg.

Stewart, G. B. (2013): Best-Practice EVA, Hoboken (NJ): Wiley.

Wild, J. (1982): Grundlagen der Unternehmensplanung, 4. Aufl., Opladen: Westdeutscher Verlag.

Wöhe,G./Döring, U./Brösel, G. (2016): Einführung in die Allgemeine Betriebswirtschaftslehre, 26. Aufl., München: Vahlen.

Weiterführende Literatur

Binder, U. (2013): Nachhaltige Unternehmensführung, Freiburg: Haufe.

Copeland, T. E./Koller, T./Murrin, J. (2002): Unternehmenswert, 3. Aufl., Frankfurt a. M.: Campus.

Hammer, R. (2015): Unternehmensplanung, 9. Aufl., Berlin: De Gruyter Oldenbourg.

Hinterhuber, H. H. (2015): Strategische Unternehmensführung, 9. Aufl. Berlin: ESV.

Hungenberg, H. (2014): Strategisches Management in Unternehmen, 8. Aufl., Wiesbaden: Springer Gabler.

Jung, H. (2014): Controlling, 4. Aufl., Berlin: De Gruyter Oldenbourg.

Kreikebaum, H./Gilbert, D. U./Behnam, M. (2011): Strategisches Management, 7. Aufl., Stuttgart: Kohlhammer.

Reisinger, S./Gattringer, R./Strehl, F. (2017): Strategisches Management, 2. Aufl. Hallbergmoos: Pearson.

Welge, M. K./Al-Laham, A. (2017): Strategisches Management, 7. Aufl., Wiesbaden: Springer Gabler.

Stichwortverzeichnis

V

W

Y

Z